高等职业院校精品教材系列

电气施工技术

胡联红　赵瑞军　主编
韩俊玲　孙全江　肖　菊　副主编

電子工業出版社
Publishing House of Electronics Industry
北京·BEIJING

内 容 简 介

本书根据教育部最新的职业教育教学改革要求及电气工程建设项目技能需求，结合编者多年的企业设计经验及本课程教学及校企合作经验进行编写。本书按照实际工程中工作任务的相对独立性划分为11个学习单元，分别为建筑电气安装工程基础、施工阶段与常用工器具、常用室内配线、电气照明装置安装、常用电气设备安装、常用室外配线、接地装置安装、防雷装置安装、建筑弱电系统安装、建筑施工现场临时供配电及实训项目。

本书为高等职业本专科院校建筑电气工程技术、楼宇智能化工程技术、给水排水工程技术和设备安装工程技术等专业的教材，也可作为开放大学、成人教育、自学考试、中职学校、各种相关培训班的教材，以及电气工程施工人员的施工参考书。

本书配有免费的电子教学课件、习题参考答案，详见前言。

图书在版编目(CIP)数据

电气施工技术/胡联红，赵瑞军主编．—北京：电子工业出版社，2012.6
全国高等职业院校规划教材·精品与示范系列

ISBN 978-7-121-16882-6

Ⅰ.①电… Ⅱ.①胡… ②赵… Ⅲ.①电气施工-高等职业教育-教材 Ⅳ.①TM05

中国版本图书馆CIP数据核字（2012）第080803号

策划编辑：陈健德（E-mail：chenjd@phei.com.cn）
责任编辑：贾晓峰
印　　刷：北京盛通商印快线网络科技有限公司
装　　订：北京盛通商印快线网络科技有限公司
出版发行：电子工业出版社
　　　　　北京市海淀区万寿路173信箱　邮编 100036
开　　本：787×1092　1/16　印张：21.75　字数：526千字
版　　次：2012年6月第1版
印　　次：2021年11月第11次印刷
定　　价：56.00元

凡所购买电子工业出版社图书有缺损问题，请向购买书店调换。若书店售缺，请与本社发行部联系，联系及邮购电话：（010）88254888，88258888。

质量投诉请发邮件至 zlts@phei.com.cn，盗版侵权举报请发邮件至 dbqq@phei.com.cn。

本书咨询联系方式：chenjd@phei.com.cn。

职业教育　继往开来（序）

自我国经济在21世纪快速发展以来，各行各业都取得了前所未有的进步。随着我国工业生产规模的扩大和经济发展水平的提高，教育行业受到了各方面的重视。尤其对高等职业教育来说，近几年在教育部和财政部实施的国家示范性院校建设政策鼓舞下，高职院校以服务为宗旨、以就业为导向，开展工学结合与校企合作，进行了较大范围的专业建设和课程改革，涌现出一批示范专业和精品课程。高职教育在为区域经济建设服务的前提下，逐步加大校内生产性实训比例，引入企业参与教学过程和质量评价。在这种开放式人才培养模式下，教学以育人为目标，以掌握知识和技能为根本，克服了以学科体系进行教学的缺点和不足，为学生的顶岗实习和顺利就业创造了条件。

中国电子教育学会立足于电子行业企事业单位，为行业教育事业的改革和发展，为实施"科教兴国"战略做了许多工作。电子工业出版社作为职业教育教材出版大社，具有优秀的编辑人才队伍和丰富的职业教育教材出版经验，有义务和能力与广大的高职院校密切合作，参与创新职业教育的新方法，出版反映最新教学改革成果的新教材。中国电子教育学会经常与电子工业出版社开展交流与合作，在职业教育新的教学模式下，将共同为培养符合当今社会需要的、合格的职业技能人才而提供优质服务。

近期由电子工业出版社组织策划和编辑出版的"全国高职高专院校规划教材·精品与示范系列"，具有以下几个突出特点，特向全国的职业教育院校进行推荐。

（1）本系列教材的课程研究专家和作者主要来自于教育部和各省市评审通过的多所示范院校。他们对教育部倡导的职业教育教学改革精神理解得透彻准确，并且具有多年的职业教育教学经验及工学结合、校企合作经验，能够准确地对职业教育相关专业的知识点和技能点进行横向与纵向设计，能够把握创新型教材的出版方向。

（2）本系列教材的编写以多所示范院校的课程改革成果为基础，体现重点突出、实用为主、够用为度的原则，采用项目驱动的教学方式。学习任务主要以本行业工作岗位群中的典型实例提炼后进行设置，项目实例较多，应用范围较广，图片数量较大，还引入了一些经验性的公式、表格等，文字叙述浅显易懂。增强了教学过程的互动性与趣味性，对全国许多职业教育院校具有较大的适用性，同时对企业技术人员具有可参考性。

（3）根据职业教育的特点，本系列教材在全国独创性地提出"职业导航、教学导航、知识分布网络、知识梳理与总结"及"封面重点知识"等内容，有利于老师选择合适的教材并有重点地开展教学过程，也有利于学生了解该教材相关的职业特点和对教材内容进行高效率的学习与总结。

（4）根据每门课程的内容特点，为方便教学过程对教材配备相应的电子教学课件、习题答案与指导、教学素材资源、程序源代码、教学网站支持等立体化教学资源。

职业教育要不断进行改革，创新型教材建设是一项长期而艰巨的任务。为了使职业教育能够更好地为区域经济和企业服务，殷切希望高职高专院校的各位职教专家和老师提出建议和撰写精品教材（联系邮箱：chenjd@phei.com.cn，电话：010－88254585），共同为我国的职业教育发展尽自己的责任与义务！

中国电子教育学会

全国高职高专院校土建类专业课程研究专家组

如果您有专业与课程改革或教材编写方面的新想法，请及时与我们联系。

电话：010－88254585，电子邮箱：chenjd@phei.com.cn

前　言

随着建筑行业的不断发展和建筑智能化程度的不断提高，电气工程在建筑工程中占有越来越重要的地位，电气工程的规模越来越大，功能越来越全，技术含量越来越高，以致电气施工技术应用的范围越来越宽，涉及的专业越来越多，领域也越来越广。随着社会经济的快速发展，各类建筑得到广泛建设和全面发展，需要大量的能适应新时代建筑的电气工程技术施工人员，在设计与施工过程中加强安全施工和规范作业意识，并努力推广电气施工新技术、新工艺、新方法。

本书根据行业岗位技能需求，结合示范院校专业与课程建设经验，按照教育部最新的职业教育教学改革要求，联合4所建筑类重点职业学院骨干教师，在对课程进行多方调研及工学结合课改经验的基础上进行编写。本书与目前市面上的同类教材相比具有下列优点。

（1）在内容选取上，参照最新标准和规范，根据行业技术发展采用新工艺、新技术和新产品。

（2）课程安排体现我国职业教育的新要求和新模式，即遵循理论教学和实践教学并重的现代职业教育理念，摒弃传统实践课的模式，实践课采用“工作页”方式，教师布置任务、强调重点和安全提示，学习者在教师的引导下，完成准备工作、选工具仪表、选材选料、工作计划、安装步骤、质量标准、检验试验、系统调试、评估、整改等一整套工作，从而提高职业行为能力。

（3）在内容编排方面，重点突出职业技能训练。在重要章节，插入大量图片和表格等，提高直观性和真实性，帮助学习者在枯燥的文字叙述中加深理解。

（4）在文字叙述上，体现职业教育的特点，通俗易懂，层次分明，力求突出“做什么”和“怎么做”的设计思路，即突出施工工艺流程和安装要求。

（5）在结构形式方面，强调重点和难点，在重要小节部分设置“重点提示”，目的是引导学习者明确重点并掌握重点；在重要小节后设置“思考与延伸”，目的是对主要内容进行听课效果的检验，引导学习者对重要内容进行提炼、总结、归纳和记忆。

（6）本课程的知识点多而广，在每个学习单元末尾设置有选择题和简答题，选择题强化重点知识记忆，简答题重在思考、分析和综合理解。

本书为高等职业本专科院校建筑电气工程技术、楼宇智能化工程技术、给水排水工程技术和设备安装工程技术等专业的教材，也可作为开放大学、成人教育、自学考试、中职学校、各种相关培训班的教材，以及电气工程施工人员的施工参考书。

全书共分11个学习单元，共128课时，其中理论教学64课时，实践教学64课时，各院校可根据实际教学情况对单元内容和建议学时进行适当调整。

本书由浙江建设职业技术学院胡联红和山西建筑职业技术学院赵瑞军任主编，由辽宁建筑职业技术学院韩俊玲、浙江建设职业技术学院孙全江和山西建筑职业技术学院肖菊任副主编。具体编写分工为：学习单元 1、2 由韩俊玲编写，学习单元 3、5、10、11 由胡联红编写，学习单元 4、6 由赵瑞军编写，学习单元 7、8 由孙全江编写，学习单元 9 由肖菊编写。最后由中天建设集团浙江安装工程有限公司高级工程师窦长玉进行审稿，并提出许多合理的建议，进一步提高教材质量。

在编写过程中，参考了大量的资料和书刊，并引用了部分材料，在此谨向这些书刊资料的作者表示衷心感谢。

由于编者水平有限和时间仓促，书中难免有错漏之处，敬请读者批评指正，编者不胜感激。

为方便教师教学和学生学习，本书还配有免费的电子教学课件、练习题参考答案，请有此需要的教师登录华信教育资源网（http://www.hxedu.com.cn）免费注册后再进行下载，有问题时请在网站留言或与电子工业出版社联系（E-mail：hxedu@phei.com.cn）。

编　者

目　录

学习单元 1 建筑电气安装工程基础

教学导航

教学任务		任务 1.1　建筑电气安装工程施工的特点与程序 任务 1.2　建筑电气安装工程施工依据 任务 1.3　建筑电气安装工程施工质量验收标准	学时	2
教学目标	知识方面	熟知电气工程安装的基本原则 了解建筑电气安装工程的基本程序 了解与土建专业配合的内容 掌握建筑电气施工的依据 掌握建筑电气工程施工质量评定依据和步骤		
	技能方面	熟悉建筑电气安装工程施工及验收规范 能理解强制性条文、主控项目和一般项目的含义		
重点		掌握施工依据 了解工程质量评定标准		
难点		掌握各种规范的适用场合		

任务1.1 建筑电气安装工程施工的特点与程序

【任务背景】 建筑电气工程是建筑工程的重要组成部分，根据建筑电气工程的功能，通常分为强电工程和弱电工程。强电的处理对象是能源（电力），其特点是电压高、电流大、功率大、频率低，强电系统可以把电能引入建筑物，通过用电设备转换成光能、热能和机械能等，如室外电气工程、变配电工程、供电干线工程、电气动力工程、电气照明安装工程、备用和不间断电源安装工程、防雷接地安装工程等。

建筑电气施工技术是建筑电气工程专业的一门主要专业课，是该专业在工程施工中不可缺少的技术，例如，电气照明中导线的敷设、灯具安装、开关、插座安装；动力系统中的变压器安装、电动机安装；防雷接地安装工程中避雷带、引下线、接地装置安装等都需要通过本课程了解施工方法。

电气工程安装的基本原则：最少的消耗，最短的施工周期，最简便的施工手段和施工方法创造出最佳的产品。随着现代化高层建筑的飞速发展，建筑电气工程安装内容越来越多，需要我们必须适应建筑市场的需要，不断学习新技术、新标准、新工艺、新材料，提高操作技能。

1.1.1 建筑电气安装工程施工特点

建筑电气安装工程的对象种类繁多，涉及面广，实践性强，技术复杂，质量要求高，除一般照明工程、车间动力工程、变配电工程、电缆工程外，还有多层建筑及高层建筑中的弱电安装工程，以及这些工程的检测和调试工作等。与其他行业相比，有其独特的特点。其主要特点如下：

（1）施工作业空间范围广，施工周期长，原材料品种多；

（2）立体交叉作业多、手工作业多，工序复杂；

（3）高处作业多、地下作业多；

（4）工程质量直接影响生产运行及人身安全。

有些电气设备安装工程都是高空作业，这就要求从事电气安装工作的人员，既要有一定的理论知识，又要熟悉工艺过程和技术要求及安全操作规程，还要对相关工程（如钳工、焊工等）的简单技术有所了解。

1.1.2 建筑电气安装工程施工程序

建筑电气安装工程涉及面广，内外协作配合的环节很多，因此必须遵循一定的程序，按计划、有步骤、有秩序地合理施工，这样才能达到高质量、高速度、高工效、低成本的预期效果。

施工程序是基本建筑程序的一个组成部分，是施工单位按照客观规律合理组织施工的顺序安排。

1. 承接施工任务、签订施工合同

施工单位获得施工任务的方法，主要是通过投标且中标承接。有一些特殊的工程项目可由国家或上级主管部门直接下达给施工单位。不论哪种承接方式，施工单位都要检查其施工项目是否有批准的正式文件，是否列入基本年度计划，是否落实了投资等。

承接施工任务后，建设单位和施工单位应根据《合同法》的有关规定签订施工合同。施工合同的内容包括承包的工程内容、要求、工期、质量、造价及材料供应等，明确合同双方应承担的义务和职责及应完成的施工准备工作。施工合同经双方法人代表签字后具有法律效力，必须共同遵守。

2. 全面统筹安排，做好施工规划

接到任务后，首先对任务进行摸底工作，了解工程概况、建设规模、特点、期限；调查建设地区的自然、经济和社会等情况。在此基础上，拟定施工规划或编制施工组织总设计或施工方案，部署施工力量，安排施工总进度，确定主要工程施工方案等。批准后，组织施工先遣人员进入现场，与建设单位密切配合，共同做好施工规划确定的各项全局性的施工准备工作，为建设项目正式开工创造条件。

3. 落实施工准备，提出开工报告

签订施工合同，施工单位做好全面施工规划后，应认真做好施工准备工作。其内容主要有：会审图纸；编制和审查单位工程施工组织设计；进行施工图预算和施工预算；组织好材料的生产加工和运输；组织施工机具进场；建立现场管理机构，调遣施工队伍；布置施工现场的“三通一平”、临时设施等。具备开工条件后，提出开工报告并经审查批准即可正式开工。

4. 精心组织施工

开工报告批准后即可进行全面施工，施工前期为与土建工程配合的阶段，要按设计要求将需要预留的孔洞、预埋件等设置好；进线管、过墙管也应按设计要求设置好。施工时，各类线路的敷设应按图纸要求进行，并合乎验收规范的各项要求。

在施工过程中提倡科学管理，文明施工，严格履行经济合同。合理安排施工顺序，组织好均衡连续施工，在施工过程中应着重对工期、质量、成本和安全进行科学的督促、检查和控制，使工程早日竣工，交付使用。

5. 竣工验收，交付使用

竣工验收是施工的最后阶段，在竣工验收前，施工单位内部应先进行预验收，检查各分部分项工程的施工质量，整理各项交工验收的技术、经济资料，绘制竣工图，协同建设单位、设计单位、监理单位完成验收工作。验收合格后，双方签订交接验收证书，办理工程移交，并根据合同规定办理工程结算手续。

1.1.3　建筑电气安装工程对土建工程的要求与配合　重点提示

建筑电气安装工程的施工是比较复杂的，它需要与土建、给排水、采暖、通风等专业工种密切配合。电气安装工程是整个建筑工程项目的重要组成部分，与其他施工项目必然发生多方面的联系，尤其和土建施工关系最为密切，如电源的进户、明暗管道的敷设、防雷接地装置等，都要在土建施工中预埋构件和预留孔洞。随着现代设计和施工技术的发展，以及许多新结构、新工艺的推广应用，施工中的协调配合就越来越重要。在土建施工阶段，针对建筑结构及施工方法的基本特点采取相应的方法，充分做好电气安装的配合施工。

1. 电气安装工程对土建的要求

1）电气安装工程的房屋应满足的要求

（1）结束屋内顶面的工作。

（2）结束粗制地面的工作，并在墙上标明最后抹光地面的标高。

（3）设备的混凝土基础及构架应达到允许进行安装的强度。

（4）对于需要进行修饰的墙壁、柱子及基础的表面，应在电气装置安装之前结束修饰工作。

（5）对于电气装置安装有影响的建筑部分的模板、脚手架应当拆除，并清除废料。但对于电气装置安装可以利用的脚手架等，可根据工作需要逐步拆除。

2）电气安装的户外土建工程应满足的要求

（1）电气装置安装所用的混凝土基础及构架，已达到允许进行安装的规定强度。

（2）模板和建筑废料已清除，有足够的安装用场地，施工用道路畅通。

（3）基坑已回填夯实。

3）电气装置安装时允许进行的土建工作

（1）电气装置所用的金属构架安装后，允许进行抹灰工作。

（2）电气装置安装后，允许进行建筑物部分表面的涂色及粉刷，但要注意不应使已安装的装置遭受污染及损毁。

4）电气装置投入运行前应结束的工作

（1）清除电气装置及构架上的污垢，结束修饰工作。

（2）拆除临时设施，更换为永久设施（如门面、梯子、栏杆等）。

2. 电气安装工程与土建的配合

1）电气安装工程在施工前与土建的配合

在工程项目的设计阶段，由电气设计人员对土建设计提出技术要求，例如，开关柜的基础型钢预埋；电气设备、线路和固定件预埋，这些要求应在土建结构施工图中得到反映。土建施工前，电气施工人员应同土建施工技术人员共同审核土建和电气施工图，以防遗漏和发生差错，电气工人应该学会看懂土建施工图，了解土建施工进度计划和施工方法，尤其是要了解梁柱、地面、屋面的做法及其相互间的连接方式，并仔细校核拟采用的电气安装方法是否与此项目的土建施工相适应。施工前，必须加工制作和备齐土建阶段中的预埋件、预埋管道和零配件。

2）电气安装工程在基础阶段与土建的配合

基础工程施工时，应及时配合土建做好强电、弱电专业的进户电缆穿墙管及止水挡板的预留、预埋工作。这一方面要求电气专业应在土建做墙体防水处理之前完成，避免电气施工破坏防水层造成墙体渗漏；另一方面要求格外注意预留的轴线、标高、位置、尺寸、数量、用材、规格等方面是否符合图纸要求。进户电缆穿墙管的预留、预埋是不允许返工修理的，返工后土建做二次防水处理很困难，所以电气专业施工人员应特别留意与土建的配合。

3）电气安装工程在结构施工阶段与土建的配合

根据土建浇筑混凝土的进度要求及流水作业的顺序，逐层逐段地做好电气配管的暗敷工作，这是整个电气安装工程的关键工序，做不好不仅影响土建施工进度与质量，而且也影响整个电气安装工程后续工序的质量与进度，应引起足够的重视。如现浇混凝土楼板内配管时，在底层钢筋绑扎完后，上层钢筋未绑扎前，根据施工图尺寸位置配合土建施工。土建浇筑混凝土时，电工应留人看守，以免振捣时损坏配管或使得灯头盒移位。

4）电气安装工程在装修阶段与土建配合

在土建工程砌筑隔断墙之前应与土建工长和放线员将水平线及隔墙壁线核实，因为它可以使电气人员按此线确定管路预埋位置及确定各种灯具、开关、插座的位置、标高。在土建抹灰前，电气施工人员应按设计和规范要求查对核实，符合要求后将箱盒进行安装。当电气器具已安装完毕，土建修补喷浆或墙面时，一定要保护好电气器具，防止器具污损。

5）电气安装工程与其他安装工程的配合

电气安装工程与其他安装工程（如水暖等）要统一协调，避免各种管道之间相互交叉碰撞、相互干扰。特别是电气管线怕水、怕热，电气施工人员要仔细查阅水暖煤气的施工图纸，检查是否有相互矛盾之处，施工时要确保各管线之间的距离符合验收规范的要求。

（1）现代化建筑电气工程与传统电气工程相比具有哪些特点？

（2）建筑电气工程施工过程中除应与土建工程施工配合外，与其他专业施工如何协调配合？

任务1.2 建筑电气安装工程施工依据

【任务背景】 建筑电气工程施工的主要依据是电气施工图、建筑电气安装施工规范、标准和有关图集、图册。施工前一定要看懂施工图纸，领会设计意图，施工时严格按施工图、施工规范、图集等要求进行施工。有疑问时，应在图纸会审时提出，在施工过程中发现问题时及时与设计方联系，按设计方下发的变更通知单进行施工。

1.2.1 建筑电气施工图 重点提示

建筑电气施工图反映了设计人员的设计思想，是电气工程预算、施工及维护管理的主要依据。

1. 建筑电气施工图的组成及内容

建筑电气施工图的组成主要包括图纸目录、设计说明、图例材料表、系统图、平面图、电路图、安装接线图和详图等。

1）图纸目录

图纸目录的内容包括图纸的组成、名称、张数、图号顺序等，绘制图纸目录的目的是便于查找。

2）设计说明

设计说明主要阐明单项工程的概况、设计依据、设计标准及施工要求等，主要是补充说明图纸上不能利用线条、符号表示的工程特点、施工方法、线路、材料及其他注意事项。

3）图例材料表

主要设备及器具在表中用图形符号表示，并标注其名称、规格、型号、数量、安装方式等。

4）系统图

系统图是表明供电分配回路的分布和相互关系的示意图。具体反映配电系统和容量分配情况、配电装置、导线型号、导线截面、敷设方式及穿管管径、控制及保护电器的规格及型号等。系统图分为变配电系统图、照明系统图、动力系统图、消防系统图、电话系统图、有线电视系统图、综合布线系统图等。

5）平面图

平面图是表示建筑物内各种电气设备、器具的平面位置及线路走向的图纸。平面图包括干线平面图、照明平面图、动力平面图、防雷接地平面图、电话平面图、有线电视平面图、综合布线平面图等。

6）电路图

电路图也称电气原理图，主要是用来表现某一电气设备或系统的工作原理的图纸，它是按照各部分的动作原理图采用分开表示法展开绘制的。通过对电路图的分析，可以清楚地看出整个系统的动作顺序。电路图可以用来指导电气设备和器件的安装、接线、调试、使用与维修。

7）安装接线图

安装接线图也称安装配线图，主要是用来表示电气设备、电气元器件和线路的安装位置、配线方式、接线方法，它不反映动作原理。主要用于配电柜二次回路安装接线。

8）详图

详图是用来表现设备安装方法的图纸，详图多采用全国通用电气装置标准图集。

2. 建筑电气施工图的表示

1）常用图线

绘制电气图所用的各种线条统称为图线，常用图线如表 1.1 所示。

表 1.1 图线形式及应用

图线名称	图线形式	图线应用	图线名称	图线形式	图线应用
粗实线	——————	电气线路，一次线路	点划线	—·——·—	控制线
粗实线	——————	二次线路，一般线路	双点划线	—··——··—	辅助围框线
虚线	- - - - - - -	屏蔽线路，机械线路			

2）图例符号及文字符号

（1）常用电气图例符号。建筑电气施工图上的各种电气元器件及线路敷设均是用图例符号来表示，识图的基础是首先明确和熟悉有关电气图例符号所表达的内容和含义。常用电气图例符号如表 1.2 所示。

表 1.2 常用电气图例符号

图例	名称	备注	图例	名称	备注
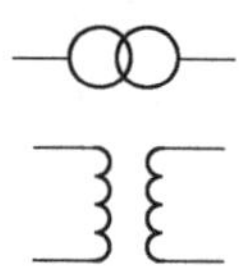	双绕组变压器	形式 1 形式 2	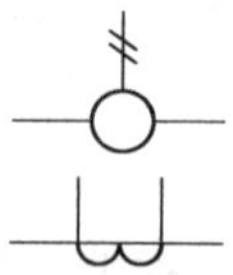	电流互感器脉冲变压器	形式 1 形式 2
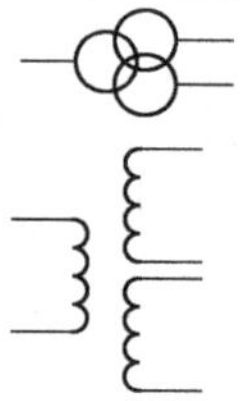	三绕组变压器	形式 1 形式 2	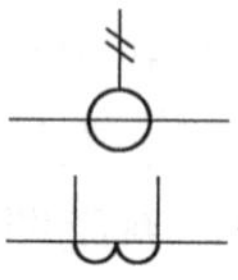	电压互感器	形式 1 形式 2

续表

图　例	名　称	备　注
	屏、台、箱、柜一般符号	
	动力或动力一照明配电箱	
	照明配电箱（屏）	
	事故照明配电箱（屏）	
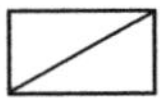	电源自动切换箱（屏）	
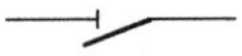	隔离开关	
	接触器（在非动作位置触点断开）	
	断路器	
	熔断器一般符号	
	熔断器式开关	
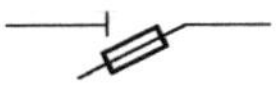	熔断器式隔离开关	
	避雷器	
	总配线架	
	中间配线架	
	壁龛交接箱	
	分线盒的一般符号	
	室内分线盒	
	室外分线盒	
	灯的一般符号	
	球形灯	
	天棚灯	
	花灯	

图　例	名　称	备　注
	弯灯	
	荧光灯	
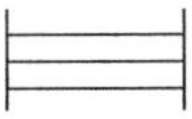	三管荧光灯	
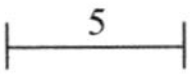	五管荧光灯	
	壁灯	
	广照型灯(配照型灯)	
	防水防尘灯	
	开关一般符号	
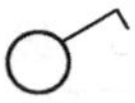	单极开关	
	单极开关（暗装）	
	双极开关	
	双极开关（暗装）	
	三极开关	
	单相插座 暗装 密闭（防水） 防爆 带保护接点插座 带接地插孔的单相插座（暗装） 密闭（防水）	
	带接地插孔的三相插座	

续表

图例	名称	备注	图例	名称	备注
	带接地插孔的三相插座（暗装）		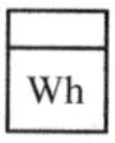	有功电能表（瓦时计）	
	插座箱（板）		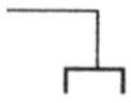	电信插座的一般符号可用以下的文字或符号区别不同插座 TP—电话 FX—仿真 M—传声器 FM—调频 TV—电视	
	指示式电流表				
	指示式电压表				
	功率因数表				

（2）线路敷设方式文字符号。线路敷设方式文字符号如表 1.3 所示。

表 1.3　线路敷设方式文字符号

敷设方式	新符号	旧符号	敷设方式	新符号	旧符号
穿焊接钢管敷设	SC	G	电缆桥架敷设	CT	
穿电线管敷设	MT	DG	金属线槽敷设	MR	GC
穿硬塑料管敷设	PC	VG	塑料线槽敷设	PR	XC
穿阻燃半硬聚氯乙烯管敷设	FPC	ZYG	直埋敷设	DB	
穿聚氯乙烯塑料波纹管敷设	KPC		电缆沟敷设	TC	
穿金属软管敷设	CP		混凝土排管敷设	CE	
穿扣压式薄壁钢管敷设	KBG		钢索敷设	M	

（3）线路敷设部位文字符号。线路敷设部位文字符号如表 1.4 所示。

表 1.4　线路敷设部位文字符号

敷设方式	新符号	旧符号	敷设方式	新符号	旧符号
沿或跨梁（屋架）敷设	AB	LM	暗敷设在墙内	WC	QA
暗敷设在梁内	BC	LA	沿天棚或顶板面敷设	CE	PM
沿或跨柱敷设	AC	ZM	暗敷设在屋面或顶板内	CC	PA
暗敷设在柱内	CLC	ZA	吊顶内敷设	SCE	
沿墙面敷设	WS	QM	地板或地面下敷设	F	DA

（4）标注线路用途文字符号。标注线路用途文字符号如表1.5所示。线路的文字标注基本格式为

表1.5 标注线路用途文字符号

名称	常用文字符号			名称	常用文字符号		
	单字母	双字母	三字母		单字母	双字母	三字母
控制线路	W	WC		电力线路	W	WP	
直流线路		WD		广播线路		WS	
应急照明线路		WE	WEL	电流线路		WV	
电话线路		WF		插座线路		WX	
照明线路		WL					

$$ab-c(d\times e+f\times g)i-jh$$

式中，a为线缆编号；b为型号；c为线缆根数；d为线缆芯数；e为线芯截面；f为PE、N线根（芯）数；g为线芯截面；i为线路敷设方式；j为线路敷设部位；h为线路敷设安装高度。

上述字母无内容时则省略。

【实例1】 BV-4×35+1×16SC50-F表示有4根截面积为$35mm^2$和1根$16mm^2$铜芯塑料绝缘线穿直径为50mm的水煤气钢管沿地暗敷设。

【实例2】 $VV_{22}-(4\times120)SC100-F$表示铜芯聚氯乙烯内护套、双钢带铠装、聚氯乙烯外护套4芯、每芯截面积$120mm^2$的铜芯电力电缆穿直径100mm和钢管直埋敷设。

照明灯具的文字标注格式为：

$$a-b\frac{c\times d\times L}{e}f$$

式中，a为同一个平面内，同种型号灯具的数量；b为灯具的型号；c为每套灯具中光源的数量；d为每个光源的额定功率（W）；e为安装高度，当吸顶或嵌入安装时用“—”表示；f为安装方式；L为光源种类（常省略不标）。

（5）灯具安装方式文字符号如表1.6所示。

表1.6 灯具安装方式文字符号

名称	新符号	旧符号	名称	新符号	旧符号
线吊式	SW		顶棚内安装	CR	DR
链吊式	CS	L	墙壁内安装	WR	BR

续表

名　称	新 符 号	旧 符 号	名　称	新 符 号	旧 符 号
管吊式	DS	G	支架上安装	S	I
壁装式	W	B	柱上安装	CL	Z
吸顶式	C	D	座装	HM	ZH
嵌入式	R	R			

1.2.2　建筑电气安装工程施工规范及标准

1. 建筑电气工程施工及验收规范

建筑电气工程技术人员、质量检查人员及施工人员在掌握一定的电工基础理论知识以后，还必须学习国家颁发的建筑安装工程施工及验收规范。规范是对操作行为的规定，是使工程质量达到一定技术指标的保证，在施工和验收过程中必须严格遵守。

常用的电气工程施工规范有：

(1)《建筑电气工程施工质量验收规范》;

(2)《建筑工程施工现场供电安全规范》;

(3)《住宅装饰装修工程施工规范》;

(4)《电梯工程施工及验收规范》;

(5)《城市路灯照明工程施工及验收规范》等等。

2. 建筑电气设计规范

除以上电气装置安装工程施工及验收规范外，国家还颁发了与其相关的各种设计规范、标准及电气材料等有关技术标准与标准图集，这些技术标准是与施工及验收规范互为补充的。

常用的电气工程设计规范有：

(1)《民用建筑电气设计规范》;

(2)《建筑电气照明设计标准》;

(3)《建筑物防雷设计规范》;

(4)《建筑设计防火规范》;

(5)《高层民用建筑设计防火规范》等等。

在施工中除遵循以上列出的国家规范以外，还应遵循部门规范、地方规定及企（行）业标准。使用各种规范、标准时，一定要选择现行最新版本。

1.2.3　建筑电气安装有关的图集和图册

图集和图册是各类施工规范的补充，它以简图形式来解释和说明相关规范的要求。常用的建筑电气安装图集和图册有：

(1)《建筑电气工程设计常用图形和文字符号》；

(2)《建筑物防雷设施安装》；

(3)《干式变压器安装》；

(4)《室外变压器安装》；

(5)《常用灯具安装》；

(6)《室内管线安装》；

(7)《电缆桥架安装》等等。

(1) 规范和图集各有何作用？
(2) 国家规范及地方规定在执行时应如何把握？

任务1.3　建筑电气安装工程施工质量验收标准与一般规定

【任务背景】 建筑工程质量是反映建筑工程满足相关标准规定或合同约定的要求，包括其在安全、使用功能及耐久性能、环境保护等方面所有明显和隐含能力的总和。建筑电气工程技术人员、质量检查人员及施工人员必须学习国家颁发的建筑安装工程施工及验收规范。规范是对操作行为的规定，是使工程质量达到一定技术指标的保证，是在施工和验收过程中必须严格遵守的条款。

1.3.1　建筑电气质量验收标准

民用建筑电气质量验收主要依照国家颁布的《建筑电气工程施工质量验收规范》（下称规范）和《建筑工程施工质量验收统一标准》（下称统一标准）等。规范和标准同时还是质量监督机构施工质量纠纷时仲裁的依据。

1. 规范的作用及内容

规范是建筑电气工程施工项目的成品、半成品必须满足的国家强制性标准。评定标准突出了安全用电和使用功能，强调了工程质量要在施工全过程中进行检验。该规范的指导思想是评验分离、强化验收、完善手段及过程控制。施工过程中，施工单位还必须将施工质量管理与《建设工程质量管理条例》提出的事前控制、过程控制结合起来，确保对工程质量和工程成品、半成品质量的有效控制。

规范规定了每个项目的检查内容、检查数量及检验方法，是电气工程施工竣工验收的依据和原则。

2. 标准的作用及内容

标准是规范的法律解释、操作标准和使用规定。它解释规范中的专业用语，明确规定验收的条件、工程的划分等级、工程的合格指标、资料种类及填写内容、各个环节的责任人、验收的程序、参加人员及验收内容等标准。

1.3.2 质量验收的一般规定

质量验收的一般规定包括以下内容。

（1）安装电工、焊工、起重吊装工和电气调试人员等，按有关要求持证上岗。安装和调试用各类计量器具，应检验、鉴定测试合格，在有效期内使用。

（2）除设计要求外，承力建筑钢结构构件上不得采用熔焊连接固定电气线路、设备和器具的支架、螺栓等部件，且严禁热加工开孔。

（3）额定电压交流1kV及以下、直流1.5kV及以下的应为低压电气设备、器具及材料；额定电压大于1kV及以下、直流1.5kV的应为高压电气设备、器具及材料。

（4）电气设备上仪表和电气保护有关的仪表应检验、鉴定测试合格，当投入试运行时，应在有效期内使用。

（5）建筑电气动力工程的空载试运行和建筑电气照明工程的负荷试运行应按《建筑电气施工质量验收规范》规定执行。建筑电气动力工程的负荷试运行，依据电气设备及相关建筑设备的种类、特性，编制试运行方案或作业指导书，并应经施工单位审查批准、监理单位确认后执行。

（6）动力和照明工程的漏电保护装置应做模拟动作试验。

（7）接地（PE）或接零（PEN）支线必须单独与接地（PE）或接零（PEN）干线相连，不得串联。

（8）高压的电气设备和布线系统及继电保护系统的交接试验必须符合现行国家标准《电气装置安装工程电气设备交接试验标准》的规定。

（9）低压的电气设备和布线系统的交接试验应符合《建筑电气施工质量验收规范》的规定。

（10）送至建筑智能化工程变压器的电量信号精度等级应符合设计要求，状态信号应正确。接收建筑智能化工程的指令应使建筑电气工程的自动开关动作符合指令要求，且手动、自动切换功能正常。

（1）电气施工图有哪些作用？

（2）《建筑电气工程施工质量验收规范》和《建筑工程施工质量验收统一标准》在工程建设整个过程中各起什么作用？

知识梳理与总结

本任务主要介绍以下内容：

（1）电气工程安装的基本原则。最少的消耗，最短的施工周期，最简便的施工手段和施工方法创造出最佳的产品。

（2）建筑电气安装工程的施工特点。作为一个建筑工程，电气安装工作只是其中的一部分甚至小部分，但电气安装工作贯穿建筑工程全过程，它随土建工程的进行而逐步完成，并不是一项独立的工作。但它的安全要求不亚于土建工作。

(3) 建筑电气安装工程施工程序。承接施工任务、签订施工合同；全面统筹安排，做好施工规划；落实施工准备，提出开工报告；精心组织施工；竣工验收，交付使用。

(4) 电气工程对土建工程的配合要求。电气工程和土建工程是建筑工程的两个组成部分，分别由两个技术队伍进行施工，为了安装可靠，保质保量地完成建设工作，两项工作必须互相配合、衔接。

(5) 建筑电气安装工程的施工依据。施工依据为：电气施工图；施工规范、标准及相关规定；有关图集、图册。

练习题 1

(1) 简述电气建筑安装工程施工在哪些阶段与土建相配合。

(2) 建筑电气施工图包括哪些内容?

(3) 试解释 YJV_{22} -（4×120）SC150-FC 线路标注中各字母、数字所代表的含义。

(4) 某房间灯具标为 $6\frac{2\times40\text{W}}{-}$，试解释各部分代表的含义。

(5) 一般民用建筑的电气工程验收应参照什么规范？该规范的指导思想是什么?

学习单元2

施工阶段与常用工器具

教学导航

<table>
<tr><td colspan="2">教学任务</td><td>任务 2.1　建筑电气安装工程施工的三大阶段
任务 2.2　常用电气安装工具及测量仪表</td><td>学时</td><td>4</td></tr>
<tr><td rowspan="2">教学目标</td><td>知识方面</td><td colspan="3">了解施工三大阶段的主要工作
了解建筑电气施工验收的程序、方法和要求
掌握常用电气安装工器具及测量仪表的使用方法和维护保养</td></tr>
<tr><td>技能方面</td><td colspan="3">检验批填写
常用电气安装工器具及测量仪表的使用</td></tr>
<tr><td colspan="2">重点</td><td colspan="3">电气工程验收的程序、方法和要求
施工现场各种表格的正确填写</td></tr>
<tr><td colspan="2">难点</td><td colspan="3">施工质量控制及资料整理</td></tr>
</table>

任务 2.1　建筑电气安装工程施工的三大阶段

【任务背景】　随着建筑电气标准与功能需求的不断提高，更多的高新技术产品和设备进入建筑领域，建筑电气工程的安装施工也将朝着复杂化、高技术方向发展。建筑电气工程的施工可分为三个阶段进行，即施工准备阶段、施工阶段和竣工验收阶段。每个阶段都有不同的工作内容和操作规律，只有做好每一个阶段的工作，才能使电气安装工程达到高质量、高速度、高工效、低成本。

2.1.1　施工准备阶段

施工准备阶段是指工程施工前将施工必需的技术、物资、机具、劳动力及临时设施等方面的工作事先做好，以备正式施工时组织实施。

施工准备是保证建设工程顺利、连续、均衡施工，全面完成各项经济技术指标的重要前提，是一项有计划、有步骤的工作，不仅在施工前面且贯穿于施工全过程。只有充分做好施工前的准备工作，才能保证工程施工顺利进行。

1. 施工准备的形式

施工准备的形式有阶段性施工准备和作业条件性施工准备两种。

1）阶段性施工准备

阶段性施工准备是指开工前的各项准备工作，它带有全局性，属于建设前期工作，需要进行经济、技术调查。经济、技术调查的目的是为签订承包合同、制定施工规划、编制施工组织设计提供依据。经济、技术调查的内容有：

（1）建设项目的计划任务书、性质、规模和建设要求；

（2）设计进度、工程特点、设计概算、投资计划和工期计划；

（3）工地所在地的自然条件、社会及技术经济条件，如气象、水文、地质等情况，以及地方材料供应情况、交通运输条件、施工地区可供应的施工机械情况、技术标准等；

（4）施工现场情况，包括施工占地、拆迁范围、现场地形、可利用的原有建筑物及设施、现场交通情况。

2）作业条件性施工准备

作业条件性施工准备是为某一个施工阶段及某个分部、分项工程或某个施工环节所做的准备，是局部性的，也是经常性的，如冬、雨季施工准备等。

2. 施工准备的内容

施工准备通常包括：技术准备、施工现场准备，物资、机具、劳动力准备及季节施工准备。

1）施工技术准备

（1）熟悉和审查施工图纸。熟悉和审查图纸包括：识读图纸、了解设计意图，掌握设计内容、设计意图及技术条件、会审图纸。同时，还必须熟悉有关电气安装工程的施工及验收规范、技术规程、操作规程、质量检验评定标准、工程质量检验标准等有关技术资料。

(2) 明确工程所采用的设备和材料。对施工图中选用的电气设备和主要材料等进行统计，做好备料工作，对采用的设备和材料，要考虑供电安全和经济、技术等指标。

(3) 明确电气工程和主体工程及其他安装工程的交叉配合。明确各专业的配合关系，以便及早采取措施，确定合理的施工方案。为防止破坏建筑物的强度和损害建筑物的美观，应尽量配合土建做好预埋、预留工作，同时还应根据规范要求考虑好与其他管线工程的关系，避免施工时发生位置冲突而造成返工。

(4) 编制施工方案。在全面熟悉施工图纸的基础上，依据图纸并根据施工现场实际情况、技术力量及技术装备，编制出合理的施工方案。

(5) 编制施工预算。按照施工图纸的工程量、施工组织设计（或施工方案）拟定的施工方法，参照建筑工程预算定额和有关施工费用规定，编制出详细的施工预算。施工预算可以作为备料、供料、编制各项具体计划的依据。

(6) 进行技术交底。工程开工前，有设计部门、施工部门和业主等多方面技术人员参加的技术交底是施工准备工作不可缺少的一个重要步骤，是施工企业技术管理的一项重要内容，也是施工技术准备的一项重要措施。

2）施工现场准备

最基本的准备是“三通一平”及施工用房设置停妥。

3）物资、机具准备

根据工程性质、工期等因素准备所需物资和机具。

4）劳动力准备

根据工程内容及要求合理搭配技术人员和施工人员，合理调整相关专业人员。

5）季节施工准备

为了保证施工质量、人身安全、物资器材安全，必须有防盗、防雨、防雪、防霉、防潮、防寒、防晒等措施。

3. 施工准备阶段的质量控制

(1) 施工合同签订后，项目经理部建立完善的工程项目管理机构和严密的质量保证体系及质量责任制，抓住质量计划指标、质量计划实施等环节。要求各部门都应担负起质量管理责任，以各自的工作质量来保证整体工程质量。

(2) 工程测量控制是事前质量控制的一项基础工程，也是施工准备阶段的一项重要内容，因此做好基准点、基准线、标高、施工测量控制网复核、复测工作，并填报抄测记录。

(3) 进行图纸会审，为了在施工前能及时发现和审核图纸的问题，事先消灭图纸中的质量隐患，在项目质量计划编制前，应由项目经理、技术负责人主持熟悉图纸并进行图纸会审工作。审核出图纸中存在的问题后，与设计人和发包人进行讨论并协商解决，做好图纸会审记录。

(4) 项目经理必须使分包工程及采购处于受控状态并有计划地进行。为此，项目经理应评价和选择合格的分包人和供应人，可通过招标“择优选择”的原则，慎重选择分包人和材料、设备供应人。

(5) 项目经理部应对全体施工人员进行质量知识、专业知识、管理知识和技能的教育和培训。

2.1.2　施工安装阶段

建筑电气施工安装是建筑电气设计的实施和实现过程，是对设计的再创造和再完善的过程。施工图是建筑电气施工的主要依据，施工验收及验收相关规范是施工技术的法律性文件。

施工安装阶段的主要工作有：配合土建和其他施工单位施工，预埋电缆电线保护管和支持固定件、预留安装设备所需孔洞、固定接线盒、灯位盒及电器底座、安装电气设备等。随着土建工程的进展，逐步进行设备安装、线路敷设、单体检查试验。

1. 安装工序

(1) 主要设备、材料进场验收。对合格证明文件确认，并进行外观检查，以消除运输保管中的缺陷。

(2) 配合土建工程预留预埋。预留安装用孔洞，预埋安装用构件及暗敷线路用导管。

(3) 检查并确认土建工程是否符合电气安装的条件。包括电气设备的基础、电缆沟、电缆竖井、变配电所的装饰装修等是否可开始电气安装的条件。同时，确认日后土建工程扫尾工作不会影响已安装好的电气工程质量。

(4) 电气设备就位固定。按预期位置组合高低压电气设备，并对开关柜等内部接线进行检查。

(5) 电线、电缆、导管、桥架等贯通。按设计位置配管、敷设桥架，确保各电气设备或器具贯通。

(6) 电线穿管、电缆敷设、封闭式母线安装。供电用、控制用线路敷设到位。

(7) 电气、电缆、封闭式母线绝缘检查并与设备器具连接。与高低压电气设备和用电设备电气部分接通；民用工程要与装饰装修配合施工，随着低压器具逐步安装而完成连接。

(8) 做电气交接试验。高压部分有绝缘强度和继电保护等试验项目，低压部分主要是绝缘强度试验。试验合格，具备受电、送电试运行条件。

(9) 电气试运行。空载状态下，操作各类控制开关，带电无负荷运行正常。照明工程可带负荷试验灯具照明是否正常。

(10) 负荷试运行。与其他专业联合进行，试运行前，要视工程具体情况决定是否要联合编制负荷试运行方案。

2. 施工要点

电气工程施工表现为物理过程，即通过施工安装不会像混凝土施工那样出现化学过程，施工安装后不会改变所使用设备、器具、材料的原有特性，电气安装施工只是把设备、器具、材料按预期要求可靠、合理地组合起来，以满足功能需要。是否可靠合理组合，主要体现在两个方面：一是要依据设计文件要求施工，二是要符合相关规范要求的规定。因此必须掌握以下要点。

(1) 使用的设备、器具、材料规格和型号符合设计文件要求，不能错用。

(2) 依据施工设计图纸布置的位置固定电气设备、器具和敷设布线系统，且固定牢固可靠。

（3）确保导线连接及接地连接的连接处紧固不松动，保持良好的导通状态。

（4）坚持先交接试验后通电运行、先模拟动作后通电启动的基本原则。

（5）做到通电后的设备、器具、布线系统有良好的安全保护措施。

（6）保持施工记录形成与施工进度基本同步，保证记录的准确性和记录的可追溯性。

3. 电气工程施工外部衔接

（1）与材料和设备供应商的衔接。

（2）与土建工程配合是电气工程施工程序的首要安排。

（3）与建筑设备安装工程其他施工单位的配合。

4. 施工阶段的质量控制

（1）技术交底。凡由项目经理部编制的施工组织设计，由项目经理部负责人向参加施工的有关技术人员，进行书面交底，并签署技术交底文件作为指导施工的技术依据。在施工过程中，项目技术负责人对发包人或监理工程师提出的有关施工方案、技术措施及设计变更要求，应在执行前向技术人员进行书面技术交底。

（2）工程测量质量控制。在项目开工前应编制测量控制方案，经项目技术负责人批准，同时将测量控制方案、红线桩的校核结果、水准点的引测结果报项目经理部查验认可后方可施工。施工过程中对红线桩、水准点、工程测量控制桩等妥善保护，严禁擅自移动。建筑物轴线、标高及关键部位应由专业测量人员测量、质检员检查、技术负责人复核，填报“测量记录”及“ 施工测量放线报验单”并由监理工程师签认，确保工程质量。

（3）材料质量控制。材料质量控制是提高工程质量的重要保证，创造正常施工条件，也是实现造价控制和进度控制的前提。要对供应人的质量保证能力进行评审，并采用招标“择优选择”的方式，选择材料供应商，并进行材料存档。企业应建立材料运输、储存管理制度，避免材料损失、变质。进行现场的材料、半成品、构配件应分类标明其来源、加工过程、安装交付后的分布和场所。企业应加强对材料质量的检查验收，确保材料、成品、构配件质量。

（4）机械设备的质量控制。企业应根据施工现场条件、结构模式、机械设备、性能、施工工艺和方法、施工组织管理、技术经济等因素，使现场的施工机械配备合理，配套使用，充分发挥机械的效能。

（5）计量管理。企业应制定计量器具的使用、保管、维修、检验等规定，计量人员严格按此规定执行，以确保产品所必需的计量器具符合规定要求。

（6）施工工序控制。工序控制直接影响施工项目的整体质量，因此必须严格控制工序质量。设置质量控制点，是对质量进行控制的有效措施。

（7）设计变更控制。工程变更应按规定程序处理，首先由变更方监理工程师（或业主）申请。监理工程师与相关方研究作业变更决定后，发布变更通知方可组织实施。

（8）环境保护控制。工程施工时把好材料验收关，不使用有害物含量超标和淘汰的材料。施工所用的材料做好防污染控制。工程竣工时检测室内空气污染物浓度，检测不合格不允许使用。

（9）成品保护。建筑产品或半成品保护应采用护、包、盖、封等措施妥善保护。

2.1.3　竣工验收阶段　重点提示

质量验收是指建筑工程在施工单位自行质量检查评定的基础上，参与建设活动的有关单位共同对检验批、分项、分部、单位工程的质量进行抽样复检，根据相关标准以书面形式对工程质量达到合格与否做出确认。

1. 质量验收项目的划分

根据《建筑安装工程质量检验评定标准》规定，建筑安装工程的质量按分项工程、分部工程和单位工程的划分进行检验评定。

（1）建筑安装工程的分项工程是按用途、种类、输送介质和物资及设备组别来划分，如灯具、插座、电缆、母线等安装工程，以及桥式行车、电梯、变压器、车床等设备安装工程。

（2）建筑安装工程的分部工程是按工程种类划分，如建筑电气工程、管道工程、通风工程等。

（3）在工业与民用建设中，建筑物或构筑物的建筑工程是一个单位工程，而建筑物或构筑物的安装工程也是一个单位工程。

2. 可以进行质量验收的条件

（1）建筑工程施工质量应符合《建筑电气施工质量验收规范》和相关专业验收规范的规定。

（2）建筑工程施工应符合工程勘察、设计文件的要求。

（3）参加工程施工质量验收的各方人员应具备规定的资格。

（4）工程质量验收均应在施工单位自行检查评定的基础上进行。

（5）隐蔽工程在隐蔽前应由施工单位通知有关单位进行验收，并应形成验收文件。

（6）涉及结构安全的试块、试件及有关材料，应按规定进行见证取样检测（在监理单位或建设单位监督下，由施工单位有关人员现场取样，并送至具备相应资格的检测单位进行检测）。

（7）检验批次的质量应按主控项目和一般项目验收。

（8）对涉及结构安全和使用功能的重要分部工程应进行抽样检测。

（9）承担见证取样检测及有关结构安全检测的单位应具有相应资质。

（10）工程的观感质量（通过观察和必要的量测所反映的工程外在质量）应由验收人员通过现场检查，并应共同确认。

3. 质量检测（检验）的方法

建筑电气安装工程可根据质量评定方法和实际经验方法进行检查，常用的是直观检查方法。建筑安装工程因项目复杂，专业性强，应采用仪器测试的检查方法。

（1）直观检查法是指凭检查人员的感官，借助简单工具（直尺、卡尺、水平尺、线锤等），通过看、摸、照、靠、吊、量、套 7 种方法检查。

（2）仪器测试法是指用一定的测试设备及仪器进行的检查，如原材料的机械强度试验、焊接件的透视拍照、电器的耐压试验等方法检查。

产品检查可采用两种方法：一种是全数检查，即对产品进行逐项、逐件检验，多用于工程量少而质量要求特别高及严格的项目上；另一种是抽样检查，即在工程中，按一定比例从分部分项中抽取一部分进行检查，要求抽样检查采用随机抽样的方法，避免抽样检查的片面性和倾向性。

4. 工程质量验收的程序

质量验收的程序均应在施工单位自行检查的基础上，按施工顺序进行：检验批→分项工程→分部工程→单位工程。要求循序进行，不能漏项。每项都应坚持实测，评定的部位、项目、计量单位、偏差、检查点数、检查方法及使用的工具仪表，都要按照评定标准的规定进行。

5. 工程质量验收的方法

（1）检验批质量验收。按统一的生产条件或按规定的方式汇总起来供检验用的，由一定数量样本组成的检验体称为检验批。检验批是构成建筑工程质量验收的最小单位，是判定单位工程质量合格的基础。

检验批质量合格应符合下列规定。

① 主控项目和一般项目的质量经抽样检验合格。主控项目是指对检验批质量有致命影响的检验项目。它反映了该检验批所属分项工程的重要技术性能要求。主控项目中所有子项必须全部符合专业验收规范规定的质量指标，这样才能判定该主控项目质量合格，反之，只要其中某一子项甚至某一抽查样本检验后达不到要求即可判定该检验批质量为不合格，则该检验批拒收。换言之，主控项目中某一子项甚至某一抽查样本的检查结果若为不合格即行使对检验批质量的否决权。

② 具有完整的施工操作规程和质量验收记录。检验批质量验收记录如表 2.1 所示。

表 2.1　检验批质量验收记录

<table>
<tr><td colspan="2">工程名称</td><td colspan="2"></td><td colspan="2">分项工程名称</td><td colspan="6"></td><td>验收部位</td><td></td></tr>
<tr><td colspan="2">施工单位</td><td colspan="6"></td><td colspan="2">专业工长</td><td colspan="2"></td><td>项目经理</td><td></td></tr>
<tr><td colspan="2">施工执行标准名称及编号</td><td colspan="12"></td></tr>
<tr><td colspan="2">分包单位</td><td colspan="2"></td><td colspan="4">分包项目经理</td><td colspan="2"></td><td colspan="2">施工班组长</td><td colspan="2"></td></tr>
<tr><td rowspan="8">主控项目</td><td colspan="2">质量验收规范的规定</td><td colspan="10">施工单位检查评定记录</td><td colspan="2">监理（建设）单位验收记录</td></tr>
<tr><td>1</td><td></td><td colspan="10"></td><td colspan="2" rowspan="7"></td></tr>
<tr><td>2</td><td></td><td colspan="10"></td></tr>
<tr><td>3</td><td></td><td colspan="10"></td></tr>
<tr><td>4</td><td></td><td colspan="10"></td></tr>
<tr><td>5</td><td></td><td></td><td></td><td></td><td></td><td></td><td></td><td></td><td></td><td></td><td></td></tr>
<tr><td>6</td><td></td><td></td><td></td><td></td><td></td><td></td><td></td><td></td><td></td><td></td><td></td></tr>
<tr><td>7</td><td></td><td></td><td></td><td></td><td></td><td></td><td></td><td></td><td></td><td></td><td></td></tr>
</table>

续表

工程名称		分项工程名称		验收部位	
一般项目	1				
	2				
	3				
	4				
施工单位检查结果评定	项目专业质量检查员： 年 月 日				
监理（建设）单位验收结论	监理工程师（建设单位项目专业技术负责人） 年 月 日				

（2）分项工程质量验收。分项工程质量合格应符合下列要求。

① 分项工程所含的检验批均应符合合格质量的规定。

② 分项工程所含的检验批质量验收记录完整。

分项工程质量验收记录如表2.2所示。

表2.2 分项工程质量验收记录

工程名称		结构类型		检验批数	
施工单位		项目经理		项目技术负责人	
分包单位		分包单位负责人		分包项目经理	
序号	检验批部位、区段	施工单位检查评定结果	监理（建设）单位验收结论		
1					
2					
3					
4					
5					
6					
7					
8					
9					
10					
检查结论	项目专业 技术负责人： 年 月 日	验收结论	监理工程师 （建设单位项目专业技术负责人） 年 月 日		

（3）分部（子分部）工程质量验收。

① 所含分项工程的质量验收全部合格。

② 各分项验收记录内容完整，填写正确，收集齐全。

③ 质量控制资料完整。

④ 有关安全及功能的检验和抽样检测应符合有关规定。

⑤ 观感质量验收应符合规定。

分部（子分部）工程质量应由总工程师（建设单位项目专业负责人）组织施工项目经理和有关勘察、设计单位项目负责人进行验收，并按表 2.3 记录。

表 2.3 ＿＿＿＿＿＿分部（子分部）工程验收记录

工程名称		结构类型		层数	
施工单位		技术部门负责人		质量部门负责人	
分包单位		分包单位负责人		分包技术负责人	
序号	分项工程名称	检验批数	施工单位检查评定	验收意见	
1					
2					
3					
4					
5					
6					
质量控制资料					
安全和功能检验（检测）报告					
观感质量验收					
验收单位	分包单位	项目经理 年 月 日			
	施工单位	项目经理 年 月 日			
	勘察单位	项目负责人 年 月 日			
	设计单位	项目负责人 年 月 日			
	监理（建设）单位	总监理工程师 （建设单位项目专业负责人） 年 月 日			

（4）单位（子单位）工程质量验收。单位工程质量验收合格应符合下列要求：

① 单位工程所含分部工程质量均应验收合格，记录内容完整、填写正确、收集齐全；

② 质量控制资料应完整；

③ 单位工程所含分部工程有关安全和功能检测资料应完整；

④ 主要功能项目的抽查结果应符合相关专业质量验收规范的规定；

⑤ 观感质量验收应符合要求。

单位工程质量验收时，建筑电气分部（子分部）工程实物质量的抽检部位如下，且抽检结果应符合《建筑电气工程施工质量验收规范》的规定。

① 大型公用建筑的变配电室，技术层的动力工程，供电干线的竖井，建筑顶部的防雷工

程，重要的或大面积活动场所的照明工程，以及5%自然间的建筑电气动力、照明工程。

② 一般民用建筑的配电室和5%自然间的建筑电气照明工程，以及建筑顶部的防雷工程。

③ 室外电气工程以变配电为主，且抽检各类灯具的5%。各类技术资料应齐全，且符合工序要求，有可追溯性，各责任人均签章确认。

6. 建筑电气工程竣工验收

质量验收是以国家技术标准为统一尺度，正确评定工程质量等级，促进工程质量不断提高，防止不合格的工程交付使用。

单位工程完工后，施工单位应组织自检，自检合格后应报请监理单位进行工程预验收，预验收通过后向建设单位提交工程竣工报告并填写《单位（子单位）工程质量竣工验收记录》。建设单位应组织设计单位、监理单位、施工单位等相关人员进行工程质量竣工验收并记录，验收记录上各单位代表必须签字并加盖公章。

（1）验收内容。

① 分部工程验收。施工单位的项目经理组织有关人员对分部（子分部）逐个进行检查评定，所含分部（子分部）工程检查合格后，由项目经理提交验收。验收组成员验收后，由施工单位填写“验收记录”栏。

注明共验收几个分部，经验收符合标准及设计要求的几个分部。审查验收分部工程全部符合要求，由监理单位在“验收结论”栏内写上“同意验收”的结论。

② 质量控制资料核查。质量控制资料核查有专门的验收表格，如表2.4所示。由施工单位检查合格，再提交监理单位验收。其全部内容在分部（子分部）工程中已经审查。通常单位（子单位）工程质量控制资料核查，也是按分部（子分部）工程逐项检查和审查。如果一个分部工程只有一个子分部工程，子分部工程就是分部工程；如果有多个子分部工程，可一个子分部一个子分部地检查和审查，并将所含子分部工程和名称依次填写在下边。

表2.4　单位（子单位）工程质量控制资料核查记录

工程名称			施工单位		
序号	项目	资料名称	份数	核查意见	检查人
1	建筑电气	图纸会审、设计变更、洽商记录			
2		材料、设备出厂合格证书及进场检（试）验报告			
3		设备调试记录			
4		接地、绝缘电阻测试记录			
5		隐蔽工程验收记录			
6		施工记录			
7		分项、分部工程质量验收记录			
8					
结论： 施工单位项目经理 年　月　日			总监理工程师 （建设单位项目负责人）　年　月　日		

将各子分部工程审查的资料逐项进行统计，填入“验收记录”栏。通常各项资料经审查都应符合要求，如果出现有核定的项目时，应查明情况，一般禁止验收的事件，不会留在单位工程来处理。

这项内容由施工单位自行检查评定合格后，提交验收，由总监理工程师或建设单位项目负责人组织审查，符合要求后，在“验收结论”栏内填写“同意验收”的结论。

③ 安全和主要使用功能核查及抽查结果。安全和主要使用功能核查及抽查结果有专门的验收表格，如表2.5所示。这个项目包括两方面的内容：一是在分部（子分部）进行了安全和功能检测的项目，要核查其检测报告结论是否符合设计要求；二是在单位工程进行的安全和功能抽测项目，要核查其项目是否与设计内容一致，抽测的程序、方法是否符合有关规定，抽测报告的结论是否达到设计要求及规范规定。

表2.5　单位（子单位）工程安全和功能检验资料核查及主要功能抽查记录

工程名称			施工单位			
1	建筑电气	安全和功能检查项目	份数	核查意见	抽查结果	核查（抽查）人
2		照明全负荷试验记录				
3		大型灯具牢固性试验记录				
4		防雷接地电阻测试记录				
5		线路、插座、开关接地检验记录				
结论： 施工单位项目经理 年　月　日			总监理工程师 （建设单位项目负责人） 年　月　日			

注：抽查项目由验收组协商确定。

这个项目由施工单位检查合格后，再提交验收，由总监理工程师或建设单位项目负责人组织审查，程序内容基本一致。按项目逐个进行核查验收，然后统计核查的项数和抽查的项数，填入“验收记录”栏，并分别统计符合要求的项数，填入验收记录栏相应的空档内。通常两个项数是一致的，如果个别项目的抽测结果达不到设计要求，可以进行返工处理，直至符合要求。如果返工处理后仍达不到设计要求，就要按不合格处理程序进行处理。

符合要求后，由总监理工程师或建设单位项目负责人在“验收结论”栏内填写“同意验收”的结论。

④ 观感质量验收。观感质量验收有专门的验收表格，如表2.6所示。观感质量验收的方法与分部（子分部）工程相似，不同的是项目比较多，是一个综合性验收。实质是复查一个分部（子分部）工程验收后到单位工程竣工期间的质量变化、成品保护，以及分部（子分部）工程验收时还没有形成部分的观感质量等。

表2.6　单位（子单位）工程观感质量检查记录

工程名称		施工单位			
序号	项目	抽查质量状况	质量评价		
			好	一般	差
1	配电箱、盘、板、接线盒				
2	设备器具、开关、插座				
3	防雷、接地				
观感综合评价					
检查结论	施工单位项目经理 年　月　日	总监理工程师 （建设单位项目负责人） 年　月　日			

注：质量评价为差的项目，应进行返修。

(2) 综合验收结论及签名。综合验收是指在前四项内容均验收符合要求后进行的验收。验收时，在建设单位组织下，由建设单位相关技术人员、监理单位监理工程师、设计单位、施工单位相关人员分别核查验收有关项目，并由总监理工程师组织进行现场观感质量检查。

以上各项目经审查符合要求后，由监理单位或建设单位在“验收结论”栏内填写“同意验收”的结论。各栏均同意验收且经各参加检验方共同认可商定后，由建设单位填写“综合验收结论”，可填写“通过验收”。具体填写内容如表2.7所示。

表2.7　单位（子单位）工程质量竣工验收记录

<table>
<tr><td colspan="2">工程名称</td><td></td><td>结构类型</td><td></td><td>检验批数</td><td></td></tr>
<tr><td colspan="2">施工单位</td><td></td><td>项目经理</td><td></td><td>项目技术负责人</td><td></td></tr>
<tr><td colspan="2">分包单位</td><td></td><td>分包单位负责人</td><td></td><td>分包项目经理</td><td></td></tr>
<tr><td>序号</td><td colspan="2">项目</td><td colspan="2">验收记录</td><td colspan="2">验收结论</td></tr>
<tr><td>1</td><td colspan="2">分部工程</td><td colspan="2">共　分部，经查　分部，符合标准及设计要求　分部</td><td colspan="2"></td></tr>
<tr><td>2</td><td colspan="2">质量控制资料核查</td><td colspan="2">共　项，经审查符合要求　项，经核定符合规范要求　项</td><td colspan="2"></td></tr>
<tr><td>3</td><td colspan="2">安全和主要使用功能核查及抽查结果</td><td colspan="2">共核查　项，符合要求　项，共抽查　项，符合要求　项，经返工处理符合要求　项</td><td colspan="2"></td></tr>
<tr><td>4</td><td colspan="2">观感质量验收</td><td colspan="2">共抽查　项，符合要求　项，不符合要求　项</td><td colspan="2"></td></tr>
<tr><td>5</td><td colspan="2">综合验收结论</td><td colspan="2"></td><td colspan="2"></td></tr>
<tr><td rowspan="2">参加验收单位</td><td colspan="2">建设单位</td><td>监理单位</td><td>施工单位</td><td colspan="2">设计单位</td></tr>
<tr><td colspan="2">（公章）
单位（项目）负责人
年　月　日</td><td>（公章）
总监理工程师
年　月　日</td><td>（公章）
单位负责人
年　月　日</td><td colspan="2">（公章）
单位（项目）负责人
年　月　日</td></tr>
</table>

勘察单位、设计单位、施工单位、监理单位、建设单位都同意验收时，各单位的项目负责人要亲自签字，以示对工程质量负责，并加盖单位公章，注明签字验收的年、月、日。

7. 竣工阶段的质量控制

(1) 单位工程竣工后，必须进行最终检验和试验。单位工程技术负责人应按编制竣工资料的要求收集材料、设备、构件的质量合格证明材料，以及各种材料的试验检验材料、隐蔽工程记录、施工记录等质量记录。其整理归档按《建设工程文件归档整理规范》（GB/T 50328—2001）规定执行。

(2) 由项目技术负责人组织项目的技术、质量、生产等有关专业技术人员到现场进行检验评定。对查出的施工质量缺陷应予以纠正，并且应在纠正后再次验证以证实其是否符合性能要求，确认工程质量符合强制性标准设计文件及合同要求，向发包人、监理部提出工程竣工报告。

(3) 参加由建设单位组织的各方主体，都应参与竣工初验、验收程序，与承包人签订“质量保修书”和“使用说明书”。

(1) 准备阶段最重要的工作有哪些?
(2) 观感质量检查主要检查哪些项目和内容?
(3) 验收时,应提交哪些技术资料?

任务 2.2 常用电气安装工具及测量仪表

【任务背景】 在建筑电气安装工程施工过程中,施工人员会使用很多器具,能否正确使用器具关系到工程质量和施工安全。在施工和调试过程中也会用到很多仪器仪表,仪器仪表能采集检测数据、检测故障型号、检查设备运行的各项静态和动态指标,能否正确使用仪器仪表也关系到工程质量和仪器仪表本身的使用寿命。

2.2.1 常用电气安装工具

1. 常用电工工具

1) *螺丝刀*

螺丝刀又称旋凿或起子,它是一种坚固或拆卸螺钉的工具。

(1) 螺丝刀的样式和规格。螺丝刀按握柄材料不同又可分为木柄和塑料柄两种。按头部形状不同可分为一字形和十字形两种,如图 2.1 所示。

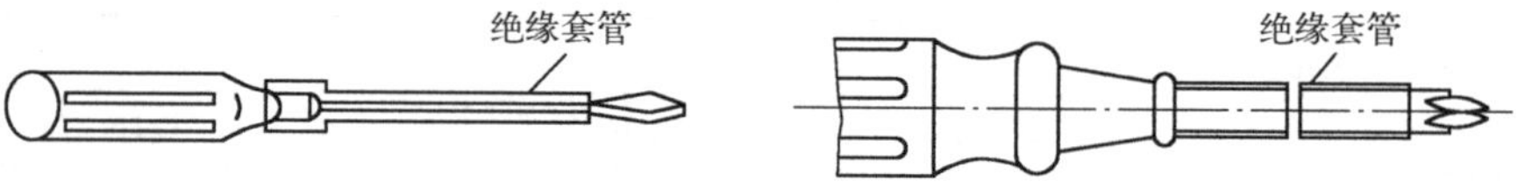

(a) 一字形螺丝刀　　(b) 十字形螺丝刀

图 2.1 螺丝刀

一字形螺丝刀常用的规格有 50mm、100mm、150mm 和 200mm 等,电工必备的是 100mm 和 150mm 两种。十字形螺丝刀专供紧固和拆卸十字槽的螺钉,常用的规格有 4 个,Ⅰ号适用于螺钉直径为 2 ~ 2.5mm,Ⅱ号为 3 ~ 5mm,Ⅲ 号为 6 ~ 8mm,Ⅳ号为 10 ~ 12mm。

(2) 使用螺丝刀的安全知识。

① 电工不可使用金属杆直通柄顶的螺丝刀,否则使用时很容易造成触电事故。

② 使用螺丝刀紧固或拆卸带电的螺钉时,手不得触及螺丝刀的金属杆,以免发生触电事故。

③ 为了避免螺丝刀的金属杆触及皮肤或触及邻近带电体,应在金属杆上穿套绝缘管。

(3) 螺丝刀的使用技巧。

① 大螺丝刀的使用:大螺丝刀一般用来紧固较大的螺钉。使用时,除大拇指、食指和中指夹住握柄外,手掌还要顶住柄的末端,这样就可防止旋转时滑脱,用法如图 2.2 (a) 所示。

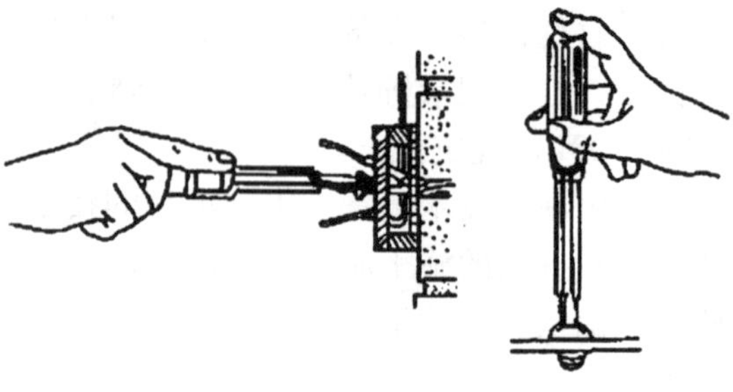

(a) 大螺丝刀的使用　　(b) 小螺丝刀的使用

图 2.2 螺丝刀的使用

② 小螺丝刀的使用：小螺丝刀一般用来紧固电气装置接线端头上的小螺钉，使用时，可用大拇指和中指夹着握柄，用食指顶住柄的末端捻旋，如图2.2（b）所示。

③ 较长螺丝刀的使用：较长螺丝刀在使用时，可用右手压紧并转动手柄，左手握住螺丝刀的中间部分，以使螺丝刀不致滑脱，此时左手不得放在螺钉的周围，以免螺丝刀滑出时将手划破。

2）尖嘴钳

尖嘴钳的头部尖细，适用于在狭小的工作空间操作。尖嘴钳也有铁柄和绝缘柄两种，绝缘柄的耐压为500V，其外形如图2.3所示。

尖嘴钳的用途如下。

（1）带有刃口的尖嘴钳能剪断细小金属丝。

（2）尖嘴钳能夹持较小螺钉、垫圈和导线等元件。

（3）在装接控制线路时，用来弯制单股线芯的压接圈。

3）剪线钳（斜口钳）

断线钳又称斜口钳，断线钳是专供剪断较粗的金属丝、线材及电线电缆等用。钳柄有铁柄、管柄和绝缘柄三种形式，其中电工用的绝缘柄剪线钳的外形如图2.4所示，其耐压等级为500V。

4）钢丝钳

钢丝钳有铁柄和绝缘柄两种，绝缘柄为电工用钢丝钳，常用的规格有150mm、175mm和200mm三种。

（1）电工钢丝钳的结构和用途。电工钢丝钳由钳头和钳柄两部分组成，钳头由钳口、齿口、刀口、铡口四部分组成。钳口用来弯绞或钳夹导线线头；齿口用来紧固或旋松螺母；刀口用来剪切导线或剖削软导线绝缘层；铡口用来铡切电线线芯、钢丝或铅丝等较硬金属。钢丝钳外形如图2.5所示。

（2）使用电工钢丝钳的安全知识。

① 使用电工钢丝钳之前，必须检查绝缘柄的绝缘是否完好。如果绝缘损坏，进行带电作业时会发生触电事故。

② 用电工钢丝钳剪切带电导线时，不得用刀口同时剪切相线和零线，或同时剪切两根相线，以免发生短路事故。

5）剥线钳

剥线钳是用于剥除$6mm^2$及以下导线绝缘层的专用工具，它的手柄是绝缘的，可以用于工作电压为500V的带电操作，如图2.6所示。

剥线钳的规格以全长表示，有140mm和180mm两种，刀口有0.5～3mm多个直径的切口，以适应不同规格芯线的切剥。使用时，将剥削的绝缘长度用标尺定好即可把导线放入相应的刃口中，用手将钳柄一握，导线的绝缘层即被割破自动弹出。

剥线钳的特点是使用方便，工效高，绝缘层切口整齐，不易损伤内部导线。但使用时应注意不同粗细的绝缘线在剥皮时应放在相适应的钳口中，以免损伤导线。

6）电工刀

电工刀是一种剥削和切割电工器材的常用工具，用于电工割切导线绝缘层、削制木榫、切割木台缺口等。电工刀有普通、两用和多用三种，电工刀外形如图2.7所示。

图 2.3　尖嘴钳

图 2.4　剪线钳

图 2.5　钢丝钳

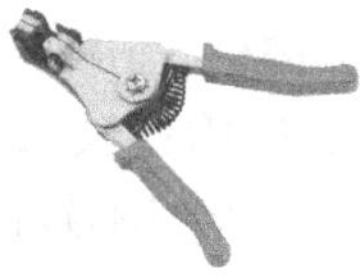

图 2.6　剥线钳

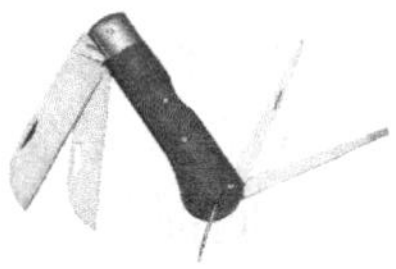

图 2.7　电工刀

（1）电工刀的使用方法。使用电工刀时应注意正确的操作方法。剥导线绝缘层时，刀口朝外45°倾斜推削，用力要适当，不可操作导线金属体。电工刀的刀口应在单面上磨出呈圆弧状的刃口。在剖削绝缘体的绝缘层时，必须使圆弧状刀面贴在导线上进行切割，这样刀口不易操作线芯。电工刀剖削线头如图 2.8所示。

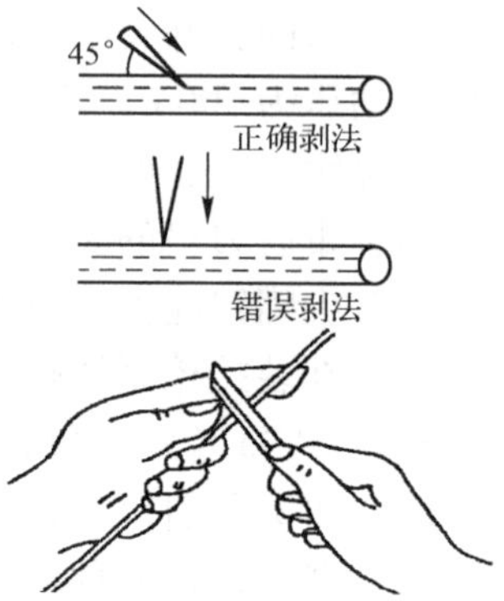

图 2.8　用电工刀剖削线头

（2）使用电工刀的安全注意事项。

① 电工刀使用时注意避免伤手。

② 电工刀使用完毕，将刀身折进刀柄。

③ 电工刀柄是无绝缘保护的，不能带电操作，有绝缘保护的新式电工刀也应注意操作安全，防止触电。

7）验电器

验电器是检验导线和电气设备是否带电的一种电工常用工具。按电压分类有低压和高压之分，按结构分有奶泡发光式和液晶显示式，按形式分有笔形和螺丝刀形之分。

（1）低压验电笔。低压验电笔又称测电笔（简称电笔）。液晶显示式测电笔如图 2.9 所示，可以用来测试交流电或直流电的电压，测试的范围是 12V、36V、55V、110V 和 220V。

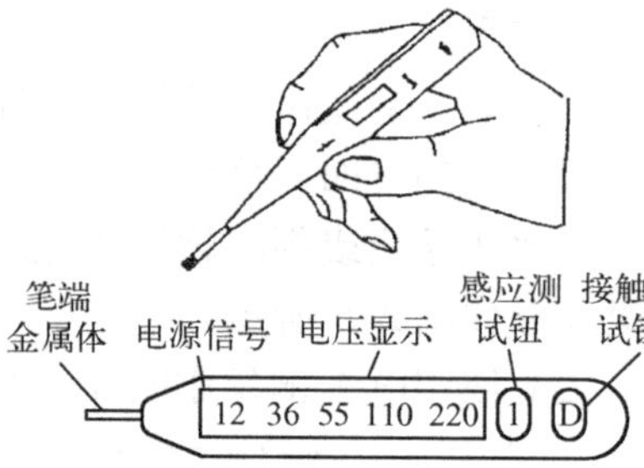

图 2.9　液晶显示测试笔

发光式低压验电笔如图 2.10 所示。发光式低压验电笔检测电压的范围为 60 ～ 500V。使用发光式低压验电笔时，必须按照如图 2.11 所示的正确方法把笔握妥。以手指触及笔尾的金属体，使氖管小窗背光朝向自己。当用电笔测试带电体时，电流经带电体、电笔、人体到大地形成通电回路，只要带电体与大地之间的电压差超过 60V 时，电笔中的氖管就发光。

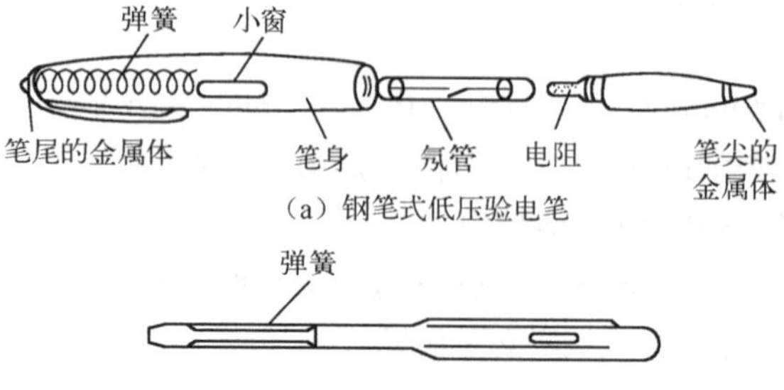

（a）钢笔式低压验电笔

（b）螺丝刀式低压验电笔

图 2.10　低压验电笔

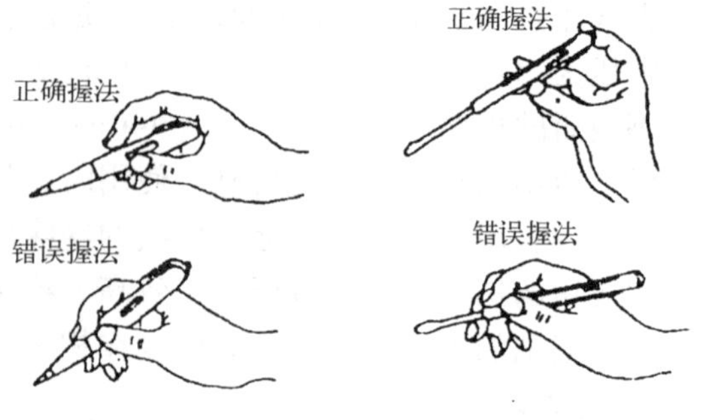

（a）钢笔式握法　（b）螺丝刀式握法

图 2.11　低压验电笔握法

（2）高压验电器。高压验电器又称高压测电器，10kV 高压验电器由金属钩、氖管、氖管窗、固定螺钉、护环和握柄等构成，如图 2.12 所示。

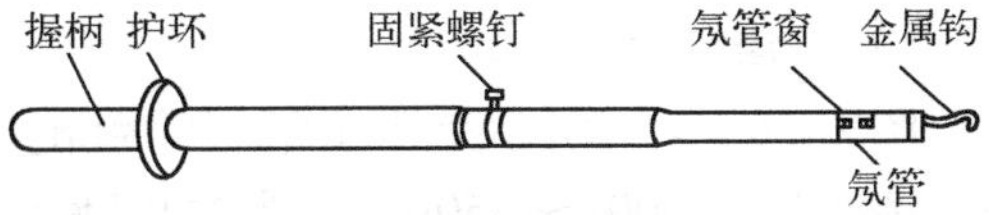

图 2.12　高压验电器

高压验电器在使用时，应特别注意手握部位不得超过护环，如图 2.13 所示。

（3）使用验电器的注意事项。

① 验电器在使用前应在电源处测试，证明验电器确实良好方能使用。

② 使用发光式低压验电笔时，应使验电笔逐渐靠近被测物体，直至氖管发光，只有在氖管不亮时，它才可与被测物体直接接触。

③ 室外使用高压验电器时，必须在气候条件良好的情况下使用，在雪、雨、雾及温度较高的情况下，不宜使用，以防发生危险。

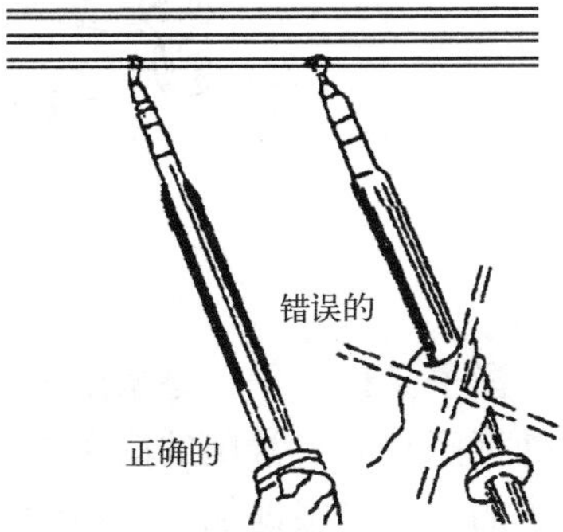

图 2.13　高压验电器握法

④ 高压验电器测试时必须戴上符合耐压要求的绝缘手套；不可一个人单独测试，身旁要有人监护；测试时要防止发生相间或对地短路事故；人体与带电体应保持足够的安全距离，10kV 高压的安全距离为 0.7m 以上，并应半年做一次预防性试验。

2. 钳工工具

1）锯割工具

常用的锯割工具是手锯，如图 2.14 所示，手锯由锯弓和锯条组成。

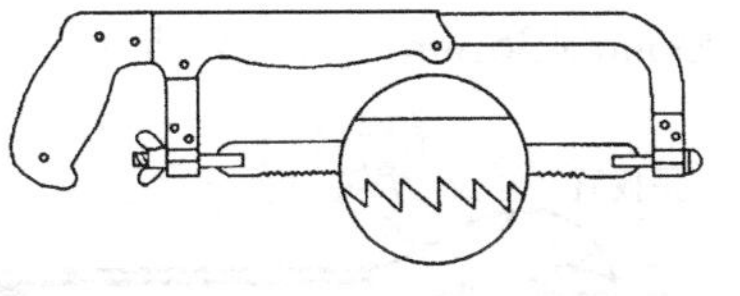

图 2.14　手锯

（1）锯弓：锯弓用来张紧锯条，分固定式和可调式两种。常用的是可调式。

（2）锯条：锯条根据锯齿的牙距大小，分为粗齿、中齿和细齿三种，常用的规格是长 300mm 的一种。

锯条的正确选用应根据所锯材料的软硬、厚薄来选择。粗齿锯条适宜割软材料或锯缝工件，细齿锯条适宜锯割硬材料、管子、薄板料及角铁。

安装锯条时可按加工需要将锯条装成直向的或横向的，且锯齿的齿尖方向要向前，不能反装，锯条的绷紧程度要适当，若过紧，锯条会因受力而失去弹性，锯割时稍有弯曲，就会崩断，若安装过松，锯割时容易弯曲造成折断，而且锯缝易歪斜。

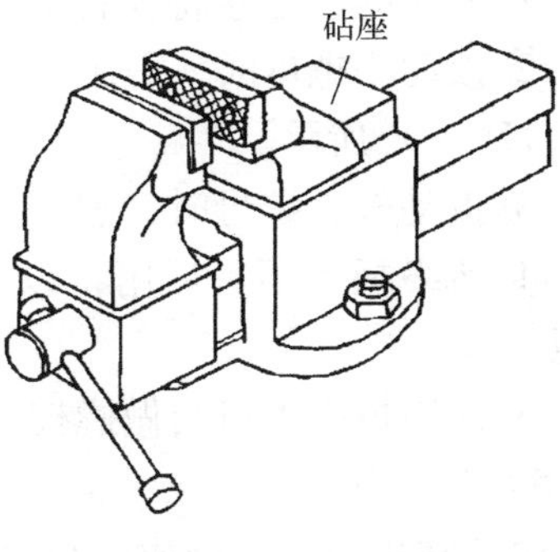

图 2.15　台虎钳

2）台虎钳

台虎钳又称台钳，如图 2.15 所示。台虎钳是用来夹持工件的夹具，有固定式和回转式两种。台虎钳的规格以钳口的宽度表示，有 100mm、125mm 和 150mm 等。在安装台虎钳时，必须使固定钳身的工作面处于钳台边缘以外，钳台的高度为 800 ～ 900mm。

3）手锤、凿子

图2.16（a）所示是钳工常用的敲击工具——手锤，常用的规格有0.25kg、0.5kg、1kg等。锤柄长为300～350mm。为防止锤头脱落，在顶端打入有倒刺的斜楔1～2个。

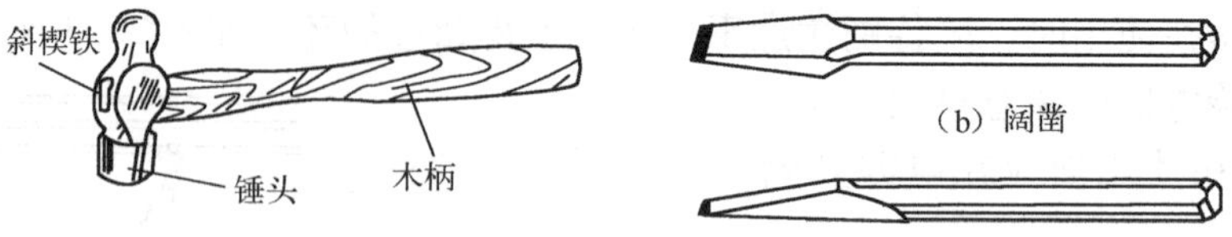

（a）手锤　（b）阔凿　（c）狭凿

图2.16　凿削工具

凿子又称錾子，是凿削的切削工具。它是用工具钢锻打成形后进行刃磨，并经淬火和回火处理而制成。常用的凿子有阔（扁）凿和狭凿两种，如图2.16（b）、（c）所示。凿削时，凿子的刃口要根据加工材料性质的不同，选用合适的几何角度。

4）活络扳手

（1）活络扳手的结构和规格。活络扳手又称活络扳头，是用来紧固和拧松螺母的一种专用工具。它由头部和柄部两部分组成，头部由活络扳唇、呆扳唇、扳口、蜗轮和轴销等构成，如图2.17所示。

旋转蜗轮可调节扳口的大小，规格以长度×最大开口宽度（单位为mm）来表示，电工常用的活络扳手有150mm×19mm（6in）、200mm×24mm（8in）、250mm×30（10in）和300mm×36mm（12in）四种。

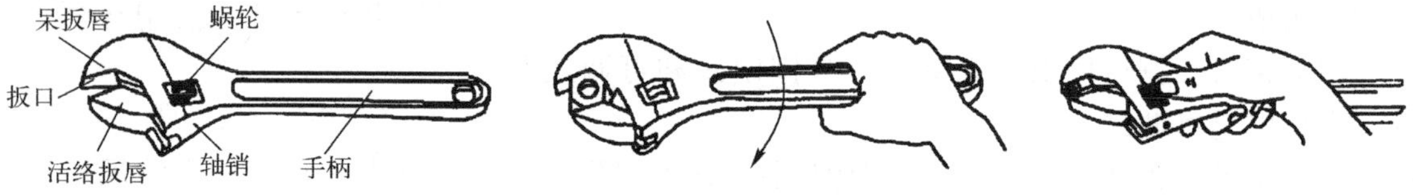

（a）活络扳手结构　（b）扳较大螺母时握法　（c）扳较小螺母时握法

图2.17　活络扳手

（2）活络扳手的使用方法。

① 使用时应注意将扳唇紧压螺母的平面。

② 扳动小螺母时，需用力矩不大，但螺母过小易打滑，故手应握在接近头部的地方，如图2.17（c）所示。

③ 扳动较大螺母时，需要力矩较大，手应握在近柄尾处，如图2.17（b）所示。

④ 活络扳手不可反用，以免损坏活络扳唇，也不可用钢管接长手柄来施加较大的扳拧力矩。

⑤ 活络扳手不可当做撬杠或手锤使用。

5）电工用凿

电工常用錾有圆榫凿、小扁凿、长凿等，如图2.18所示。

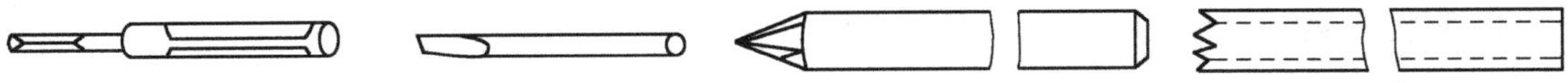

（a）圆榫凿　　（b）小扁凿　　（c）凿混凝土用长凿　　（d）凿砖用长凿

图 2.18　电工用凿

（1）圆榫凿：圆榫凿也称麻线凿，用于在混凝土结构的建筑物上凿打木榫孔。电工常用的圆榫凿有 16# 和 18# 两种，16# 的可凿直径约 8mm 的木榫孔，18# 的可凿直径约 6mm 的木榫孔。凿孔时，要用左手握住圆榫凿，并要不断地转动凿子，使灰沙碎石及时排出。

（2）小扁凿：小扁凿是用来凿打砖墙上的方形木榫孔。电工常用的是凿口宽约 12mm 的小扁凿。

（3）长凿：长凿是用来凿打穿墙孔的。用来凿打混凝土穿墙孔的长凿由中碳圆钢制成，如图 2.18（c）所示；用来凿打穿砖墙孔的长凿由无缝钢管制成，如图 2.18（d）所示。长凿直径分为 19mm、25mm 和 30mm，长度通常有 300mm、400mm 和 500mm 等多种。使用时，应不断旋转，及时排出碎屑。

6）压接钳

压接钳是制作大截面导线接线鼻子的压接工具，有手动压接钳、液压压接钳等。图 2.19（a）为手动冷压接钳，图 2.19（b）为手动液压压接钳。

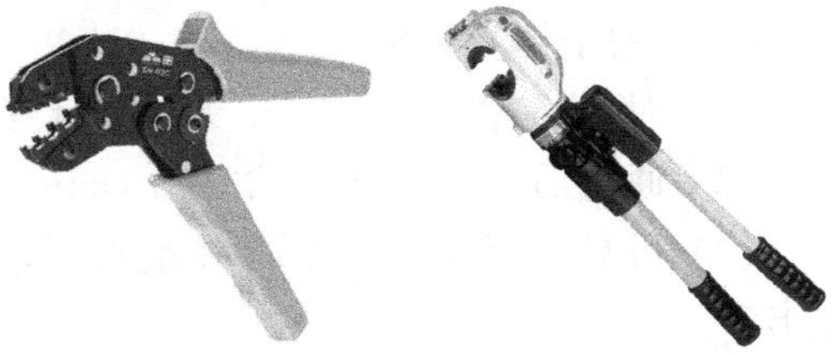

（a）手动冷压接钳　　（b）手动液压压接钳

图 2.19　压接钳

压接钳的使用方法：用压接钳对导线进行冷压接时，应先将导线表面的绝缘层及油污清除干净，然后将两根需要压接的导线头对准中心，在同一轴上，用手扳动压接钳的手柄，压 2 ～ 3 次，铝 - 铜接头压 3 ～ 4 次。

7）锉刀

锉刀的一般结构如图 2.20（a）所示。

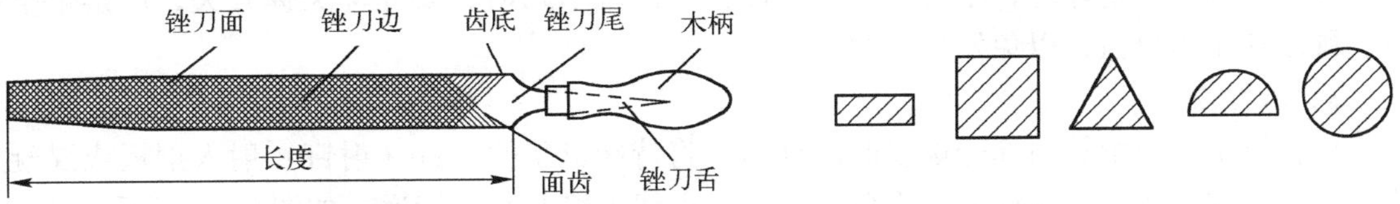

（a）结构　　（b）普通锉刀截面形状

图 2.20　锉刀

锉削软金属用单齿纹，此外都用双齿纹。双齿纹又分粗、中、细等各种齿纹。

粗齿锉刀一般用于锉削软金属材料，加工余量大或精度、光洁度要求不高的工件；细齿锉刀则用于与粗齿锉刀相反的场合。

3. 其他用具

1）手电钻

一般工件也可用电钻钻孔。电钻有手枪式和手提式两种，手提式即手电钻，如图 2.21（a）所示，通常采用为220V 或36V 的交流电源。为保证安全，使用电压为220V 的电钻时，应戴绝缘手套，在潮湿的环境中应采用电压为36V 的电钻。

常用的钻头是麻花钻，如图 2.21（b）所示。柄部用来夹持、定心和传递动力，钻头直径为13mm 以下的一般都制成直柄式，直径为13mm 以上的一般都制成锥柄式。

2）冲击钻和电锤

冲击电钻如图 2.22（a）所示，是一种旋转带冲击的电钻，一般制成调式结构。当调节环在旋转无冲击位置时，装上普通麻花钻头能在金属上钻孔；当调节环在旋转带冲击位置时，装上镶有硬质合金的钻头，能在砖石、混凝土等脆性材料上钻孔，单一的冲击是非常轻微的，但40000 多次每分钟的冲击频率可以产生连续的力。

电锤如图 2.22（b）所示，是依据旋转和捶打来工作的。钻头为专用的电锤钻头，如图 2.22（c)所示，电锤的捶打力非常高，并具有1000 ～ 3000 次每分钟的捶打频率。与冲击钻相比，电锤需要最小的压力来钻入硬材料，如石头和混凝土（特别是对较硬的混凝土）等。用电锤凿孔并使用膨胀螺栓，可提高各种管线、设备等安装速度和质量，降低施工费用。在使用过程中不要外加很大的力，钻深孔须分几次完成。

电钻使用注意事项：

（1）使用前检查电源线插头是否良好，有无接地装置，外壳手柄有无裂纹或破损；

（2）通电后，应使冲击钻空钻 1min，以检查传动部分和冲击部分转动是否灵活；

（3）机具不可弄湿，不得在潮湿环境下操作，机具把柄要保持清洁干燥，以便两手能握牢；

（4）若是多用途冲击钻或电锤，应根据工作要求，调整机具的工作方式，选择至合适位置；

（5）不熟悉机具使用的人员不准擅自使用，只允许单人操作。作业时，需要戴防护眼镜，登高使用机具时，应做好防止感应触电坠落的安全措施；

（6）遇到坚硬物体时，不要施加过大压力，出现卡钻时，要立即关掉开关，严禁带电硬拉、硬压和用力扳扭，以免发生事故。

3）射钉枪

射钉枪是利用枪管内弹药爆发时的推力，将特殊形状的螺钉（射钉）射入钢板或混凝土构件中，以安装或固定各种电气设备、仪表、电线电缆及水电管道，如图 2.23 所示。

图 2.21　手电钻及钻头

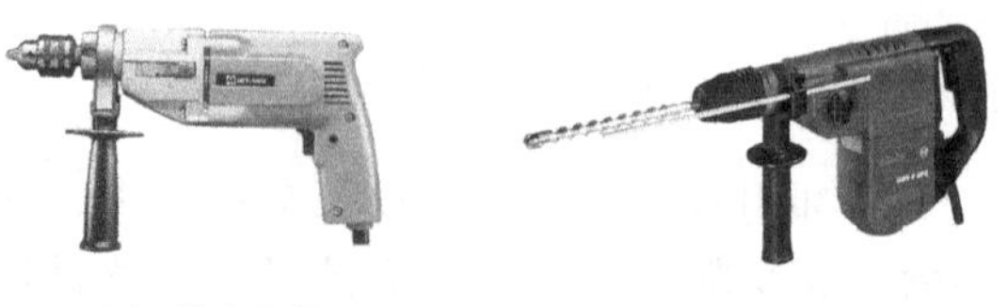

（a）冲击电钻　　（b）电锤及钻头

图 2.22　冲击电钻、电锤及钻头

图 2.23　射钉枪

射钉枪可以代替凿孔、预埋螺钉等手工劳动，提高工程质量，降低成本，缩短施工周期，是一种先进的安装工具。

射钉枪使用注意事项：

（1）根据构件的性能和不同的使用要求选择相应的射钉，并根据射钉的直径大小选择枪管；

（2）使用前，要熟悉射钉枪的结构原理与安全常识，操作前要对射钉枪进行检查，然后再按说明书进行操作；

（3）操作时，操作者要站稳脚跟，佩戴护目镜，高空作业时，还要系好安全带，作业面背后不得站人，以防发生事故；

（4）发射时、射钉枪的护罩必须垂直压紧在射击平面上，严禁在凹凸不平的表面上射钉；如果第一枪未能射入，严禁在原位上补射第二枪，以防射钉蹿出发生事故；

（5）被射构件的厚度应大于2.5倍射钉长度，对厚度不超过100mm的混凝土结构不准射钉，不准在空心砖上或多孔砖上施射。

（6）射钉与混凝土构件边缘距离不应小于100mm，以免构件受振碎裂。

（7）射钉枪应指派专人保管。

2.2.2　常用电工测量仪表　重点提示

在电工作业中，为了判断电气设备的故障和运行情况是否正常，除人们在实践中凭借经验进行观察分析外，还经常需要借助仪表进行测量，以提供电压、电流、电阻等参数的数据。其中便携式万用表、兆欧表和钳形电流表（俗称电工三表）是不可缺少的测量工具。正确使用电工仪表不仅是技术上的要求，而且对人身安全也是非常重要的。

1. 万用表

万用表能测量直流电流、直流电压、交流电压和电阻等，有的还可以测量功率、电感和电容等，是电工最常用的仪表之一。

1）指针式万用表

（1）万用表的结构及外形。万用表主要由指示部分、测量电路和转换装置三部分组成。指示部分通常为磁电式微安表，俗称表头；测量部分是把被测的电量转换为适合表头要求的微小直流电流，通常包括分流电路、分流电压和整流电路；不同种类电量的测量仪表及量程的选择是通过转换装置来实现的。指针式万用表的外形如图2.24所示。

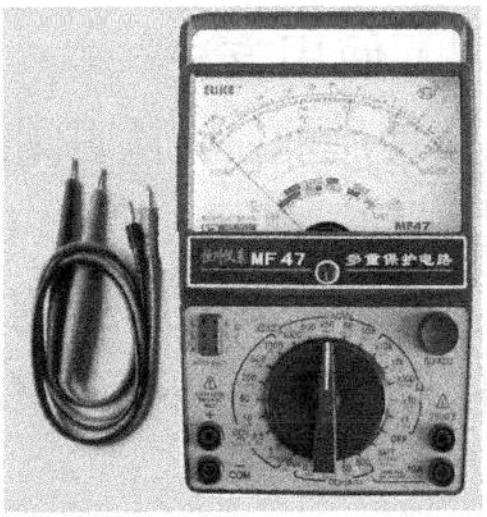

图2.24　指针式万用表

（2）万用表的使用方法。

① 端钮（或插孔）选择要正确：红色表笔连接线要接到红色端钮上（或标有“+”号的插孔内），黑色表笔的连接线应接到黑色端钮上（或接到标有“-”号的插孔内）。

② 转换开关位置的选择要正确：根据测量对象将转换开关转到需要的位置上。例如，测量电流时应将转换开关转到相应的电流挡；测量电压时转到相应的电压挡。有的万用表面板上有两个转换开关，一个用来选择测量种类，另一个用来选择测量量程，使用时应先选择测量种类，然后选择测量量程。

③ 量程选择要合适：根据被测量的大致范围，将转换开关转至该种类的适当量程上。测量电压或电流时，最好使指针在量程的 1/2 ～2/3 的范围内，这样读数较为准确。

④ 正确进行读数：在万用表的标度盘上有很多标度尺，它们分别适用于不同的被测对象，因此，测量时在对应的标度尺上读数的同时，还应注意标度尺读数和量程挡的配合，以避免差错。

⑤ 欧姆挡的正确使用：测量电阻时，应选择合适的倍率挡，倍率挡的选择应以使指针停留在刻度线较稀的部分为宜。指针越接近标度尺的中间则读数越准确；越向左刻度线靠近，读数的准确度则越差。

测量电阻前，应将万用表调零，即将两根测试棒碰在一起，同时转动“调零旋钮”，使指针刚好指在欧姆刻度尺的零位上，这一步骤称为欧姆挡调零。每换一次欧姆挡，测量电阻之前都要重复这一步骤，从而保证测量的准确性。如果指针不能调到零位，说明电池电压不足，需要更换。

不能带电测量电阻。万用表是由于电池供电的，被测电阻绝不能带电，以免损坏表头。在使用欧姆挡间隙中不要让两根测试棒短接，以免浪费电池。

（3）操作注意事项。

① 在使用万用表时要注意，手不可触及测试棒的金属部分，以保证安全和测量的准确度。

② 在测量较高电压或较大电流时，不能带电转动转换开关，否则有可能使开关烧坏。

③ 万用表用完后最好将转换开关转到交流电压最高量程挡，此挡对万用表最安全，以防下次测量时疏忽而损坏万用表。

④ 在测试棒接触被测线路前应再做一次全面检查，看一看各部分是否有误。

2）数字式万用表

目前，数字式测量仪表已成为主流，有取代模拟式仪表的趋势。与模拟式仪表相比，数字式仪表灵敏度和准确度高，显示清晰，过载能力强，便于携带，使用更简单。数字式万用表外形结构如图 2. 25 所示。

图 2. 25　数字式万用表

（1）使用方法。

① 使用前，应认真阅读有关使用说明书，熟悉电源开关、量程开关、插孔、特殊插口的作用。

② 将电源开关置于 ON 位置。

③ 交/直流电压的测量。根据需要将量程开关拨至 DCV（直流）或 ACV（交流）的合适量程，红表笔插入 V/Ω 孔，黑表笔插入 COM 孔，并将表笔与被测线路并联，读数即显示被测电压值。

④ 交/直流电流的测量。将量程开关拨至 DCA（直流）或 ACA（交流）的合适量程，红表笔插入 mA 孔（小于 200mA 时）或 10A 孔（大于 200mA 时），黑表笔插入 COM 孔，并将万用表串联在被测电路中。测量直流量时，数字式万用表能自动显示极性。

⑤ 电阻的测量。将量程开关拨至 Ω 挡的合适量程，红表笔插入 V/Ω 孔，黑表笔插入 COM 孔。如果被测电阻值超出所选择量程的最大值，万用表将显示“1”，这时应选择更高的量程。测量电阻时，红表笔为正极，黑表笔为负极，这与指针式万用表正好相反。因此，测量晶体管、电解电容器等有极性的元器件时，必须注意表笔的极性。

（2）注意事项。

① 如果无法预先估计被测电压或电流的大小，则应先拨至最高量程挡测量一次，再视情况逐渐把量程减小到合适位置。测量完毕，应将量程开关拨到最高电压挡，并关闭电源。

② 满量程时，仪表仅在最高位显示数字“1”，其他位均消失，这时应选择更高的量程。

③ 测量电压时，应将数字式万用表与被测电路并联。测量电流时，应将数字式万用表与被测电路串联，测量直流量时不必考虑正、负极性。

④ 当误用交流电压挡去测量直流电压或误用直流电压挡去测量交流电压时，显示屏将显示“000”，或低位上的数字出现跳动。

⑤ 禁止在测量高电压（220V 以上）或大电流（0.5A 以上）时换量程，以防止产生电弧而烧坏开关触点。

⑥ 当显示“ - ”、“BATT”或“LOW BAT”时，表示电池电压低于工作电压。

2. 兆欧表

兆欧表又称高阻表，也称摇表，用于测量大电阻值，主要是绝缘电阻的直读式仪表 。它是专用于检查和测量电气设备和供电线路的绝缘电阻的便携式仪表，如图 2.26 所示。

图 2.26　兆欧表

1）兆欧表的选用

选择兆欧表要根据所测量的电气设备的电压等级和测量绝缘电阻范围而定。选用其额定电压一定要与被测电气设备或电气设备线路的工作电压相对应。

测量额定电压在 500V 以下的电气设备时，宜选用 500V 或 1000V 的兆欧表。如果测量高压电气设备或电缆，可选用1000 ～ 2500V 的兆欧表，量程可选 0 ～ 2500Ω 的兆欧表。

2）兆欧表使用前的检查

首先将被测的设备断开电源，并进行 2 ～ 3min 放电，以保证人身和设备的安全，这一要求对具有电容的高压设备尤其重要，否则绝不能进行测量。

兆欧表测量之前应做一次短路和开路试验。如果兆欧表表笔“地（E）”、“线（L）”处于断开的状态，转动摇把，观察指针是否滞在“∞”处，再将兆欧表表笔“地（E）”、“线（L）”两端短接起来，缓慢转动摇把，观察指针是否在“0”位。如果上述检查发现指针不能指到“∞”或“0”位，则表明兆欧表有故障，应检修后再用。

3）兆欧表测量接线的方法

兆欧表有三个端钮，即接地 E 端、线路 L 端和保护环 G 端。测量电路绝缘电阻时，E 端接在地，L 端接电路，即测的是电路与大地之间的电阻；测量电动机的绝缘电阻时，E 端接电动机的外壳，L 端接电动机的绕组；测量电缆绝缘电阻时，除 E 端接电缆外壳，L 端接电缆芯外，还需要将电缆壳、芯之间的内层绝缘接至 G 端，以消除因表面漏电而引起的测量误差，如图 2.27 所示。

4）兆欧表使用注意事项

（1）兆欧表在不使用时应放于固定的橱内，环境气温不宜太低或太高，切忌放于污秽、潮湿的地面上，并避免置于有腐蚀作用的空气（如酸、碱等蒸气）之中。

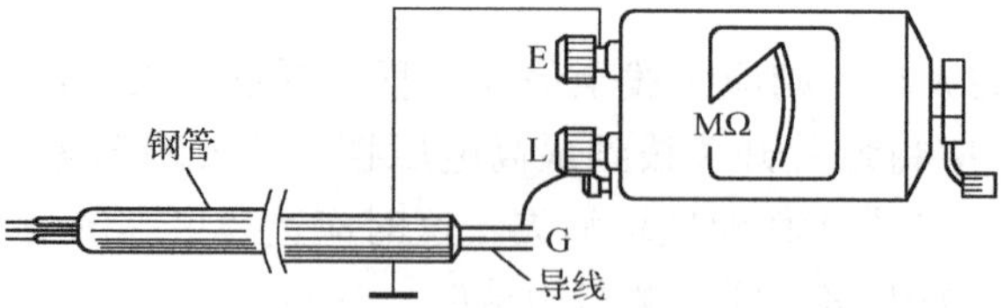

（a）测量照明或动力线路绝缘电阻

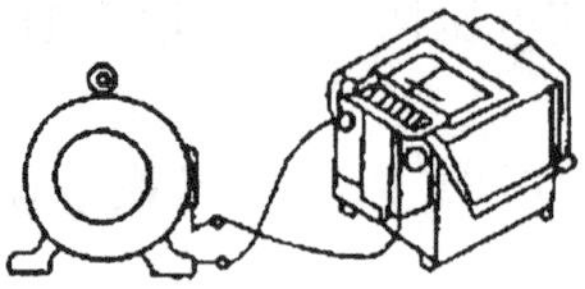

（b）测量电动机绝缘电阻

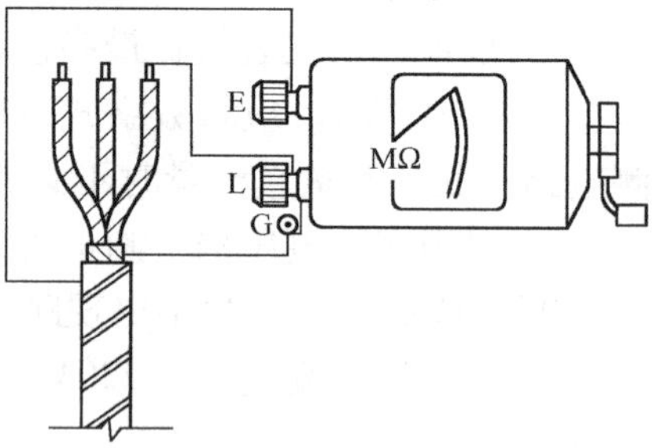

（c）测量电缆绝缘电阻

图 2.27　兆欧表测量时接线方法

（2）应尽量避免剧烈、长期的震动使表头轴尖和宝石受损而影响仪表的准确度。

（3）接线柱与被测物之间连接的导线不能用绞线，应分开单独连接，不致因绞线绝缘不良而影响读数。

（4）在测量前后应对被测物进行充分放电，以保障人身和设备安全。

（5）在测量雷电及邻近带高压导体的设备时，禁止用绝缘电阻表进行测量，只有在设备不带电又不可能受其他电源感应而带电时才能进行。

（6）转动手柄时由慢转快，若发现指针指零，不许继续用力摇动，以防线圈损坏。

图 2.28　钳形电流表

3. 钳形电流表

在电工维修工作中，经常要求要不断开电路的情况下测量电路电流，钳形电流表可以满足这个要求，其外形如图 2.28 所示。钳形表不断开电路测量负载电流如图 2.29 所示。

1）使用方法

（1）在测量之前，应根据被测电流大小、电压高低选择适当的量程。若对被测量值无法估计，应从最大量程开始，逐渐变换合适的量程，但不允许在测量过程中切换量程挡，即应松开钳口，换挡后再重新夹持载流导体进行测量。

（2）测量时，为使测量结果准确，被测载流导体应放在钳形口的中央。钳口要紧密接合，若遇有杂音，可重新开口一次再闭合；若杂音仍存在，应检查钳口有无杂物和污垢，待清理干净后再进行测量。

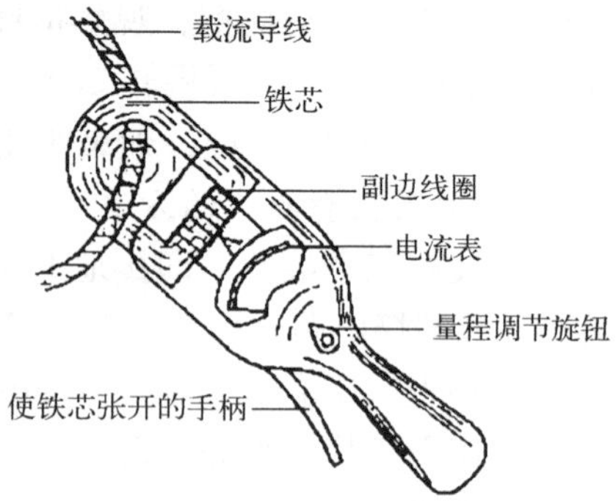

图 2.29　钳形电流表测量示意图

（3）测量小电流时，为了获得较准确的测量值，可以设法将被测载流导线多绕几圈夹入钳口进行测量，但此时应把读数除以导线绕的圈数才是实际的电流值。

测量完毕，一定要把仪表的量程开关置于最大量程位置上，以防下次使用时忘记换量程而损害仪表。使用完毕，将钳形电流表放入箱内保存。

2）钳形电流表使用注意事项

（1）使用钳形电流表进行测量时，应当注意保护人体与带电体之间有足够的安全距离。电业安全规则中规定最小安全距离不应小于0.4m。

（2）测量裸导线上的电流时，要特别注意防止引起相间短路或接地短路。

（3）在低压架空线上进行测量时，应戴绝缘手套，并使用安全带，必须有两人操作，一人操作，另一人监护。测量时不得触及其他设备，观察仪表时，要特别注意保持头部与带电部位的安全距离。

（4）钳形电流表的把手必须保持干燥，并且进行定期检查和试验，一般一年进行一次。

（1）如何判别兆欧表的好坏？
（2）钳形电流表测电流时应注意哪些事项？
（3）转速表在使用时应注意哪些事项？

知识梳理与总结

本任务主要介绍以下内容。

（1）电气施工的三大阶段。第一个阶段是施工准备阶段，具体准备工作包括：施工技术准备，施工现场准备，物资、机具准备，劳动力准备，季节施工准备。俗话说，磨刀不误砍柴工，准备工作充分是工程顺利进行的前提。第二个阶段是施工阶段，它是最重要的阶段，也是周期最长的阶段，工程的安全性、可靠性和高质量主要通过这个阶段体现。这个阶段主要包括施工总程序、施工要点及施工阶段的质量控制。第三个阶段是竣工验收阶段，是在工程交付使用前，最后全方位对工程质量的检验和把关，主要包含验收程序、验收的方法及验收的内容等。

（2）常用工器具。主要介绍电工常用工器具和常用测量仪表。施工时，应根据施工对象选择合适的工具，这样才能事半功倍。检测、检验电气线路时应选择合适的仪表，这样不仅能保证测试数据的正确性，而且能保护仪器仪表不受损坏。

练习题2

（1）建筑电气工程施工准备包括哪些内容？
（2）施工阶段的质量控制具体有哪些内容？
（3）建筑电气工程施工质量验收方法有哪些？
（4）如何判定检验批、分项工程、分部工程是否合格？
（5）建筑电气工程验收时应提交哪些主要的电气资料？
（6）简述建筑电气工程竣工验收内容及参加单位。
（7）简述手动液压压接钳的使用步骤。
（8）简述手电钻、冲击钻和电锤的区别。
（9）简述钳形表的使用步骤。
（10）简述兆欧表的使用步骤。

学习单元3 常用室内配线

教学导航

教学任务		任务 3.1　室内配线的一般规定 任务 3.2　线管配线 任务 3.3　线槽配线 任务 3.4　塑料护套线配线 任务 3.5　封闭式插接母线安装 任务 3.6　电缆桥架配线 任务 3.7　硬母线配装 任务 3.8　电气竖井配线 任务 3.9　导线的连接 任务 3.10　配线安装后的检查与验收	学时	14
教学目标	知识方面	了解线管配线的种类及适用场合 掌握各种配线施工程序及主要安装要求 掌握各种配线质量控制要求 熟知常用室内配线竣工验收内容		
教学目标	技能方面	导线连接 线管明配和暗配		
重点		线管配线的安装工艺及安装要求		
难点		掌握各种配线的施工要求		

任务 3.1　室内配线方式及一般规定

【任务背景】 室内配线是电气工程施工中的重要内容，配线的方式很多，其施工工艺、安装要求、价格、特点和适用场合均有很大不同，选择不当或施工不规范都会给使用者带来不便，甚至会危及生命，如火灾和触电等，故了解各种配线的施工工艺，掌握各种配线的施工要求是很重要的。

1. 室内配线方式及适用范围

敷设在建筑物内部的配线，统称为室内配线，也称为室内配线工程。导线沿墙壁、天花板、桁架及梁柱等布线称为明线敷设，导线埋设在墙内、地坪内和装设在顶棚内等布线称为暗线敷设。常用配线方式有瓷瓶配线、塑料护套线配线、钢（塑料）管（明、暗）配线、线槽配线、桥架配线、封闭插接母线配线、硬母线配线等。室内常用配线方式及导线适用范围见表 3.1。

表 3.1　室内配线方式及导线适用范围

室内特性		常用配线方式	常用导线
一般环境	干燥环境	（1）瓷瓶配线 （2）塑料护套线配线 （3）线槽配线 （4）钢（塑料）管（明、暗）配线	ZR-BV ZR-BVV ZR-BVV ZR-BV ZR-BV
	电气竖井	（1）钢（塑料）管（明）配线 （2）电缆（明）配线 （3）线槽配线	ZR-BV ZR-YJV ZR-VV ZR-BV ZR-YJV ZR-VV
	架空层	（1）钢（塑料）管（明）配线 （2）桥架配线	ZR-BV ZR-BV ZR-YJV ZR-VV
	吊顶内	（1）钢（塑料）管（明）配线 （2）桥架配线	ZR-BV ZR-BVR ZR-BV ZR-YJV ZR-VV
	配电柜母线	硬母线	LMY TMY
特殊环境	潮湿和特别潮湿的环境	（1）瓷瓶配线 （2）钢（塑料）管（明、暗）配线	ZR-BV ZR-BVV ZR-BVVR ZR-BV ZR-BVR ZR-BVVR
	多尘环境	（1）瓷瓶配线 （2）钢（塑料）管（明、暗）配线	ZR-BVV ZR-BVVR ZR-BV ZR-BVR
	有腐蚀性的环境	（1）瓷瓶配线 （2）塑料管（明、暗）配线	ZR-BVV ZR-BVVR ZR-BV ZR-BVR
	有火灾危险的环境	（1）瓷瓶配线 （2）钢管（明、暗）配线	NH-BVV NH-BVVR NH-BV NH-BVR
	有爆炸危险的环境	钢管（明、暗）配线	NH-BV NH-BVR NH-BVVR

2. 室内配线的一般规定　重点提示

室内配线的原则是既要安全可靠、经济方便，又要布局合理、整齐、牢固。

（1）所用导线的额定电压应大于线路的工作电压，导线的绝缘应符合线路的安装方式和敷设环境的条件，导线的截面应满足发热条件和机械强度的要求。不同敷设方式导线线芯的最小截面见表 3.2。

表 3.2　不同敷设方式导线线芯的最小截面

<table>
<tr><th colspan="3" rowspan="2">敷设方式</th><th colspan="3">线芯最小截面（mm^2）</th></tr>
<tr><th>铜芯软线</th><th>铜　线</th><th>铝　线</th></tr>
<tr><td colspan="3">敷设在室内绝缘支持件上的裸导线</td><td>—</td><td>2.5</td><td>4.0</td></tr>
<tr><td rowspan="4">敷设在绝缘支持件上的绝缘导线，其支持点间距为 L(m)</td><td rowspan="2">$L \leq 2$</td><td>室内</td><td>—</td><td>1.0</td><td>2.5</td></tr>
<tr><td>室外</td><td>—</td><td>1.5</td><td>2.5</td></tr>
<tr><td colspan="2">$2 < L \leq 6$</td><td>—</td><td>2.5</td><td>4.0</td></tr>
<tr><td colspan="2">$6 < L \leq 12$</td><td>—</td><td>2.5</td><td>6.0</td></tr>
<tr><td colspan="3">穿管敷设的绝缘导线</td><td>1.0</td><td>1.0</td><td>2.5</td></tr>
<tr><td colspan="3">槽板内敷设的绝缘导线</td><td>—</td><td>1.0</td><td>2.5</td></tr>
<tr><td colspan="3">塑料护套线明敷</td><td>—</td><td>1.0</td><td>2.5</td></tr>
</table>

（2）配线时应尽量避免导线接头。护套线、槽板、管内配线不应有接头，若需要应在接线盒、灯头盒内完成。

（3）明配线路在建筑物内应平行或垂直敷设，平行敷设的导线距地面一般不小于 2.5m，垂直敷设的导线距地面不小于 2m，否则，导线应穿管保护，以防机械损伤。

（4）导线穿墙时，应加装保护管，保护管伸长墙面的长度应不小于 10mm，并保持一定的倾斜度。

（5）电气线路经过建筑物、构筑物的沉降缝或伸缩缝处，应装设两端固定的补偿装置，导线应留有余量。

（6）电气线路与其他管道、设备间的最小距离应符合表 3.3 的规定。

表 3.3　电气线路与其他管道、设备间的最小距离（mm）

类别	管线与设备名称	管内导线	明敷绝缘导线	裸母线	滑触线
平行	煤气管	0.1	0.1	0.1	0.5
	乙炔管	0.1	0.1	2.0	3.0
	氧气管	0.1	0.1	0.1	1.5
	蒸气管	1.0/0.3	1.0/0.3	0.1	0.1
	暖水管	0.3/0.2	0.3/0.2	0.1	0.1
	通风管	—	0.1	0.1	0.1
	上下水管	—	0.1	0.1	0.1
	压缩空气管	—	0.1	0.1	0.1
	工艺设备	—	—	1.5	1.5
交叉	煤气管	0.1	0.3	0.5	0.5
	乙炔管	0.1	0.5	0.5	0.5
	氧气管	0.1	0.3	0.5	0.5
	蒸气管	0.3	0.3	0.5	0.5
	暖水管	0.1	0.1	0.5	0.5
	通风管	—	0.1	0.5	0.5
	上下水管	—	0.1	0.5	0.5
	压缩空气管	—	0.1	0.5	0.5
	工艺设备	—	—	1.5	1.5

（7）配线工程采用的管卡、支架、吊钩、拉环和盒（箱）等黑色金属附件，均应镀锌或涂防锈漆。

（8）配线工程中非带电金属部分的接地和接零应可靠。

（9）当配线采用多相导线时，其相线的颜色应易于区分，相线与零线的颜色应不同，同一建筑物、构筑物内的导线，其颜色选择应统一；保护地线（PE线）应采用黄绿颜色相间的绝缘导线；零线宜采用淡蓝色绝缘导线。

（10）配线工程施工后，应进行各回路的绝缘检查，绝缘电阻值应符合现行国家标准《电气装置安装工程电气设备交接试验标准》的有关规定，并应做好记录。

> （1）导线选择的依据是什么？按实际情况如何确定侧重条件？
> （2）非带电金属部分的接地和接零是指什么？地线或零线如何区别？
> （3）N线和PE线为什么要用不同的颜色？接错又会产生什么现象？

任务3.2　线管配线

【任务背景】 把绝缘导线穿在管内敷设，称为线管配线。线管配线是多种配线中用的最多的一种配线方式，线管配线可避免腐蚀性气体侵蚀和遭受机械损伤，安全可靠并便于更换导线，线管配线的种类也很多，故适用于强电、弱电领域，也可适用高温、高压、寒冷、潮湿等特殊场所。

3.2.1　线管配线的种类

线管配线按敷设方式分，有明配和暗配两种，明配原则为横平竖直，暗配原则为管路短，弯头少。

线管配线按种类分有如下几种。

- 线管配线
  - 金属管
    - 厚壁钢管（焊接管、镀锌钢管、水煤气管、JDG管等）
    - 电线管（黑铁管、薄壁管、KBG管等）
    - 普利卡金属套管
    - 普通金属软管
  - 塑料管
    - 硬质阻燃管（PVC管）
    - 阻燃型可挠（波纹）管

3.2.2　线管配线的一般规定　重点提示

（1）埋入墙体和混凝土内的管线，离表面层的净距应不小于15mm，塑料电线管在砖墙内剔槽敷设时必须用强度等级不小于M10水泥砂浆抹面保护，其厚度不小于15mm。

（2）明、暗敷设的线管应配备相应明暗配件，如接线盒、开关盒及灯头盒等，并应保持材质一致。暗、明装开关盒、插座接线盒及灯头盒如图3.1所示。

（a）暗装开关盒、插座接线盒　（b）明装开关盒、插座接线盒　（c）暗装灯头盒

图3.1　开关盒、插座接线盒及灯头盒

(3) 进入灯头盒、开关盒及插座接线盒的线管数量不宜超过4个，否则应选用大型盒。

(4) 地下暗配管线，不得穿越设备基础，若必须穿过基础应设置套管进行保护。

(5) 管线敷设时应尽量避开采暖沟、电信管沟等各种管沟。

(6) 敷设在多尘或潮湿场所的电线保护管，管口及其各连接处均应密封。

(7) 被隐蔽的接线盒和导管连接及敷设情况等在隐蔽前检查验收合格，方可隐蔽。

(8) 在TN-S、TN-C-S系统中，由于有专用的保护线（PE），可以不必利用金属电线管做保护接地或保护接零，用做保护接地或保护接零的导管壁厚应不小于2mm，且管线与零线或地线有可靠的电气连接。

3.2.3 金属管配线

1. 金属管暗配线施工工艺

工艺流程：

管材选择 → 管子切割 → 管子套丝 → 管子弯曲 → 管子连接 → 管子敷设 → 跨接地线焊接 →

管子防腐 → 管子穿线

施工方法和要点：

1）管材选择

施工时，应按施工图设计要求选择管子类型及规格。对钢管外观的选择应注意：壁厚均匀，无劈裂、砂眼、棱刺和凹扁缺陷，并应有产品质量证明书。

2）管子切割

配管前根据图纸要求的实际尺寸将管线切断，大批量的管线切断时，可以利用纤维增强砂轮片切割，操作时用力要均匀、平稳，不能用力过猛，以免砂轮崩裂。

小批量的钢管一般采用钢锯进行切割，将需要切割的管子放在台虎钳的钳口卡牢，注意切口位置与钳口距离应适宜，不能过长和过短，操作应准确。在锯管时锯条要与管子保持垂直，推锯时稍用力，但不能过猛，以免锯条折断，回锯时，稍抬锯条，尽量减少锯条的磨损，当管子快要断时，要减慢速度，使管子平稳锯断。

切断管子也可采用割管器，但使用割管器切割的管子，管口容易产生内缩，缩小后的管口要用绞刀或锉刀刮（锉）光。

3）管子套丝

套丝一般采用套丝板来进行，套丝时，先将管子固定在台虎钳或龙门压架上并钳紧，根据管子的外径选择好相应的板牙，将绞板轻轻套在管端，调整绞板的3个支撑脚，使其紧贴管子，这样套丝时不会出现斜丝，调整好绞板后手握绞板，平稳向里推，套上2～3扣后，再站到侧面按顺时针方向转动套丝板，开始时速度应放慢，套丝时应注意用力均匀，以免发生偏丝、啃丝的现象，丝扣即将套成时，轻轻松开扳机，退出套丝板，管径小于SC20的管子应分两板套成，管径大于或等于SC25的管子应分三板套成。钢管套丝如图3.2所示。

套丝后，应将管口端面和内壁的毛刺用锉刀锉去，使管口保持光滑，以免割破导线绝缘层。进入盒（箱）的管子其套丝长度不宜小于管外径的1.5倍，管线间连接时，套丝长度一般为管箍长度的1/2加2～4扣，需要推丝连接的丝扣长度为管箍的长度加2～4扣。

4）管子弯曲

管径小于 SC20 的管子，可用手扳弯管器，手扳弯管器弯管见图 3.3。操作时，先将管子需要弯曲部位的前段放在弯管器内，管子的焊缝放在弯曲方向的背面或旁边，以防管子弯扁，然后用脚踩住管子，手扳弯管器柄，用力不要过猛，各点的用力尽量均匀一致，且移动弯管器的距离不能太大。

管径在 SC25 及其以上的管子应使用液压弯管器，根据管线需弯成的弧度选择相应的模具，将管子放入模具内，使管子的起弯点对准弯管器的起弯点，然后拧紧夹具，弯出所需的弯度。弯管时使管外径与弯管模具紧贴，以免出现凹瘪现象。

焊接钢管也可采用热煨法。煨管前将管子一端堵住，灌入事先准备好的干沙子，并随灌随敲打管壁，要灌满时，将另一端堵住，如图 3.4 所示。煨管时将管子放在火上加热，烧红后煨出所需的角度，随煨随浇冷却液，热煨法应掌握好火候。

图 3.2　钢管套丝

图3.3　手板弯管器弯管

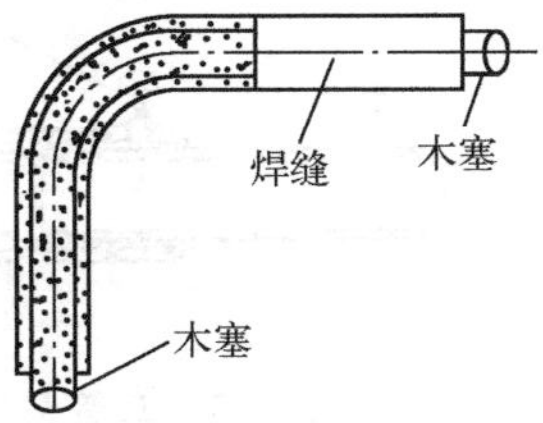

图 3.4　灌砂弯曲及与焊缝的配合

暗配管的弯曲处不得有褶皱、凹穴和裂纹等缺陷，弯扁程度应不大于管外径的 10%。暗配线管弯曲半径，常规应不小于管外径的 6 倍。埋入地下或混凝土结构内，其弯曲半径应不小于管外径的 10 倍。

5）管子连接

线管连接有以下几种形式。

- 线管连接
  - 管管连接
    - 套丝连接
    - 套管焊接
    - 套管紧定螺钉连接
    - 卡接
  - 管盒连接
    - 套丝连接
    - 焊接

（1）线管与线管套丝连接。丝接的两根管应分别拧进管箍长度的 1/2，并在管箍中央部位连接，连接好的管子外露丝扣不应过长，应为 2 ～ 3 扣。为了保证管口的严密性，管子丝扣部分顺螺纹方向缠上麻丝，再涂上一层厚漆，或缠上塑料生料带，然后再连接。套丝连接一般适用于厚壁钢管和镀锌钢管。钢管套丝加管接头连接见图 3.5。

（2）线管与线管套管焊接。套管焊接是取比管外径大的一段钢管做套管，套管长度为管外径的 1.5 ～ 3 倍，两段管插入套管，将套管两端环焊。套管连接一般适用焊接管。套管加套管焊接连接见图 3.6。

（3）线管与线管套管紧钉螺钉连接。采用带螺钉的套管对两段管子进行连接，套管紧定螺钉连接见图 3.7。套管紧定螺钉连接一般适用于镀锌钢管和钢管明配线。

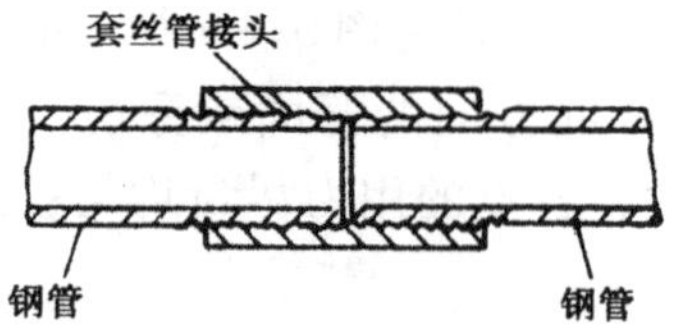

图 3.5　钢管套丝加管接头连接

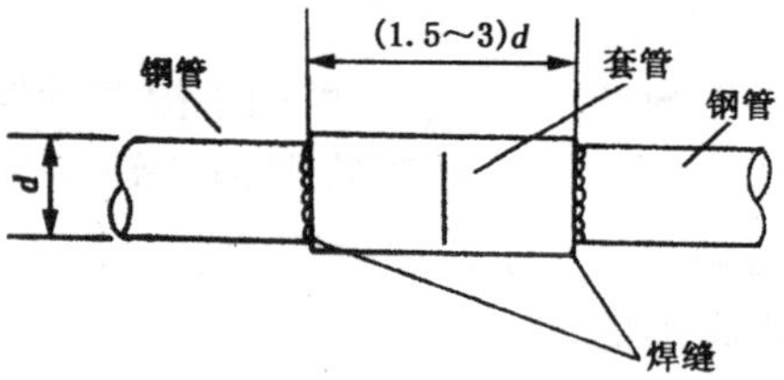

图 3.6　钢管加套管焊接连接

（4）线管与线管卡接。线管与线管的连接时，套上无螺纹的管接头，然后用专用的压接钳进行压接，具体方法和要求见 KBG 管连接部分的内容。

（5）管盒套丝连接。在钢管上套好丝扣，旋上薄型锁紧螺母，插入接线盒中，盒内旋上锁紧螺母，钢管和接线盒连接见图 3.8。管盒套丝连接一般适用镀锌钢管和钢管明配线。

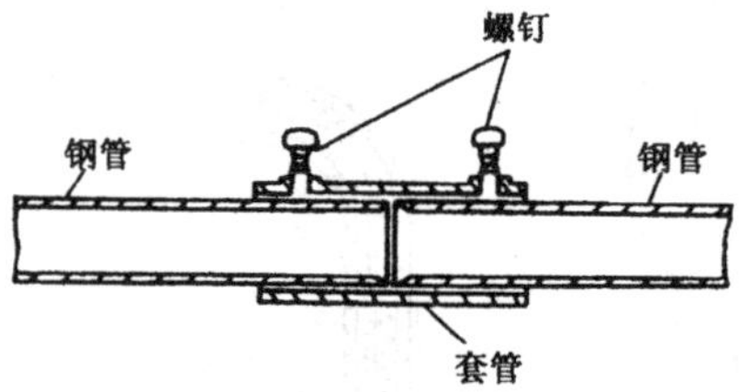

图 3.7　套管紧定螺钉连接

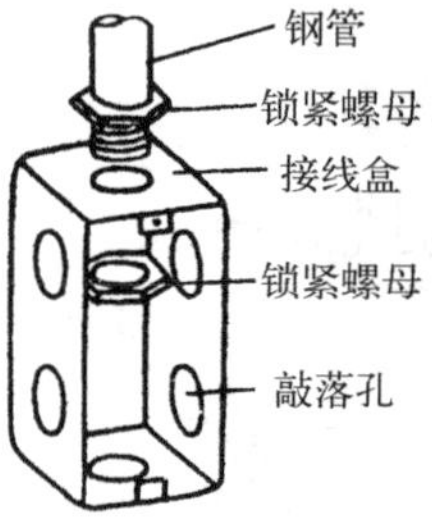

图 3.8　钢管与接线盒连接

（6）管盒焊接。将管子插入盒中，用电焊焊住。注意插入长度不小于 5mm。管盒焊接一般适用电线管和钢管暗配线。

金属管连接注意事项：

（1）金属管严禁对口熔焊连接；镀锌和壁厚小于或等于 2mm 的钢管不得套管熔焊连接；

（2）对埋入泥土或混凝土内的管子宜采用套筒焊接，焊口应焊接牢固、严密。

6）管子敷设

金属管敷设有暗敷和明敷两种。金属管暗敷常见的有以下几种情况。

（1）砖墙内管线敷设。钢管在砖墙内敷设可以随土建砌砖时预埋，也可在砖墙上留槽或剔槽。钢管在砖墙内固定时，可先在砖缝里打入木楔，在木楔上钉钉子，用铁丝将钢管绑扎在钉子上，再将钉子打入，使钢管充分潜入槽内，也可用水泥钉直接将钢管固定在槽内。

直线段固定点的间距应不大于 1m，进入开关盒等处应不小于 100mm。

（2）现浇混凝土墙和柱内管线敷设。墙体内的配管应在两层钢筋网中沿最近的路线敷设，并沿钢筋内侧进行绑扎固定，墙体内管线敷设见图 3.9。柱内管

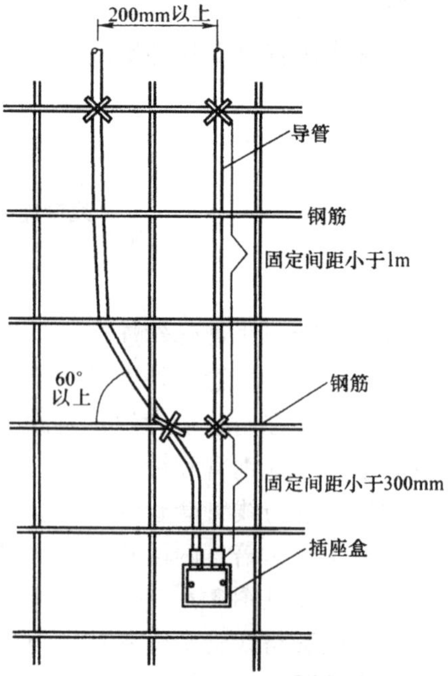

图 3.9　墙体内管线敷设

线应与柱主筋绑扎固定，当线管穿过柱时，应适当加筋，以减小暗配管对结构的影响。柱内管线需与墙连接时，伸出柱外的短管不要过长，以免碰断。管线穿外墙时应加套管保护。开关、插座盒在混凝土墙、柱中固定如图3.10所示。

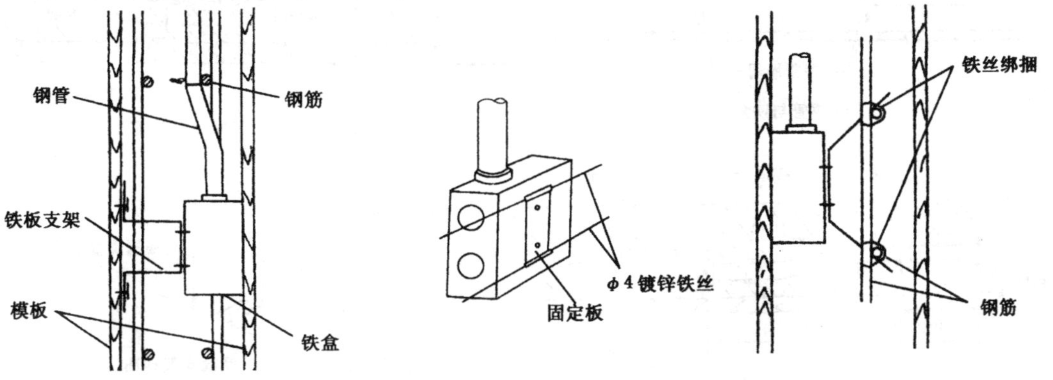

(a) 用铁板支架固定开关盒　　(b) 用铁丝固定开关盒

图3.10　开关、插座盒在混凝土墙、柱中固定

在施工中应注意：管子在墙内敷设时应绑扎固定，绑扎间距应不大于1m；墙柱内的管线并行时，应注意其管间距不可小于25mm。

(3) 现浇混凝土顶板内管线敷设。钢管在现浇混凝土顶板内暗敷时，应在支好的模板上确定好灯、开关、插座盒位置，待土建下铁筋绑好，而上铁筋未铺设时敷设盒、管，并加以固定。钢管在现浇混凝土中暗敷设如图3.11所示。管、盒连接及在现浇混凝土顶板中固定方法如图3.12所示。

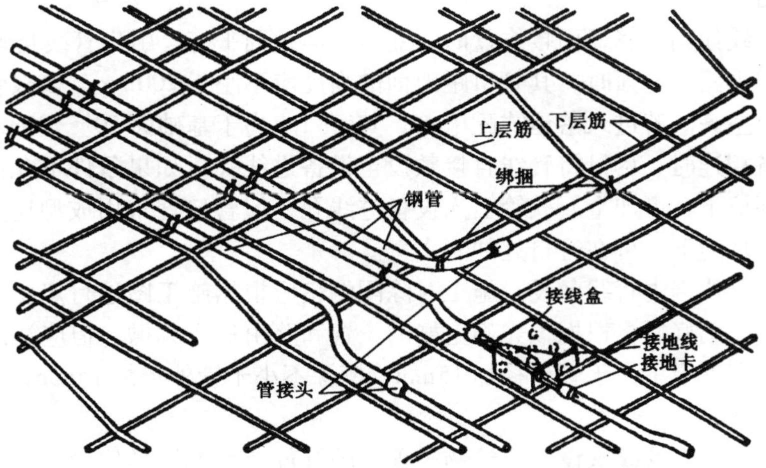

图3.11　钢管在现浇混凝土中暗敷设

在施工中应注意：顶板中的盒应封堵严密；顶板中的管子直径不大于混凝土顶板厚度的1/2；并行的管子间距应不小于25mm。

(4) 梁内管线敷设。管线的敷设应尽量避开梁，若不可避免，具体要求：管线竖向穿梁时，应选择梁内受剪力、应力较小的部位穿过；当管线较多时需并排敷设，且管间的距离

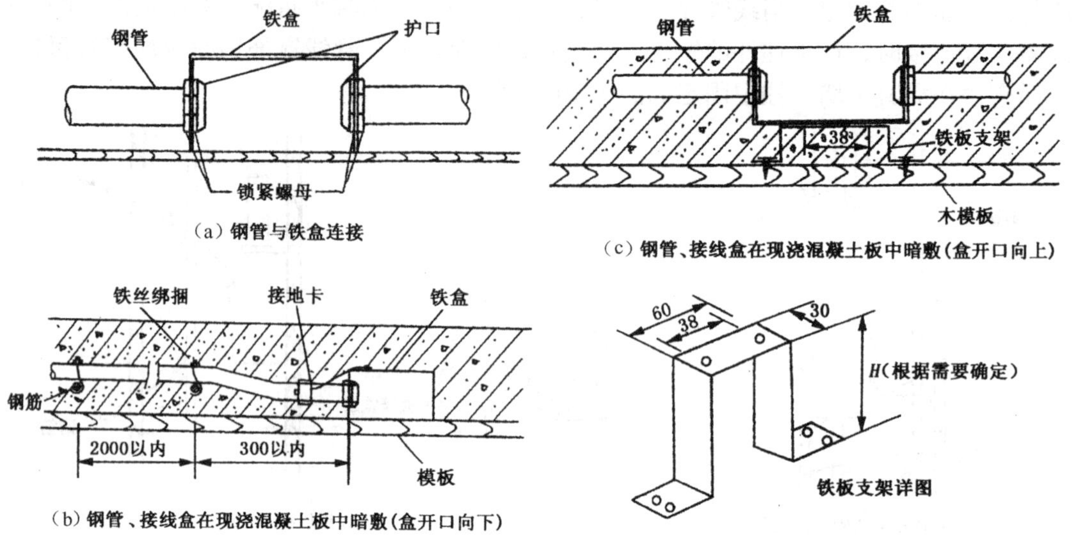

图 3.12　钢管、接线盒连接及在现浇混凝土板上固定

应不小于25mm，同时应与土建协商适当加筋。管线横穿时，也应选择梁内受剪力、应力较小的部位穿过，管线横向穿梁时，管线距底箱上侧的距离不小于50mm，且管接头尽量避免放于梁内。

灯头盒需设置在梁内时，管线应沿梁的中部敷设，并可靠固定，管线可弯成90°的弯从灯头盒顶部的敲落孔进入。

(5) 地面内管线敷设。管线在地面内敷设，应根据施工图设计要求及土建测出的标高，确定管线的路由。

地面内的管线使用金属地面接线盒时，盒口应与地面平齐，引出管线与地面垂直。

敷设的管线需露出地面时，其管口距地面的高度应不小于200mm，多根管线进入配电箱时，管线排列应整齐。若进入落地式配电箱，其管口应高于基础面50～80mm。

线管与设备相连时，尽量将管线直接敷设至设备进线孔，如果条件不允许进入设备进线孔，则在干燥环境下，可加金属软管引入设备进线孔，但管口处采用成型连接器连接，若在室外或较潮湿的环境下，可在管口处加防水弯。

(6) 混凝土砌块墙内管线敷设。施工时除配电箱应根据施工图进行定位预留外，其余管线的敷设应在墙体砌好后，根据预先确定好的位置和路由进行剔槽，但应注意剔的洞和槽不得过大，剔槽的宽度应不大于管外径加15mm，槽深不小于管外径加15mm，管外侧的保护层厚度应不小于15mm。

(7) 建筑物吊顶内管线敷设。建筑物吊顶上的灯位及其他器具位置先放样，且与土建及各专业相关人员商定方可在吊顶内配管。吊顶内管线敷设一般要在龙骨装配完后进行，并在顶板安装前完工。吊顶内配管应根据电器在吊顶上的位置，确定管子部位。当敷设直径为25mm及以下时，可利用吊装卡具在轻钢龙骨的吊杆和主龙骨上敷设，如图3.13所示。吊顶内钢管管径较大或并列钢管数量较多时，应由楼板顶部或梁上固定支架或吊杆直接吊挂配管。

吊顶内灯头盒至灯位可采用阻燃性可挠金属软管过渡，长度不宜超过1.2m，其两端应采用专用接头，如图3.14所示。吊顶内各种盒箱口的方向应面向检查口，以便于检修。

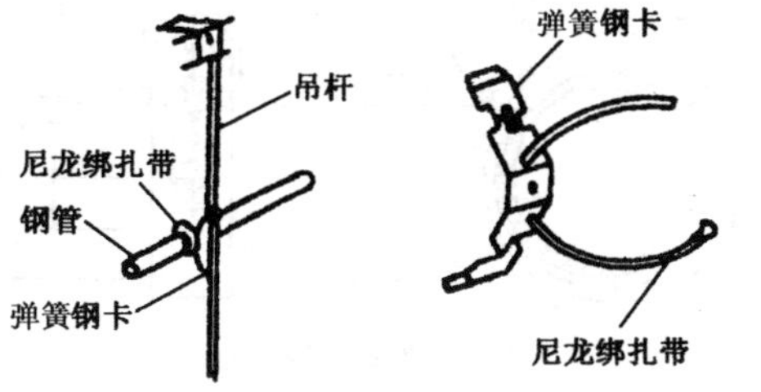

(a) 吊装卡具安装　(b) 吊装卡具零件组装

图3.13　钢管在轻钢龙骨上安装

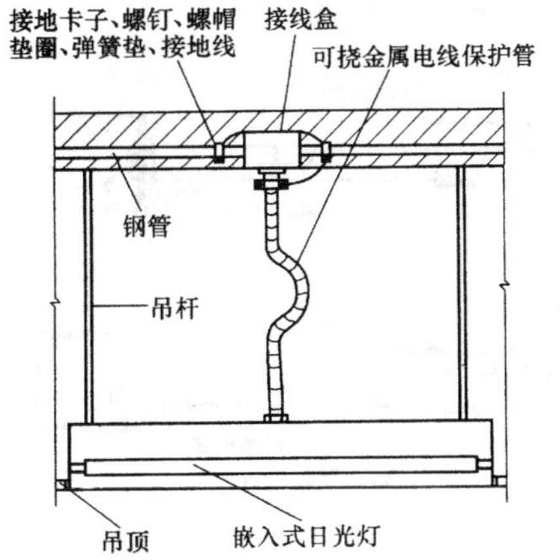

图3.14　吊顶内灯具与可挠金属软管连接

线管敷设注意事项：

(1) 为了便于穿线，水平敷设管线一定长度时应加接线盒，具体要求见表3.4，垂直敷设管线一定长度时应加接线盒固定，如图3.15所示，具体要求见表3.5。

(2) 线管经过建筑物伸缩缝时，为防止基础下沉不均而损坏管子和导线，须在伸缩缝的旁边装设补偿盒。钢管沿墙过伸缩缝的做法如图3.16所示。

表3.4　水平敷设管线加接线盒要求

管路弯曲个*	管线长度（m）
无弯曲	>30
1	>20
2	>15
3	>8

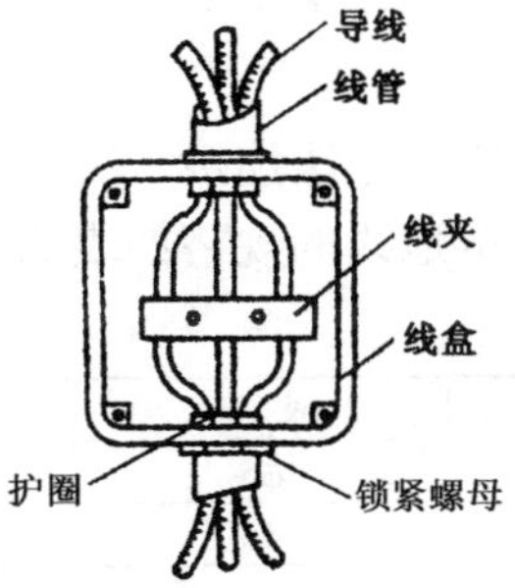

图3.15　垂直配线用接线盒固定

表3.5　垂直敷设管线加接线盒要求

管内导线截面（mm^2）	管线长度（m）
<50	>30
>70且<95	>20
>120且<240	>18

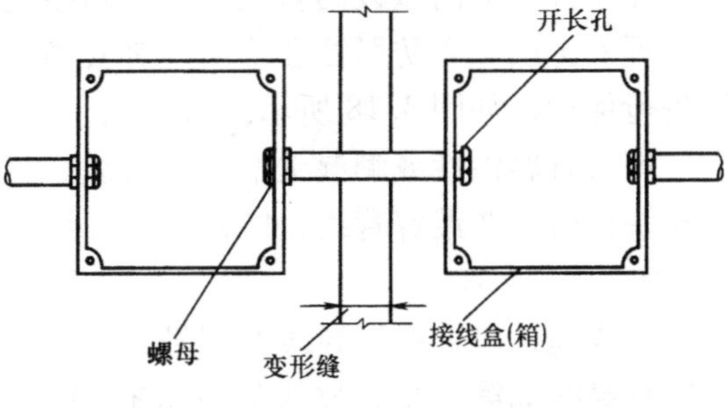

图3.16　钢管沿墙过伸缩缝的做法

7）跨接地线焊接

钢管与钢管、钢管与接线盒及配电箱套丝连接后，为保证钢管之间的良好电气连接，钢管与钢管、钢管与接线盒即配电箱都要跨接地线。如果是镀锌钢管，不能用电焊焊接，可用截面积为 4 ～6mm² 铜导线进行气焊和锡焊，也可用地线夹、螺钉、管卡等进行压接，跨接接地线如图 3. 17 所示。

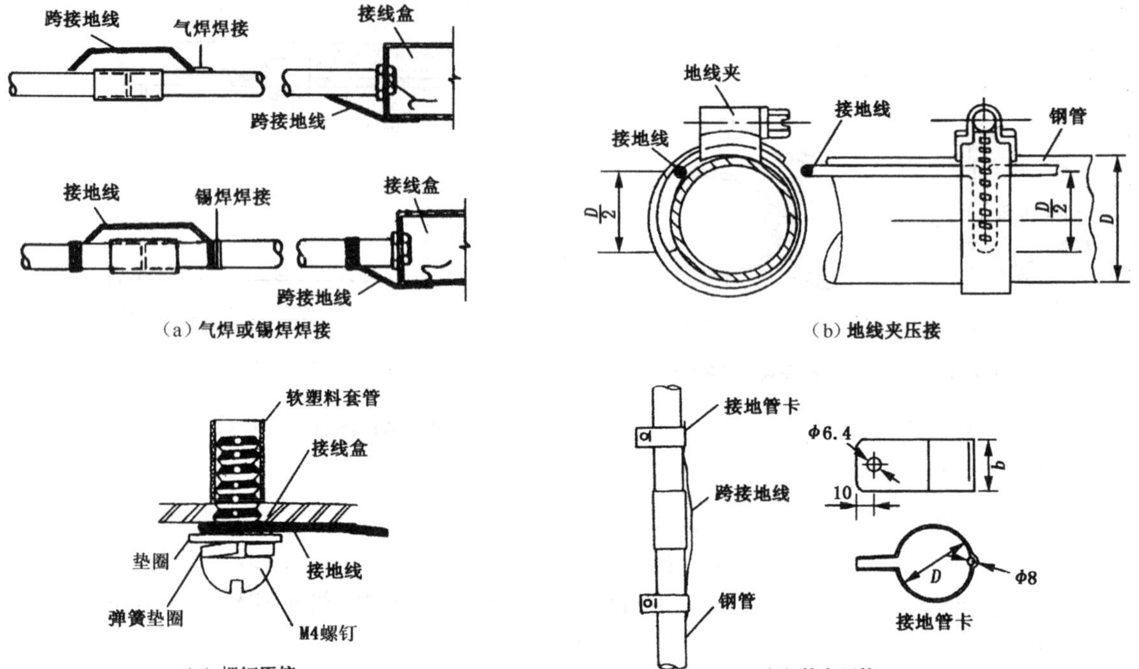

(a) 气焊或锡焊焊接　(b) 地线夹压接　(c) 螺钉压接　(d) 管卡压接

图 3. 17　跨接接地线

如采用跨接方法连接，跨接地线的两端焊接面不得小于该跨接地线截面的 6 倍，焊缝均匀牢固。跨接地线的规格如表 3. 6 所示。

表 3. 6　跨接地线的规格

钢管管径（SC）	圆　钢	扁　钢	钢管管径（SC）	圆　钢	扁　钢
15～25	$\phi5$	—	50～63	$\phi10$	25 ×3
32～38	$\phi6$	—	≥70	$\phi8$ ×2	(25 ×3) ×2

8）管子防腐

在各种砖墙内敷设的管线，应在跨接地线的焊接部位、丝扣连接的焊接部位刷防腐漆。

埋入土层和有防腐蚀性垫层（如焦渣层）内的管线应在管线周围打 50mm 的混凝土保护层进行保护，如图 3. 18 所示。直埋入土壤中的钢管也可刷沥青油漆进行保护。

埋入有腐蚀性或潮湿土壤中的管线，若为镀锌管丝接，应在丝头处抹铅油缠麻，然后拧紧丝头；若为非镀锌管线，应刷沥青油后缠麻，然后再刷一遍沥青油。

9）管子穿线

穿线前，应选择好导线的型号、规格、颜色等。然后进行放线，是否正确放线是保证能否顺利穿线的第一步，放线的方法有手工放线和机械放线两种，室内配线一般采用手工放线。手工放线如图 3. 19 所示。

穿线前，应清扫管路，清扫管路可采用铁丝绑扎布条来回抽拉，也可采用压缩泵吹气法。然后是穿引线，引线可采用 1. 2 ～1. 5mm 的钢丝或适当粗细尼龙管作为穿管引线。用钢丝穿引线如图 3. 20 所示。

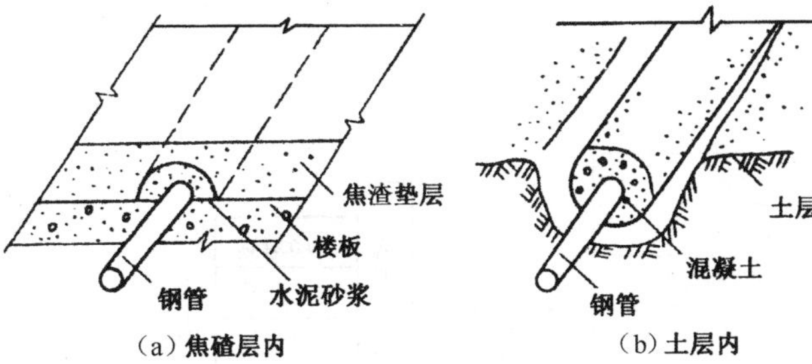

图 3.18　钢管在焦渣层、土层内防腐

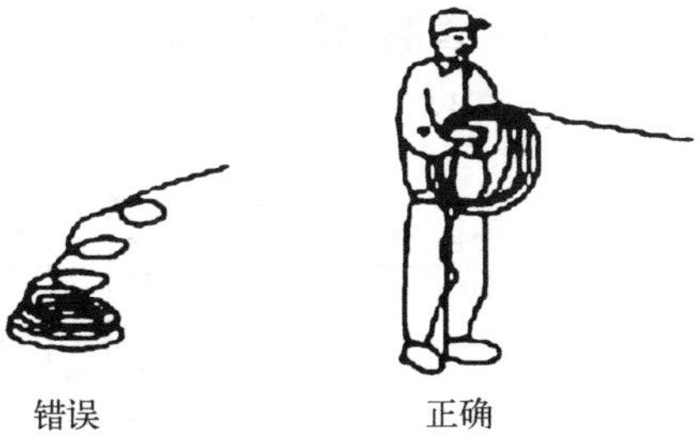

图 3.19　手工放线

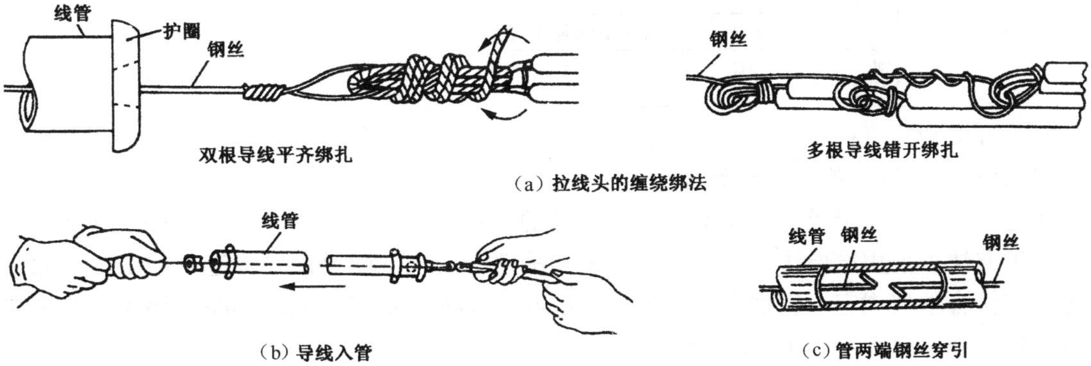

图 3.20　用钢丝穿引线

管内穿线要求如下。重点提示

(1) 导线穿好后，应留有适当余量，一般在盒内留线长度不小于0.15m，箱内留线长度为盒的半周长，出户线处导线预留1.5m，以便日后接线。

(2) 穿在管内的导线不得有扭结，以免妨碍日后检修换线工作。不能有接头，若必须有时应在接线盒内完成。

(3) 管内导线总截面积（包括外护层）应不超过管截面积的40%。

(4) 在同一根线管内有几个回路时，所有绝缘导线和电缆都有与最高电压回路绝缘相同的绝缘等级。

(5) 穿金属管的交流线路为了避免涡流效应，应将同一回路的所有相线及中性线穿于同一根金属管内。

(6) 不同回路、不同电压、直流和交流回路不应穿于同一根管内，但下列情况除外：电压为65V及以下；同一设备或同一联动系统设备的电力回路和无防干扰要求的控制回路；同类照明的几个回路。但管内导线根数不应多于8根（住宅除外）。

? (1) 镀锌钢管连接有哪几种方法？简述其施工方法和要求。

(2) 阐述金属管跨接地线的作用、材料、连接方法。

(3) 简述混凝土楼板内动力设备（如电动机）金属管线暗敷的施工工艺及主要要求。

2. 金属管明配线施工工艺

工艺流程：

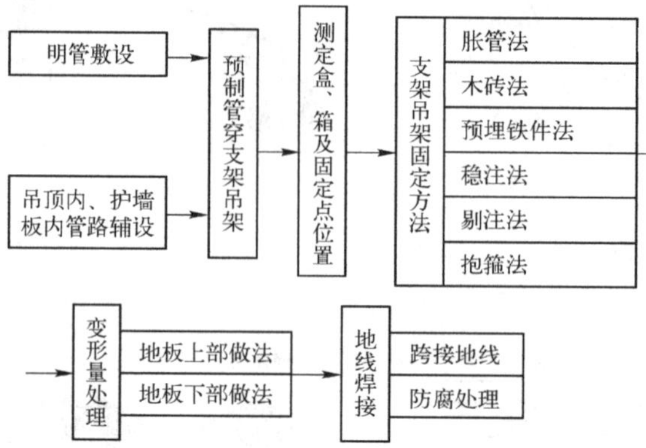

施工方法和要点：

1）管弯、支架、吊架预制加工

明配线管的弯曲半径一般应不小于管外径的 6 倍。若只有一个弯，可不小于管外径的 4 倍。加工方法可采用冷煨法和热煨法。支架和吊架应按施工图设计要求进行加工。若无设计规定，应符合下列规定：扁钢支架 30mm × 3mm；角钢支架 25mm × 25mm × 3mm；埋注支架应有燕尾，埋注深度不小于 120mm。

2）测定盒、箱及固定点位置

根据设计首先测出盒、箱和出线口的具体位置，然后把管线的垂直、水平走向弹出线来，按照安装标准规定的固定点距离的尺寸要求，计算确定支架、吊架的具体位置。固定点的距离应均匀，管卡与终端、转弯中点、电器器具或接线盒边缘的距离为 150 ～ 500mm。

3）支架、吊架固定

支架、吊架的固定常用胀管法、预埋铁件法、木砖法、抱箍法。钢管固定方法如图 3.21 所示。由地面引出管线至明箱时，可直接焊在角钢支架上，采用定型盘、箱，需在盘箱下侧 100 ～ 150mm 处加稳固支架，将管固定在支架上。

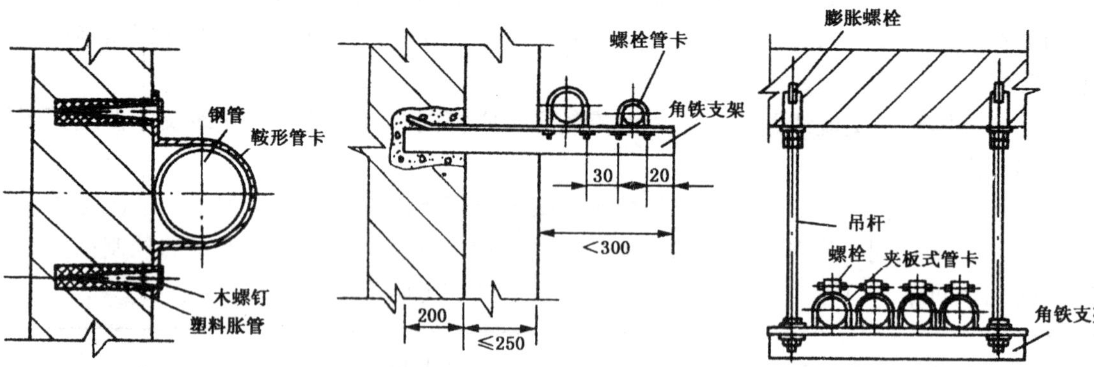

（a）沿墙塑料胀管固定　（b）沿墙、柱预设角铁支架固定　（c）沿楼板下多管吊架固定

图 3.21　钢管固定方法

4）线管敷设

水平和垂直敷设允许有偏差值，管线在 2m 以内时，偏差为 3mm，全长应不超过管子内

径的1/2。线管进入开关、灯头插座等接线盒孔内时，在距离接线盒300mm处，应用管卡将管子固定。钢管在拐角时，应使用弯头、接线盒或转角盒，如图3.22所示。

线管敷设的其他要求及线管连接、线管穿线与线管暗敷相同。

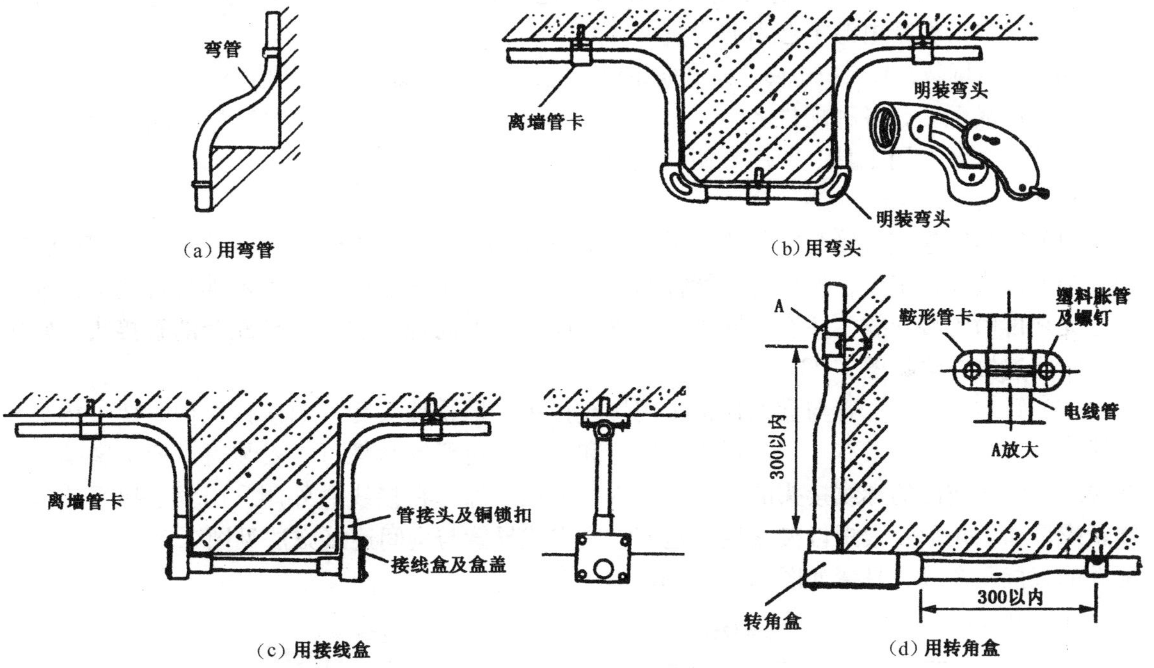

图3.22 明敷钢管拐角方法

3. JDG管及KBG管配线

套接紧定式镀锌钢管简称JDG管，套接扣压式薄壁镀锌钢导管简称KBG管。两者都是SC（焊接钢管）的更新换代产品。JDG管和KBG管均采用优质冷轧带钢，经高频焊管机组自动焊缝成型，由于该管材双面镀锌，因此具有良好的防腐性能，加工方便，施工便捷，在1kV及以下建筑电气工程中得到广泛应用。

JDG管和KBG管的敷设除管线连接施工工艺与上述金属管不同外，其余基本相同，故本节主要介绍两管连接的相关内容和要求。

1）JDG管和KBG管区别 重点提示

JDG管和KBG管都属于镀锌钢管，表面采用双面彩镀锌处理工艺。但两者的区别如下。

（1）连接方式不同。KBG管为扣压式，JDG管为紧定式。

（2）线管弯曲处理方法不同。KBG管是利用弯管接头，JDG管是使用弯管器煨弯。

（3）管壁厚不完全一样。KBG管的管壁厚度：ϕ16mm、ϕ20mm的为1.0mm，ϕ25mm、ϕ32mm、ϕ40mm的为1.2mm。而JDG管分为两种类型，标准型ϕ20mm、ϕ25mm、ϕ32mm、ϕ40mm的均为1.6mm，普通型ϕ16mm、ϕ20mm、ϕ25mm，管壁厚度为1.2mm。标准型适用于预埋敷设和吊顶内敷设，普通型仅适用于吊顶内敷设。

2）JDG管和KBG管使用特点

（1）价格便宜、环保节能。特别是KBG管，以薄代厚，增加了单位重量的延长米数，因而单位长度的价格优于普通的钢导管，既降低了工程造价，又节约了大量钢材，并且轻便易于搬运。

（2）施工简便，新颖的套接扣压连接和套接紧定式连接方式取代传统的螺纹连接和焊接施工，省去了多种施工设备和繁杂的施工环节，工效大大提高。

（3）安全防火，施工现场无明火，无火灾隐患，整个建筑物的线管连成整体网络并接地，短路时自动切断电源不会引起火灾。

（4）高度屏蔽，具有抗电磁干扰和防雷电功能，适用于智能建筑、通信控制等布线导管。

（5）产品配套，各种配件齐全。特别是 KBG 管，开发中研发了大量与之配套使用的管接件、接线盒及专用工具，使用方便、快捷。

3）JDG 管的连接

（1）管与管连接。管与管的连接采用直管接头进行连接，安装时先把钢管插入管接头，使其与管接头插紧定位，然后再持续拧紧紧定螺钉，直至拧断脖颈，使钢管与管接头连成一体，无须再做跨接地线。注意不同规格的钢管应选用不同规格的与其相配套的管接头。紧定式导管间连接方法见图 3.23。

（2）管与盒连接。管与盒的连接采用螺纹接头。螺纹接头为双面镀锌保护。螺纹接头与接线盒连接的一端，带有一个爪形锁紧螺母和一个六角形锁紧螺母。安装时爪形锁紧螺母扣在接线盒内侧露出的螺纹接头的丝扣上，六角形锁紧螺母在接线盒外侧，用紧定扳手使爪形锁紧螺母和六角形锁紧螺母夹紧接线盒壁。紧定式导管与盒间连接方法见图 3.24。JDG 常用配件的直接、盒接、月弯如图 3.25 所示。

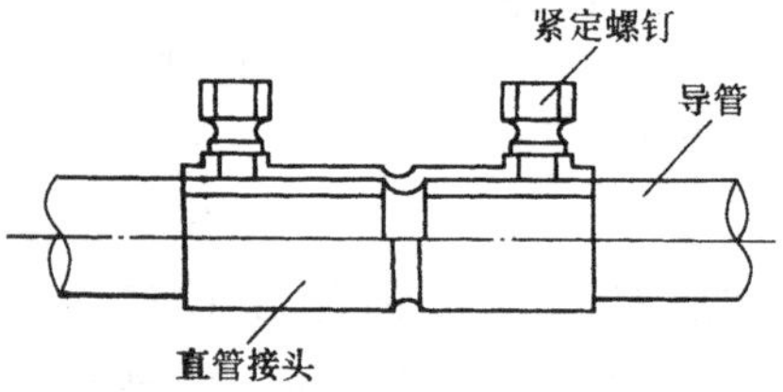

图 3.23　紧定式导管间连接方法

图 3.25　JDG 管的直接、盒接、月弯

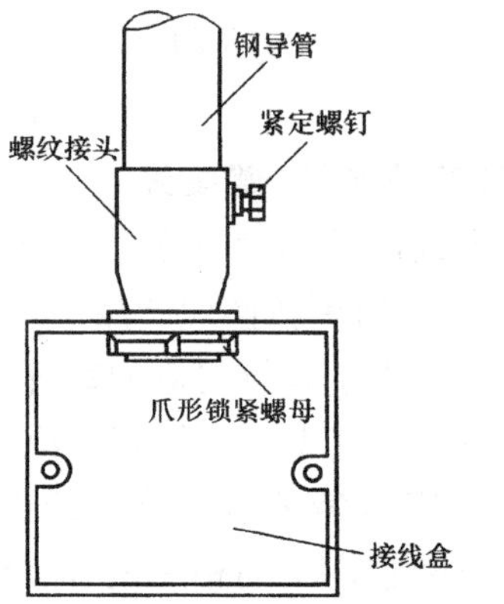

图 3.24　紧定式导管与盒间连接方法

4）KBG 管的连接

（1）管与管连接。管与管连接可直接将导管插入直管接头或弯管接头，用专用扣压器在连接处施行扣压，水平敷设时宜在管路上、下方扣压，垂直敷设时宜在管路左、右侧扣压。专用扣压器如图 3.26 所示，KBG 常用配件直接、盒接、月弯如图 3.27 所示。

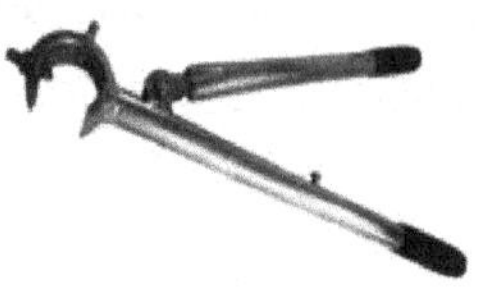

图 3.26　专用扣压器

图 3.27　KBG 管的直接、盒接、月弯

（2）管与盒连接。管与盒连接应先将螺纹管接头与接线盒施行螺纹连接，再将导管插入螺纹管接头的另一端，用扣压器在螺纹管接头与导管连接处施行扣压，爪形锁紧螺母的爪应靠线盒侧以便破坏线盒氧化层从而达到跨接的作用。

扣压式导管与盒间连接方法如图3.28所示。

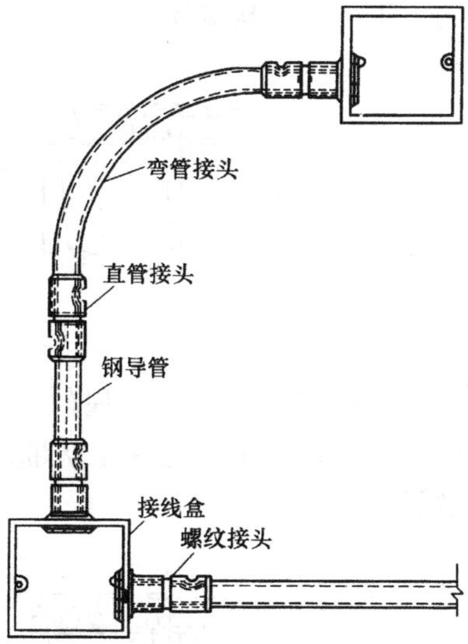

图3.28 扣压式导管与盒间连接方法

（3）**KBG管的连接注意事项。** 重点提示

① 导管电线管路连接，应采用专用工具进行，不应敲打形成压点。严禁熔焊连接。

② 导管电线管路连接处，管与套接管件连接紧密，内、外壁应光滑，无毛刺，且应符合下列规定：直管连接时，两管口插入直管接头中心凹形槽两侧；转角连接时，管口插入弯管接头凹形槽侧。

③ 导管电线管路为水平敷设时，扣压点宜在管路上、下方分别扣压；管路为垂直敷设时，扣压点宜在管路左、右侧分别扣压。

④ 导管电气管路，当管径为ϕ25mm及以下时，每端扣压点应不少于两处；当管径为ϕ32mm及以上时，每端扣压点应不少于3处，且扣压点宜对称，间距宜均匀。

⑤ 导管与管的连接处的扣压点深度应不小于1.0mm，且扣压牢固，表面光滑，管内畅通，管壁扣压形成的凹、凸点，不应有毛刺。

⑥ 导管电气管路连接处的扣压点位置，应在连接处中心。扣压后，接口的缝隙，应采用封堵措施（可采用电力复合脂）。

⑦ 导管及其金属附件组成的电线管路，当管与管、管与盒（箱）连接符合以上规定时，连接处可不设置跨接线。管路外壳应有可靠接地。但不应作为电气设备接地线。

⑧ 导管电线管路与接地线不应熔焊连接。

> （1）JDG管和KBG管与普通焊接钢管比较其优势在哪里？
> （2）JDG管和KBG管的连接分别采用什么方法？与普通金属管的区别在哪里？
> （3）JDG管和KBG管比普通金属管施工方便体现在哪些方面？

3.2.4 金属软管配线

金属软管具有良好的可挠性，坚固耐用、携带运输方便、保护性能好，加工和连接简便，品种多，配件齐全，目前用途越来越广。金属软管种类很多，适用在配线中的主要有普利卡金属软管、镀锌包塑金属软管、不锈钢包塑金属软管和不锈钢波纹管。

1. 普利卡金属软管

1）普利卡金属软管的种类、结构及适用场合

普利卡金属软管的种类很多，具体有以下几种。

（1）LZ-3型普利卡金属软管。该型为单层可挠性电线保护管，软管外层为镀锌钢带，内

层为电工纸，结构如图 3. 29 所示。适用在正常环境的明敷或建筑物室内装修施工中。

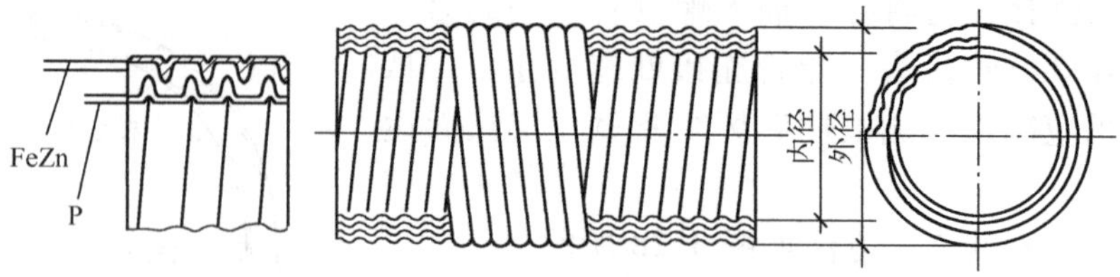

图 3. 29　LZ-3 型普利卡金属软管结构图

（2）LZ-4 型普利卡金属软管。该型为双层金属可挠性保护套管，属于基本型。套管外层为镀锌钢带，中间层为冷轧钢带，内层为电工纸。结构如图 3. 30 所示。适用在现浇混凝土内敷设。

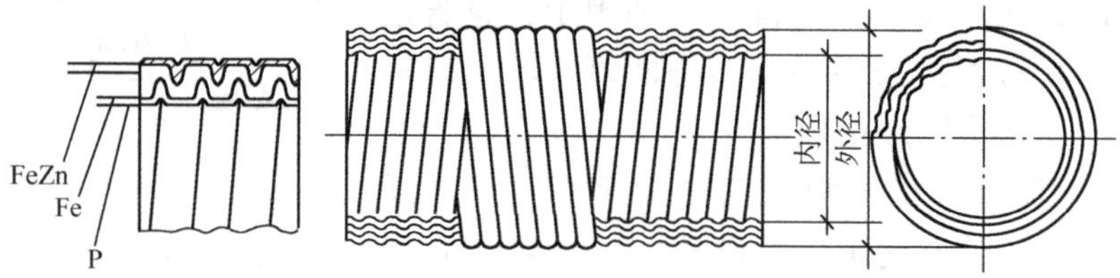

图 3. 30　LZ-4 型普利卡金属软管结构图

（3）LV-5 型普利卡金属软管。该型软管是用特殊方法在 LZ-4 型套管表面覆盖一层具有良好耐韧性软质聚氯乙烯。结构如图 3. 31 所示。此管除具有 LZ-4 型的套管特点外，还具有优异的耐水性、耐腐蚀性、耐化学稳定性。

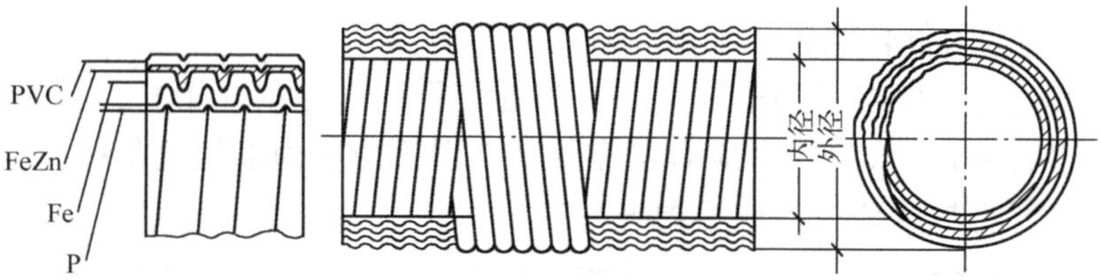

图 3. 31　LV-5 型普利卡金属软管结构

（4）LE-6 型普利卡金属软管。该型软管是在 LZ-4 型金属套管表面覆盖一层在低温下具有良好的柔软性软质聚氯乙烯，系耐寒型套管，适用在寒冷地区及冷冻机等低温场所。

（5）LVH-7 型普利卡金属软管。该型软管是在 LZ-4 型金属套管表面覆盖一层具有良好耐热型软质聚氯乙烯，适用在高温场所。

（6）LAL-8 型普利卡金属软管。该型软管外层使用耐腐蚀性良好的铝带，不易生锈，质轻、柔软、外形美观，适用在食品加工及机械加工行业明敷。

（7）LS-9 型普利卡金属软管。该型软管外层和中间层都是用不锈钢带构成，耐腐蚀性极好，适用在有酸性、碱性气体的场所。

（8）LH-10 型普利卡金属软管。该型软管中间层为冷轧钢带，外层和内层采用镀锌钢带，可耐 250℃ 高温，属于耐热型保护套管。

2）普利卡金属软管敷设要求

普利卡金属软管在室内配线除与钢管相同外，主要有以下几点敷设要求。

(1) 线管在敷设时，应尽量避免弯曲，暗敷管直线长度超过 15m 或直角外超过 3 个时，均应装设中间接线盒或放大管径。

(2) 线管切断用普利卡专业切割刀完成，也可用钢锯进行切割。

(3) 线管连接采用专用接头。线管互接应使用带有螺纹的直接头进行。带有螺纹的直接头如图 3. 32 所示。线管与钢管连接分螺纹连接、无螺纹连接及防水型套管连接，其中螺纹连接接头有混合接头和混合组合接头两种。无螺纹连接如图 3. 33 所示。线管与盒（箱）连接，使用专用的线箱连接器或组合线箱连接器。其连接采用管盒连接头，如图 3. 34 所示。

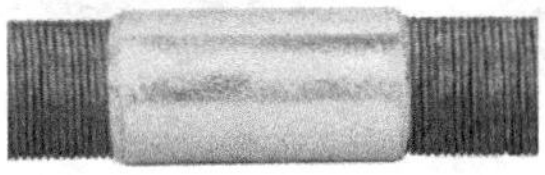
图3. 32　带螺纹的直接头

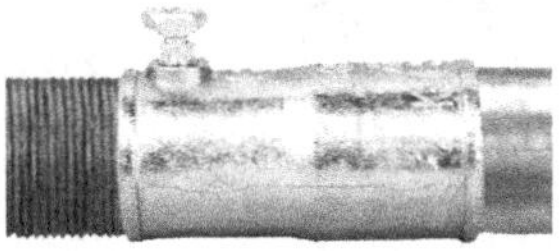
图 3. 33　无螺纹连接

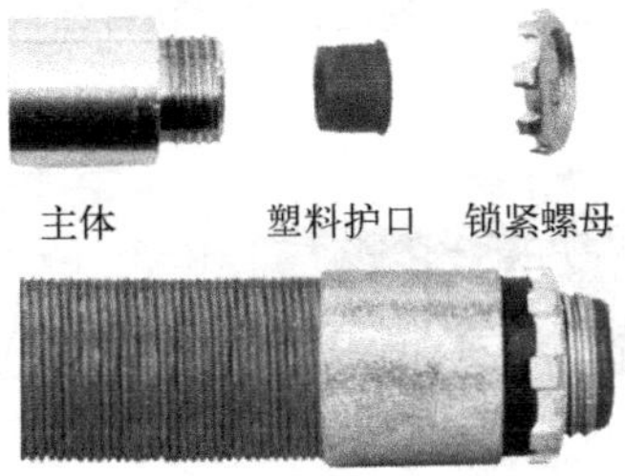

图 3. 34　管盒（箱）连接头

(4) 敷设时，应注意与硬质管的区别。

① 在普通砖砌体墙内敷设，管入盒处应在盒四周侧面与盒连接。

② 在现浇混凝土的梁柱、墙内敷设时，水平和垂直方向应采用不同的方法敷设。垂直方向敷设时，管路应放在钢筋的侧面；水平方向敷设时，管子宜放在钢筋的下侧，防止承受过大的混凝土的冲击。

③ 管子在穿过梁柱时，应与土建专业配合，选择梁柱受力较小的部位通过，并防止减损梁、柱的有效截面，适当考虑增设补强钢筋。

④ 在现浇混凝土的平台板上敷设时，应敷设在钢筋网之间，且宜与上层钢筋绑扎在一起。

⑤ 采用机械化程度高的现浇混凝土灌注施工时，应有保护管路不被直接冲击的措施。

⑥ 在吊顶内敷设时，当线管规格在 24 号及以下时，可直接固定在吊顶的主龙骨上，并用卡具安装固定，当线管规格在 50 号及以下时，允许利用吊顶的吊杆或在吊杆上另敷设附加龙骨。

(5) 线管敷设时，应用铁绑线绑扎在钢筋上，绑扎间距应不大于 50cm，在管入盒（箱）处，绑扎点应适当缩短，距盒（箱）处不宜大于 30cm，绑扎应牢固。

2. 镀锌系列金属软管

镀锌系列金属软管主要有以下几种。

(1) 普通镀锌金属软管。此管用镀锌铁皮制成，结构简单，弯曲半径小，柔软性佳，但不防水。结构如图 3. 35 所示。

(2) 镀锌包塑金属软管。此管用镀锌铁皮制成，表面覆盖低烟毒塑料，轻质结构，极佳弯曲性能及低烟毒耐热性能。结构如图 3. 36 所示。

(3) 镀锌平包塑料金属软管。此管用镀锌铁皮制成，表面覆盖耐延烧 PVC 材料，极佳柔软性和防水效果，扣压中间嵌入棉线，增加吸水性及强度。结构如图 3. 37 所示。

(4) 耐高温防爆金属软管。该管是在普通金属软管壁芯上编织一层玻璃纤维或石棉等耐高温材料后，再编织一层不锈钢丝，特别适合在高温场所及有火花碰溅场所，如炼钢厂高炉、电炉等处配线使用。结构如图 3.38 所示。

图 3.35　普通镀锌金属软管结构示意图

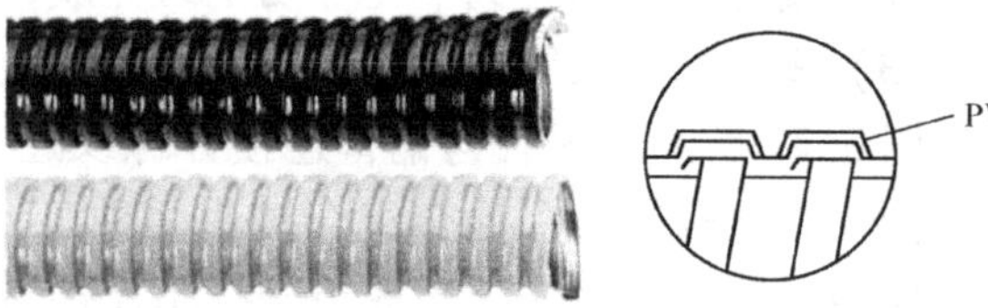

图 3.36　镀锌包塑金属软管结构示意图

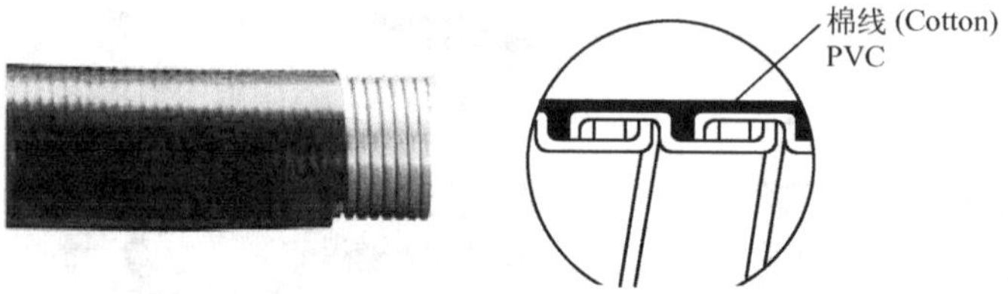

图 3.37　镀锌平包塑料金属软管示意图

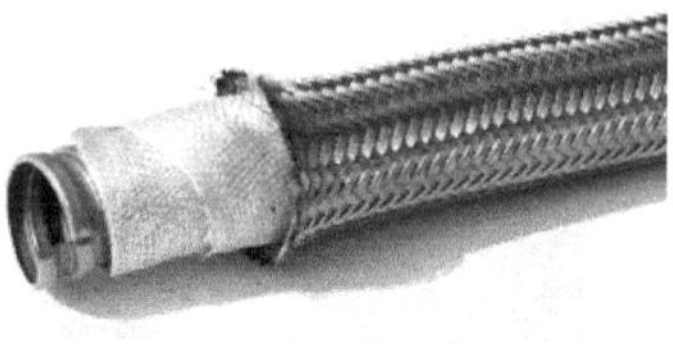

图 3.38　耐高温防爆金属软管

除上述以外，还有内包塑金属软管、内外包塑金属软管及嵌棉线双沟防爆平包管等，适用在不同的特殊场合。

3. 不锈钢系列金属软管

不锈钢系列金属软管具有良好的柔软性、耐蚀性、耐高温、耐磨损、抗拉性，故常用做自动化仪表信号的保护管和仪表的电线保护管。

不锈钢系列的金属软管品种也很多，常用的有不锈钢波纹管、不锈钢包塑软管、不锈钢平包塑软管、不锈钢编织防爆管及不锈钢编织防水防爆管等，适用在不同的场合。不锈钢编织防水防爆管结构如图 3.39 所示。

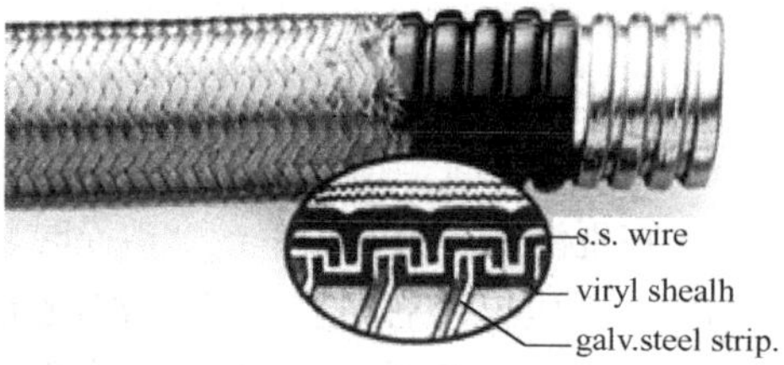

图 3.39　不锈钢编织防水防爆管

3.2.5　硬质阻燃塑料管（PVC）配线

PVC 管具有抗压、防潮、耐酸碱、阻燃、绝缘、可冷弯等优点。明敷、暗敷，包括在混凝土内或吊顶内均可敷设。与金属管比较，价格低廉、运输轻便、加工方便、敷设快捷，给施工带来极大的方便，已被广泛应用于民用建筑内的配线。

1. 硬质阻燃塑料管（PVC）暗配线施工工艺

工艺流程：

管材选择 → 管子切割 → 管子弯曲 → 管子连接 → 管子敷设 → 管子穿线

施工方法和要点如下。

1）管材选择

施工时，应按施工图设计要求选择管子类型及规格。阻燃型塑料管外壁应有间距不大于 1m 的连续阻燃标记和制造厂标，管壁厚度均匀，无裂缝、空洞、气泡及变形现象。

2）管子切割

PVC 管的切割可用钢锯，切割时应一次切割到底，否则管子切口不整齐。也可用专用剪管器进行剪切，PVC 专用剪管器如图 3.40 所示，剪切时，应边稍微转动管子边进行剪切，使刀口易切入管壁，刀口切入管壁后，应停止转动 PVC 管（以保证切口平整），继续剪切，直至管子切断为止。

3）管子弯曲

PVC 管的弯曲通常采用冷煨法，也可采用热煨法。

- 弯管方法
  - 冷弯
    - 手弯
    - 膝弯
    - 弯管器
  - 热弯
    - 直接加热煨弯
    - 灌砂加热煨弯

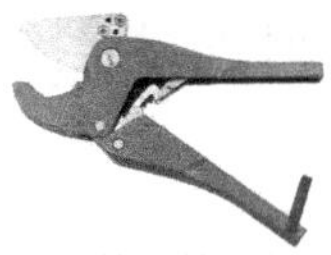

图 3.40　PVC 专用剪管器

管径为 25mm 及以下可以采用冷煨法，将弯簧插入（PVC）管内的煨弯处，两手抓住弯簧两端头用力弯曲并控制弯曲角度，手弯 PVC 管如图 3.41 所示。手扳弯管器如图 3.42 所示。也可用膝盖弯曲，膝盖顶弯 PVC 管如图 3.43 所示。

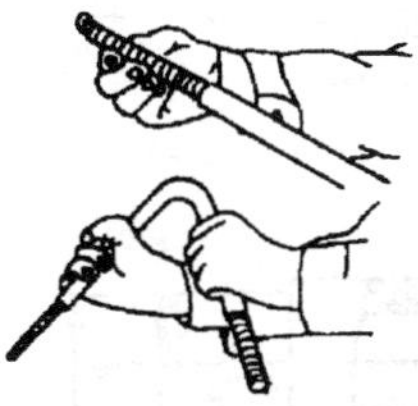

图 3.41　手弯 PVC 管

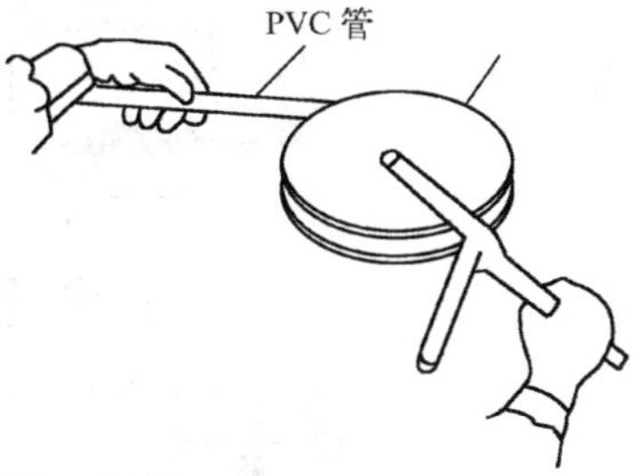

图 3.42　手扳弯管器示意图

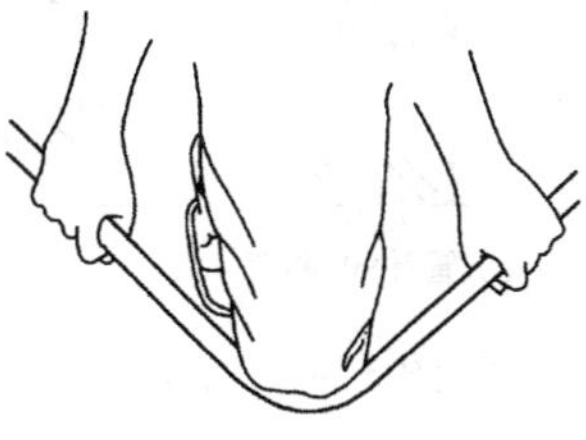

图 3.43　膝盖顶弯 PVC 管

当在硬质 PVC 管端部冷弯时，若用手冷弯管有困难，可在管口处外套一个内径略大于管外径的钢管，一手握住管子，一手扳动钢管即可弯出管端长度适当的弯度。当手弯和膝盖弯均有困难时，可使用手扳弯管器冷弯管。

对于管径 20mm 及以下的 PVC 管，也可直接加热煨弯，加热时，应均匀转动管身，达到适当温度后，应立即将管放在平木板上用手握住需煨弯处的两端进行弯曲，也可采用模型煨弯。当弯曲成型后将弯曲部位插入冷水中冷却定型。

对于管径为 25mm 及以上的 PVC 管，可在管内填砂煨弯。弯曲时，先将一端管口堵好，然后将干砂子灌入管内墩实，再将另一端管口堵好，用热砂子加热到适当温度即可放在模型上弯制成型。

弯曲注意事项：

（1）弯管时，用力和受力点要均匀，一般需弯曲至比所要弯曲的角度小一点，待弯管回弹后，便可达到要求；

（2）弯 90°曲弯时，管端部应与原管垂直，管端不应过长，应保证管（盒）连接后管子在墙体中间位置上，如图 3.44（a）所示；

（3）在管端部煨鸭脖弯时，应一次煨成所需长度和形状，并注意两直管段间的平行距离，且端部短管段不应过长，防止预埋后造成砌体墙通缝，如图 3.44（b）所示。

4）管子连接

（1）管与管连接。管与管的连接一般均应在施工现场敷设管子的过程中进行，硬质塑料管（PVC 管）的连接方法有套管连接、管接头连接和插接法连接。连接前应将管子清理干净，在管子接头部分表面均匀刷一层 PVC 胶水后，立即将管接头插入接管内，不要扭转，保持约 15s 不动即可接牢。PVC 管的连接如图 3.45 所示。

（2）管与盒连接。管与盒的连接有的需预先进行连接，有的则需要在施工现场配合施工过程在敷设管子时进行连接。管盒连接通常采用成品管盒连接件，管盒连接件如图 3.46 所示。

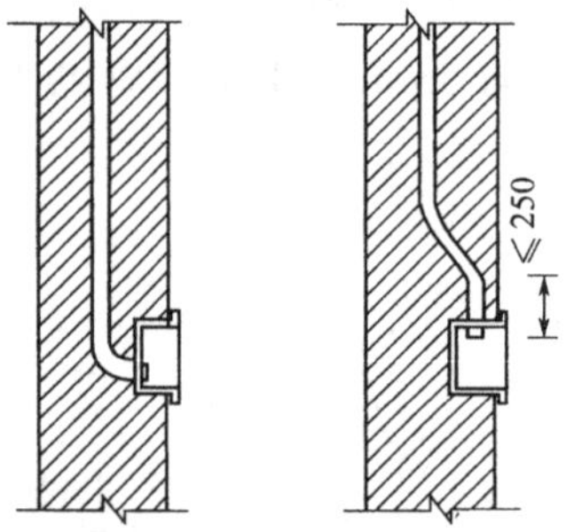

（a）管端90°曲弯　（b）管端鸭脖弯

图 3.44　管端部的弯曲

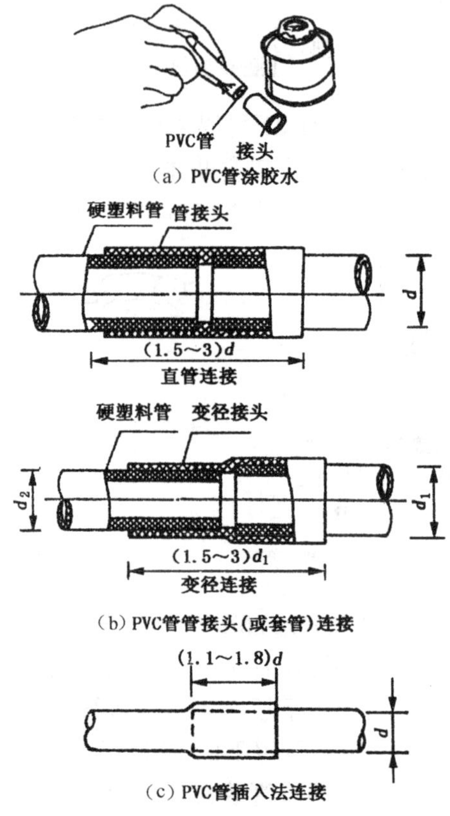

（a）PVC管涂胶水

（b）PVC管管接头（或套管）连接

（c）PVC管插入法连接

图 3.45　PVC 管的连接

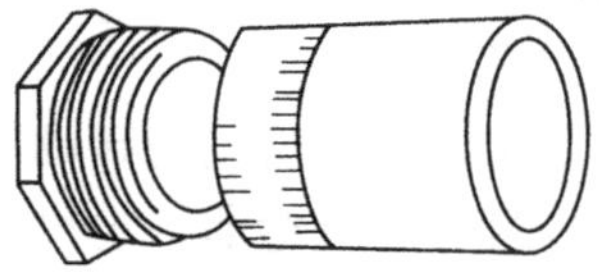

图 3.46　管盒连接件

连接时，管插入深度宜为管外径的 1.1 ～ 1.8 倍，连接处结合面应涂专用胶合剂。

连接管外径应与盒（箱）敲落孔相一致。管口平整、光滑，一管一孔顺直插入盒（箱）。管与盒（箱）连接应牢固，没有用到的各种盒（箱）的敲落孔不应被破坏。线管进配电箱、开关盒安装如图 3.47 所示。

5）线管敷设

（1）在现浇混凝土墙、柱内管线暗敷设。管线应敷设在两层钢筋中间，管进盒、箱时应煨成灯叉弯，管线每隔 1m 处用镀锌铁丝绑扎牢，弯曲部位按要求固定。PVC 管在墙、柱中暗敷如图 3.48 所示。

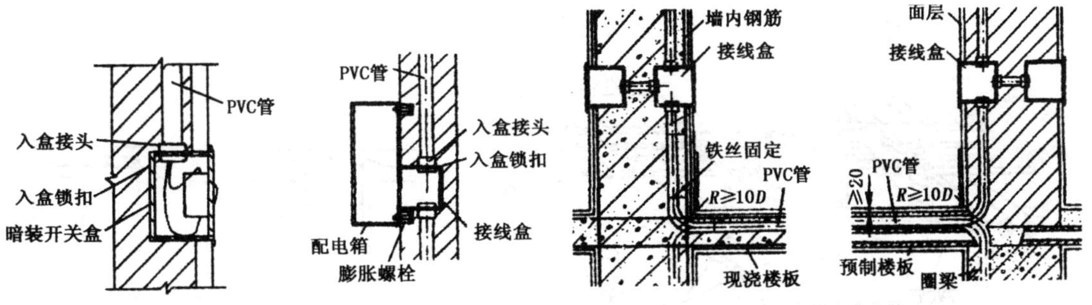

（a）与开关盒安装　　（b）与配电箱安装　　（c）与接线盒安装

图3.47　线管进配电箱、开关盒安装

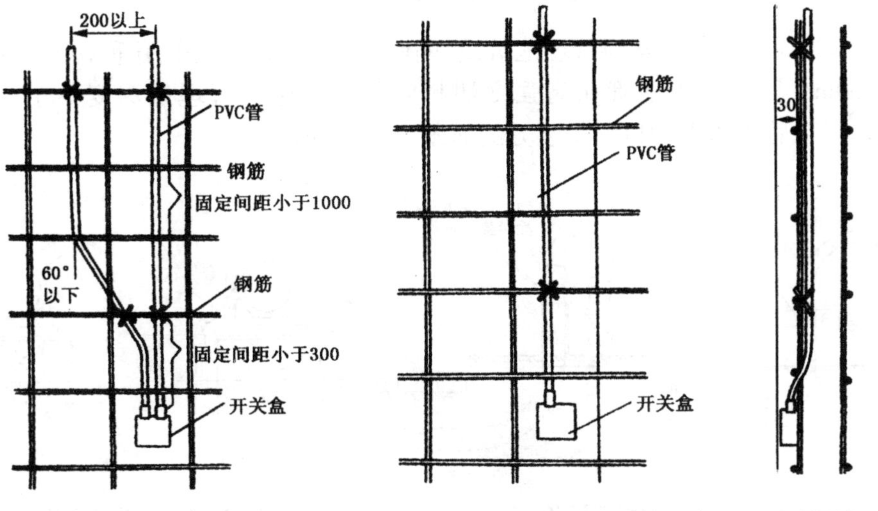

（a）双根PVC管安装　　（b）单根PVC管安装　　（c）侧视图

图3.48　PVC管在墙、柱中暗敷

（2）在现浇混凝土顶板内管线暗敷设。根据建筑物内房间四周墙的厚度，弹十字线确定灯头盒的位置，将管接头、内锁紧螺母固定在盒子的管孔上，使用顶帽护口堵好管口，并堵好盒口，将固定好的盒子，用螺钉或短钢筋固定在底筋上，接着敷管，管线应敷设在上筋的下面和下筋的上面，管线每隔1m处用绑扎丝绑扎牢固。PVC管在混凝土顶板内暗敷如图3.49所示。

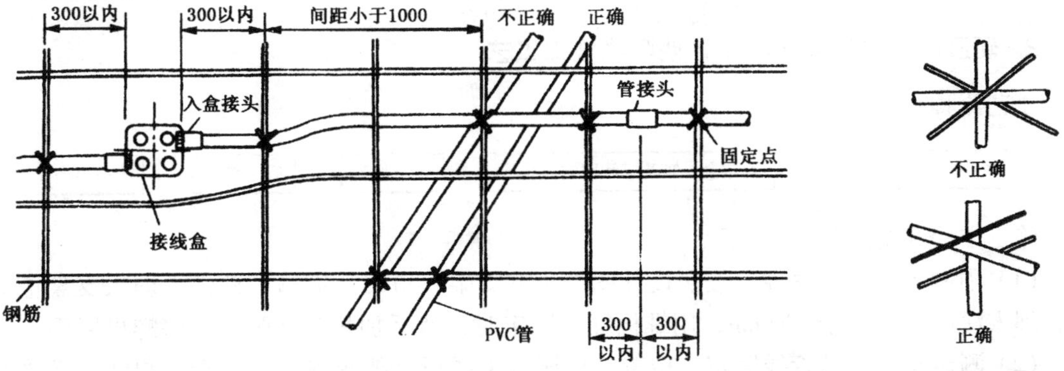

图3.49　PVC管在混凝土顶板内暗敷

(3) 线管过梁暗敷设。线管过梁暗敷设如图 3.50 所示。

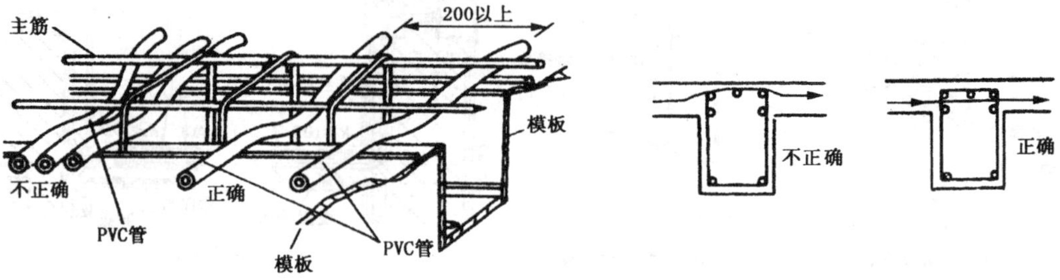

图 3.50　PVC 管过梁暗敷设

(4) 线管进设备。硬质塑料管埋地敷设（在受力较大处，宜采用重型管）引向设备时，露出地面 200mm 段，应用钢管和高强度塑料管保护，保护管埋地深度不小于 50mm，如图 3.51 所示。线管进入电动机的安装方法如图 3.52 所示。

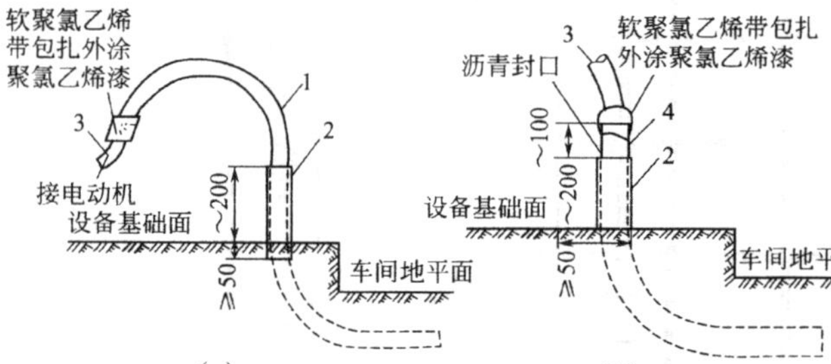

图 3.51　线管暗敷引至设备

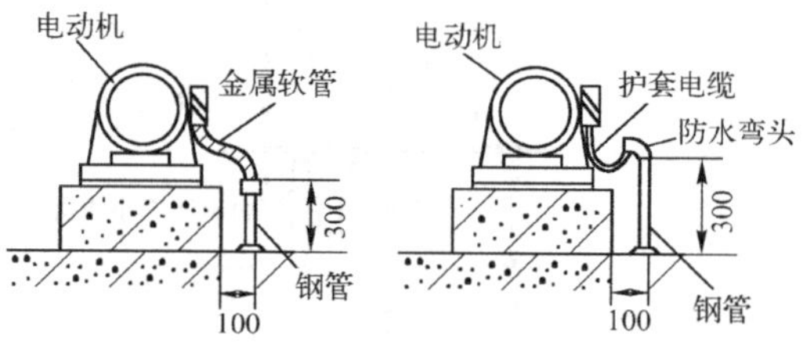

图 3.52　电动机配管安装方法

6) 线管穿线

硬质塑料管的穿线方法与金属管相似。

(1) PVG 管与金属管的比较有哪些优势和不足?

(2) PVC 管在现浇混凝土内敷设与普通金属管有哪些不同?

(3) 图 3.49 和图 3.50 中的“不正确”是什么意思?

2. 硬质阻燃塑料管（PVC）明配线施工工艺

工艺流程：

预制支、吊架铁件 → 测定盒、箱及管线固定点位置 → 管子加工 → 管子敷设 → 管子穿线

施工方法和要点如下。

(1) 预制支、吊架铁件。按照设计图加工好支架、吊架、抱箍、铁件。埋入支架应有燕尾，埋入深度应不小于 120mm，用螺栓穿墙固定时，背后加垫圈和弹簧垫将螺母紧固。

(2) 测定盒、箱及管线固定点位置。按照施工图设计要求测出盒、箱、出线口等准确位置。根据测定的盒箱位置，把管线的垂直点水平线弹出，按照要求标出支架、吊架、管卡等

固定点的位置、标高。

(3) 管子加工。管子加工包括管子切割、管子弯曲和管子连接，具体方法和要求与塑料管暗配相似，这里不再赘述。

(4) 管子敷设。支架、吊架、管卡等固定好后可以敷设线管。硬质塑料管明敷设如图3.53所示。

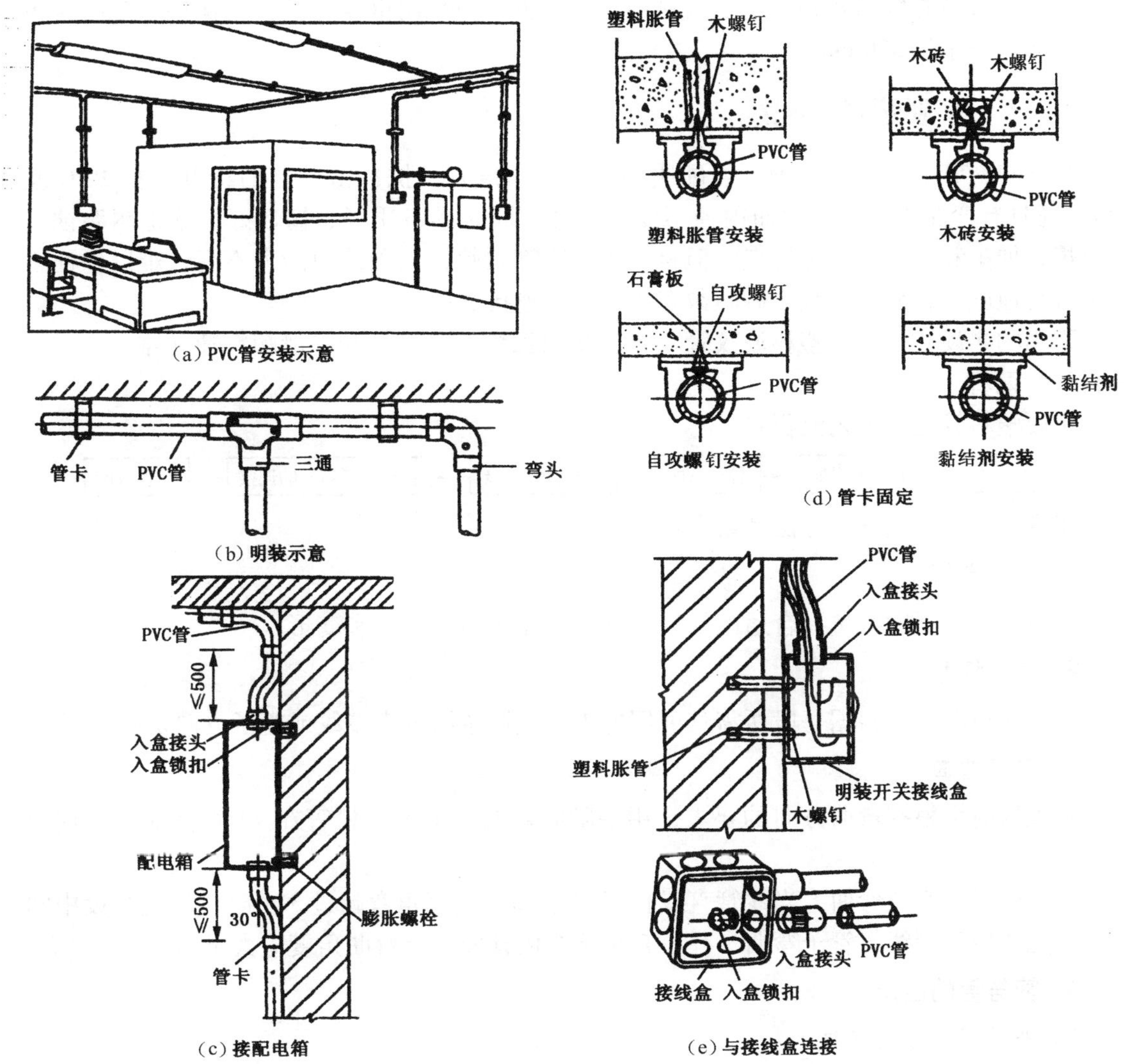

(a) PVC管安装示意

(b) 明装示意

(c) 接配电箱

(d) 管卡固定

(e) 与接线盒连接

图3.53　塑料管明配

敷设注意事项如下。

(1) 管线沿建筑物、构筑物表面敷设时，应按设计规定装设温度补偿装置，补偿的方法可以采用增加中间接线盒的方法，进入接线盒两端的管子不用固定，留有适当长度作为伸缩变化。

(2) PVC管应排列整齐，固定点间距均匀，管卡固定点距离应符合表3.7的要求。

表 3.7　管卡固定点间距（m）

管径（mm）	垂直固定	水平固定	距盒边及接头处
20 以下	1.0	0.8	0.15
25～40	1.5	1.2	0.3
50 以上	2.0	1.5	0.3

（3）PVC 管在穿过楼板等易受机械损伤的地方，应采用钢管保护，其保护高度距楼板表面的距离应不小于 500mm。

3.2.6　半硬塑料管配线

半硬塑料管不仅具备了钢管、硬质塑料管抗强度好、抗冲击性好的特点（如 PVC 波纹管），还具有弯曲成各种角度而内径不变的特性，同时具备质轻、韧性好、绝缘耐腐蚀、阻燃自熄、加工和施工方便等特点。但材质较硬质管柔软，承受外力能力不高，难以保证管路横平竖直地施工，故而只宜于做暗敷布线或过渡连接之用。

常用的半硬塑料管有塑料波纹管（难燃聚氯乙烯可挠管）和平滑塑料管（难燃平滑半硬塑料管）两种。

半硬塑料管配线工艺流程：

管材选择 → 管子切割 → 管子弯曲 → 管与管的连接 → 管与盒（箱）的连接 → 线管敷设

半硬塑料管配线施工方法和要点如下。

1. 管材选择

敷设时应根据图纸选择合适的线管，管子应无断裂、孔洞和变形。

2. 管子切割

在敷设过程中，根据每段所需长度用电工刀或锯条沿垂直波纹或管子方向切割即可。

3. 管子弯曲

在配管时可根据弯曲方向的要求，用手随时弯曲。平滑塑料管在 90°弯曲时，可使用定弯套固定。

管子应尽量避免弯曲，当线管直线长度超过 15m 或直角弯超过 3 个时，均应装设中间接线盒。为了便于穿线，管子弯曲半径不宜小于 6 倍管外径，弯曲角度应大于 90°。

4. 管与管的连接

1）平滑塑料管的连接

对于平滑半硬塑料管，多采用套管连接，使用大一级管径的管子且长度不小于连接管外径的 2 倍做套管，也可采用专用管接头。两连接管端部应涂好胶合剂，将连接管插入套管内黏结牢固，不使连接处脱落，连接管对口处应在套管中心，平滑半硬塑料管连接如图 3.54 所示。

2）塑料波纹管连接

（1）套管连接。塑料波纹管采用套管连接，即采用产品管接头，把连接管从管接头两端分别插入管接头中心处，塑料波纹管连接如图 3.55 所示。

（2）绑接连接。用大一级管径的波纹管做套管，套管长度不宜小于连接管外径的 4 倍，将套管顺长向切开，将连接管插入套管内，注意连接管的管口应平齐，对口处在套管中心，在套管外用铁（铝）绑线斜向绑扎牢固。

5. 管与盒（箱）的连接

(1) 终端连接。塑料波纹管与盒（箱）做终端连接时，应使用专用的管卡头和塑料卡环。配管时，先把管端部插入管卡头上，将管卡头插入盒（箱）敲落孔中，拧牢管卡头螺母将管与盒（箱）固定牢固。

平滑塑料管与盒（箱）做终端连接时，可以用砂浆直接加以固定，也可以使用胀扎管头和盒接头或塑料束接头固定。

(2) 中间串接。半硬塑料管与盒做中间串接时，不必切断管子，可将管子直接穿过盒内，待穿线时再将管子切断。

6. 线管敷设

1) 沿墙至混凝土楼板灯盒路线敷设

(1) 半硬塑料管在墙体内敷设，在敷设到墙（或圈梁）顶部以下的合适位置上设置接线盒，盒上方至墙体（或圈梁）表面上留槽，用接线盒连接墙体与楼（屋）面板上的管子。

(2) 半硬塑料管在墙体内敷设至墙（或圈梁）的顶部时，在墙内管子上预先连接好连接套管，套管上口与墙（或圈梁）相平，待楼（屋）面板施工时连接管路。

半硬塑料管在墙体内垂直配管应将管子与盒上或下方敲落孔连接好；水平敷设时管应与盒侧面敲落孔连接，将管路预埋在墙体中间，与墙表面净距应不小于15mm。

2) 在现浇混凝土工程中敷设

(1) 半硬塑料管穿过梁柱时，敷设方法同硬质塑料管相似，半硬塑料管应穿在钢保护管内敷设。

(2) 半硬塑料管在墙、柱、梁内敷设，水平与垂直方向应采取不同的方法。垂直方向敷设时，在墙内管路应放在钢管网片的侧面；在柱内顺主筋靠屋内侧；在墙内水平方向敷设时，管路应顺列在钢筋网片的一侧；在梁内，应顺上方主筋靠下侧防止承受混凝土冲击。

(3) 半硬塑料管由楼（屋）面板引至墙（梁）上时，应使用定弯套加以固定。定弯套安装方法如图 3. 56 所示。

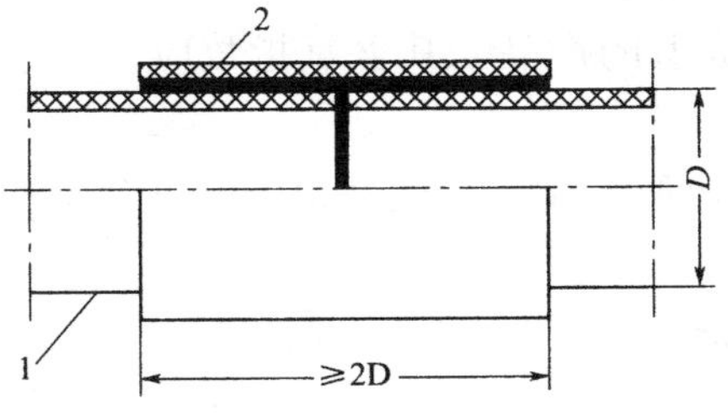

图 3. 54 平滑半硬塑料管连接

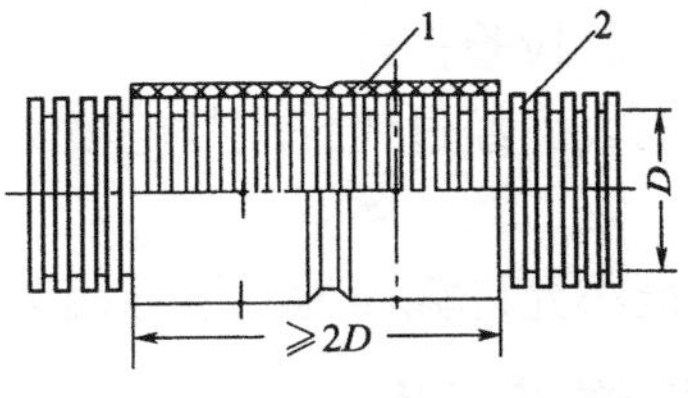

图 3. 55 塑料波纹管连接

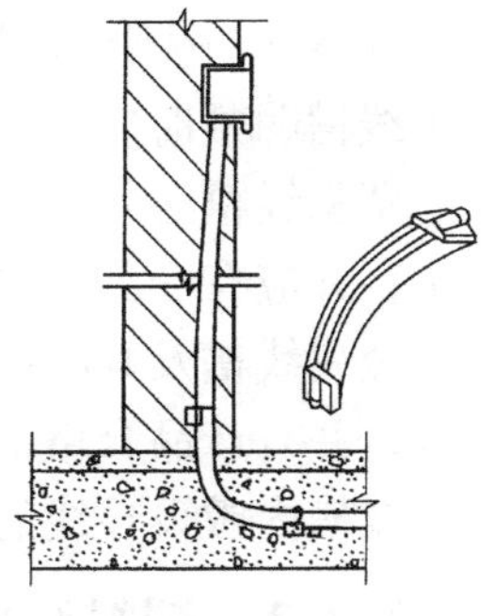

图 3. 56 定弯套安装示意图

在现浇混凝土工程中的梁、柱、墙及楼（屋）面板内敷设半硬塑料管，应敷设平滑半硬塑料管，塑料波纹管不宜使用在现浇混凝土内。半硬塑料管在现浇混凝土工程中敷设，应用铁绑线与钢筋绑扎，绑扎间距不宜大于30cm，在管进入盒（箱）处，绑扎点应适当缩短，防止管口脱出盒（箱）。

任务3.3 线槽配线

【任务背景】 线槽配线的特点是干净、整齐、敷线多、施工简便、零配件齐全，最大的优点是检修方便。线槽若按材质分有塑料和金属之分，塑料线槽价廉、轻便、加工方便、防腐能力强。金属线槽机械强度好、耐热能力强、不易变形、坚固耐用。若按敷设方式分有明敷和暗敷之分，在简易的工棚、仓库或临时用房大多采用塑料线槽明敷。在吊顶、竖井、电梯井道等场所一般采用金属线槽明敷。在大型的商场或大开间办公室的地面大多采用地面金属线槽。地面金属线槽安装如图3.57所示。

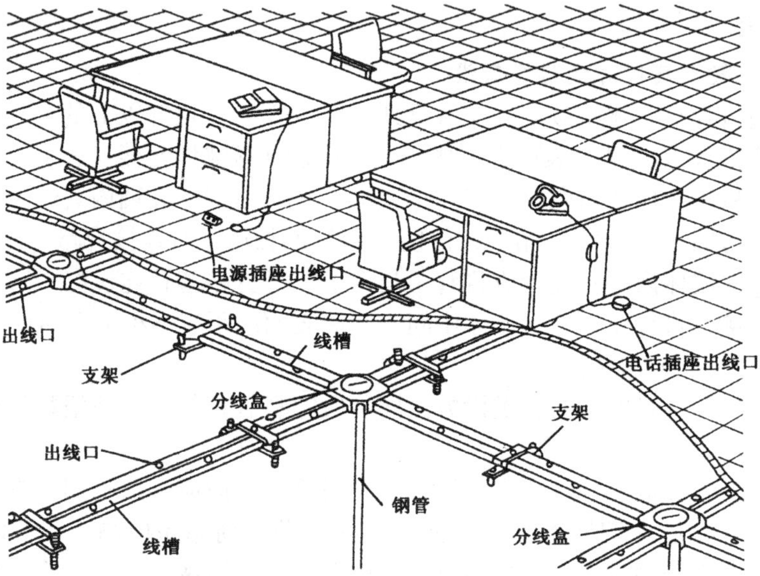

图3.57 地面内暗装金属线槽安装示意图

3.3.1 线槽配线的一般规定

配线前应先将线槽内的杂物和灰尘清理干净；

线槽明敷时应配合土建结构施工预埋保护套管及预留孔洞；

塑料线槽必须采用阻燃型硬聚氯乙烯工程塑料挤压成型的产品，其含氧指数应不低于27%，并应有产品合格证和产品检验报告；

金属线槽及其附件应采用表面经过镀锌或静电喷漆的定型产品，其规格型号应符合设计要求，并有产品合格证等；

线槽内敷设导线的线芯最小允许截面为：铜导线1.0mm²；铝导线2.5mm²。

3.3.2 塑料线槽明敷施工工艺

塑料线槽明敷施工工艺流程如下：

弹线定位 → 线槽底板固定 → 线槽内布线 → 线槽盖盖板

塑料线槽明敷施工方法和要点分为以下4个方面。

1. 弹线定位

按施工图设计要求，确定进户线、盒、箱等电气设备固定点的位置，从始端至终端（先干线后支线）找好水平或垂直线，用粉线袋在线路中心弹线，按相关要求均分距离。

线槽配线在穿越顶板或墙体时，应设置保护管，且穿顶板处必须用钢管保护，其保护高度距地面应不低于1.8m，装设开关的地方可引至开关的位置。经过变形缝时应做补偿处理。

2. 线槽底板固定

(1) 木砖固定线槽。配合土建结构施工时预埋木砖，加砌砖墙或砖墙应在剔洞后再埋木砖，木砖削成梯形，梯形木砖较大的一面应朝洞里面，外表面应与建筑物的表面齐，然后用水泥砂浆抹平，待凝固后，再将线槽底板用木螺钉固定在木砖上。用木砖固定如图3.58 (a) 所示。

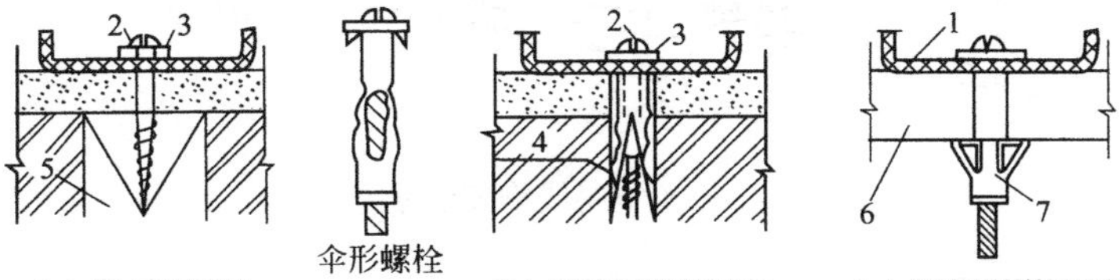

(a) 用木砖固定　(b) 用塑料胀管固定　(c) 用伞形螺栓固定

图3.58　线槽底板固定

(2) 塑料胀管固定线槽。砖墙或混凝土墙可采用塑料胀管固定线槽。根据胀管直径选择钻头，在标出的固定点位置上钻孔，垂直钻好孔后，将孔内残存的杂物清净，用木锤将塑料胀管垂直敲入孔中，并与建筑物表面齐平，用木螺钉加垫圈将线槽底板固定在建筑物表面上。用塑料胀管固定如图3.58 (b) 所示。

(3) 伞形螺栓固定线槽。在石膏板墙或其他护板墙上，可采用伞形螺栓固定塑料线槽，根据弹线定位的标记，找出固定点位置，将线槽的底板横平竖直地紧贴建筑物的表面，钻好孔后将伞形螺栓的两伞叶掐紧合拢插入孔中，待合拢伞叶自行张开后，再用螺母紧固即可。用伞形螺栓固定如图3.58 (c) 所示。伞形螺栓还可反过来固定，让多余露出来的螺栓在线槽内，但露出部分应加套塑料管，以免损坏导线。

3. 线槽内布线

(1) 线槽内电线或电缆的总截面（包括外护层）应不超过线槽内截面的20%，载流导线不宜超过30根，（控制、信号等线路可视为非载流导线）。

(2) 强、弱电线路不应同时敷设在同一条线槽内，同一路径无抗干扰要求的线路可以敷设在同一线槽内。

(3) 电线、电缆在塑料线槽内不得有接头，导线的分支接头应在接线盒内进行。从室外引进室内的导线在进入墙内一段应使用橡胶绝缘导线，严禁使用塑料绝缘导线。

4. 线槽盖盖板

塑料线槽的盖板大多为卡式盖板，盖前应理平、理顺槽内导线，然后盖上盖板，盖板要平整并卡实。线槽终端应做封堵处理。

塑料线槽安装如图3.59所示。

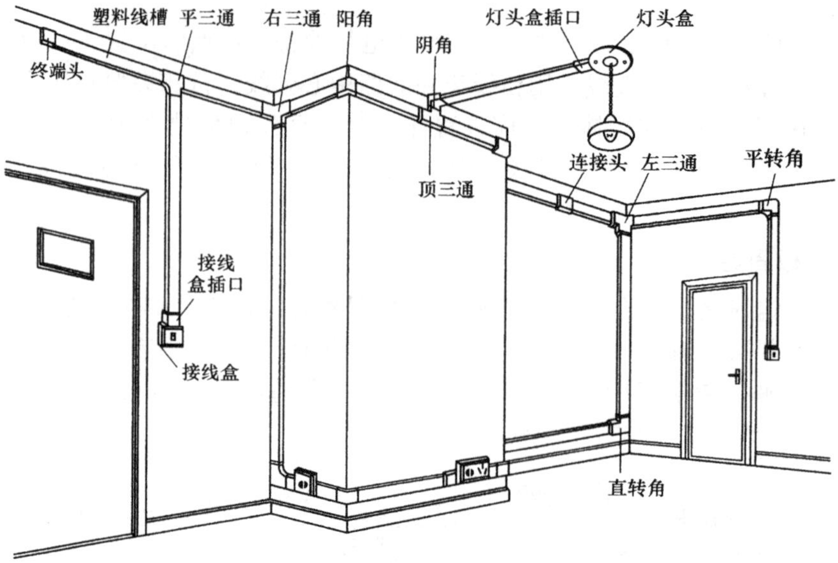

图 3.59　塑料线槽安装示意图

3.3.3　金属线槽明敷施工工艺

金属线槽明敷施工工艺流程如下：

线槽选择 → 弹线定位固定支架 → 线槽安装 → 线槽连接 → 线槽接地 → 线槽内布线

金属线槽明敷施工方法和要点分为以下 6 个方面。

1. 线槽选择

金属明装线槽一般由 0.4 ～ 1.5mm 的钢板压制而成。金属线槽内外应光滑平整、无棱刺、扭曲和变形现象。金属线槽及其附件应采用表面进行过镀锌或静电喷漆的定型产品，其规格和型号应符合设计要求，并有产品合格证等。

2. 弹线定位固定支架

金属线槽安装形式有沿墙和支架固定两种。沿墙敷设测量定位与塑料线槽相同。当采用支架安装时，吊点和支架支持点的距离应根据工程具体条件确定，一般在直线段固定点间距应不大于 3m，在线槽的首端、终端、分支、转角、接头及进出接线盒处应不大于 0.5m。

3. 线槽安装

金属线槽在墙上安装，可采用 M8 ×35 半圆头木螺钉配塑料胀管的安装方式施工，塑料胀管可根据线槽宽度选用1 个或2 个，如图3.60 所示。也可以采用托臂支撑或用扁钢、角钢支架支撑，如图3.61 所示。支架与建筑物的固定应采用 M10 ×80 的膨胀螺栓紧固，或用角钢支架预埋在墙内，线槽用卡子固定在支架上。支架固定点间距为 1.5m，底部支架距楼（地）面应不小于 0.3m。

金属线槽采用吊杆、吊架安装时，如图 3.62 所示。吊杆若采用圆钢，其直径不小于 8mm，若采用扁钢，其规格一般采用 40mm ×4mm。吊架距顶板为 150 ～ 200mm。

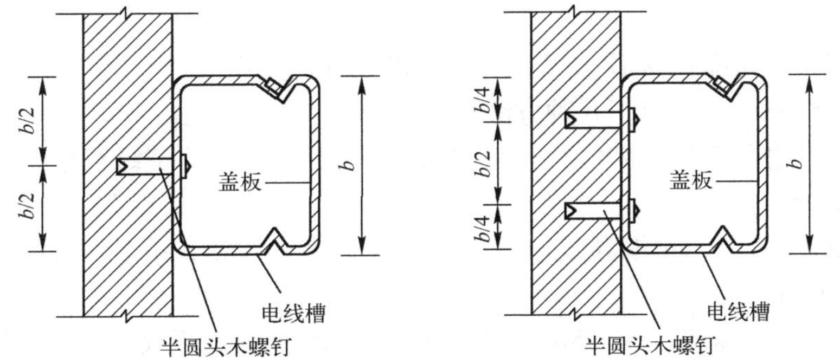

图 3. 60　金属线槽在墙上安装

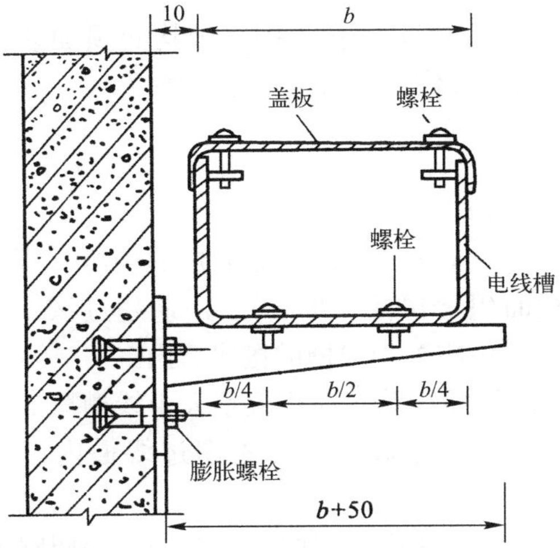

图 3. 61　金属线槽沿墙在水平支架上安装

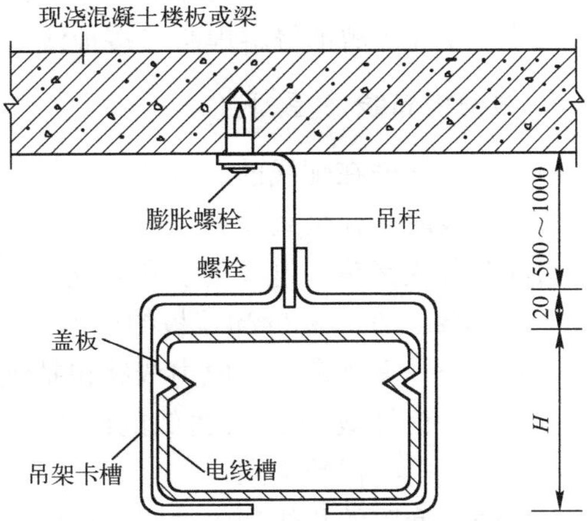

图 3. 62　金属线槽用吊架安装

金属线槽在吊顶内安装时，吊杆可用膨胀螺栓与建筑构件固定。当在钢结构固定时，可进行焊接固定，也可以使用万能吊具与角钢、槽钢、工字钢等钢结构进行安装，万能吊具固定如图 3. 63 所示。金属线槽在吊顶下吊装时，吊杆应固定在吊顶的主龙骨上，不允许固定在副龙骨或辅助龙骨上。

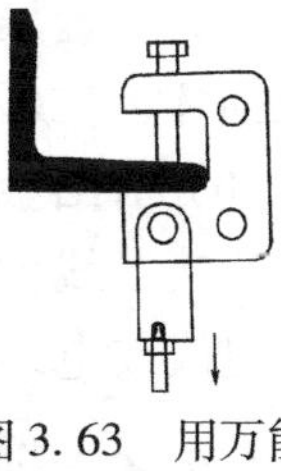

图 3. 63　用万能吊具固定

4. 线槽连接

线槽直线段连接应采用镀锌或刷消防涂料的连接板。直线段线槽连接如图 3. 64 所示。金属线槽的宽度在 100mm 以内（含 100mm），两段线槽用连接板连接处每端螺钉固定点不少于 4 个；宽度在 200mm 以上（含 200mm），两段线槽用连接板连接处每端螺钉固定点不少于 6 个。若线槽需要伸缩，应做可动连接，其方法是连接孔开长孔，但连接处应做跨接线。

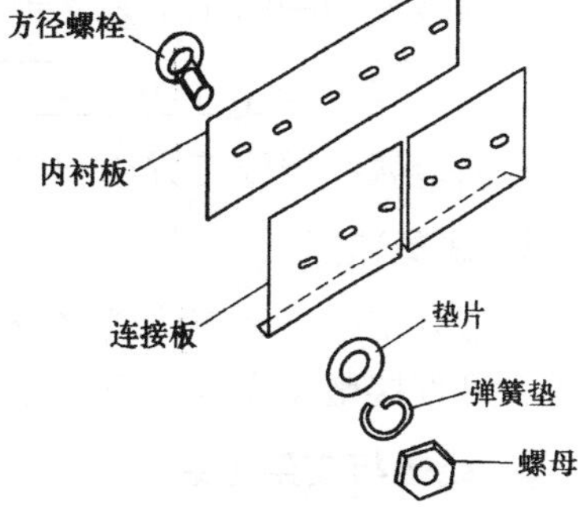

图 3. 64　直线段线槽连接

5. 线槽接地

线槽的所有导电部分的铁件均应相互连接，使之成为一体，构成电气通路，并做好整体接地。接地有多种方法。

对于镀锌线槽，可靠连接后，两处以上与 PE 线相连即可。

对于非镀锌线槽，可有以下几种方法。

（1）在连接处进行跨接，跨接线可采用截面不小于 $4mm^2$ 的黄绿双色线或铜扁线，线槽不少于两处与 PE 线连接。

（2）在线槽内设置 $4mm^2$ 铜导线作为接地干线，支架、每节线槽均与此干线相连。然后此接地干线与 PE 线相连。

（3）在线槽内或外敷设一根 25mm ×4 mm 的扁钢作为接地干线，支架、每节线槽均与此干线相连。然后此接地干线与 PE 线相连。

当线槽内敷设导线回路不需要接地保护时或线槽底板距地面大于 2.4m 时，线槽内可不设保护（PE）线；当线槽底板距地面小于 2.4m 时，线槽本身和线槽盖板均必须加装保护（PE）线。金属线槽不得熔焊跨接接地线。金属线槽不应作为设备的接地导体。

6. 线槽内布线 重点提示

（1）金属线槽在配线前，应清除线槽内的积水和杂物。

（2）穿线时，在金属线槽内不宜有接头，但在易于检查（可拆卸盖板）的场所，可允许在线槽内有分支接头。电线电缆和分支接头的总截面积（包括外护层），不应超过该点线槽内截面的 75%；在不易拆卸盖板的线槽内，导线的接头应置于线槽的接线盒内。

（3）当设计无规定时，电力线路包括绝缘层在内的导线总截面积应不大于线槽截面积的 60%。控制、信号或与其相类似的线路，电线或电缆的总截面积应不超过线槽内截面的 50%，电线或电缆根数不限。

（4）同一回路的相线和中性线，应敷设于同一金属线槽内。但同一电源的不同回路无抗干扰要求的线路可敷设于同一线槽内。

（5）在金属线槽垂直或倾斜敷设时，应采取措施防止电线或电缆在线槽内移动，使绝缘造成损坏，拉断导线或拉脱拉线盒（箱）内导线。

（6）引出金属线槽的线路，应采用镀锌钢管或普利卡金属套管，不宜采用塑料管与金属线槽连接。线槽的出线口应位置正确、光滑、无毛刺。引出金属线槽的配管管口处应有护口，电线或电缆在引出部分不得遭受损伤。

3.3.4 地面金属线槽施工工艺

地面金属线槽施工工艺流程：

线槽选择 → 线槽与支架组装 → 线槽连接 → 线槽安装 → 线槽接地 → 线槽内布线

地面金属线槽施工方法和要点分为以下 6 个方面。

1. 线槽选择

线槽有单线槽和双线槽之分，根据要求选择。地面内安装金属线槽由厚度 2mm 的钢板制成，可直接敷设在混凝土地面、现浇混凝土楼板或预制混凝土楼板的垫层内。

2. 线槽与支架组装

根据设计要求，正确选择单压板或双压板支架并与线槽进行组装，根据地面厚度调整好支架的高度。地面内线槽支架安装方法如图3.65所示。地面线槽的支架应安装在直线段不大于3m处或在线槽接头处、线槽进入分线盒200mm处。

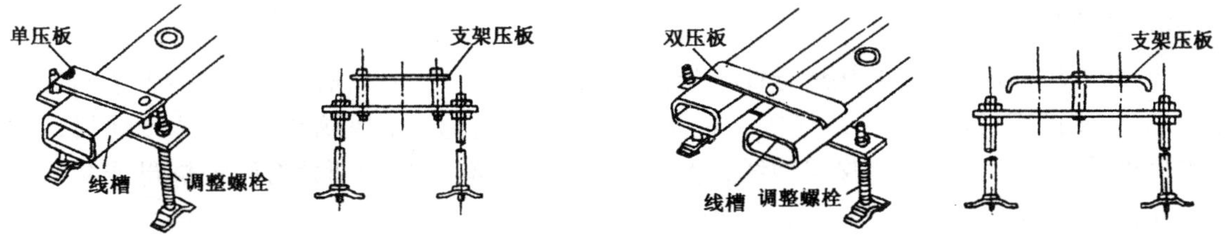

（a）单线槽支架安装　　（b）双线槽支架安装

图3.65　地面内线槽支架安装方法

3. 线槽连接

地面暗装金属线槽的制造长度一般为3m，每0.6m设一出线口，当需要线槽与线槽相互连接时，应采用线槽连接头进行连接，如图3.66所示。当遇到线路交叉、分支或弯曲转向时，应安装分线盒，如图3.67所示。当线槽端部与配管连接时，应使用线槽与钢管过渡接头，如图3.68所示。

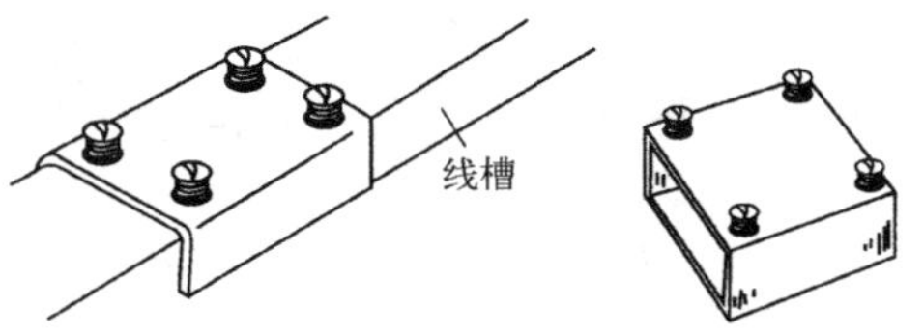

图3.66　线槽连接

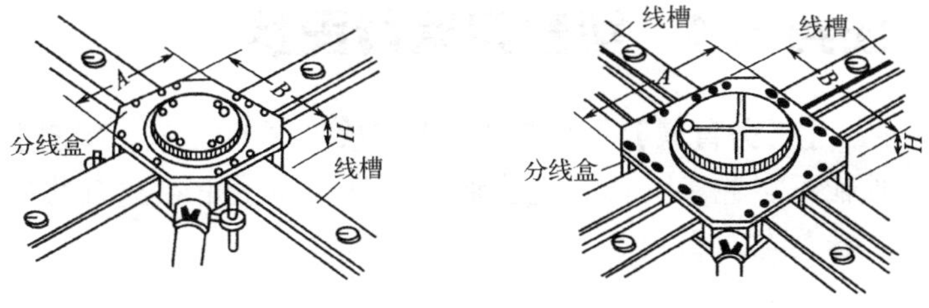

（a）　（b）

图3.67　分线盒安装示意图

4. 线槽安装

（1）当线槽敷设在现浇混凝土楼板内时，楼板厚度应不小于200mm；当敷设在楼板垫层内时，垫层的厚度应不小于70mm，并避免与其他管路相互交叉。

（2）地面线槽的出线口不应凸出地面，必须与地面平齐。在现浇混凝土内安装如图3.69所示。

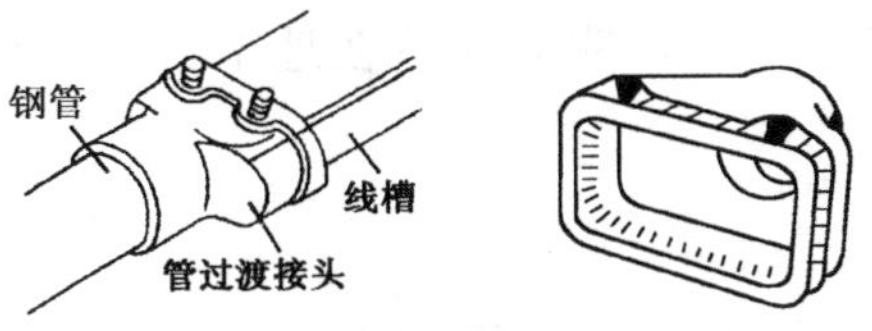

图3.68　线槽与管过渡接头连接

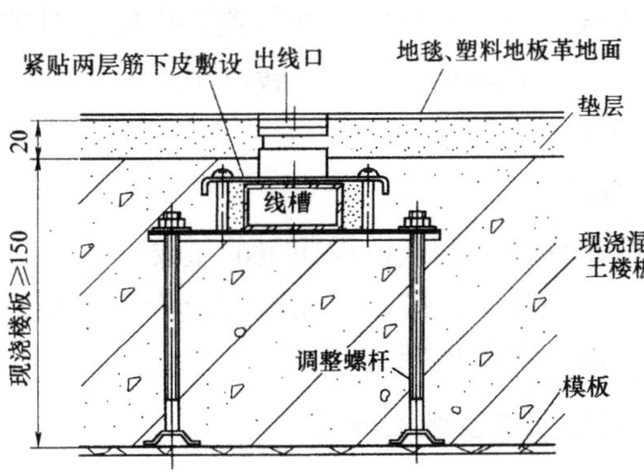

图3.69　地面线槽安装做法

地面内暗装金属线槽全部组装好后，应进行一次系统调整，调整符合要求后，将各盒盖盖好或堵严，防止盒内进入水泥砂浆，直至配合土建施工结束为止。

5. 线槽接地

金属线槽不作为设备的接地导线。当设计无要求时，金属线槽全长应有不少于两处与接地（PE）或接零（PEN）干线连接。非镀锌金属线槽连接板的两端跨接铜芯接地线，镀锌线槽间的连接板的两端不跨接接地线，但连接板两端应有不少于两处有防松螺母或防松垫圈的连接固定螺栓。

6. 线槽内布线

暗敷金属线槽内布线的方法和要求与金属管配线相同。

> (1) 线槽配线与线管配线比较，其优势与不足体现在哪里？
> (2) 金属线槽需接地，但不能作为设备的接地导体，这如何解释？
> (3) 安装地面线槽时，应特别注意哪些问题？

任务 3.4　塑料护套线配线

【任务背景】 塑料护套线有软、硬线之分。塑料护套线具有防潮和耐腐蚀性能，且绝缘性能好、施工简便、造价低，硬线大多适用在建筑物室内照明线路明敷，软线一般作为家用电器的电源引线。

3.4.1　塑料护套线配线施工工艺

塑料护套线配线施工工艺流程：

画线定位 → 固定线卡 → 放线 → 导线敷设

塑料护套线配线施工方法和要点分为以下三个方面。

1. 画线定位

塑料护套线的敷设应横平竖直。敷设导线前，先用粉线袋按照设计需要弹出正确的水平线和垂直线。先确定起始点的位置，再按塑料护套线截面的大小每隔 150 ～ 200mm 画出线卡的固定位置。导线在距终端、转弯中点、电气设备或接线盒边缘 50 ～ 100mm 处都要设置线卡进行固定。

2. 放线

放线是保证护套线敷设质量的重要一步。整盘护套线不能搞乱，不可使线产生扭曲，放出的线不可在地上拖拉，以免擦破或弄脏电线的护套层。线放完后先放在地上，量好尺度，并留有一定余量后剪断。

3. 固定线卡及敷设导线

护套线的固定方法有三种，分别是铝片卡、塑料钢钉电线卡、可调固定夹固定及黏结剂粘贴。常用固定线卡如图 3.70 所示。

（a）铝片卡　（b）塑料单钉固定卡　（c）塑料双钉固定卡　（d）可调固定夹

图 3.70　常用固定线卡

在砖混结构或木结构的场所采用铝片卡固定时，应选择合适规格，先将铝片卡用鞋钉固定在墙上，然后敷设导线，铝片卡固定导线步骤如图 3.71 所示。敷设导线时还应考虑导线的自重，适当做一些分力的处理，以使导线固定牢固。

在砖混结构或木结构的场所采用塑料钢钉电线卡固定时，应选择合适规格，安装时先将护套线卡入线卡中，然后用铁锤将塑料钢钉电线卡打入墙中即可。

在混凝土或预制板上敷设时，可用胶结剂粘贴在建筑物表面上，线卡粘结固定如图 3.72 所示。粘结时，一定要用钢丝刷将建筑物粘接面上的粉刷层刷净，使线卡底座与水泥直接粘结。

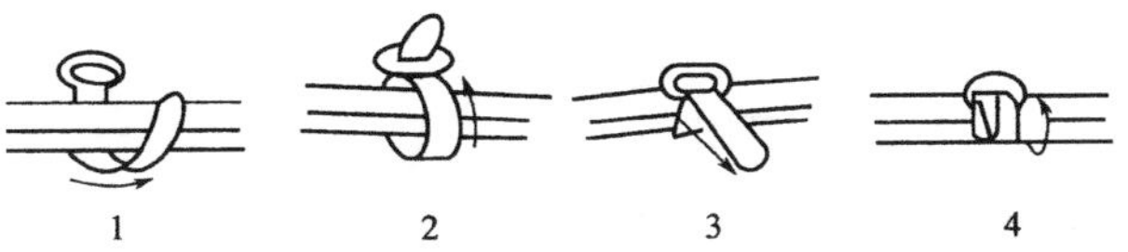

图 3.71　铝片卡固定导线步骤

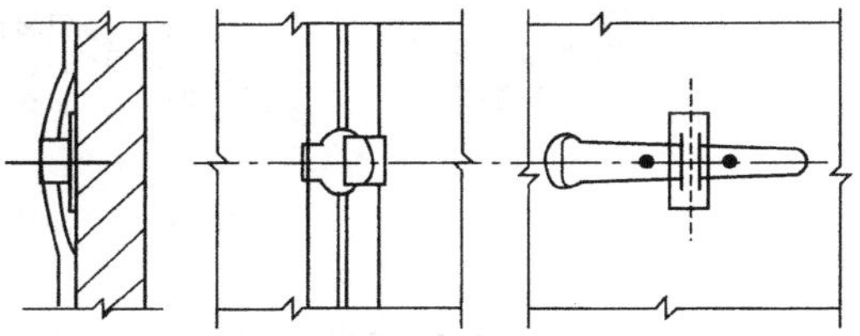

图 3.72　线卡粘结固定

3.4.2　塑料护套线配线要求

塑料护套线不应直接敷设在抹灰层、吊顶、护墙板、灰幔角落内；室外受阳光直射的场所不应明配塑料护套线。

护套线宜在平顶下 50mm 处沿建筑物表面敷设；多根导线平行敷设时，一个轧头最多夹 3 根双芯护套线。

护套线之间应相互靠紧，穿过梁、墙、楼板、跨越线路、护套线交叉时都应套有保护管，护套线交叉时保护管应套在靠近墙的一根导线上。

塑料护套线穿越楼板时，应加钢管保护，其保护其距地面不低于 1.8m，若在装设开关的地方，可延伸到开关所在位置。

塑料护套线的弯曲半径应不小于其外径的 3 倍；弯曲处护套和线芯绝缘层应完整无损。

任务 3.5　封闭式插接母线安装

【任务背景】　封闭式插接母线是建筑物低压配电的重要形式之一，它适用于高层建筑、干燥和无腐蚀性气体的室内或电气竖井内。封闭式插接母线具有结构紧凑、容量大、体积小、产品成套系列化等特点。封闭式插接母线安装如图3.73所示。

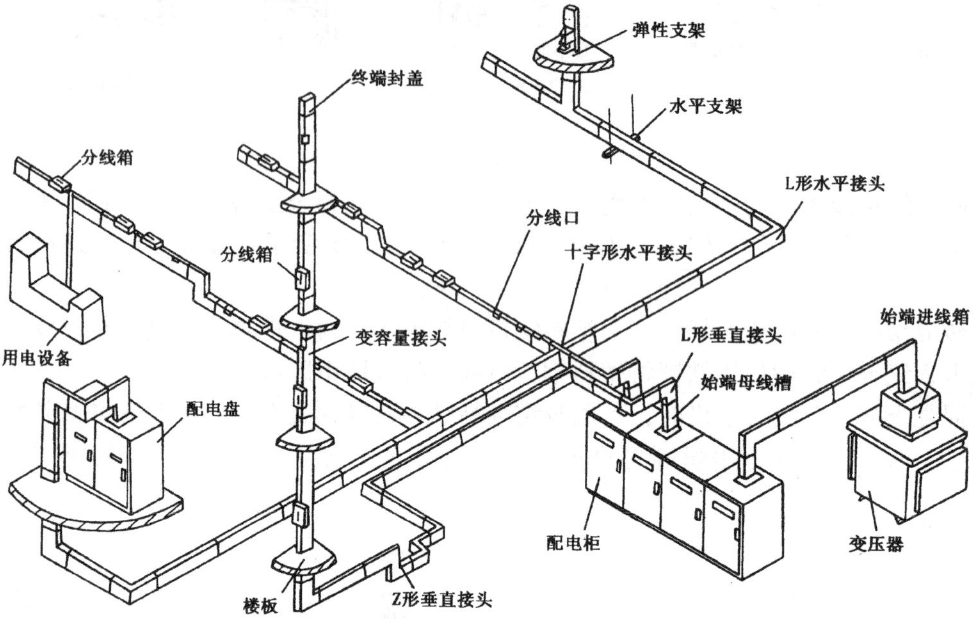

图3.73 封闭式插接母线安装示意图

3.5.1 封闭式插接母线的结构及分类

封闭式插接母线是一种把铜（铝）母线用绝缘夹板夹在一起（用空气绝缘或缠包绝缘带绝缘）置于金属板（钢板或铝板）中的母线系统。

封闭式插接母线按电压分有高压、低压之分，按线芯分有单相二线制、三相三线制、三相四线制和三相五线制之分，按导线材料分有铜、铝之分，按绝缘方式分有空气绝缘型和密集绝缘型之分，按工作环境分有室内和室外之分。封闭式插接母线的结构如图3.74（a）所示。

封闭式插接母线的常用配件有直身母线槽、变容量接头、其他接头（L形、T形、Z形、十字形）、母线伸缩节、分岔式母线槽、母线接续器、插接分线箱、始端母线槽和始端进线箱等。封闭式插接母线常用配件如图3.74（b）所示。

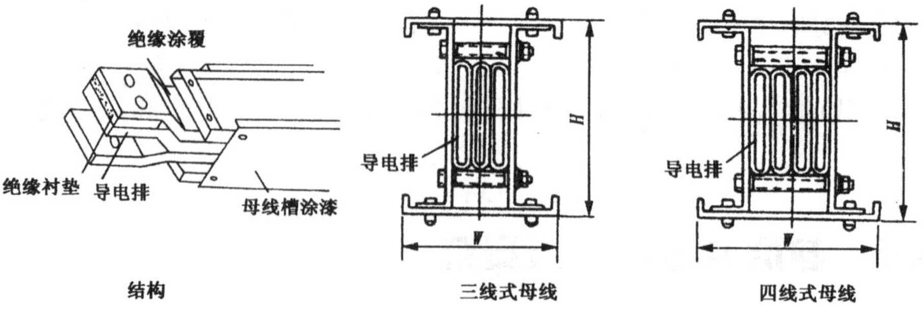

（a）封闭式插接母线结构

图3.74 封闭式插接母线结构及常用配件

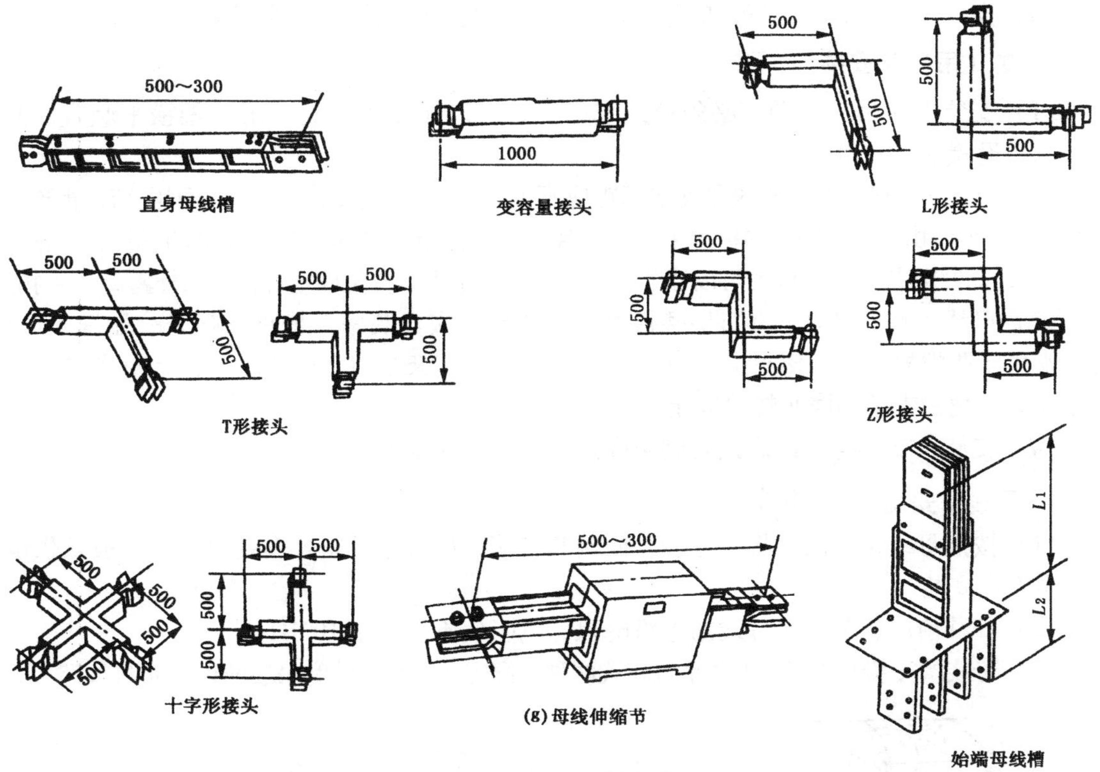

（b）封闭式插接母线常用配件

图3.74 封闭式插接母线结构及常用配件（续）

3.5.2 封闭式插接母线施工工艺

封闭式插接母线施工工艺流程：

设备开箱清点检查→支（吊）架制作→支（吊）架安装→母线槽安装→母线槽测试、试运行

封闭式插接母线施工方法和要点分为以下五个方面。

1. 设备开箱清点检查

（1）设备开箱清点检查，应有建设单位、监理单位、施工单位和供货商有关专业人员共同参与进线进场验收，并做好设备进场验收记录。

（2）母线槽分节标示清楚，外观无损伤变形现象，母线螺栓搭接面平整，其镀银层无麻面、起皮及未覆盖部分，绝缘电阻应符合设计要求。

（3）根据母线排列图和装箱清单，检查母线槽、进线箱、插接开关箱及附件，其规格、数量应符合要求。

2. 支（吊）架制作

（1）若供应商未提供配套支（吊）架，应根据施工现场的结构类型，支（吊）架可采用角钢、槽钢或圆钢制作，有“—”、“L”、“T”、“U”等主要形式。

（2）支（吊）架应用切割机下料，加工尺寸最大误差为5mm，用台钻、手电钻钻孔，严禁用气割开孔，孔径不得超过螺栓直径2mm。

（3）吊杆螺纹应用套丝板加工，不得有断丝。

（4）支架及吊架制作完毕，应除去焊渣，并刷两遍防锈漆和一遍面漆。

3. 支（吊）架安装

（1）安装支（吊）架前，必须拉线或吊线坠，以保证成排支（吊）架横平竖直，并按规定间距设置支架和吊架。

（2）母线水平敷设时，直线段支架间距应不大于2m，母线在管弯处及与配电箱、柜连接处必须安装支架。由于水平安装的母线主要为吊架式，要注意吊杆能承受母线槽的重量，通常采用直径为12mm的镀锌螺杆，以便可以调节吊杆的高低和水平。支架固定螺栓丝扣外露2～4扣。

（3）母线垂直敷设时，在每层楼板上，每条母线应安装两个槽钢支架，一端埋入墙内，另一端用膨胀螺栓固定于楼板上。当上、下两层槽钢支架超过2m时，在墙上安装“—”形角钢支架，角钢支架用膨胀螺栓固定于墙壁上。

（4）支架及支架与埋件焊接处刷防腐漆应均匀，无漏刷。

4. 母线槽安装 重点提示

（1）按照母线排列图，将各母线、插接开关箱、进线箱运至各安装地点。一般从供电处向用电方向安装。

（2）安装前应逐节摇测母线的绝缘电阻，电阻值不得小于10MΩ。

（3）母线槽安装形式有水平和垂直布置两种，固定方式有壁装和吊装两种，如图3.75所示。

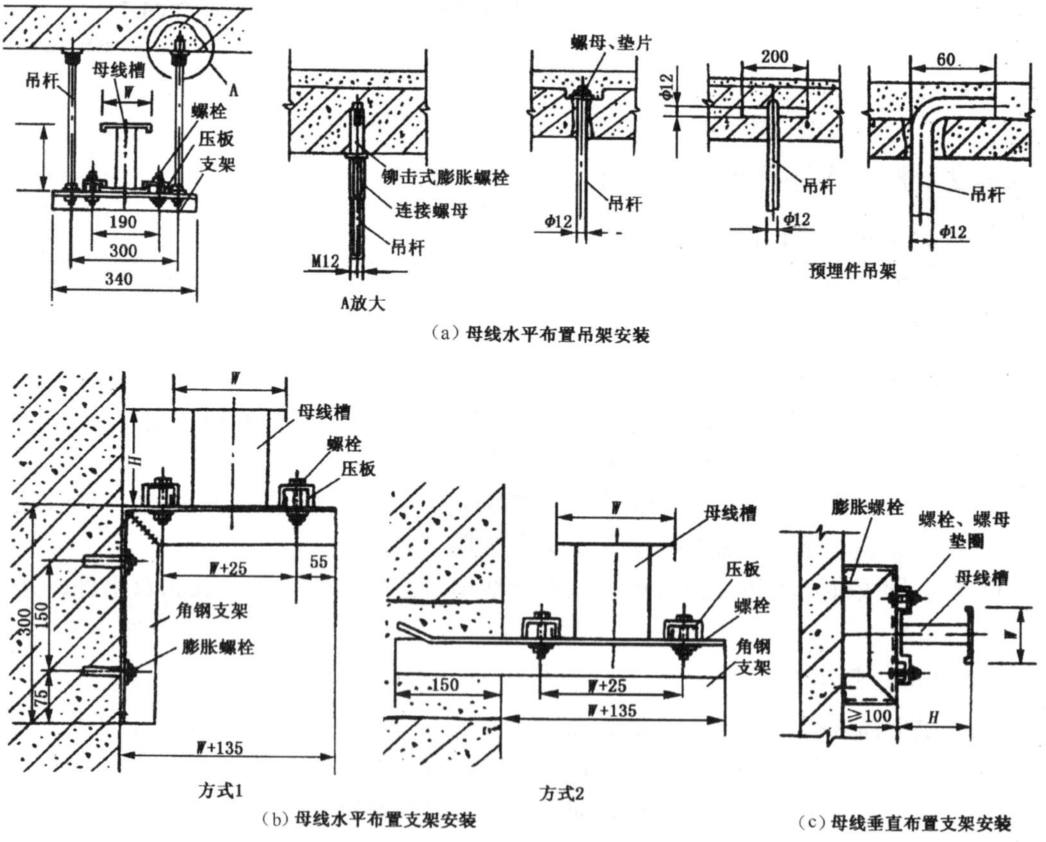

图3.75　封闭式母线常用安装形式

（4）当母线槽水平时，应用水平连接片及螺栓、螺母、平垫片、弹簧垫圈将母线固定于“U”形角钢支架上。水平安装母线时要保证母线的水平度，在终端加终端盖并用螺栓固定。

（5）当母线槽穿越楼板预留孔（如电气竖井）时，应先测量好位置，加工好槽钢固定支架并安装好支架，再用供应商配套的螺栓套上防震弹簧、垫片，拧紧螺母将其固定在槽钢支架上，电气竖井母线槽垂直安装如图3.76所示。

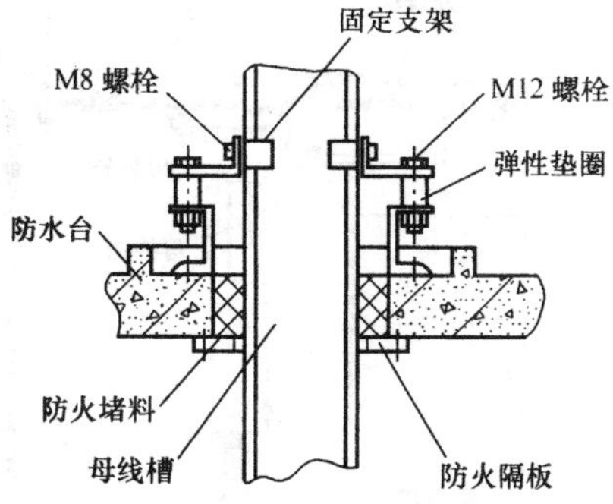

图3.76　电气竖井母线槽垂直安装

（6）母线槽的连接。

① 当连接母线槽时两相邻段母线及外壳要对准，连接后不使母线及外壳受额外应力。连接时将母线的小头插入另一节母线的大头中去，在母线间及母线外侧垫上配套的绝缘板，再穿上绝缘螺栓加平垫片、弹簧垫圈，然后拧上螺母，用力矩扳手拧紧，最后固定好上、下盖板。

② 母线槽连接采用绝缘螺栓连接。

③ 母线槽连接好后，其外壳即已连接成为一个接地干线，将进线母线槽、插接开关箱外壳上的接地螺栓与母线槽外壳之间用16mm^{2}软编织铜线连接好。

（7）母线槽穿越防火墙、防火楼板时，应采取防火隔离措施。母线槽穿越防火隔离安装如图3.77所示。

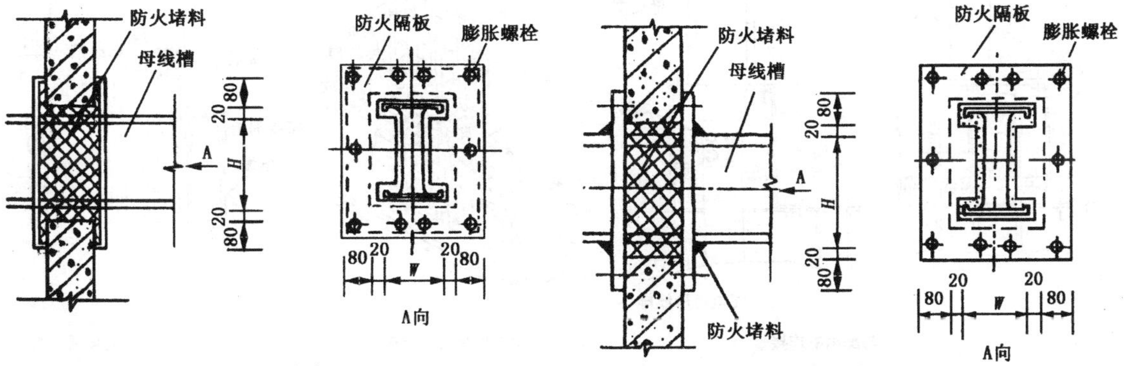

（a）方式1　　（b）方式2

图3.77　母线槽穿越防火墙隔离安装

（8）母线槽与分线箱、配电箱连接方法如图3.78所示。

（9）母线槽与设备连接方法如图3.79所示。

（10）母线槽的端头应装封闭罩，引出线孔的盖子应完整。各节母线外壳的连接应是可拆的，外壳之间应有跨接线，并应可靠接地。母线槽接地方法如图3.80所示。

5. 母线槽测试、试运行

母线槽安装完毕应进行相关的测试、检查，然后进行试运行。检查内容：相序应正确；接头连接应紧密；外壳接地应良好；供电侧设备安装、受电测设备安装可靠、牢固。最后总体测量绝缘电阻并达到规定值。

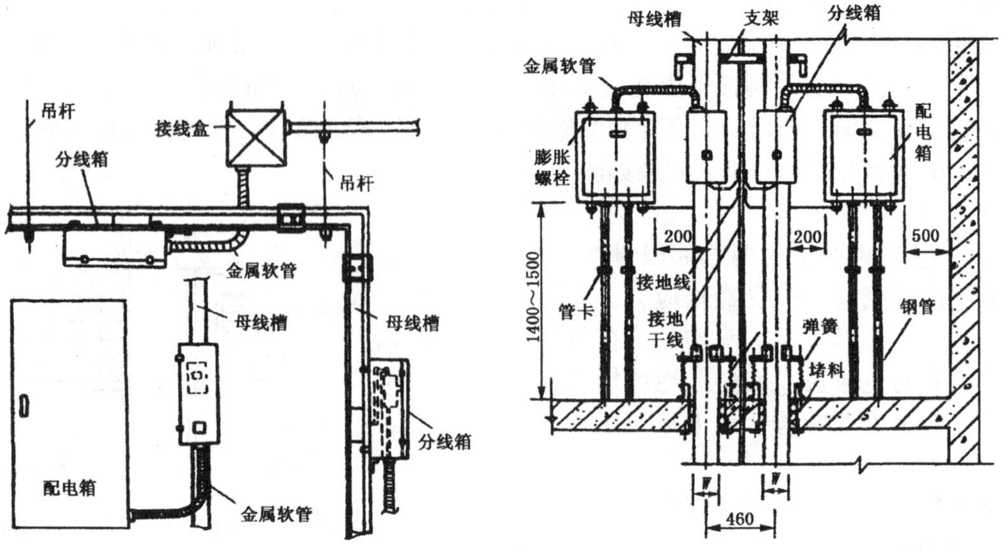

(a) 方式1　　(b) 方式2

图 3.78　母线槽与分线箱、配电箱连接

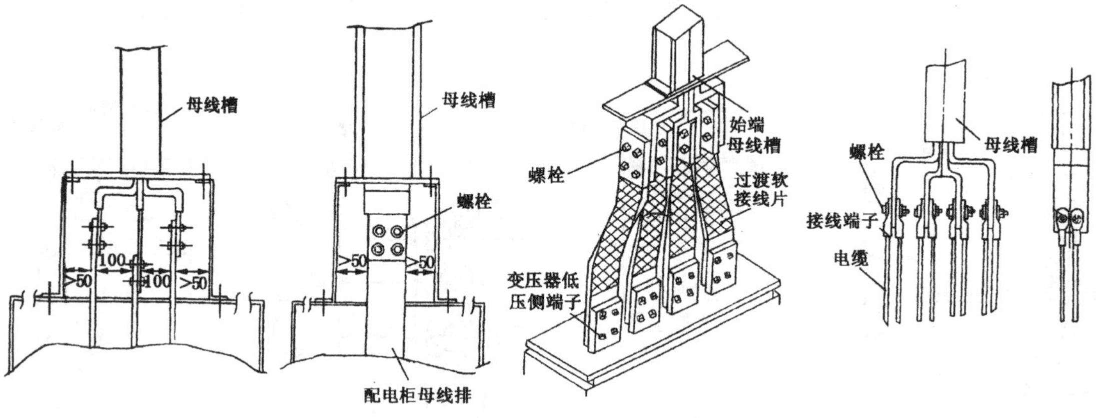

(a) 与配电柜连接　　(b) 与变压器连接　　(c) 与电缆连接

图 3.79　母线槽与设备连接

母线槽空载受电试运行 24h，无异常，整理安装过程的施工记录、测量、试运行记录，并提交验收。

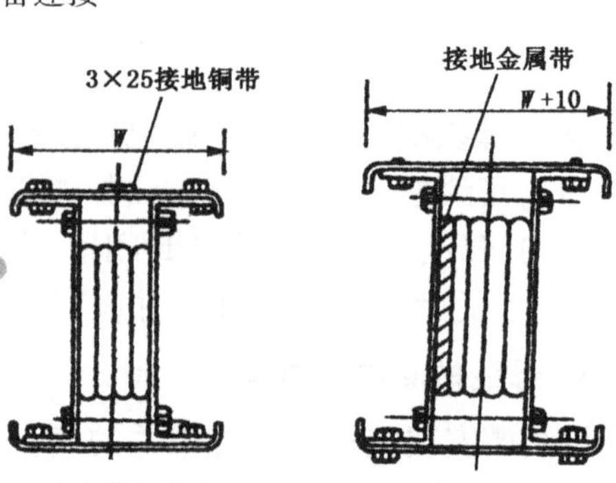

(a) 附加接地　　(b) 半总体接地

图 3.80　母线槽接地

3.5.3　封闭式插接母线安装要求　重点提示

母线槽水平敷设时，支持点间距应不大于 2m，至地面的距离应不小于 2.2m，垂直敷设时，距地面 1.8m 以下部分应采取防止机械损伤措施，但敷设在电气专业室内（如配电室、电气竖井、技术层等）除外。同时应考虑与顶板、墙间的

距离。

当母线槽直线敷设长度超过40m时，应设置伸缩节（即膨胀节母线槽）。母线槽在水平跨越建筑物的伸缩缝或沉降缝处，也应采取适当防护措施。

插接分线箱应与带插孔母线槽匹配使用，设置位置应方便安装和检修，并配有接地线。分线箱底边距地面1.4～1.6m为宜。

母线槽不得用裸钢丝绳起吊和绑扎，不得任意堆放和在地面上拖拉，外壳上不得进行其他作业。外壳内和绝缘子必须擦拭干净，外壳内不得有遗留物。

现场制作的金属支架、配件等应按要求镀锌或涂漆。母线的外壳需做接地连接，但不得做保护接地干线用。

(1) 插接式母线槽作为配电干线最大的优点体现在哪里？
(2) 插接式母线槽通过什么方式与配电箱、电动机和变压器进行连接？
(3) 插接式母线槽的接地有什么要求，具体有哪些方法？

任务3.6 电缆桥架配线

【任务背景】 目前，高层建筑越来越多，用电设备越来越密集，电缆输送电能机会大大增加，采用桥架运送电缆是比较合适的配线方式。电缆桥架结构简单，安装快速灵活，维护方便，桥架的主要配件均实现标准化、系列化、通用化而易于配套使用。桥架及配件通过氯磺化聚乙烯防腐处理，具有耐腐蚀、抗酸碱等性能。电缆桥架的种类很多，若按结构分，有梯级式、托盘式、槽、组合式和封闭式，若按材料分，有钢制桥架、铝合金桥架和玻璃钢制桥架等，按镀锌情况分，有镀锌桥架和非镀锌桥架。电缆桥架适用面非常广，如电气竖井、架空层、设备层、变配电室及走廊、顶棚等都比较适合采用桥架。电缆桥架配线如图3.81所示。

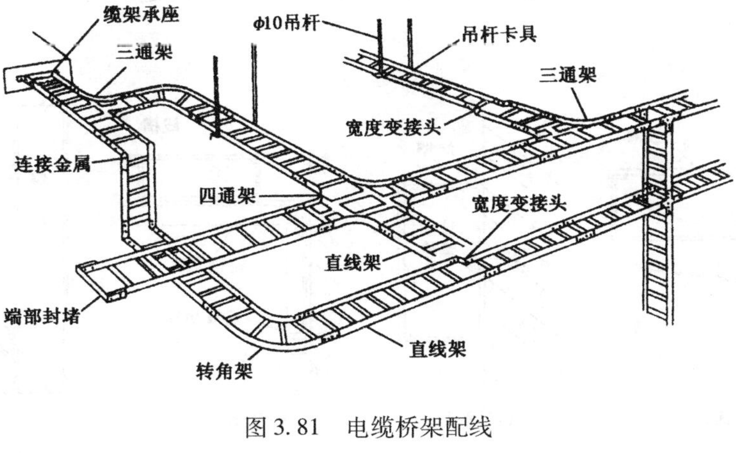

图3.81 电缆桥架配线

3.6.1 电缆桥架安装施工工艺

电缆桥架安装施工工艺流程：

弹线定位→预埋铁或膨胀螺栓→支（吊）架安装→桥架安装→保护地线安装

电缆桥架安装施工方法和要点分为以下五个方面。

1. 弹线定位

桥架安装前，应根据设计图纸确定线路走向和接线盒、配电箱、电气设备的安装位置，用粉袋弹线定位，并标出桥架、支（吊）架的位置。

2. 预埋铁或膨胀螺栓

（1）预埋铁的自制加工尺寸应不小于 120mm × 60mm × 60mm；其锚固圆钢的直径应不小于 8mm。

（2）密切配合土建结构的施工。方法一：将预埋铁的平面放在钢筋网片下面，紧贴模板，可以采用绑扎或焊接的方法将锚固圆钢固定在钢筋网上；模板拆除后，预埋铁的平面应明露，再将产品支（吊）架焊在上面固定。方法二：根据支（吊）架承受的荷载，选择相应的金属膨胀螺栓及钻头；可用螺母配上相应的垫圈将支（吊）架直接固定在金属膨胀螺栓上。吊杆安装如图 3.82 所示。

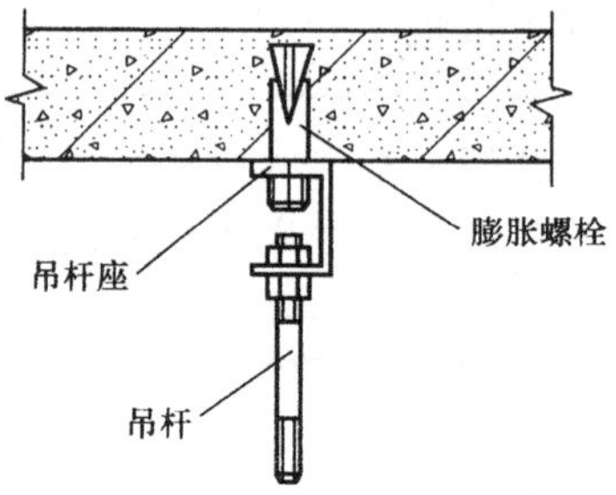

图 3.82　吊杆安装

3. 支（吊）架安装

电缆桥架有壁装、吊装和落地安装 3 种，如图 3.83 ～图 3.85 所示。

（1）支架与吊架所用钢材应平直，无显著变形。下料后长短偏差应在 5mm 范围内，切口处应无卷边、毛刺。

（2）支架与吊架的规格一般为：扁钢不小于 30mm × 3mm，角钢不小于 25mm × 25mm × 3mm。

（3）水平固定支架间距一般为 1.5 ～ 3m。垂直安装的支架间距不大于 2m。在进出接线盒、箱、柜、转角、转弯和变形缝两端及丁字接头的三端 500mm 以内应设置固定支持点。

（4）支架与吊架应安装牢固，保证横平竖直，在有坡度的建筑物上安装支架与吊架应与建筑物有相同坡度。

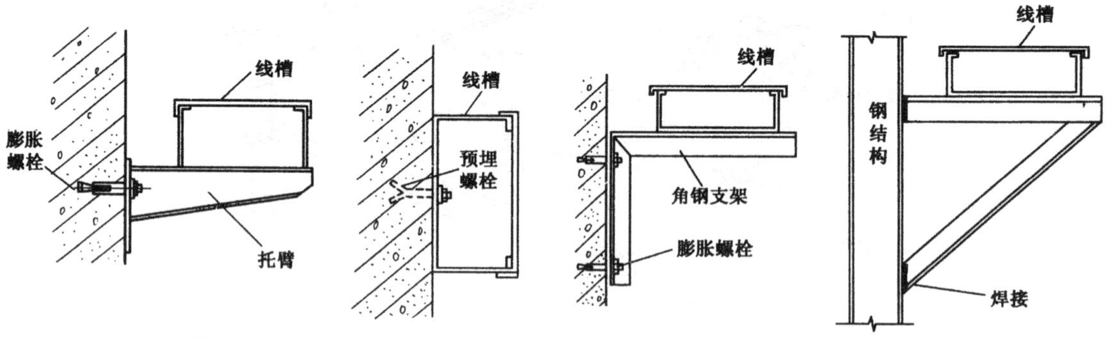

图 3.83　电缆桥架壁装

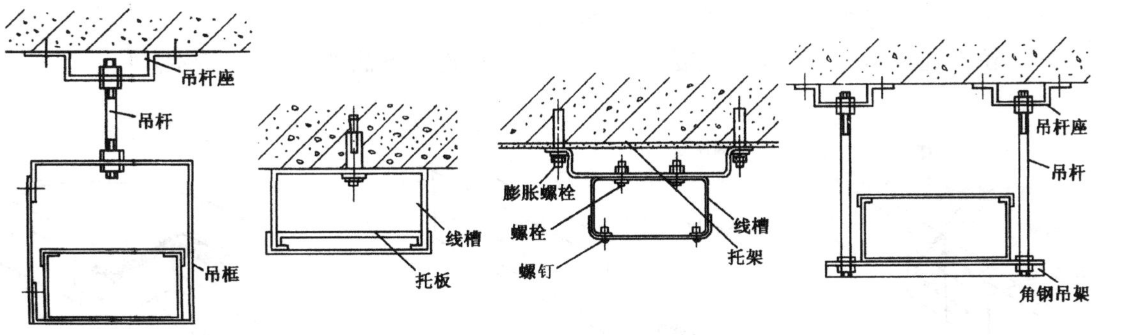

（a）方式1　（b）方式2　（c）方式3　（d）方式4

图3.84　电缆桥架吊装

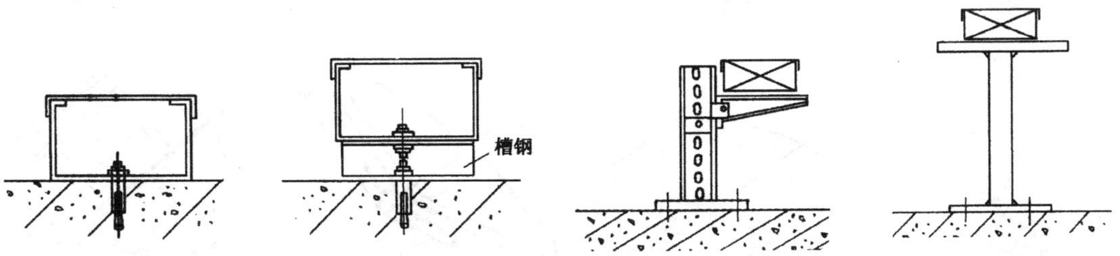

（a）方式1　（b）方式2　（c）方式3　（d）方式4

图3.85　电缆桥架落地安装

4. 桥架安装

(1) 在已安装好的支（吊）架上敷设桥架，一般可从起点向终点敷设或从起点和终点两头同时敷设。通常先将分支处的弯头或三通弯头等桥架组件粗调、固定好，以便确定直线段桥架长度。尽可能使用桥架的标准弯头等组件，在条件允许时可自制弯头，但应满足相关的工艺要求。桥架水平安装如图3.86所示。桥架垂直安装如图3.87所示。

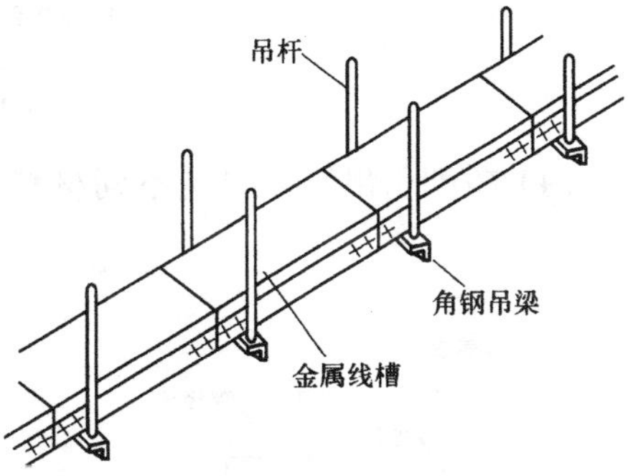

图3.86　桥架水平安装

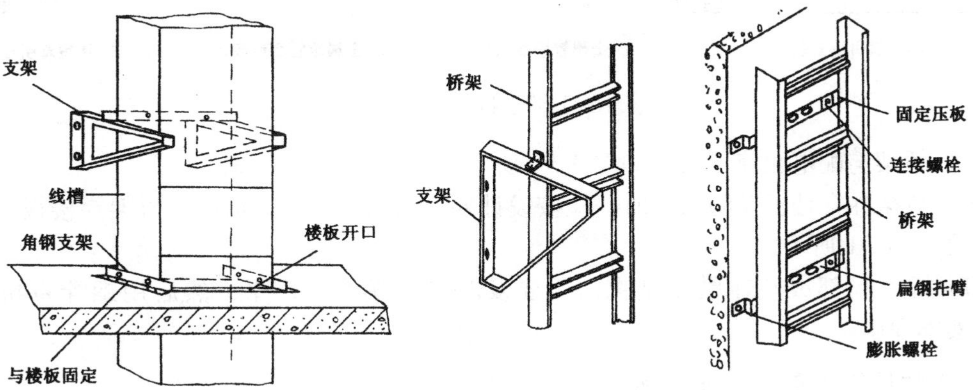

（a）方式1　（b）方式2　（c）方式3

图3.87　桥架垂直安装

（2）桥架的边缘距支架的边缘通常为50mm。

（3）桥架连接紧密、牢固且方法合适。桥架常见连接方法如图3.88所示。

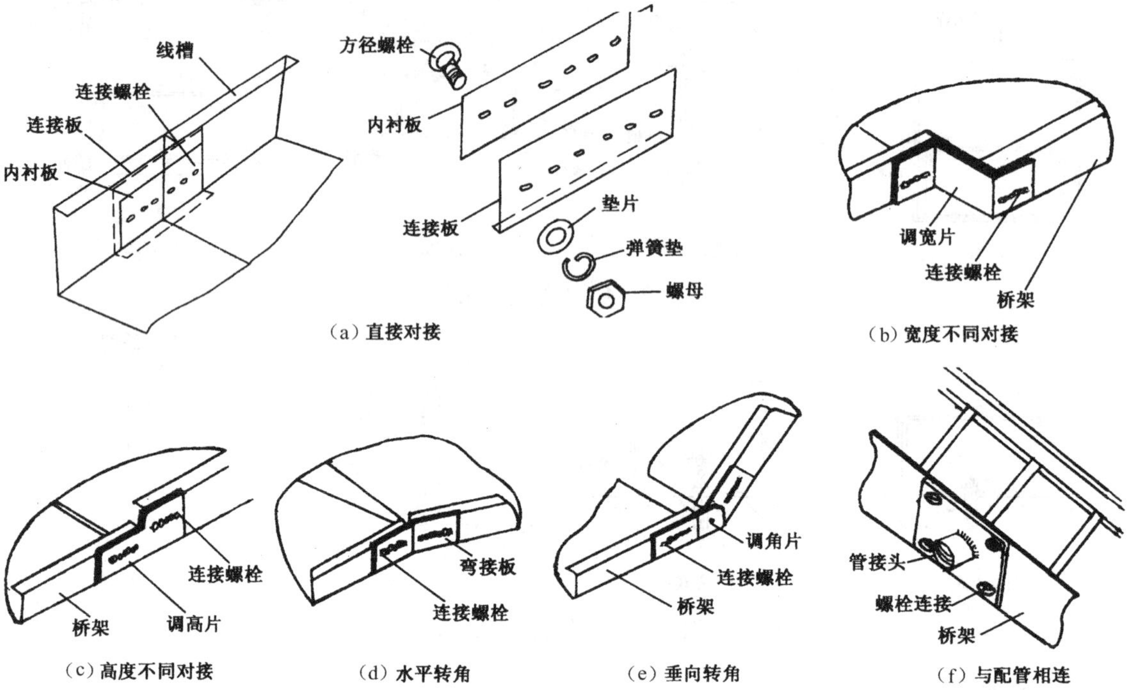

图3.88　桥架常见连接方法

（4）桥架引出线应根据不同材料和对象采用不同的方法。常用引出线的安装如图3.89所示。

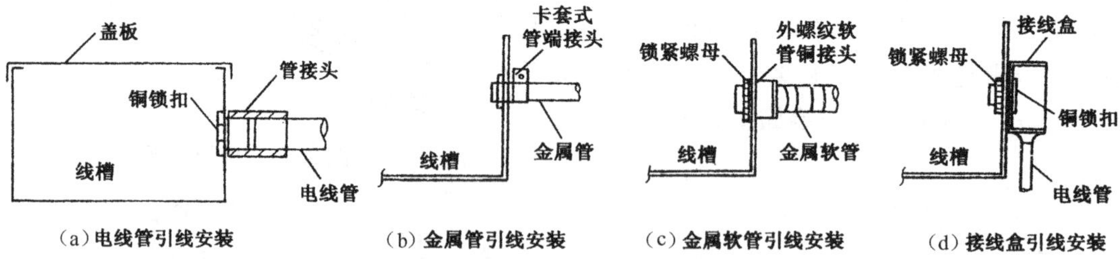

图3.89　桥架引线安装

（5）桥架与配电箱连接安装如图3.90所示。

（6）桥架在穿楼板及防火墙时，应按设计要求采取防火隔离措施。桥架穿楼板、穿防火墙安装如图3.91所示。

（7）桥架局部或整体敷设结束时，要及时进行调直、调平，然后用螺栓将桥架与支（吊）架牢固固定。

5. 保护地线的安装　重点提示

（1）非镀锌桥架连接处应跨接接地线，接地线截面不小于$4mm^2$，不得熔焊跨接接地线。

镀锌桥架连接处不需跨接接地线，但连接板两端应至少有两个防松螺帽或防松垫圈的固定螺栓。跨接接地线连接如图 3. 92 所示。

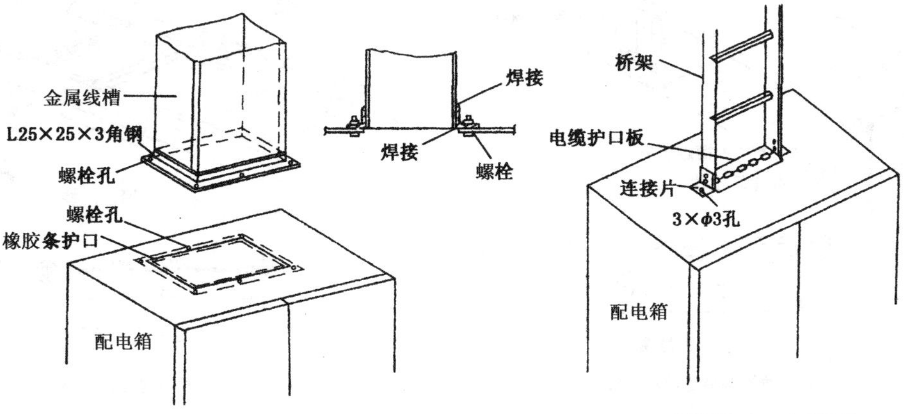

（a）金属线槽与配电箱连接　　（b）电缆桥架与配电箱连接

图 3. 90　桥架与配电箱连接安装

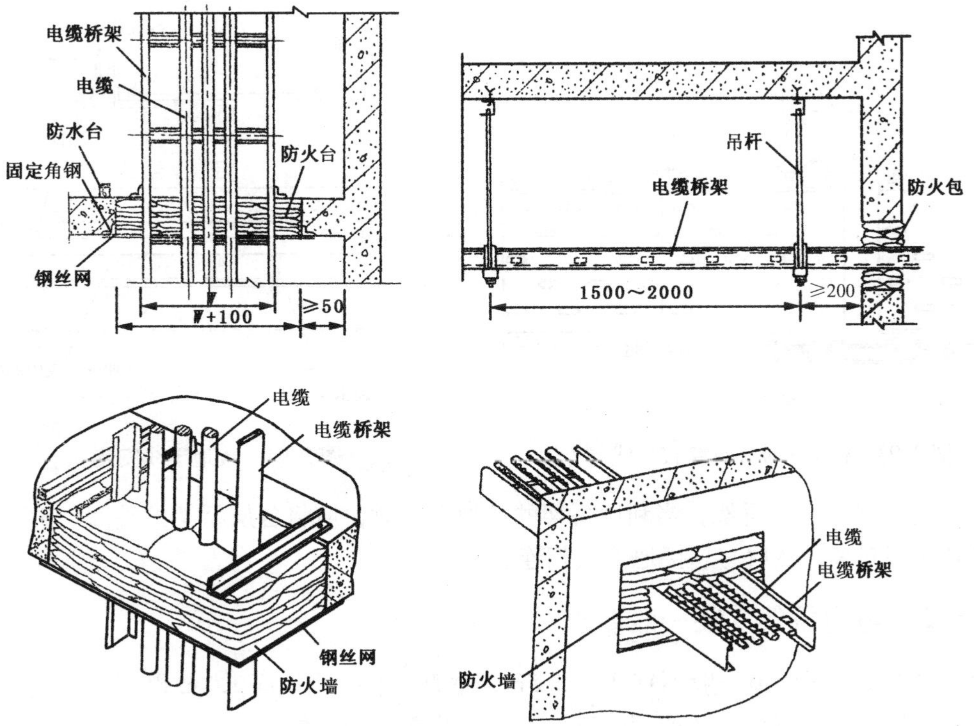

图 3. 91　桥架穿楼板、穿防火墙安装

（2）在伸缩缝或软连接处需采用软编制铜线连接，桥架过伸缩缝跨接地线的处理方法如图 3. 93 所示。

（3）金属桥架在整体敷设结束后，至少要有两处（起点和终点）与接地干线连接。若桥架全长另敷设接地干线，每段（包括非直线段）托盘、梯架应至少有一点与接地干线可靠连接。接地干线安装如图 3. 94 所示。

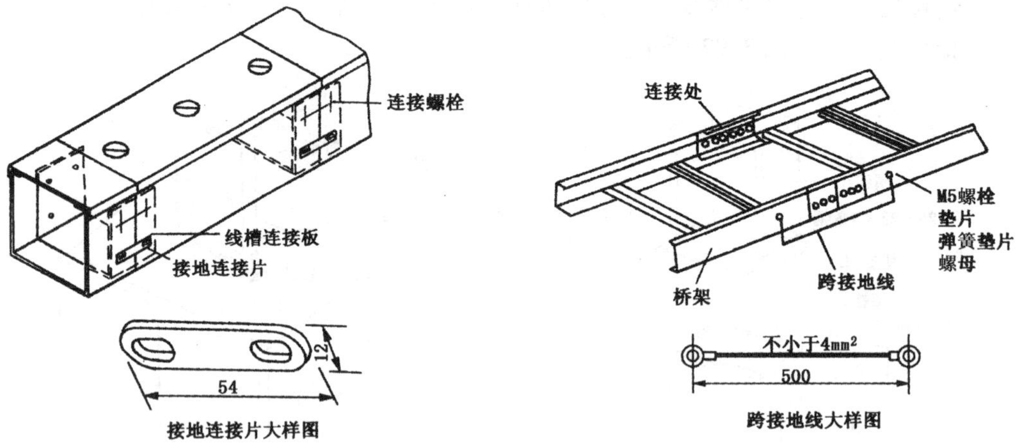

(a) 线槽接地连接片连接　　(b) 桥架跨接地线连接

图 3.92　线槽、桥架跨接接地线连接

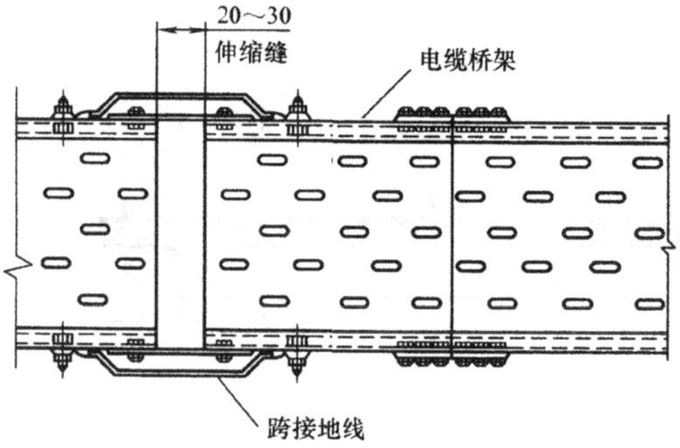

图 3.93　桥架过伸缩缝跨接地线的方法

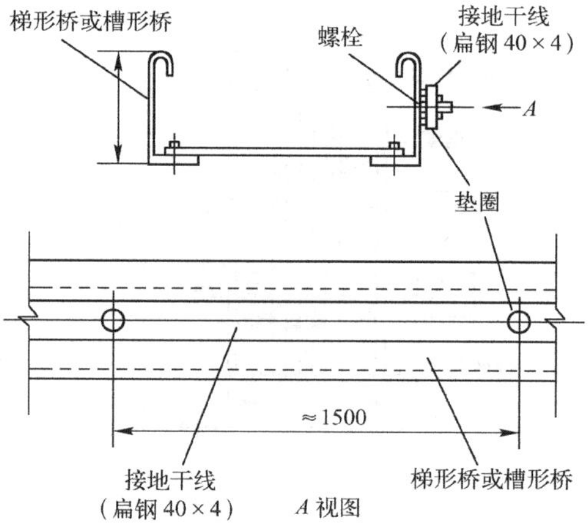

图 3.94　接地干线安装

（4）对于多层电缆桥架，当利用桥架的接地干线时，应将各层桥架的端部用 $16mm^2$ 的软铜线并联连接起来，然后与总接地干线相连。

3.6.2　电缆桥架安装一般要求

桥架水平安装时距地一般不宜低于 2.5m，垂直安装时距地面 1.8m 以下部分应加金属盖板保护，但敷设在专用房间（如配电室、电气竖井等）内除外。

直线段钢制桥架长度超过 30m，铝合金或玻璃钢制桥架长度超过 15m 要设伸缩节，桥架跨越建筑物变形缝处设置补偿装置。

桥架转弯处弯曲半径不小于桥架内电缆的最小允许弯曲半径。

同一回路的所有中性线应敷设在同一线槽内，同一路径无防干扰要求的线路可敷设于同一金属线槽内。

强电、弱电线路应分槽敷设，若受条件限制需在同一层桥架上时，应用隔板隔开。强、弱电共用桥架安装如图 3.95 所示。

桥架与支架间螺栓、桥架连接板固定螺栓不得遗漏，螺母位于桥架外侧，当铝合金桥架与钢支架固定时，应有相互间绝缘的防电化腐蚀措施。

桥架敷设在易燃易爆气体管道和热力管道的下方，当设计无要求时，与管道的最小近距应符合表 3.8 的规定。

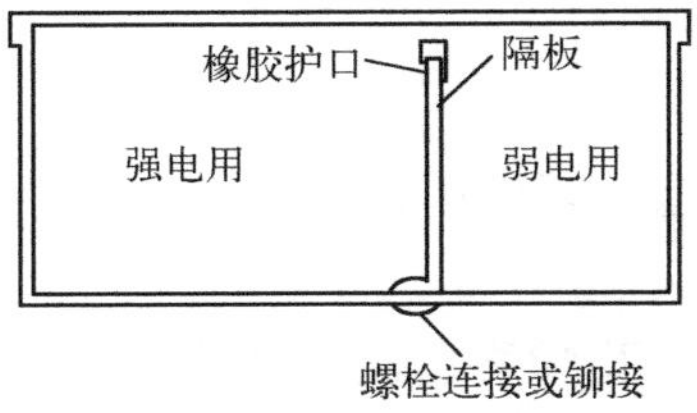

图 3.95　强、弱电共用桥架安装

表 3.8　电缆桥架与各种管道的最小净距

管道类型		平　行	交　叉
一般工艺管道		0.4	0.3
易燃易爆气体管道		0.5	0.5
热力管道	有保温层	0.5	0.3
	无保温层	1.0	0.5

桥架不得用气焰切割，最好使用钢锯切割，切割口要平整。开孔应使用电钻，不得使用气、电焊。金属桥架要进行防锈涂漆处理。

电缆桥架的始端与终端应封堵牢固。有盖板的桥架，在电缆敷设结束后要将盖板盖好。

3.6.3　桥架内电缆敷设施工工艺　重点提示

桥架内电缆敷设施工工艺流程：

电缆绝缘测试和耐压试验 → 桥架内电缆敷设 → 挂标示牌

桥架内电缆敷设施工方法和要点分为以下三个方面。

1. 电缆绝缘测试和耐压试验

（1）用 1kV 兆欧表对电缆进行绝缘测试，测量相间及对地的绝缘电阻，绝缘电阻不低于 10MΩ。

（2）对高压电缆应做 3 倍的耐压和泄漏试验，低压电缆有条件的也应做这两项试验。

2. 桥架内电缆敷设

（1）安装施放电缆机具。施放可采用机械牵引和人力牵引。机械牵引有电缆支架、牵引机械及钢丝等器件，人力牵引有电缆支架和电缆滚轮等器件。电缆支架的的架设地点应选择土质密实的原土层地坪上和便于施工的位置，一般应在电缆起止点附近为宜，电缆从支架上引出端应位于电缆轴的上方。

（2）电缆在桥架内可以无间距敷设，但一般应单层敷设，排列整齐，不得有交叉。不同等级电压的电缆应分层敷设，高压电缆在上，低压电缆在下。若容量不等的电缆分层敷设，容量大的电缆在上，容量小的电缆在下。

（3）电缆在拐弯处应以最大截面电缆允许弯曲半径为准进行施放。

（4）水平敷设的电缆首尾两端、转弯两侧及每隔 5 ～ 10m 处设固定点。垂直桥架内的电缆固定点间距不大于下列规定：控制电缆和全塑电力电缆为 1m，其他电力电缆为 1.5m。大于 45°倾斜敷设的电缆，每隔 2m 处设固定点。

（5）若是铠装电缆，铠装层应做接地处理。

3. 挂标示牌

电缆的首端、末端、拐弯处、交叉处和分支处或直线段每隔 50m 处应设标示牌。标示牌的要求如下。

（1）标示牌的规格应一致，并有防腐功能，挂装应牢固。

（2）标示牌上应注明电缆编号、规格、型号、用途及电压等级。

3.6.4 桥架内电缆敷设一般规定

室内沿桥架敷设电缆时，宜在管道及空调工程基本施工完毕进行，防止其他专业施工时污染桥架。

电缆在桥架内横断面的填充率：电力电缆一般应不大于 40%；控制电缆应不大于 50%。

电缆短距离搬运通常采用滚轮电缆轴的方法，运行时应按电缆轴上箭头指示方向滚动，以防作业错误造成电缆松弛。

在有腐蚀或特别潮湿的场所采用电缆桥架布线时，应选用外护套具有较强的耐酸、碱腐蚀能力的塑料护套电缆。

电缆敷设完成后应进行检查，全部敷设完成后，经检验合格方可盖上桥架的盖板。

> ? （1）桥架配线与线槽配线有何区别？
> （2）电缆近距离搬运和施放有哪些要求？
> （3）桥架的接地有什么要求，具体有哪些方法？

任务 3.7 硬母线配线

【任务背景】 在变配电装置中，硬母线常用做汇流和分配电流的导体，故硬母线又称汇流排。除在变配电装置中用做配电母线外，还可以作为电气系统中的配电干线或载流母线。它的特点是载流量大，接线、分支、维护方便。按材质分，常用的有铜、铝和钢三种。铜的电阻率小，导电性能好，载流能力强，有较好的抵抗大气影响及化学腐蚀的性能，但因价格较高，加工较困难，故除容量特别大或特殊场所外较少使用。铝的电阻率仅次于铜，加工、安装比较方便，载流能力也较强，价格低廉，故使用比较广泛。钢虽然价格也低廉，机械强度高，但电阻率较大，导电性能低于铜和铝，因此不适于输送大电流，通常只作为接零和接地的母线。按形式分，有矩形、槽形和管形三种。矩形母线是常用形式，常用规格型号有 LMy-100×10 和 TMy-100×10。

3.7.1 硬母线施工工艺

硬母线施工工艺流程：

放线检查测量 → 支架制作安装 → 绝缘子安装 → 母线加工 → 母线连接 → 母线安装 → 涂色刷漆 → 检查、送电

硬母线施工方法和要点分为以下八个方面。

1. 放线检查测量

在设计图上一般不标出母线的实际尺寸，因此在母线下料前应到实地进行勘察和测量，根据母线沿墙、跨柱、沿梁及屋架敷设的不同情况及进出线的具体位置，确定实际走向并测量具体尺寸。在地形复杂难以确定尺寸时，应采用薄铁皮进行放样的方法确定母线的实际尺寸。

2. 支架制作安装

对于配电柜上方的母线安装，其支撑选用合适的支撑绝缘子。沿墙安装采用 L50×50×5 的角钢制作，具体尺寸按施工图的加工要求或相关图集要求，支架固定采用 M10 膨胀螺栓或 150mm 长的燕尾角钢固定在墙上。裸导线水平方向安装、垂直方向安装如图 3.96 和图 3.97 所示。支架安装距离，当母线为水平敷设时，不超过 3m，垂直敷设时不超过 2m。

3. 绝缘子安装

母线绝缘子安装前应首先进行检查，外观无裂纹、缺损现象，然后测量绝缘子的绝缘电阻，大于 10MΩ 为合格。6 ～ 10kV 支柱绝缘子安装前还应做交流耐压试验。安装在同一平面或垂直面上的支柱绝缘子应位于同一平面上，其中心线位置应符合设计要求。直线段的支柱绝缘子的安装中心线应与母线的中心线处在同一直线上。固定要牢固，螺栓大小要适宜。绝缘子水平安装如图 3.98 所示。

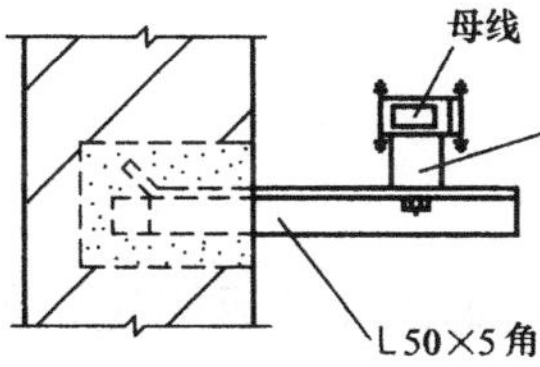

图 3.96　裸导线水平方向安装

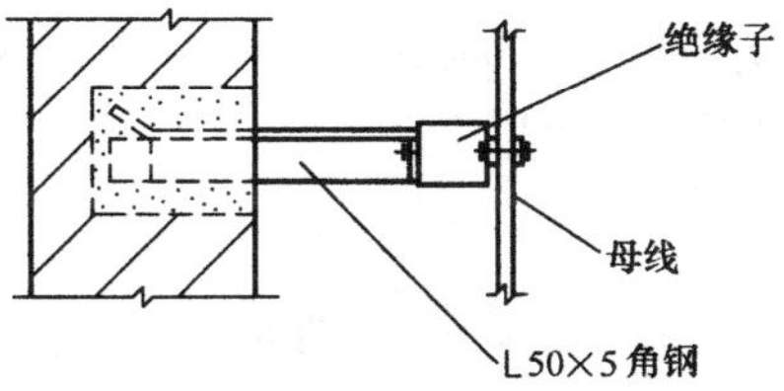

图 3.97　裸导线垂直方向安装

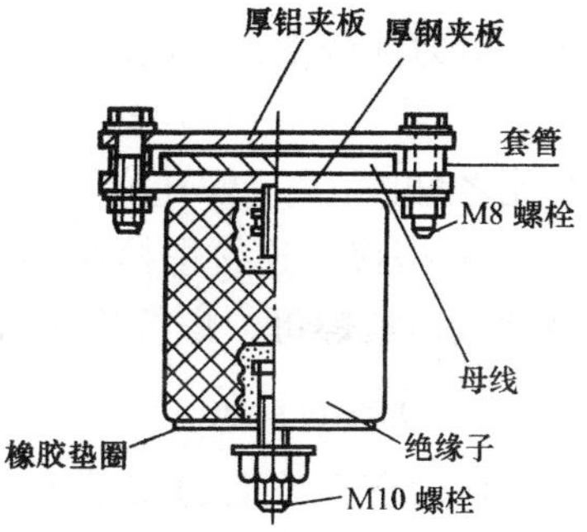

图 3.98　绝缘子水平安装

4. 母线加工

（1）母线矫直。母线应校正平直，矫正的方法有两种：手工矫正和机械矫正。手工矫正时，先选一段表面平直、光滑、洁净的槽钢或工字钢，将母线放在钢面上用木锤敲打。敲打时用力要适当，防止变形。若母线弯曲过大，在弯曲部位放上垫块，如铝板、木板等，然后用铁锤敲打。截面较大的母线，可用母线矫正机进行矫正。

（2）母线下料。可使用手锯或砂轮锯进行作业，母线加工严禁用气焊切割。下料时根据母线来料长度合理切割，切断面应平整，下料时母线应留有适当裕量避免弯曲时产生误差，造成整根母线报废。

（3）母线弯曲。母线弯曲采用专用工具冷弯，弯曲处不得有裂纹及显著的皱褶，不得进行热煨。母线弯曲如图 3.99 所示。母线平弯及立弯的弯曲半径不得小于规范规定值。

5. 母线的连接

母线的连接可采用焊接或搭接两种方式。

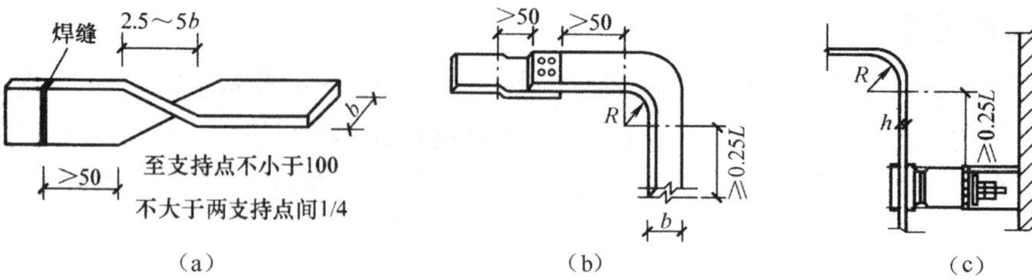

图 3.99　母线弯曲示意图

（1）焊接。

① 选择合适的焊机。焊接有气焊、电弧焊和氩弧焊等方法，施工时可根据现场条件及施工技术要求选择。

② 选用合适的焊条和焊丝。母线焊接所用的焊条和焊丝应符合国家标准。

③ 焊接面处理。焊接前将母线表面的氧化膜、水分及油漆的杂质清除干净。

④ 焊接口处理。对口焊接的母线，宜有 35°～40°的坡口，1.5～2mm 的钝边。坡口加工面应无毛刺，焊接前对口应平直，其弯折偏移应不大于 0.2%，中心线偏移应不大于 0.5mm，并保证焊接质量。

（2）搭接。

① 搭接面处理。首先应除去母线表面的氧化膜及其他污垢，使接触面保持清洁。必要时可涂以电力复合脂，增强接触面的密闭性。有时表面还应做搪锡处理，降低接触面氧化速度。

② 钻孔。根据母线的大小和连接方式，依据规范要求，确定孔的数量、孔径、螺栓螺母规格及孔之间的距离。螺孔应保持垂直且周边无毛刺，表面光滑。螺孔的直径不宜大于螺栓直径 1mm。

③ 搭接。连接螺栓两侧应有平垫圈，相邻垫圈间有大于 3mm 的间隙，螺母侧装有弹簧垫圈或锁紧螺母，螺栓连接各处受力均匀。

6. 母线的安装

母线在支架上的安装有三种固定形式，分别是螺栓固定、卡板固定和夹板固定，如图 3.100 所示。

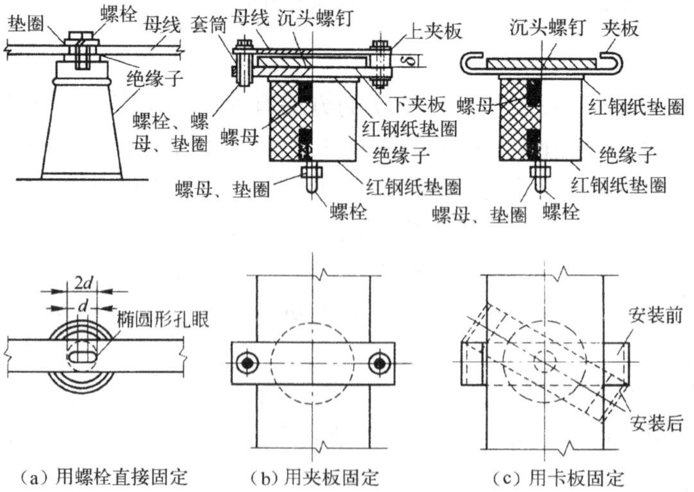

图 3.100　母线在绝缘子上的固定方法

母线用螺栓固定在支柱绝缘子上，母线的固定孔应为事先钻好的椭圆形孔，孔的长轴部分应顺着母线方向。母线用卡板固定时，把母线放入卡板内，待母线连接调整后，将卡板沿顺时针方向水平旋转以卡住母线。母线用夹板固定时，在夹板两边用螺栓固定，母线在夹板内水平放置时，上夹板与母线之间要保持有 1 ～ 1.5mm 的间隙；母线在夹板内立置时，上部夹板应与母线保持 1.5 ～ 2mm 的间隙。

为避免温度变化引起母线变形，可沿母线全场 20m 安装一个伸缩节，伸缩节的材质可根据母线的材质分别用 0.2 ～ 0.5mm 厚的铜或铝片叠成后与铜或铝板焊接而成。母线伸缩节示意如图 3.101 所示。

母线过墙时采用穿墙隔板，其安装方法如图 3.102 所示。

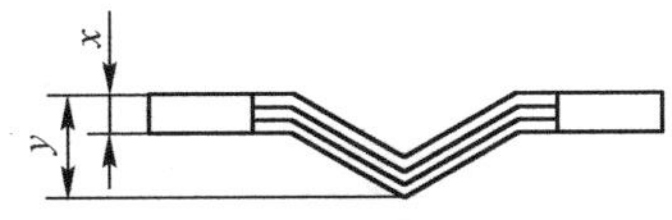

图 3.101 母线伸缩节示意图

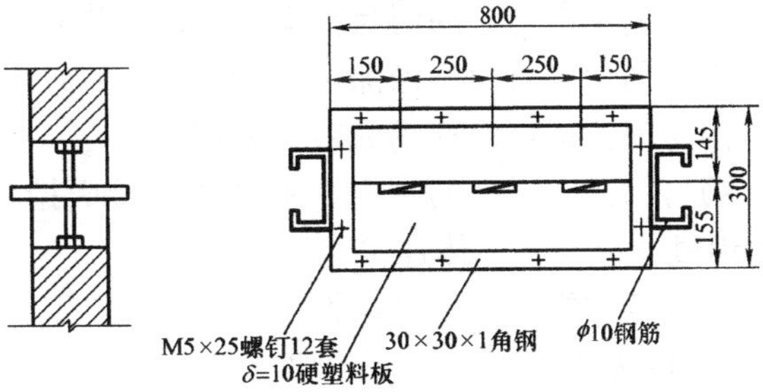

图 3.102 母线穿墙隔板安装方法

7. 涂色刷漆

为了便于识别相序和防腐处理，母线表面涂上颜色漆，母线涂漆应符合下列要求。

（1）三相交流母线：L1 相—黄色，L2 相—绿色，L3 相—红色。

（2）单相交流母线与引出相颜色相同。

（3）中性线为淡蓝色，保护线为绿/黄双色。

（4）直流母线：正极褐色，负极蓝色，接地线为淡蓝色。

母线涂色时应注意：母线的各个连接处及距所有连接处 10mm 以内的地方不应涂漆。刷有测温涂料的地方也不应涂漆。而单片母线的所有面及多片、槽形、管形母线的所有可见面均应涂相色漆，铜母线、钢母线的所有表面应涂防腐相色漆。

8. 检查、送电

（1）母线安装完毕，应进行下列检查。

① 金属构件加工、配件、螺栓连接、焊接等应符合国家现行标准的有关规定。

② 所有螺栓、垫圈、闭口销、锁紧销、弹簧垫圈、锁紧螺母等应齐全，连接可靠。

③ 母线配件及安装架设应符合设计要求，且连接正确，螺栓牢固，接触可靠，相间及对地电气距离应符合要求。

④ 瓷件应完整、清洁；铁件和瓷件胶合处均应完整无损。

⑤ 油漆应完好，相色正确，接地良好。

（2）母线送电前应进行耐压试验，高压母线交流工频耐压试验必须符合 GB 50150《电气装置安装工程电气设备交接试验标准》的规定，低压母线相间和相对地间的绝缘电阻应大于 0.5MΩ。交流工频耐压试验电压为 1kV，当绝缘电阻大于 10MΩ 时，可采用 2500V 绝缘电阻表摇测替代，试验持续时间 1min，无击穿闪络现象。

（3）母线送电要有专人负责，送电程序应先高压、后低压；先干线，后支线；先隔离开关，后符合开关，停电时与上述顺序相反。

（4）车间母线送电前应先挂好有电标示牌，并通知有关单位及人员，送电后应有电源指示灯。

3.7.2 硬母线安装的一般要求

硬母线装置采用的器件在运输与保管过程中应采用防腐蚀性气体侵蚀及机械损伤的包装。母线表面应光洁平整，不应有裂纹、褶皱、夹杂物及变形和扭曲现象。各种金属构件的安装螺孔不应采用气焊割孔或电焊吹孔。

硬母线与硬母线、硬母线与电器接线端子搭接，搭接面的处理应符合下列规定。

（1）铜与铜：室外、高温且潮湿的室内，搭接面搪锡，干燥的室内不搪锡。

（2）铝与铝：接触面不做涂层处理。

（3）钢与钢：搭接面搪锡或镀锌处理。

（4）铜与铝：在干燥的室内，铜导体搭接面搪锡；在潮湿的场所，铜导体搭接面搪锡，且采用铜铝过渡板与铝导体连接。

（5）钢与铜或铝：钢搭接面搪锡处理。

硬母线的防腐处理应符合下列要求。

（1）金属构件除锈应彻底，防腐漆应涂刷均匀，粘合牢固，不得有起层和皱皮等缺陷。

（2）在有盐雾及含有腐蚀性气体的场所，硬母线应涂防腐漆。

（3）硬母线涂漆应均匀，无起层、皱皮等缺陷。

在硬母线安装时，通常主母线都水平安装在柜顶绝缘子上。相间中心间距为250mm。各相硬母线的排列位置，当设计无规定时，应符合表3.9的规定。

表3.9 硬母线排列位置

项目		相序排列位置（自柜前向后看方向）		
		垂直布置	水平布置	引下线
交流	L_1 相（U）	上	后	左
	L_2 相（V）	中	中	中
	L_3 相（W）	下	前	右
直流	正极	上	后	左
	负极	下	前	右

任务3.8 电气竖井配线

【任务背景】 竖井是高层建筑内垂直配电干线最主要的电气通道，竖井内可有电缆、线管、封闭式母线、线槽及电缆桥架等配线，且每层的竖井处又是该层的一个小配电间或一接线箱。竖井有强电和弱电之分，强电竖井主要敷设大电流动力及照明线路，弱电竖井主要敷设小电流电话、广播、火灾报警、防盗报警、电视、计算机网络等弱电信号线路。

3.8.1 电气竖井的选用

竖井的位置和数量应根据用电负荷性质、供电半径、建筑物的沉降缝设置和防火分区等因素确定。选择竖井位置时应符合下列要求。

（1）靠近用电负荷中心，尽可能减少干线电缆长度。

（2）不应和电梯、各类管道井共用一竖井，条件允许时，应避免与电梯井、楼梯间相邻。

（3）避开临近烟道、热力管道及其他散热量大或潮湿的设施。

竖井的井壁应是耐火极限不低于 1h 的非燃烧体。

竖井在每层楼应设维护检修门，并开向公共走廊，其耐火等级应不低于 3 级。

3.8.2　电气竖井配线方式

1. 竖井内线管配线

采用金属管配线时，配管由配电室引出后，一般可采用水平吊装的方式进入电气竖井内，然后沿支架在竖井内垂直敷设。当金属线管需穿楼板时，可直接预埋在楼层间，不必留置洞口，也不需要进行防火封堵。对消防设施配线则必须在金属管上采取防火保护措施。

2. 竖井内金属线槽配线

在电气竖井内金属线槽沿墙穿楼板安装时，可直接使用 M10 × 80 膨胀螺栓与墙体固定，也可采用扁钢或角钢支架固定，线槽槽底与支架之间用 M6 × 10 螺钉固定。线槽底部固定线槽的支架距地距离为 0. 5m，固定支架之间距离为 1 ～ 1. 5m。

线槽支架应用 ϕ12mm 镀锌圆钢进行焊接连接作为接地干线。线槽穿过楼板处应设置预留孔，并预埋 40mm × 40mm × 4mm 固定角钢做边框，用 4mm 厚钢板做防火隔板与预埋角钢边框固定，预留洞处用防火堵料密封。

3. 竖井内电缆配线

竖井内电缆必须用支架和卡具支持与固定，每层最少加装两道卡固支架，支架固定点间距不大于 1. 5m。在支架上每根电缆应用卡具固定。支架必须按设计要求，做好全程接地处理。电缆穿越顶板时，应设置套管，并应将套管缝隙用防火材料封堵严密。电缆穿越顶板的做法如图 3. 103 所示。

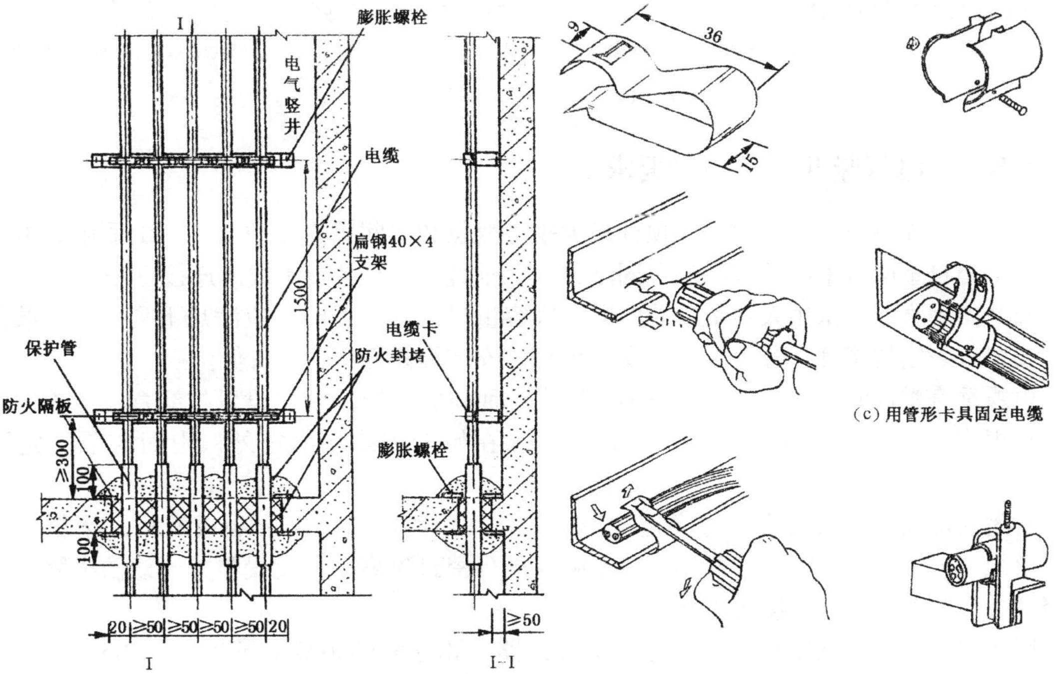

（a）竖井内电缆垂直敷设　（b）用扁平卡具固定电缆　（c）用管形卡具固定电缆　（d）用电缆卡固定电缆

图 3. 103　竖井内电缆安装

4. 竖井内电缆桥架配线

电缆桥架用支架和螺栓固定，固定点间距不大于 2m，电缆在桥架内用圆钢支架或扁钢支架固定，固定点间距不大于 1.5m。竖井内电缆桥架安装如图 3.104 所示。

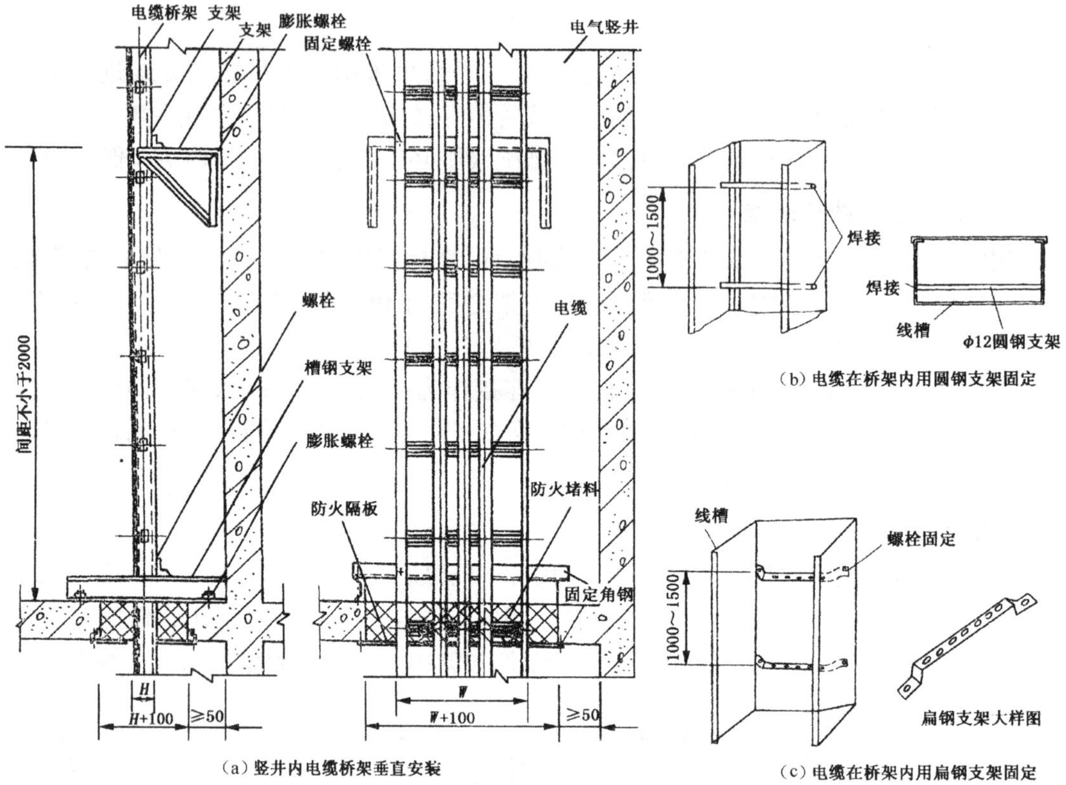

图 3.104　竖井内电缆桥架安装

3.8.3　电气竖井配线一般要求

竖井垂直配线时应考虑因素：顶部最大垂直变位和层间垂直变位对干线的影响，电缆及金属保护管自重所带来的负载影响及固定方式，垂直干线与分支干线的连接方法。

竖井内垂直配线采用大容量单芯电缆、大容量母线作干线时，应满足下列条件：载流量一定要留有一定的裕度，分支容易、安全可靠、安装维修方便，造价低。

电缆垂直敷设时，为保证管内电缆不因自重而拉断，应按规定设置拉线盒，盒内用线夹将电缆固定。为减少电动力效应，垂直干线除在始端和终端固定外，中间应隔一定距离固定。

封闭式母线、桥架及线槽等穿过楼板时，在楼层间应采用防火隔板及防火堵料封闭隔离。电缆在楼层间穿钢管时，两端管口空隙应进行密封隔离。应设置竖井干线防火隔层，以免竖井成为自然抽风井，使火灾蔓延。

竖井内的高压、低压和应急电源的电气线路，相互间的距离应不小于 0.3m，或采取隔离措施，且高压线路应设有明显标志。当强电和弱电线路在同一竖井内敷设时，应分别在竖井的两侧敷设或采用隔离措施以防干扰。对于回路数及种类较多的强电和弱电的电气线路，应设置在不同竖井内。

竖井内接线盒、分线箱等在箱体前留有不小于0.8m的操作、维护距离。

竖井内应敷设接地干线的接地端子，接地应可靠。

任务3.9　导线的连接

【任务背景】 导线的连接是配线过程中非常重要的一项工作，看似简单，其中包含很多技能和学问，接头质量的好坏直接影响到能否可靠供电、安全用电和电气设备的正常使用。因为接头接不好，会发热、闪弧、触电、燃烧、爆炸等。事实证明很多电气故障都是由导线接头质量不好引起的。不同截面、不同材质、不同股数、不同根数的导线，均有不同的连接方法。所以掌握各种导线的连接方法是电气施工人员最基本的操作技能。

3.9.1　导线连接要求　重点提示

导线连接有两种形式，分别是导线与导线的连接（即接头连接）和导线与设备、器具的连接（即导线端接）。

1. 接头连接基本要求

（1）接触紧密，使接头处电阻最小。

（2）连接处的绝缘强度与非连接处相同。

（3）连接处的机械强度与非连接处相同。

（4）耐腐蚀。

2. 导线端接基本要求

（1）连接应牢固，不致因震动而脱落。接触面应紧密，接触电阻应较小。

（2）截面10mm^{2}及以下的单股铜芯和单股铝芯导线可直接与设备、器具的端子连接。

（3）截面2.5mm^{2}及以下的多股铜芯线的线芯，应先拧紧搪锡或压接端子后再与设备、器件的端子连接。

（4）多股铝芯线和截面大于2.5mm^{2}的多股铜芯线，除设备自带插接式端子外，应焊接或压接端子后，再与设备、器件的端子连接。

3.9.2　导线绝缘层剖削

1. 塑料硬线（单芯）绝缘层剖削

（1）用剥线器剖削。把塑料硬线放入剥线器相应的刃口中，用手将钳柄一握，硬线的绝缘层即被割破并自动弹出，如图3.105所示。

（2）用钢丝钳剖削。芯线截面4mm^{2}及以下的塑料硬线，一般可用钢丝钳或尖嘴钳剖削，如图3.106所示。

（3）用电工刀剖削。芯线截面大于4mm^{2}以上的塑料硬线，可用电工刀剖削，如图3.107所示。

2. 塑料软线绝缘层剖削

塑料软线绝缘层只能用剥线器和尖嘴钳剖削，不宜用电工刀剖削，其剖削方法同上。

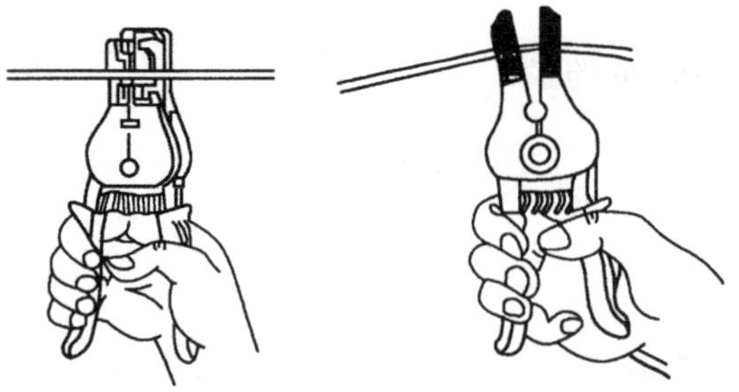

（a）电线放入刃口　　（b）握紧钳柄

图 3.105　剥线钳剖削塑料硬线绝缘层

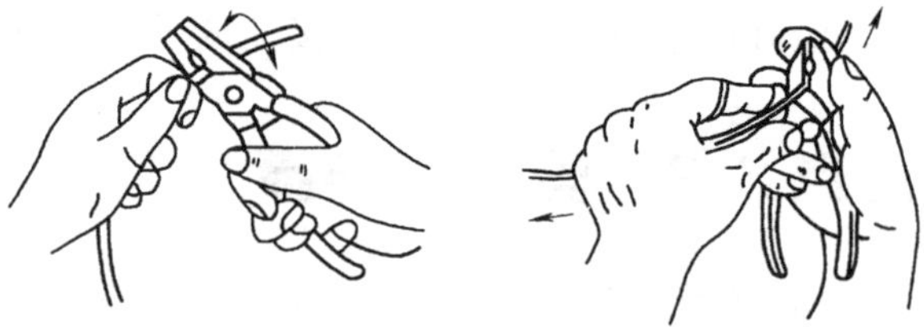

（a）切割绝缘层　　（b）勒去绝缘层

图 3.106　钢丝钳剖削塑料硬线绝缘层

（a）手姿势　　（b）刀以约 45° 角倾斜切入　　（c）刀以约 25° 角倾斜推削　　（d）翻下绝缘层并切去

图 3.107　电工刀剖削塑料硬线绝缘层

3. 塑料护套线绝缘层剖削

塑料护套线绝缘层宜用电工刀剖削，剖削方法如图 3.108 所示。

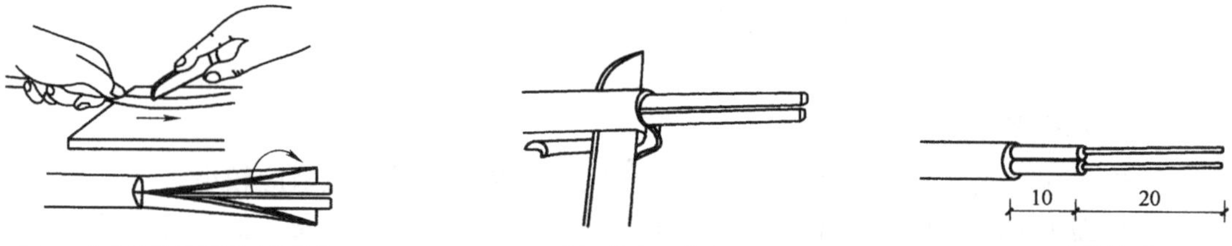

（a）刀在芯线缝隙间划开护套层　　（b）扳翻护套层并齐根切去　　（c）剖削完成

图 3.108　塑料护套线绝缘层剖削

4. 橡皮线绝缘层剖削

用与剖削护套线的护套层相似的方法，把橡皮线编织保护层用电工刀尖划开，用与剖削塑料线绝缘层相同的方法剖去橡胶层，然后，翻下松散面纱层至根部，用电工刀从根部切断。

5. 花线绝缘层剖削

在所需长度处，用电工刀在面纱保护层四周割切一圈后拉去，距面纱织物保护层 10mm 处，用尖嘴钳刀口切割橡胶绝缘层，然后右手握住钳头，左手把花线用力抽拉，钳口勒出橡胶绝缘层，将露出的面纱层散开，然后用电工刀从根部割断面纱层。

3.9.3　铜导线接头连接

1. 单股铜芯导线直接连接

1）单股等径铜芯导线

截面 $6mm^2$ 及以下的单股等径铜芯导线一般采用绞接法，如图 3.109（a）～（c）所示。

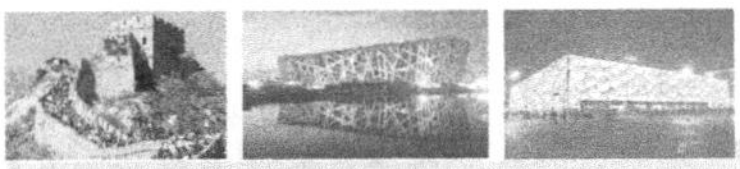

截面大于 $6mm^2$ 的单股等径铜芯导线一般采用绑扎法，如图 3.109（d）所示。

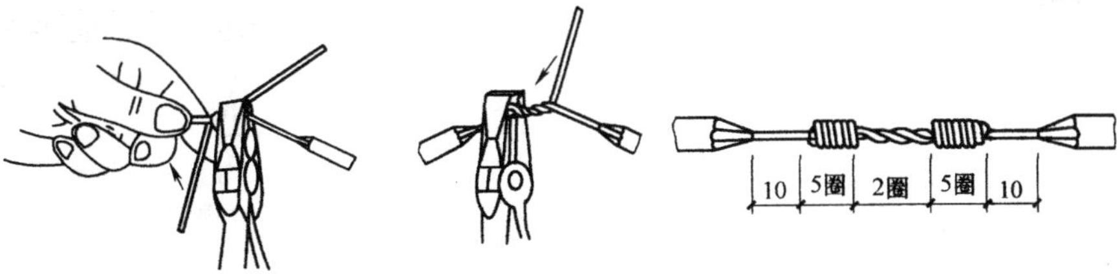

（a）直接连接方式一

（b）直接连接方式二

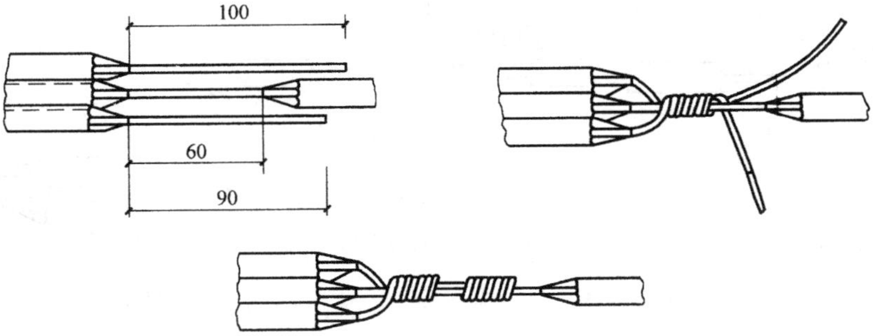

（c）分支连接

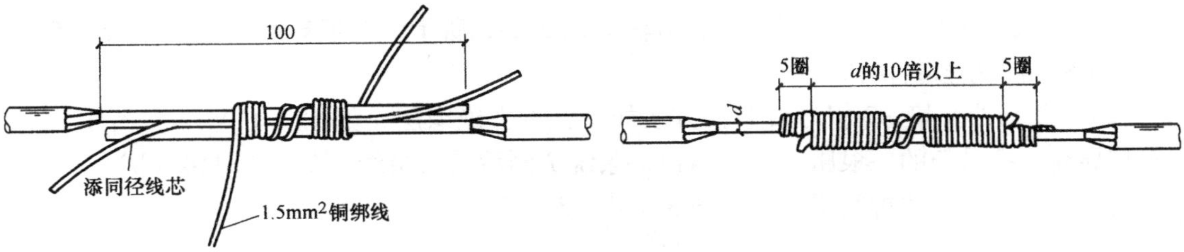

（d）绑接连接

图 3.109　单股等径铜芯导线的直接连接

2）单股不等径铜芯导线

单股不等径的铜芯导线连接方法如下：把细导线在粗导线上缠绕 5 ～ 6 圈后，弯折粗导线端部，使它压在细导线缠绕层上，再把细导线缠绕 3 ～ 4 圈后，剪去多余细线头，如图 3.110 所示。

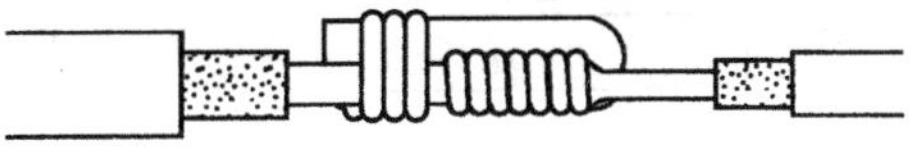

图 3.110　单股不等径铜芯导线的直接连接

2. 单股铜芯导线 T 字分支连接

将支路芯线的线头与干线芯线十字相交，使支路芯线根部留出 3 ～ 5mm，然后按顺时针方向缠绕 6 ～ 8 圈后，用钢丝钳切去余下的芯线，并钳平芯线末端，如图 3.111（a）所示。较小的芯线可按如图 3.111（b）所示方法，环绕成结，然后把支路芯线线头抽紧后缠绕 6 ～ 8 圈，剪去多余芯线。钳平芯线末端。较大的芯线可采用绑扎法，如图 3.111（c）所示。

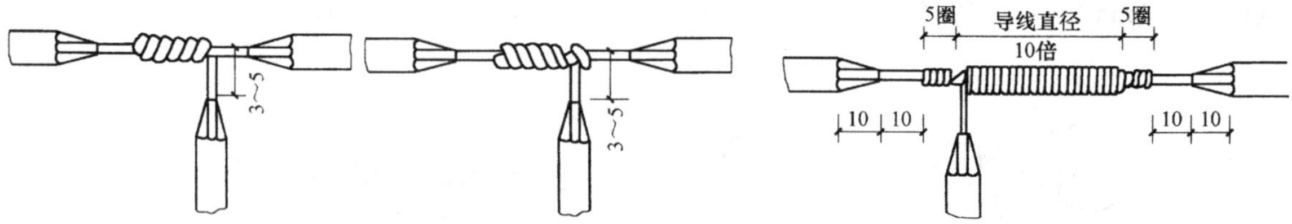

（a）一般单芯线连接　（b）较小线芯单芯线连接　（c）较大线芯单芯线连接

图 3.111　单股铜芯导线 T 字分支连接

3. 单股铜芯导线十字分支连接

单股铜芯导线十字分支连接如图 3.112 所示。

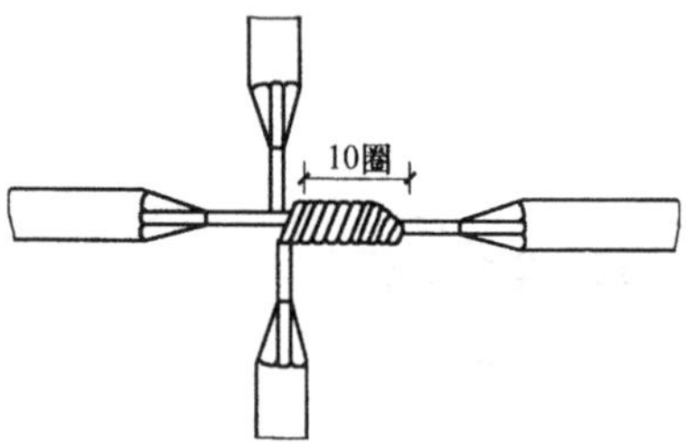

（a）连接方式一　（b）连接方式二

图 3.112　单股铜芯导线十字分支连接

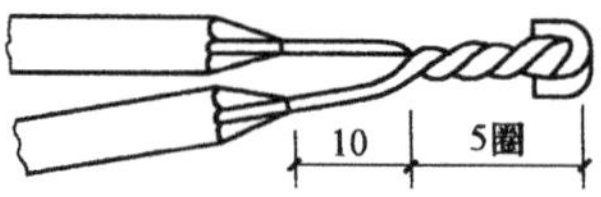

图 3.113　单股铜芯导线并接

4. 单股铜芯导线并接

（1）两根导线并接。两根导线并接方法如图 3.113 所示，两根导线线端互相绞合 5 ～ 6 圈，把余线留一小段折回钳紧或剪去。

（2）3 根导线并接。3 根导线并接方法如下：剥去绝缘层，如图 3.114（a）所示，用钳子夹住导线，把最长的一根压住另外两根，紧绕 7 圈后剪去余线，如图 3.114（b）、（c）所示，再把短的两根余线折回钳紧，如图 3.114（d）所示。

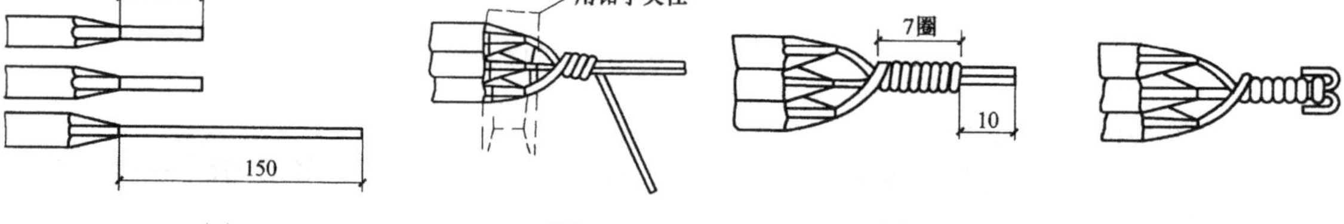

（a）　（b）　（c）　（d）

图 3.114

5. 导线压接帽连接

导线压接帽连接可采用阻尼式手握压力钳压接，压线帽外为塑料壳，内置铝合金套管或镀银铜套管。压接时先把导线线头用剥线器剥去约 18mm 绝缘层，把几根线对齐，用钢丝钳顺时针绞紧，插入压线帽内，用压接钳夹住压线帽，用力压紧即可。压线帽及其压接如图 3.115 所示。

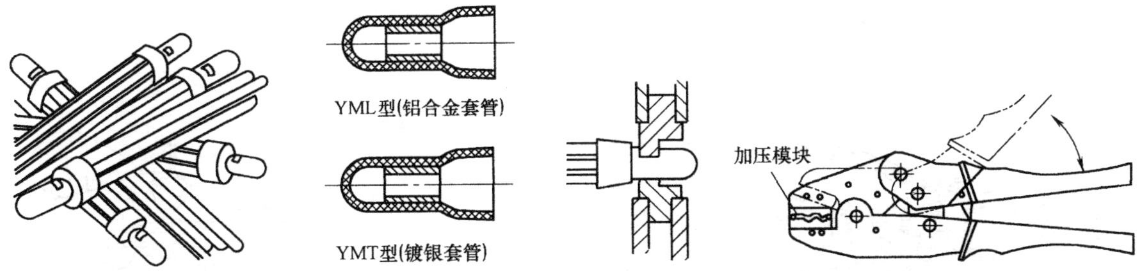

（a）压线帽接线示意图　（b）压接帽　（c）阻尼式手握型压力钳及压接

图 3.115　压线帽及其压接

6. 双股导线连接

双股导线连接时，每根芯线可按单芯线直线连接方法连接，但双芯线连接处应互相错开，如图 3.116 所示。

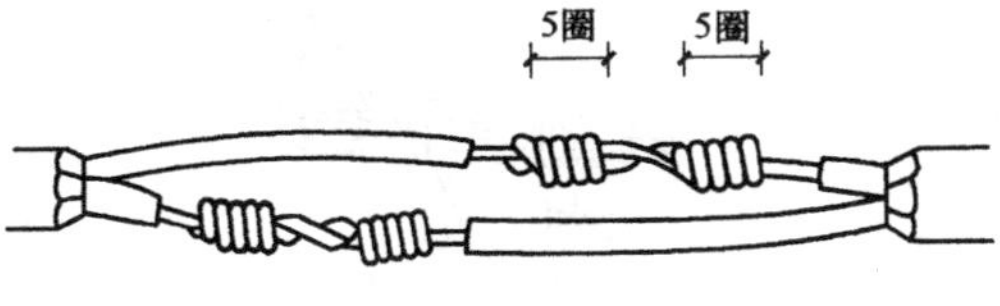

图 3.116　双芯线连接

7. 软线与硬线连接

软线与硬线的连接方法如下：把软线芯线拧紧，软线在硬线上紧缠 7 圈后，硬线折回并用钳子夹紧，如图 3.117 所示。

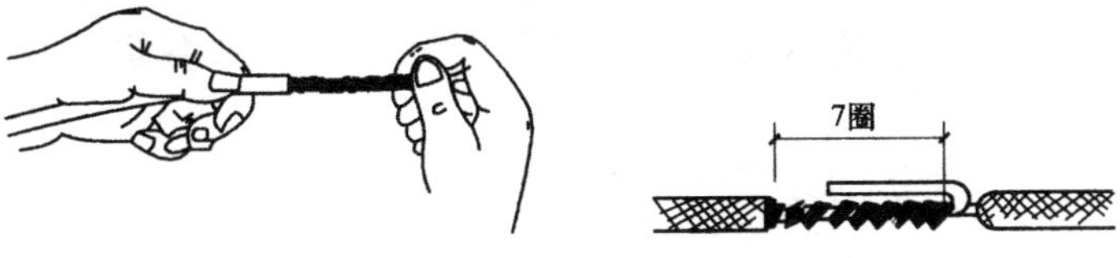

（a）软线芯线拧紧　（b）硬线折回并用钳子夹紧

图 3.117　软线与硬线连接

8. 多股铜芯导线直接连接

多股铜芯导线直线连接方法如下。

（1）将剖去绝缘层的芯线拉直，分散成伞骨状，把两伞骨状线头隔股对叉，如图 3.117（a）、（b）所示。

（2）把导线一端的一股芯线折起并垂直于芯线，按顺时针方向紧贴并缠 3 圈，再剪去或折成与芯线平行的直角，继续缠紧第二股芯线 3 圈，但在后一股芯线折起时，应把折起的芯线紧贴前一股芯线已弯成直角的根部，如图 3.118（c）所示。

（3）从第三股芯线开始紧缠 5 圈，紧缠完最后一股芯线，剪去芯线多余的端头，如图 3.118（d）所示。

（4）用同样的方法连接导线另一端，连接好后如图 3.118（e）所示。

9. 多股铜芯导线 T 字分支连接

多股铜芯导线 T 字分支连接方法如下［见图 3.119（a）］。

（1）剖削干线和支线长为 L 的绝缘层，绞紧支线靠近绝缘层 $L/8$ 处的芯线，散开支线芯

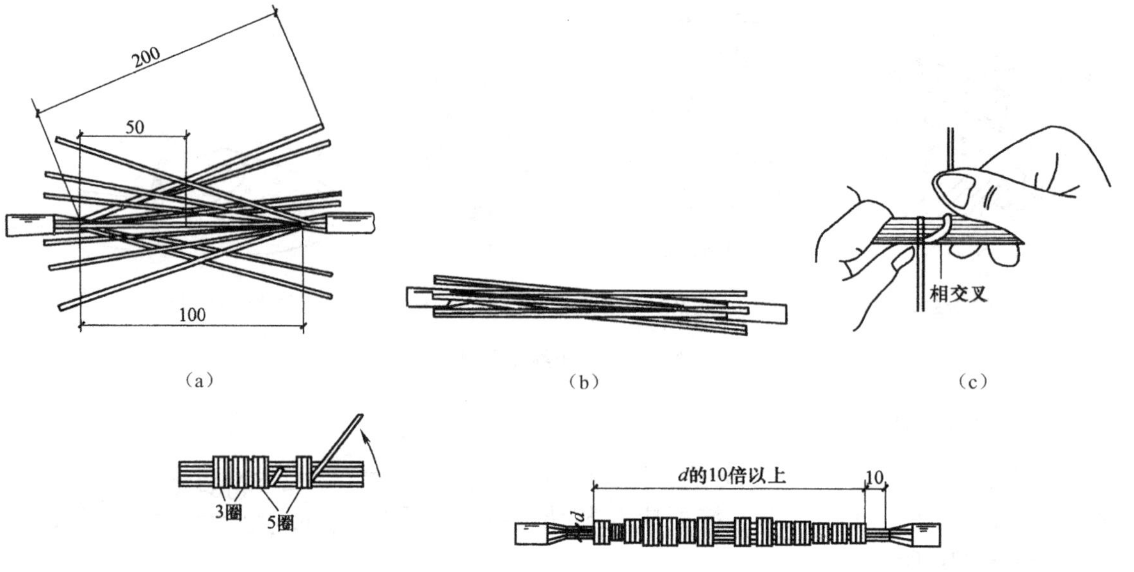

（a） （b） （c）

（d） （e）

图 3.118 多股铜芯导线直接连接

线，拉直并清洁芯线表面。

（2）把支线芯线分成两组排齐，用螺丝刀将干线中间分开，将一组插入干线芯线中间，把另一组芯线在干线芯线上顺时针方向紧密缠绕 4 ～ 5 圈，切除余下芯线，钳平线端。

（3）再将前一组芯线在干线芯线的另一侧顺时针方向紧密缠绕 3 ～ 4 圈，切除余下芯线，钳平线端。

还可用图 3.119（b）所示的方式进行 T 字分支连接。

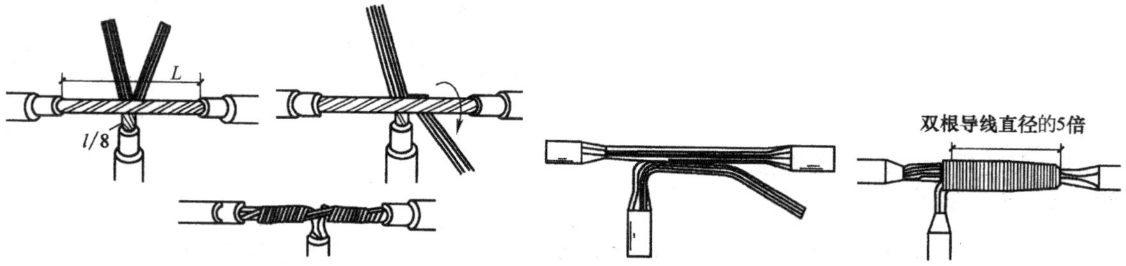

（a）T字分支连接方式一 （b）T字分支连接方式二

图 3.119 多股铜芯导线 T 字分支连接

3.9.4 铝导线接头连接

铝极易被氧化，而氧化铝膜的电阻率又很高，所以铝芯导线不能采用铜芯导线绕接连接的方法进行连接，否则容易发生故障。铝芯导线的连接有螺钉压接、沟线夹螺栓连接、压接管压接等。

1. 螺钉压接

螺钉压接适用于负荷较小的单股芯线连接，在线路上可通过开关、灯头和瓷接头上的接线桩螺钉进行连接。连接前应用钢丝刷把芯线表面的氧化膜刷除，并涂上导电膏或凡士林锌膏粉、中性凡士林，然后方可进行螺钉压接。若是两个线头同时接在一个接线桩，则应先把两个线头拧成一体，然后压接，如图 3. 120 所示。

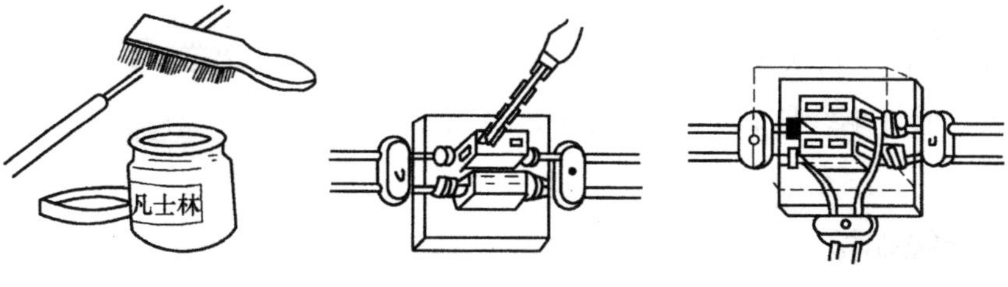

（a）刷去氧化膜，涂上凡士林　（b）瓷接头上直接连接　（c）瓷接头作分路连接

图 3. 120　单股铝芯线螺钉压接

2. 沟线夹螺栓连接

沟线夹螺栓连接适用于室外截面较大架空铝芯导线的连接。连接前，铝导线处理方法与螺钉压接相同。沟线夹大小和数量与截面大小有关，通常截面 70mm^2 及以下铝导线，用一副小型沟线夹，截面 70mm^2 及以上铝导线，用两副大型沟线夹，两者之间距离 300 ～ 400mm。沟线夹螺栓连接如图 3. 121 所示。

3. 压接管压接

压接管压接适用于户内外较大负荷的多根芯线导线的直接连接。压接时，选用适合导线规格的压接管，清除掉压接管内孔和导线表面的氧化层，并立即涂上导电膏，把两线头插入压接管，两端伸出压接管 25 ～ 30mm，用压接钳进行压接。若是钢芯铝绞线，两线之间则应衬垫一铝垫片。压接管压接如图 3. 122 所示。

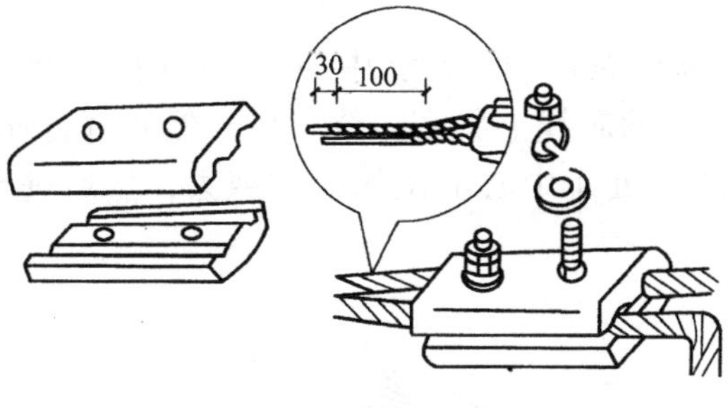

图 3. 121　沟线夹螺栓连接

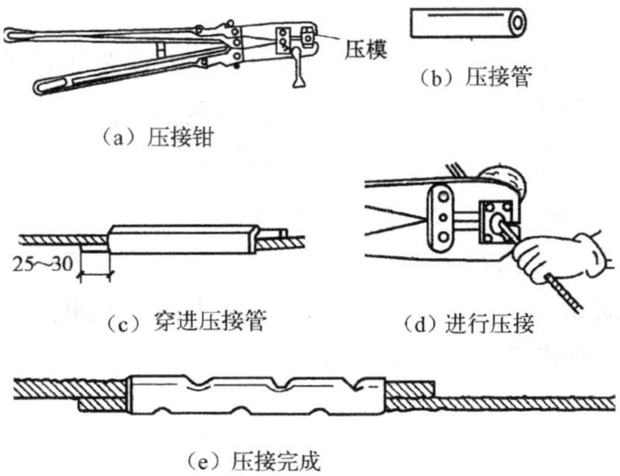

（a）压接钳　（b）压接管　（c）穿进压接管　（d）进行压接　（e）压接完成

图 3. 122　压接管压接

3. 9. 5　铜、铝导线连接

铜、铝导线连接时，为了避免电化学腐蚀，不得直接连接，可使用铜铝过渡端子、铜铝过渡套管和铜铝过渡线夹等连接。铜、铝端子相连接时，应将铜接线端子做搪锡处理。铝导线和铜导线连接还可采用下述方法。

（1）截面2.5mm^{2}单股铝芯线与多股铜芯软线连接。铜线刷锡后缠绕在铝线上，缠5圈后将铝线弯成180°，用钳子夹紧，再用铜线缠几圈，如图3.123所示，或用铜线刷锡后采用瓷接头压接。

图3.123 单股铝导线与多股软铜线连接

（2）截面2.5mm^{2}铝芯与2.5mm^{2}铜芯连接，可采用端子板压接，或将铜线刷锡后缠绕连接，也可采用螺旋压接帽压接。

3.9.6 导线端接

1. 线头与针孔式接线桩连接

（1）单股导线。单股导线在插入孔式接线桩前，先将线头的芯线折成双股并列，然后插入孔内，如图3.124（a）所示，并使压紧螺钉顶在双股芯线中间。如果芯线直径较大，无法插入双股芯线，则应在单股芯线插入针孔前把芯线端头略折一下，折的端头翘向针孔上部，如图3.124（b）所示；针孔过大时，可采取以下方法处理：在针孔中垫入薄铜板，如图3.124（c）所示；也可用一根单股芯线，在芯线上紧密排绕一层，如图3.124（d）所示，然后进行连接。注意，在插入针孔时必须插到底，同时导线绝缘层不得插入针孔。

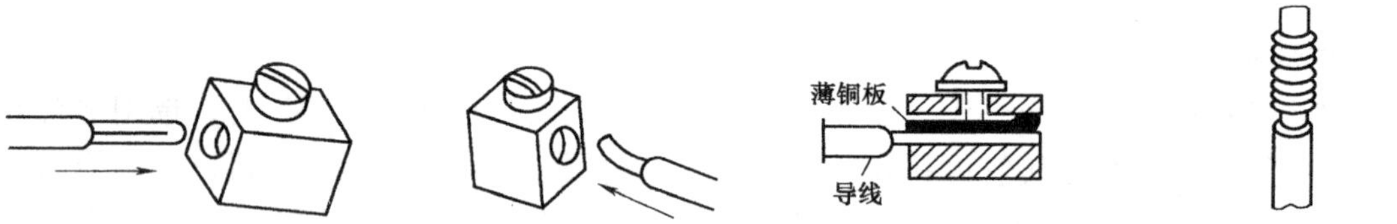

（a）芯线折成双股插入 （b）单股芯线插入 （c）孔中垫入薄铜板 （d）单股线芯在芯线上排绕

图3.124 线头与针孔式接线桩连接

（2）多股导线。连接时应把多股芯线按原拧绞方向，用钢丝钳进一步缠紧，要保证压紧螺钉顶压多股芯线时不松散。若针孔有两个固定螺钉，连接时应拧紧靠近端口的压紧螺钉，再拧紧另一个压紧螺钉，然后两个螺钉反复加拧两次。

芯线直径与针孔大小较匹配时，把芯线进一步绞紧后插入针孔中即可，如图3.125（a）所示。针孔过大时，可用一根芯线在已进一步绞紧的芯线上紧密排绕一层，然后进行连接，如图3.125（b）所示。针孔过小时，可把多股线芯处于中心部位的线芯剪去，然后进行连接，如图3.125（c）所示。

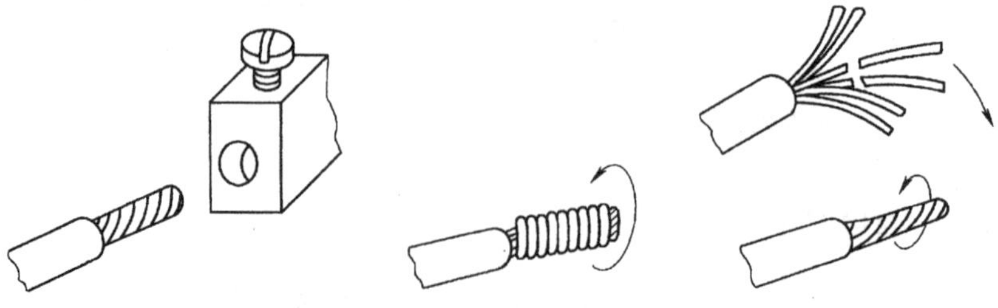

（a）孔大小适宜 （b）孔过大时 （c）孔过小时

图3.125 多股芯线插入压接

2. 盘绕压接

这种接线端子靠螺钉平面或通过垫圈紧压芯线完成连接，如图3.126所示。连接前应把芯线弯成压接圈，压接圈的弯曲方向必须与螺钉的拧紧方向一致。连接时压接圈应压在垫圈下面，导线绝缘层不可压入垫圈内，螺钉必须拧得足够紧。

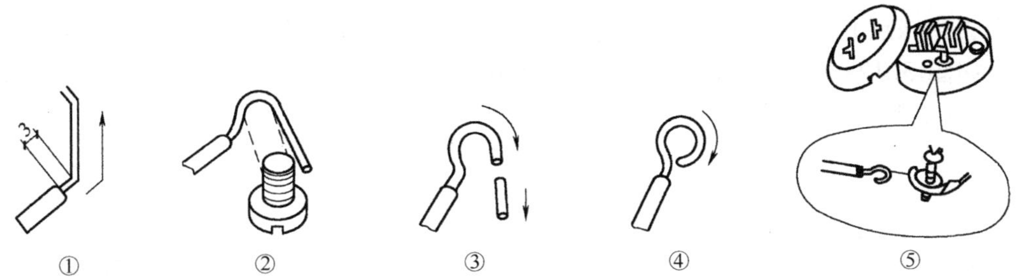

（a）单股芯线压接圈弯法和连接

（b）多股芯线压接圈做法和连接方式一

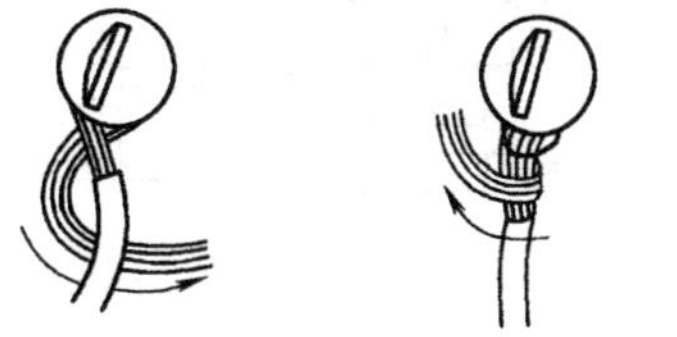

（c）多股芯线压接圈做法和连接方式二

图3.126　单股、多股芯线盘绕压接

3. 导线与瓦形接线桩连接

这种接线桩压紧方式与平压式接线桩相似，只是垫圈为瓦形（桥形）。为了防止线头脱落，在连接时应将芯线按图3.127（a）所示进行处理。如果要把两个线头接入同一个接线桩，应按图3.127（b）所示进行处理。

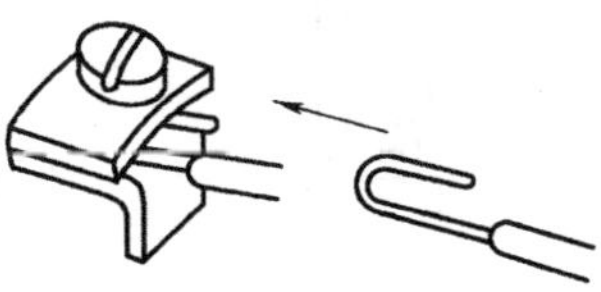

（a）单个线头连接

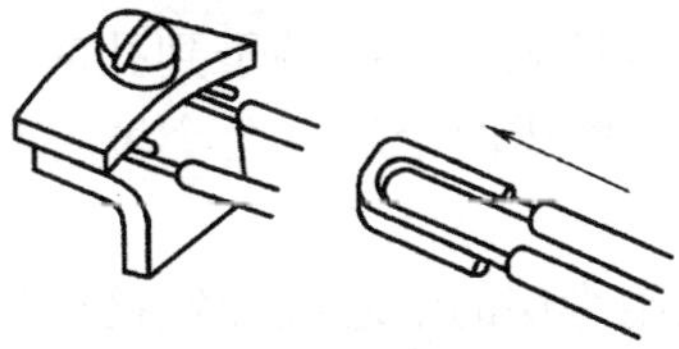

（b）两个线头连接

图3.127　导线与瓦形接线桩连接

4. 多股铜（铝）线与接线端子端接

多股铝芯线和截面大于2.5mm^{2}的多股铜芯线与接线端子的端接可采用锡焊或压接两种方法。

1）铜芯线接线端子锡焊

（1）选用合适的铜接线端子。剥掉铜芯线端部的绝缘层，除去芯线表面和接线端子内壁的氧化膜，涂以无酸焊接膏。

（2）插线孔口朝上，加热铜接线端子，把焊锡条插入铜接线端子的插线孔内，使焊锡受热后熔化在插线孔内。

（3）把芯线的端部插入接线端子的插线孔内，上下插拉几次后把芯线插到孔底。

（4）平稳地把接线端子浸到冷水里，使焊锡凝固、芯线焊牢即可。

（5）用锉刀把铜接线端子表面的焊锡除去，用砂纸打光后包上绝缘带即可与电气设备接线端子连接。

2）铜芯线接线端子压接

（1）把剥去绝缘层并涂上导电膏的芯线，插入内壁涂上导电膏的铜接线端子孔内，用压接钳压接，如图 3.128 所示。在铜接线端子的正面压两个坑，两个坑要在同一条直线上。

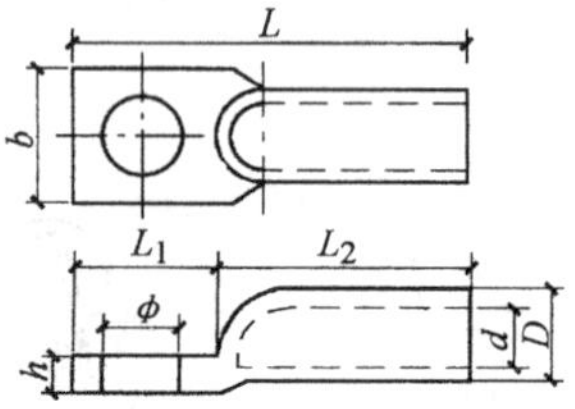

（a）接线端子

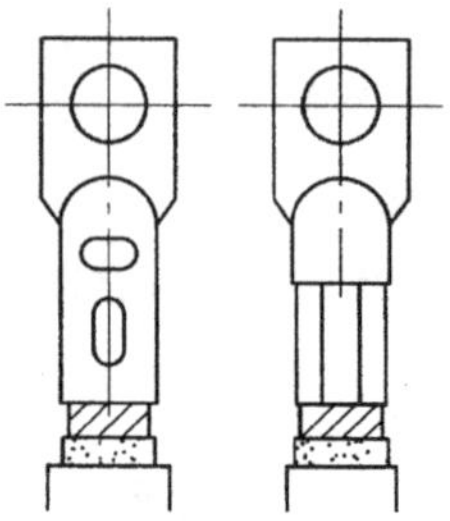

（b）接线端子与芯线压接

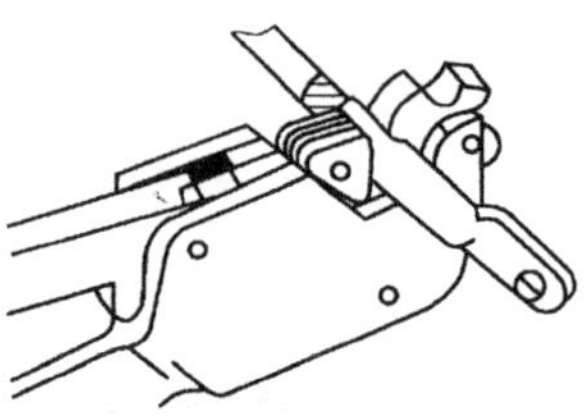

（c）用压接钳压坑

图 3.128 接线端子与芯线连接

（2）从导线绝缘层至铜接线端子根部包上绝缘带（绝缘带要从导线绝缘层包起）即可与电气设备接线端子连接，如图 3.129 所示。

3）铝芯线接线端子压接

（1）选用合适的铝接线端子，剥掉铝芯导线端部的绝缘层，刷去铝芯线表面和接线端子内壁的氧化层并涂上导电膏。

（2）将铝芯线插入铝接线端子到孔底，用压接钳在铝接线端子正面压两个坑，两个坑要在同一条直线上。

（3）在剥去绝缘层的铝芯线和铝接线端子根部包上绝缘带（绝缘带要从导线绝缘层包起），并刷去接线端子表面的氧化层。

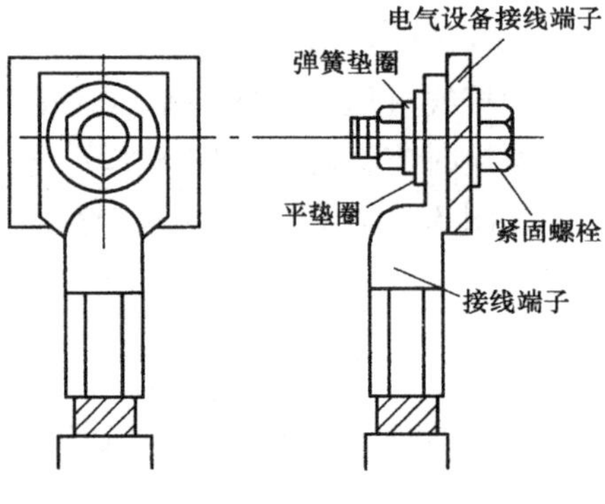

图 3.129 接线端子与电气设备连接

3.9.7 导线连接后绝缘恢复

导线连接好后，均应采用绝缘带包扎，以恢复其绝缘性能。经常使用的绝缘带有黑胶布、自黏性胶带、塑料带和黄蜡带等，应根据接头处环境和对绝缘的要求，结合各绝缘带的性能选用，包缠时采用斜叠法，使每圈压叠带宽的半幅。第一层绕完后，再用另一斜叠方向缠绕第二层，使绝缘层的缠绕厚度达到电压等级绝缘要求。包缠时要用力拉紧，使其包缠紧密坚实，以免潮气进入。导线接头绝缘带包缠方法如图 3.130 所示。

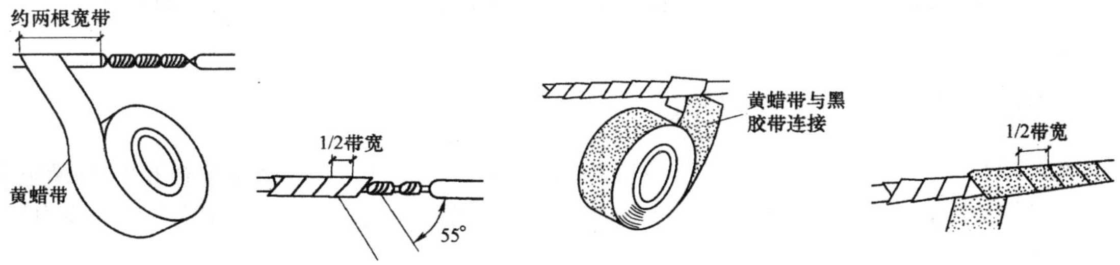

（a）包缠起点选择　（b）缠绕方法一　（c）缠绕方法二　（d）缠绕黑胶布

图3.130　导线接头绝缘带包缠

任务3.10　配线安装后的验收与绝缘测试　重点提示

线路安装后，应先进行检查和验收，合格后方可正式使用，以免造成短路或烧毁导线及电气设备等。检查与验收就是结合电气施工图和施工要求对线路安装情况进行一次全面检查，检查内容有：检查布线及安装的完整性及安全性；检查施工质量；布线的绝缘测试；线路通电试验。

3.10.1　检查与验收的内容

1. 完整性检查

对布线及安装的完整性检查，主要是结合电气施工图检查电气设备有无遗漏，是否完整、到位。对于遗漏的应补装，补装有困难的应设法采取补救和移位安装，但改装时应征得设计单位及建设单位同意，并由设计单位出修改图。

2. 安全性检查

布线及电气设备的安全性检查，应先按电气施工图核对接线是否正确，尤其要注意开关、接线盒及插座接地（接零）线的检查；检查布线和电气设备是否按电气施工图的要求选取型号、规格；检查接地或接零导线截面是否符合规范要求，连接是否可靠，与电气设备接地（接零）桩头连接是否正确；检查照明装置安装是否牢固；检查是否做过相关设备安全性试验。

配电箱上的设备也要做一次检查，检查内容有：电能计量表接线是否正确；闸刀开关、自动空气开关或熔断器的容量是否符合要求，整定值是否选择合适；若装有漏电保护开关，还要检查其漏电电流及接线是否正确。

对布线及电气设备的缺损与否也应进行检查，检查内容有：导线在墙角、穿墙、穿楼板等处的绝缘有无磨损；接头是否连接紧密、绝缘良好；接线盒内的导线是否连接可靠；电气设备的盒、盖是否齐全及安装妥当；灯具固定是否牢固；嵌入式灯具散热是否良好；日光灯镇流器等发热元件是否考虑了防火措施。

3. 施工质量检查

施工质量检查主要依据相关的质量评定标准及验收规范。按相关的强制性条文、主控项目及一般项目进行逐条检查。特别是对强制性条文和主控项目所指的内容应严格遵循。

3.10.2　用电器绝缘性能测试

在各项检查工作做好后，在线路通电检查之前，需用500V兆欧表检查布线绝缘电阻，其中包括测试线对线、线对地、线对用电器金属外壳等的绝缘电阻。照明线路的绝缘电阻一般不小于0.5MΩ。

测试时应扳下自动空气开关或拔出熔断器，卸下所有灯具的灯泡，拔去插座上的用电器插头，将各灯开关置于闭合位置。然后进行绝缘电阻测量。线对线绝缘电阻测量如图3.131所示，线对地绝缘电阻测量如图3.132～图3.134所示，线对用电器金属外壳绝缘电阻测量如图3.135所示。

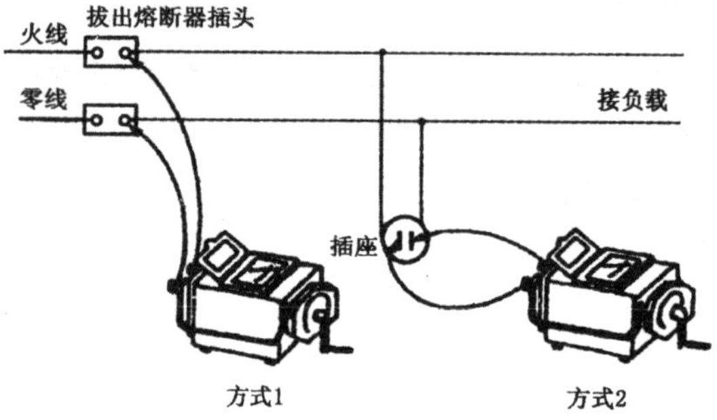

图3.131　线对线绝缘电阻测量

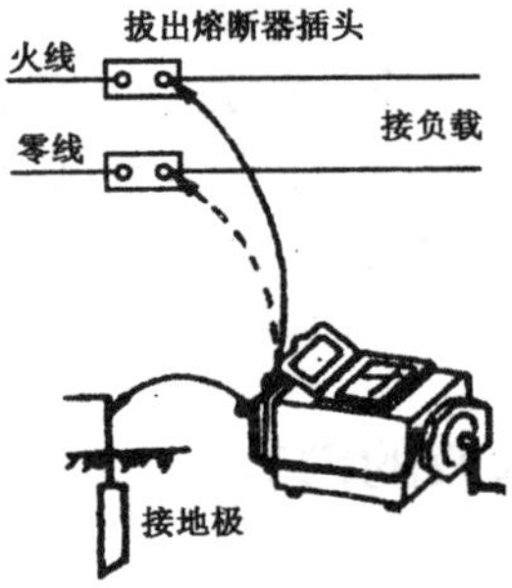

图3.132　线对地绝缘电阻测量方式1

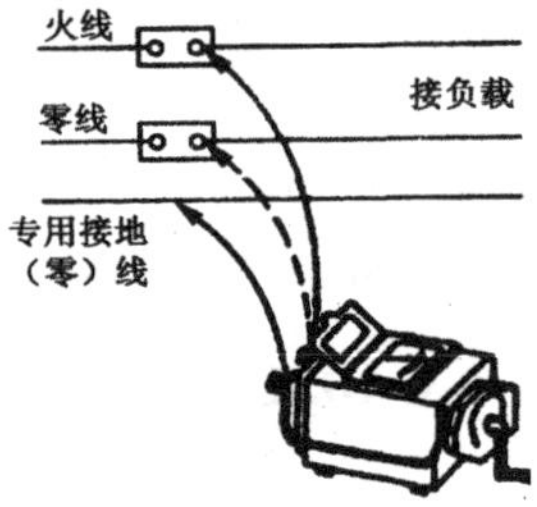

图3.133　线对地绝缘电阻测量方式2

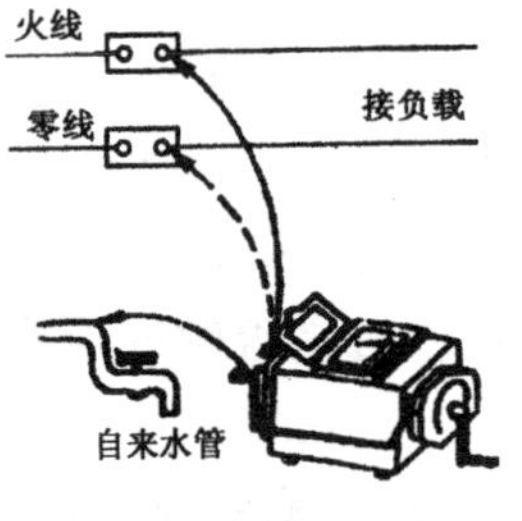

图3.134　线对地绝缘电阻测量方式3

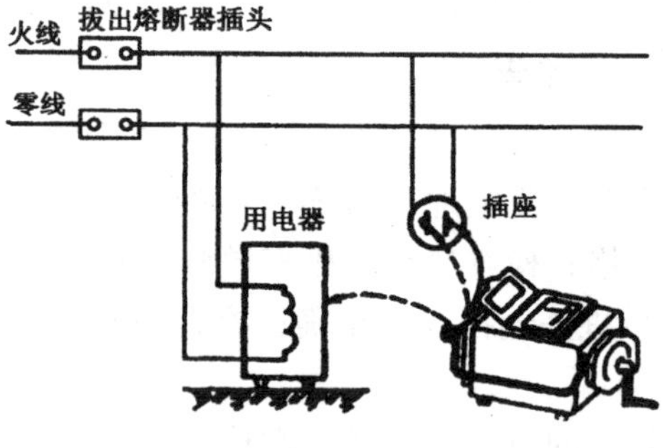

图3.135　线对用电器金属外壳绝缘电阻测量

知识梳理与总结

本任务主要介绍室内配线的施工程序、要点和方法。室内配线有线管配线、线槽配线、塑料护套线配线、封闭式插接母线配线、电缆桥架配线、硬母线配线、电气竖井配线等。其中线管配线、封闭插接母线配线和电缆桥架配线最为常用。

线管配线适用各种场合的明敷和暗敷，其特点为：可避免腐蚀性气体侵蚀和遭受机械损伤，安全可靠并便于更换导线。施工时主要要注意的是类型选择、管径选择、连接方法、接地处理、防腐处理及不同场合的施工方法。

封闭式插接母线配线适用于高层建筑、干燥和无腐蚀性气体的室内或电气竖井内。封闭式插接母线具有结构紧凑、容量大、体积小、产品成系列化等特点。施工时主要要注意母线规格的选择、穿楼板的处理、连接方法、绝缘电阻的要求、接地的要求和方法。

电缆采用桥架运输比较经济和方便，电缆桥架结构简单，安装快速灵活，维护方便，桥架的主要配件均实现标准化、系列化、通用化而易于配套使用。施工时主要要注意桥架的类型、安装的位置、安装的方式、接地的要求和方法、电缆的敷设要求。

练习题3

1. 选择题

(1) BV绝缘导线穿管敷设时的最小截面为（　　）mm^2。

A. 1　　B. 1.5　　C. 2.5　　D. 4

(2) 现浇混凝土中的金属管直径不宜大于混凝土顶板厚度的（　　）。

A. 1/2　　B. 1/3　　C. 1.5　　D. 2/3

(3) 管内导线总截面积（包括外护层）不应超过管截面积的（　　）%。

A. 15　　B. 50　　C. 60　　D. 40

(4) KBG管的连接一般采用（　　）连接法。

A. 套管　　B. 丝扣

C. 紧定螺钉　　D. 扣压

(5)（　　）可以采用熔焊。

A. 焊接管　　B. 薄壁管

C. 镀锌钢管　　D. KBG管

(6) 插接式母线槽跨接地线采用绝缘导线时，其导线截面应不小于（　　）mm^2。

A. 4　　B. 10　　C. 16　　D. 25

(7) 非镀锌桥架连接处应跨接接地线，接地线截面不小于（　　）mm^2。

A. 4　　B. 6　　C. 10　　D. 216

(8) 竖井内接线盒、分线箱等在箱体前应留有不小于（　　）m的操作、维护距离。

A. 0.8　　B. 1　　C. 1.5　　D. 2

(9) 1.5 mm^2的BV线连接一般可采用（　　）。

A. 绞接法　　B. 绑扎法　　C. 压接法　　D. 焊接法

(10) 照明线路的绝缘电阻一般应不低于（　　）MΩ。

A. 0.5　　B. 1　　C. 10　　D. 20

2. 简答题

(1) 当配线采用多相导线时，火线、工作零线（N）和保护零线（PE）的颜色是如何规定的？对保护零线（PE）有何特别的规定？

(2) 金属管的弯曲可以采用哪些方法？

(3) 金属管连接时，跨接地线有哪几种方法？每种方法适合何种类型的管子？

(4) 管内穿线有哪些要求？
(5) 阻燃管弯曲有哪几种方法？弯曲时应注意哪些事项？
(6) 金属线槽接地有哪几种方法？
(7) 塑料护套线配线有哪些要求？
(8) 简述封闭式插接母线的使用特点。
(9) 桥架内电缆敷设有哪些具体要求？
(10) 硬母线连接时，对搭接面的处理有哪些规定？
(11) 简述导线与导线连接的基本要求。
(12) 导线端接采用接线端子时应注意哪些事项？

学习单元 4 电气照明装置安装

教学导航

教学任务		任务 4.1　电气照明基本知识 任务 4.2　照明装置的安装 任务 4.3　照明装置安装竣工验收	学时	6
教学目标	知识方面	了解照明的方式、种类及适用场合 掌握常用电光源和灯具 掌握电气照明基本线路 掌握各种照明装置的安装 熟知各种照明装置的安装竣工验收内容		
	技能方面	常用电光源和灯具的选择 各种照明装置的安装		
重点		各种灯具的接线 常用灯具的安装程序、方法和要求		
难点		根据使用要求选用灯具		

任务4.1 电气照明基本知识

【任务背景】 照明电光源所需的电气器具称为照明器具。照明器具安装包括灯具、开关、插座、吊扇、照明配电箱等。电气照明器具及照明配电箱、照明供电系统的安装工程统称电气照明装置安装工程。要做好照明装置的安装工作，就必须了解电气照明的相关知识。

4.1.1 照明方式和种类

照明在建筑物中的作用可归结为：功能作用和装饰作用。功能性照明主要为室内外空间提供符合要求的光照环境，以满足人们生活和生产的基本需求。装饰性照明则着重于营造环境的艺术气氛，以加强和突出建筑装饰的效果。

1. 照明方式

照明方式是指照明装置按其安装部位或使用功能所构成的基本制式。根据现行规范，照明方式可分为一般照明、分区一般照明、局部照明和混合照明。

（1）一般照明。一般照明为照亮整个场所而设置的均匀照明。对于工作位置密集而对光照方向又无特殊要求或工艺上不适宜装设局部照明装置的场所，宜使用一般照明。

（2）分区一般照明。分区一般照明是为提高某些特定区域照度而设置的一般照明。分区一般照明适用于某一部分或几部分需要有较高照度的室内工作区，并且工作区是相对稳定的，如旅馆大门厅中的总服务台等。

（3）局部照明。局部照明是为满足某些部位的特殊需要而设置的照明。通常将照明灯具装设在靠近工作台面的上方，提高了局部范围内的照度。对于局部地点需要高照度并对照射方向有要求时，宜采用局部照明。

（4）混合照明。混合照明一般用于与局部照明共同组成的照明。对于工作位置需要较高照度并对照射方向有特殊要求的场所，宜采用混合照明。

2. 照明的种类

根据现行规范，照明可分为正常照明、应急照明、值班照明、警卫照明、景观照明和航空障碍照明。

（1）正常照明。正常照明是在正常情况下，用以保证工作、生活、活动的安全、高效、完美舒适而设置的人工照明。

（2）应急照明。应急照明是在正常照明由于电气事故而断电后，为了继续工作或从房间内疏散人员而设置的照明。在因工作中断或误操作而引起爆炸、火灾、人身伤亡或生产秩序长期混乱、造成严重后果和经济损失等场所，应设置应急照明。

应急照明必须采用能瞬时可靠点燃的光源，一般采用白炽灯或卤钨灯。照明的供电线路应与正常照明分开，而且应该可靠。

（3）值班照明。值班照明是在非生产时间内为了保护建筑物及生产的安全，供值班人员使用的照明（包括传达室、警卫室的照明）。值班照明宜利用正常照明中能单独控制的一部分或利用应急照明的一部分或全部作为值班照明。

（4）航空障碍照明。航空障碍照明是装设在建筑物上作为障碍标志用的照明。在飞机场周围较高的建筑上或有船舶通行的航道两侧的建筑物上，应按民航和交通部门的有关规定装设障碍照明。

（5）装饰照明。装饰照明是为美化和装饰某一特定空间而设置的照明。纯装饰为目的的照明，不兼作一般照明和重点照明。

（6）景观照明。景观照明是为表现建筑物造型特色、艺术特点、功能特征和周围环境布置的照明，这种照明通常在夜间使用。

4.1.2　常用电光源和灯具

1. 常用电光源分类

电光源的种类很多，各种形式的电光源的外观形状及光电性能指标都有很大的差异，但从发光原理来看，电光源可分为两大类：热辐射光源和气体放电光源。

1）热辐射光源

（1）白炽灯。白炽灯的构造如图4.1所示；它主要由玻璃外壳、灯丝、支架、引线和灯头组成。玻璃外壳一般是白色透明的，但也有不同颜色的。玻璃壳内有的抽成真空，有的抽成真空后充入惰性气体。灯丝一般都用钨丝制成。白炽灯由于价格低廉，安装方便，被广泛使用，但白炽灯只有约20%的电能转化为光能，是耗能产品，故我国目前已将白炽灯列入淘汰产品。

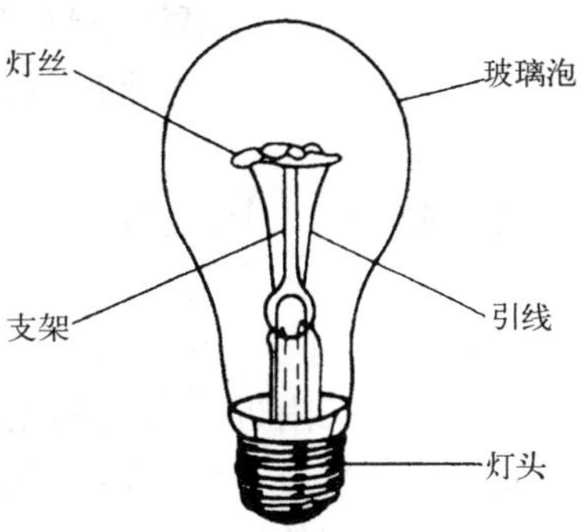

图4.1　白炽灯的构造示意图

（2）卤钨灯。卤钨灯是白炽灯的一种。卤钨灯中，充入卤族元素碘，称为碘钨灯。除碘钨灯外还有溴钨灯和氟钨灯，它们大致与碘钨灯相仿。卤钨灯灯管如图4.2所示。

为了使管壁处生成的卤化物处于气态，管壁温度要比普通白炽灯高得多，相应的，卤钨灯的玻壳尺寸就要小得多，温度也高得多，因而必须使用耐高温石英玻璃或高硅氧玻璃。

照明管型卤钨灯是新型的光源和热源，适用体育场、广场、会场建筑物、舞台，以及工厂车间、机场的照明，也可用于火车、轮船、摄影、照相制版等场合。

2）气体放电光源

气体放电光源的种类很多，如荧光灯、荧光高压汞灯、钠灯、金属卤化物灯等，其共同的特点是发光效率高、能耗低、寿命长、耐振性好等，代表着新型电光源的发展方向。

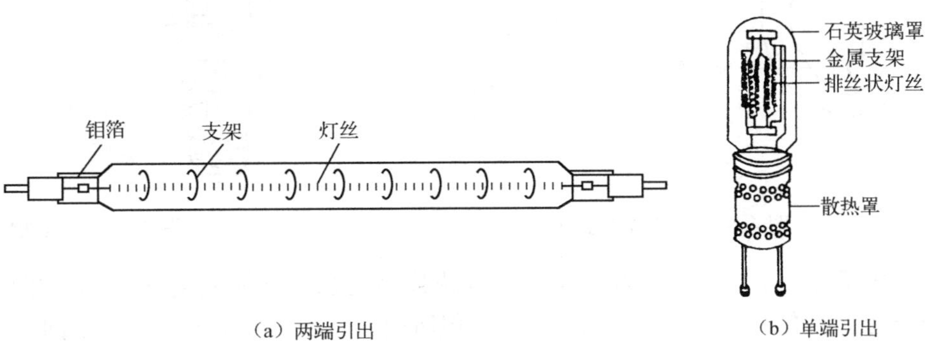

（a）两端引出　（b）单端引出

图4.2　卤钨灯灯管

（1）荧光灯。荧光灯属于气体放电光源，是靠低压汞蒸气放电，利用放电过程中的电致发光和荧光质的光致发光，形成光源。荧光灯在目前电气照明装置中已被广泛采用。它的优点是结构简单、制造容易、价格便宜并且发光效率高、光色好、寿命长。荧光灯灯管的典型结构如图 4. 3 所示。

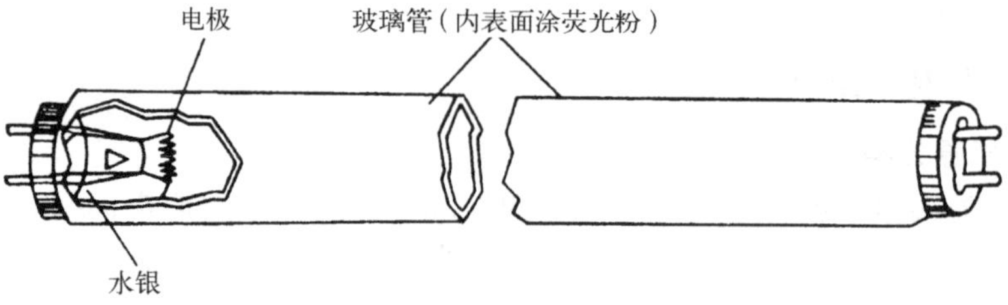

图 4. 3　荧光灯灯管

直管荧光灯灯管适用于工厂、学校、机关、商店及家庭作室内照明。荧光灯的内壁涂以不同的荧光粉，根据需要可做成不同的光色，发出白光、冷白光、暖白光及各种彩色的光线。

（2）高压汞灯。高压汞灯又称高压水银灯，它是靠高压汞气放电而发光。这里所说的“高压”是指：工作状态下的气体压力为 1 ～ 5 个大气压，以区别于一般低气压荧光灯。高压汞灯的优点是光效高、寿命长、省电、耐震。荧光高压汞灯如图 4. 4 所示

高压汞灯的一个特点是在工作中熄灭以后不能立刻再启动，必须等待 5 ～ 10min 冷却后通电才能点燃，在使用中必须注意到这一点。

（3）高压钠灯。它通过高压钠蒸气放电发光，其辐射光谱中多数较强的谱线分布在人眼最为敏感的波长附近，因而其光效很高。

光源色调呈金黄色，透雾性能好，可广泛应用于道路、广场等对照度要求较高但对黑色性没有特别要求的场所。高压钠灯结构如图 4. 5 所示。

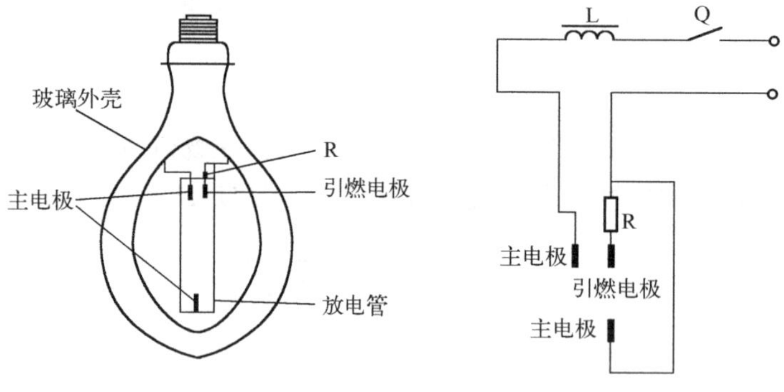

（a）结构图　（b）原理图

图 4. 4　荧光高压汞灯

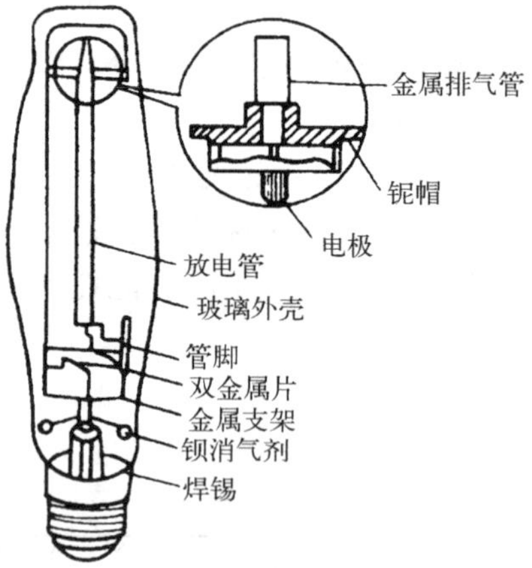

图 4. 5　高压钠灯

荧光高压汞灯、金属卤化物灯和高压钠灯统称为高强度气体放电灯（HID 灯），它们具有相似的结构，都有放电管、外泡壳和电极，但所用材料及内部所充的气体不同。

（4）低压钠灯。低压钠灯是基于在低压钠蒸气放电中钠原子被激发而辐射共振谱线这一原理而制成的，其辐射是近乎单色的主要是 589nm 的谱线。这一谱线范围内人眼的光谱光效

率很高，所以钠灯有很高的效率，可超过 150lm/W，是一种很经济的光源。低压钠灯的使用寿命较长，可达到 2000 ～ 5000h。但低压钠灯的显色性很差，适于对显色性要求不高的场所使用。

由于低压钠灯具有耗电省、发光效率高、穿透云雾能力强等优点，常用于铁路、公路、广场照明。低压钠灯结构如图 4.6 所示。

（5）金属卤化物灯。金属卤化物灯是一种较新型的电光源，通过金属卤化物在高温下分解产生金属蒸气和汞蒸气，激发放电辐射出可见光，适当选择金属卤化物并控制它们的比例，可制成不同光色的金属卤化物灯，如钠铊铟灯和日光色镝灯等。

金属卤化物灯具有光效高、光色好、功率大等特点，适合于对光色要求较高的场所，如用于需要进行电视转播的体育场馆的照明。

这种灯由于受供电电压影响较大，所以要求供电电压波动不超过 5%。金属卤化物灯的结构如图 4.7 所示。

图 4.6　低压钠灯结构

图 4.7　金属卤化物灯的结构

（6）发光二极管（LED）。LED 是一种半导体发光二极管，利用固体半导体芯片作为发光材料，当两端加上正向电压时，半导体中的载流子发生复合发出过剩的能量，从而引起光子发射产生可见光。目前大功率 LED 发光效率可达 30lm/W，辐射颜色为多元色彩，寿命达数万小时。

LED 发光的颜色由组成半导体的材料决定。磷化铝、磷化镓、磷化铟的合金可以做成红色、橙色、黄色；氮化镓和氮化铟的合金可以做成绿色、蓝色和白色。

与目前常用的光源相比，LED 的光输出相对较低，因此需要采用阵列和其他结构来组成照明灯。

LED 为低压供电，具有附件简单、结构紧凑、可控性好、色彩丰富纯正、高亮点，防潮、防震性能好、节能环保等优点，目前在显示技术领域、标志灯和带色彩的装饰照明中占举足轻重的地位。LED 灯外形如图 4.8 所示。

2. 灯具的分类

灯具也称为照明器，它是电光源、附件和灯罩的总称。灯具的形式很多，其分类方法也不同，具体如下。

1）按作用分类

按灯具所起的主要作用，可将灯具分为功能性灯具和装饰性灯具。功能性灯具以满足高光效、高显色性、低眩光等要求为主，兼顾装饰性方面的要求；而装饰灯具一般由装饰性零件围绕光源组合而成，以美化空间环境、渲染照明气氛为主。

2）按配光曲线分类

国际照明委员会（CIE）按照光通量在上、下半球的分布将灯具分为五类。灯具通常是按总光通量在空间的上半球和下半球的分配比例来分类的，如表 4.1 所示。

（a）LED 节能灯　（b）LED 射灯　（c）LED 路灯

图 4.8　LED 灯具

表 4.1　灯具光通量在空间分配比例

类　型	光通量在空间的分布（%）	
	上半球	下半球
直接型	0～10	90～100
半直接型	10～40	90～60
均匀漫射型	40～60	60～40
半间接型	60～90	40～10
间接型	90～100	10～0

（1）直接型灯具。是指 90%～100% 的光通量直接向下半球照射的灯具，常用反光性能良好的不透明材料做成，如工厂灯、镜面深照型灯、暗装天棚顶灯等均属此类。

（2）半直接型灯具。为了改善室内的亮度分布，消除灯具与顶棚亮度之间的强烈对比，常采用半透明材料作灯罩，或在灯罩的上方开少许缝隙，使光的一部分能透射出去，这样就形成半直接型配光。如常用的乳白玻璃菱形灯罩、上方开口玻璃灯罩等均属此类。

（3）均匀漫射型灯具。均匀漫射型灯具是用漫射透光材料做成的任何形状的封闭灯罩，乳白玻璃圆球吊灯就是该类灯具。这类灯具在空间各个方向上的发光强度几乎相等，光线柔和，室内能得到优良的亮度分布，可达到无眩光。其缺点是因工作面光线不集中，只可作为建筑物内一般照明，多用于楼梯间、过道等场所。

（4）半间接型灯具。这类灯具的上半部是透明的，下半部用漫射透光材料做成，因增加了反射光的比例，可使房间的光线更柔和而均匀。其缺点是，在使用过程中因上部透明部分容易积尘而使灯具的效率很快下降，清扫也较困难。

（5）间接型灯具。灯具的全部光线都从顶棚反射到整个房间内，光线柔和而均匀，避免了灯具本身亮度高而形成的眩光。但由于有用的光线全部来自间接的反射光，其利用率比直接型低得多，在照度要求高的场所不适用，而且容易积尘而降低使用效率，要求顶棚的反射率高。一般只用于公共建筑照明，如医院、展览厅等。

3）按安装方式分类

（1）悬吊式。它是最普及的灯具之一，可以有线吊、链吊、管吊等种形式，将灯具悬吊起来，以达到不同的照明要求，如白炽灯的软线吊式、日光灯的链吊式、工厂车间内配照型灯具的管吊式等。这种悬吊式安装方式可用在各种场合。

（2）吸顶式。是将灯具吸装在顶棚上（如半圆球形吸顶安装的走廊灯），它适合于室内层高较低的场所。

（3）壁装式。将灯具安装在墙上或柱上，适用于作为局部照明或装饰照明用。

其他安装方式还有落地式、台式、嵌入式等，无论是何种照明灯具都应根据使用环境需求、照明要求及装饰要求等进行合理地选择确定。

（1）白炽灯为什么应淘汰？可采用何种灯具代替最合适？

（2）配光曲线反映了灯具的什么特性？

（3）LED 灯与传统光源比较有哪些优点和不足？

4.1.3　电气照明基本线路

1. 单管荧光灯接线（电感式和电子式）

带镇流器的荧光灯电路由三个主要部分组成：灯管、镇流器和启辉器，如图 4.9 所示。开关接相线，装在镇流器一侧。近年来，电子镇流器得到了广泛的应用，电子镇流器装在灯座上，与荧光灯座构成一个整体，其灯具只引出两根线，在安装时把零线接到其中一根引出线上，把经过开关的相线接到另一根引出线上。其电子式荧光灯安装线路如图 4.10 所示。

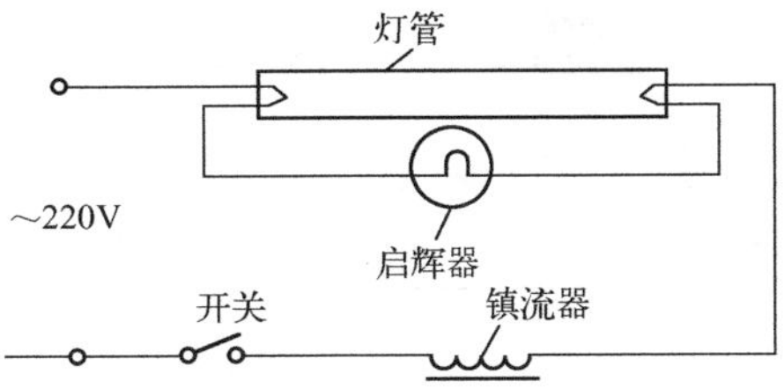

图 4.9　荧光灯电路（带镇流器）

2. 高压钠灯接线

在高压钠灯的工作电路中除灯泡外，还必须根据内触发高压钠灯或外触发高压钠灯分别选用相应的工作电路，如灯泡 + 镇流器或者灯泡 + 镇流器 + 触发器的工作电路，这样才能达到高压钠灯正常工作要求的外触发高压钠灯的燃点，外触发高压钠灯的燃点电路中必须与配套镇流器串联使用，同时还要在灯泡两端并联一个触发器，这样高压钠灯才可正常使用。其接线如图 4.11 所示，相线经开关和熔断器与灯相接，零线直接与灯相接。目前，高压钠灯触发器普遍由电子元件组成，也称为电子触发器。它因具有无机械触点、可靠性好、体积小、质量小、使用方便等优点而受到用户的青睐。

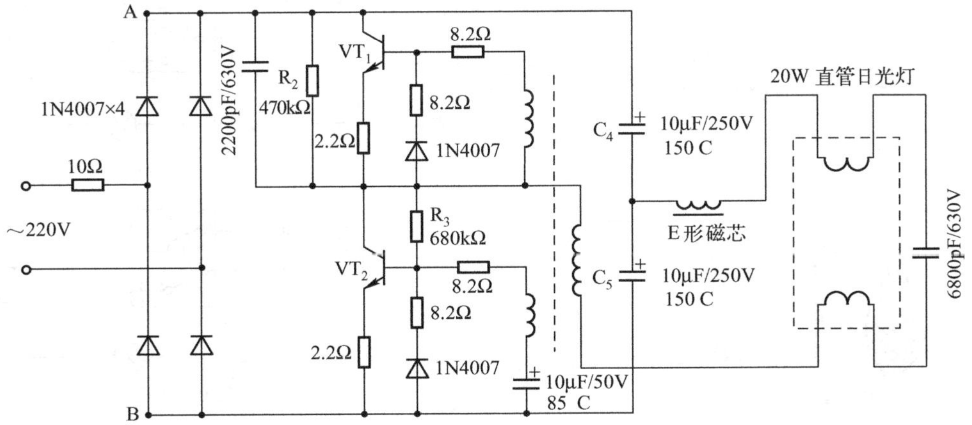

图 4.10　电子镇流器荧光灯电路原理图

3. 双管荧光灯接线

双管荧光灯接线如图 4.12 所示。注意相线经开关后接到镇流器上。

4. 两地控制一盏灯的接线

如图 4.13 所示，当两个双控开关同时扳到同一方向的静触点上时，电路接通，电灯亮，此时扳动任何一个开关，都将使电路断开，电灯熄灭。

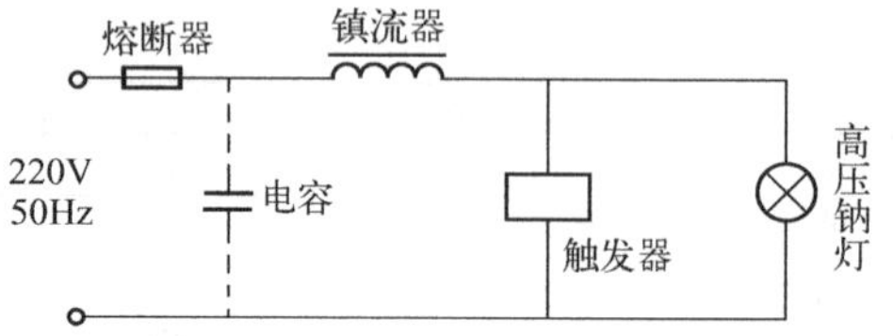

图 4.11　高压钠灯接线电路图

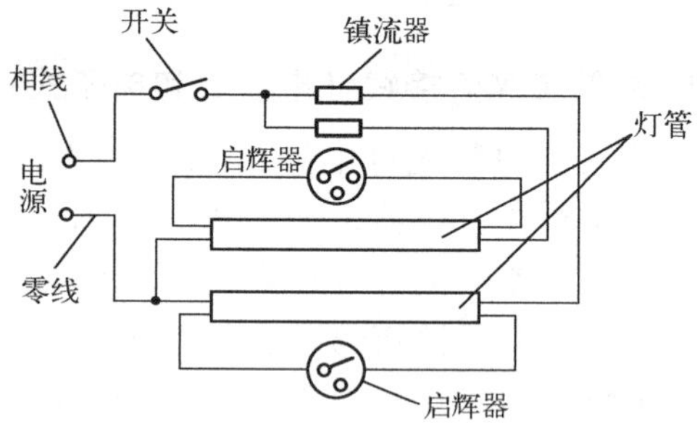

图 4.12　双管荧光灯接线

5. 三地控制一盏灯的接线

在双控开关 K_1 和 K_2 之间任意点接入双刀双掷开关 K_3，便可以实现三地控制。$K_1/K_2/K_3$ 处于图 4.14（a）状态时，电路是断开的，这时无论扳动哪一个开关，都能使电路接通。当 $K_1/K_2/K_3$ 处于图 4.14（b）状态时，电路是接通的，这时无论扳动哪一个开关，都能使电路断开。

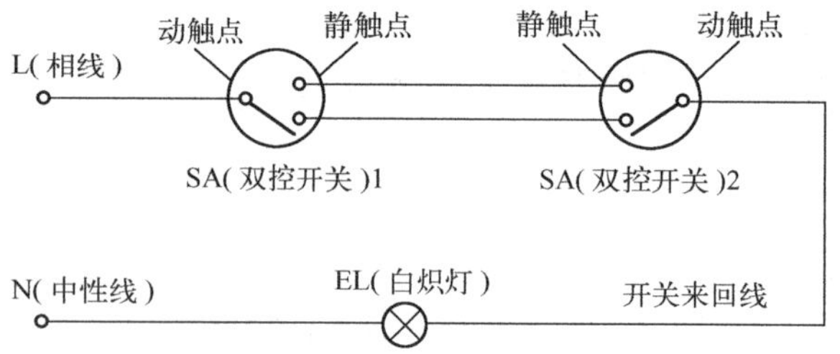

图 4.13　两地控制一盏灯的接线

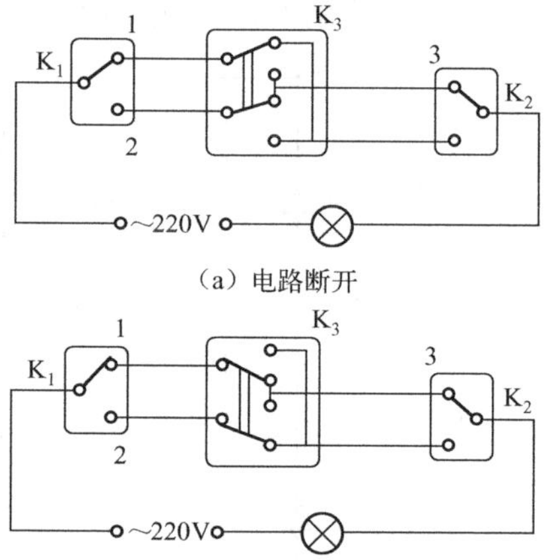

（a）电路断开

（b）电路接通

图 4.14　三地控制一盏灯的接线

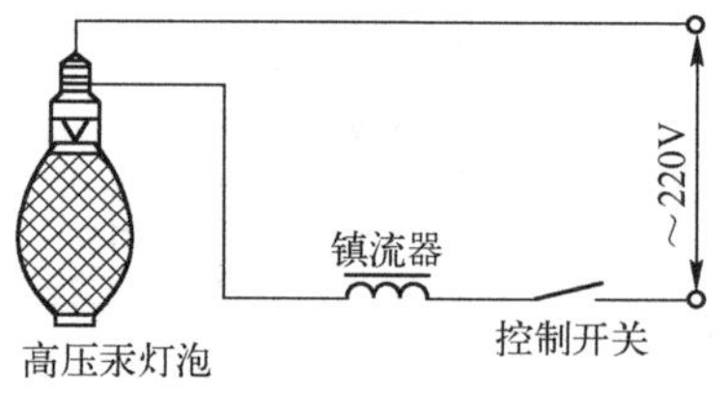

图 4.15　高压汞灯电路图（带镇流器）

6. 高压汞灯的接线

高压汞灯有两种，一种是带镇流器的，另一种是不带镇流器的。带镇流器的高压汞灯一定要注意使镇流器与灯泡的功率相匹配。带镇流器的高压汞灯接线电路如图 4.15 所示。不带镇流器的高压汞灯接线时，只需把零线接到灯头上，把经过开关的相线接到灯头上即可。

任务4.2　照明装置的安装

【任务背景】 作为建筑电气工程，电气照明装置安装是主要工作之一。它量大面广、品种繁多，且与人们生活、工作密切相关，既要满足使用功能，还要体现整齐美观，更要保证安全可靠。要达到这一点，安装时必须按照国家有关规范、规程和工艺标准的规定，选用的各种照明器具、供电设备必须适用、经济、可靠，安装的位置应符合实际需要、使用方便，各种照明器具、电气线路及供电设备安装应牢固、可靠，达到安全运行和满足使用的要求。

4.2.1　照明装置安装的一般规定　重点提示

安装的灯具应配件齐全，灯罩无损坏。

螺口灯头接线必须将相线接在中心端子上，零线接在螺纹的端子上；灯头外壳不能有破损和漏电。

照明灯具使用的导线最小线芯截面应与灯具功率相匹配，导线线芯最小允许截面积应不小于$1mm^2$。

灯具安装高度：室内一般不低于2.5m，室外不低于3m。一般生产车间、办公室、商店、住房等220V灯具安装高度应不低于2m，如果灯具安装高度不能满足最低高度要求，而且又无安全措施及机床局部照明等应采用36V安全电压。

地下建筑内的照明装置，应有防潮措施，灯具低于2.0m时，灯具应安装在人不易碰到的地方，否则应采用36V及以下的安全电压。

嵌入顶棚内的装饰灯具应固定在专设的框架上，电源线不应贴近灯具外壳，灯线应留有裕量，固定灯罩的框架边缘应紧贴到顶棚上，嵌入式日光灯管组合的开启式灯具、灯管应排列整齐，金属间隔片不应有弯曲扭斜等缺陷。

配电盘及母线的正上方不得安装灯具，事故照明灯具应有特殊标志。

I类灯具的不带电的外露可导电部分必须与保护接地线（PE）可靠连接，且应有标志。

质量大于10kg的灯具，其固定装置应按5倍灯具质量的恒定均布载荷因数进行强度试验，历时15min，固定装置的部件应无明显变形。

4.2.2　普通照明灯具的安装

普通照明灯具的安装工艺流程：

灯具检查 → 组装灯具 → 灯具安装 → 通电试运行

普通照明灯具的安装施工方法和要点分为以下4个方面。

1. 灯具检查

(1) 根据灯具的使用场所检查灯具是否符合安装要求。

① 多尘、潮湿的场所应采用密闭式灯具。

② 灼热多尘的场所（如出钢、出铁等场所）应采用投光灯。

③ 灯具有可能受到机械损伤的，应采用有防护网罩的灯具。

④ 安装在振动场所（如有锻锤、空压机等）的灯具应有防撞措施。

⑤ 除敞开式外，其他各类灯具的灯泡容量在100W及以上的均应采用瓷灯口。

（2）根据装箱单清单清点安装配件。

（3）检查制造厂的有关技术文件是否齐全。

（4）检查灯具外观是否正常，有无擦碰、变形、受潮、金属镀层剥落锈蚀等现象。

2. 组装灯具

（1）组合式吸顶花灯的组装。

① 选择适宜的场地，将灯具的包装箱、保护薄膜拆开铺好。

② 戴上干净的纱线手套。

③ 参照灯具的安装说明将各组件连成一体。

④ 灯内穿线的长度应适宜，多股软线线头应搪锡。

⑤ 应统一配线的颜色以区分相线与零线，对于螺口灯座中心弹簧片应接相线，不得混淆。

⑥ 理顺灯内线路，用线卡或尼龙扎带固定导线以避开灯泡发热区。

（2）吊顶花灯的组装。

① 选择适宜的场地，将灯具的包装箱、保护薄膜拆开铺好。

② 戴上干净的纱线手套。

③ 首先将导线从各个灯座口穿到灯具本身的接线盒内，导线一端盘圈、搪锡后接好灯头，理顺各个灯头的相线与零线，另一端区分相线与零线后分别引出电源接线，最后将电源接线从吊杆中穿出。

④ 各灯泡、灯罩可在灯具整体安装后再装上，以免损坏。

3. 灯具安装

1）普通座式灯头的安装

（1）将电源线留足维修长度后剪除余线并剥出线头。

（2）区分相线与零线，对于螺口灯座中心簧片应接相线，不得混淆。

（3）用连接螺钉将灯座安装在接线盒上。

2）吊线式灯头的安装

（1）将电源线留足维修长度后剪除余线并剥出线头。

（2）将导线穿过灯头底座，用连接螺钉将底座固定在接线盒上。

（3）根据需要长度剪取一段灯线，在一端接上灯头，灯头内应系好保险扣，接线时区分相线与零线，对于螺口灯座中心簧片应接相线，不得混淆。

（4）多股线芯接头应烫锡，连接时应注意接头，均应按顺时针方向弯钩后压上垫片用灯具螺钉拧紧。

（5）将灯线另一头穿入底座盖碗，灯线在盖碗内应系好保险扣并于底座上的电源线用压线帽连接。

（6）旋上扣碗。

3）日光灯安装

（1）吸顶式日光灯安装。

① 打开灯具底座盖板，根据图纸确定安装位置，将灯具底座贴紧建筑物表面，灯具底座应完全遮盖住接线盒，对着接线盒的位置开好进线孔。

② 比照灯具底座安装孔用铅笔画好安装孔的位置，打出尼龙栓塞孔，装入栓塞（若为吊顶，可在吊顶板上背木龙骨或轻钢龙骨用自攻螺钉固定）。

③ 将电源线穿出后，用螺钉将灯具固定，并调整位置以满足要求。

④ 用压线帽将电源线与灯内导线可靠连接，装上启辉器等附件。

⑤ 盖上底座盖板，装上日光灯管。

（2）吊链式日光灯。

① 根据图纸确定安装位置，确定吊链吊点。

② 打出尼龙栓塞孔，装入栓塞，用螺钉将吊链挂钩固定牢靠；根据灯具的安装高度确定吊链及导线的长度（使导线不受力）。

③ 打开灯具底座盖板，将电源线与灯内导线可靠连接，装上启辉器等附件。

④ 盖上底座，装上日光灯管，将日光灯挂好。

⑤ 将导线与接线盒内电源线连接，盖上接线盒盖板并理顺垂下的导线。

4）吸顶灯（壁灯）的安装

（1）比照灯具底座画好安装孔的位置，打出尼龙栓塞孔，装入栓塞。

（2）将接线盒内电源线穿出灯具底座，用螺钉固定好底座。

（3）将灯内导线与电源线用压线帽可靠连接。

（4）用线卡或尼龙扎带固定导线以避开灯泡发热区。

（5）安装好灯泡，装上灯罩并拧好紧固螺钉。

注意：安装在室外的壁灯应有泄水孔，绝缘台与墙面之间应采用防水措施，安装在装饰材料上的灯具与装饰材料间应有防火设备。

5）吊顶花灯的安装

（1）将预先组装好的灯具托起，用预埋好的吊钩挂住灯具内的吊钩。

（2）将灯内导线与电源线用压线帽可靠连接。

（3）把灯具上部的装饰扣碗向上推起并紧贴顶棚，拧紧固定螺钉。

（4）调整好各个灯口，上好灯泡，配上灯罩。

6）嵌入式灯具（光带）的安装

（1）应预先提交有关位置及尺寸交有关人员开孔。

（2）将吊顶内引出的电源线与灯具电源的接线端子可靠连接。

（3）将灯具推入安装孔固定。

（4）调整灯具框架。

4. 通电试运行

灯具安装完毕，经绝缘测试检查合格后，方允许通电试运行。通电后应仔细检查和巡视，检查灯具的控制是否灵活、准确；开关与灯具控制顺序是否对应，灯具有无异常噪声，若发现问题应立即断电，查出原因并修复。

(1) 灯具组装和安装有什么区别?
(2) 灯具接线时，主要注意哪些问题?
(3) 简述教室内日光灯的安装步骤。

4.2.3 特殊灯具的安装

特殊灯具主要指行灯、防水灯、手术灯、应急灯、霓虹灯、景观灯、建筑物彩灯、航空障碍灯等灯具。

特殊灯具的安装工艺流程：

灯具检查 → 组装灯具 → 灯具安装及接线 → 通电试运行

特殊灯具安装施工方法和要点分为以下 4 个方面。

1. 灯具检查

（1）检查灯具是否符合安装要求。

① 行灯变压器应为双圈变压器，其电源侧和负荷侧有熔断器保护。

② 水下灯及防水灯具其防水胶圈应完整有弹性。

③ 手术台无影灯的镀膜反光罩应光洁无变形，镀膜层应均匀无损伤。

④ 应急照明电源的蓄电装置是否正常，应无泄漏腐蚀现象。

⑤ 室外场所是否采用具有防水性能的专用灯具。

⑥ 灯具有可能受到机械损伤的，是否采用有防护网罩的灯具。

⑦ 除敞开式外，其他各类灯具的灯泡容量在 100W 及以上的是否采用瓷口灯头。

⑧ 各类灯具的电光源的规格型号是否正确无误。

（2）根据装箱单清点安装配件。

（3）注意检查制造厂的有关技术文件是否齐全。

（4）检查灯具外观是否正常，有无擦碰、变形、受潮、金属镀层剥落锈蚀等现象。

2. 组装灯具

（1）专用灯具一般已由制造厂家完成整体组装，现场只需检查接线即可。对于水下及防爆灯具应注意检查密封防水胶圈安装是否平顺，固定螺栓旋紧力矩是否均匀一致。

（2）根据设计图纸及灯具安装说明制作灯具吊索、支架等装置；支架的安装孔必须采用机械加工方式成孔。

（3）吊索、支架等装置应按要求做好防腐处理，避免受雨水侵蚀后锈水污染外墙。

（4）用膨胀螺栓或预埋件焊接固定支架。

3. 灯具安装及接线

（1）根据设计要求，比照灯具底座画好安装孔的位置，打出膨胀螺栓孔，装入膨胀螺栓。固定手术无影灯底座的螺栓应预先根据产品提供的尺寸预埋，其螺栓应与楼板结构主筋焊接。安装在专用吊件构架上的舞台灯具应根据灯具安装孔的尺寸制作卡具以固定灯具。在防爆灯具安装位置应离开释放源，且不在各种管道的泄压口及排放口上下方安装灯具。温度大于60℃的灯具，当靠近可燃物时应采取隔热、散热等防火措施。

（2）固定灯具。对于重要灯具如手术台无影灯、大型舞台灯具等的固定螺栓应采用双螺母锁固。分置式灯具变压器的安装位置应避开易燃物品，通风散热良好。

（3）灯具接线。

① 多股芯线接头应搪锡，与接线端子连接应可靠牢固。

② 行灯变压器外壳、铁芯和低压侧的任意一端或中性点接地（PE）或接零（PEN）应可靠。

③ 水下灯具电源进线应采用绝缘导管与灯具连接，严禁采用金属或金属护层的导管，电源线、绝缘导管与灯具连接处应密封良好，如有可能应涂抹防水密封胶以确保防水效果。

④ 水下灯及防水灯具应进行等电位连接，连接应可靠。

⑤ 防爆灯具开关与接线盒螺纹啮合扣数不少于5扣，并在螺纹上涂以电力复合脂。

⑥ 灯具内接线完毕后应用尼龙扎带整理固定以避开有可能的热源等危险位置。

（4）霓虹灯的安装。

① 灯管应完好，无破裂。

② 灯管应采用专用的绝缘支架固定，且必须牢固可靠，专用支架可采用玻璃管制成。固定后的灯管与建筑物、构筑物表面的最小距离不宜小于20mm。

③ 专用变压器的安装位置宜隐蔽且方便检修，但不宜装在吊顶内，以免被非检修人员触及；明装时，其高度不宜小于3m，离阳台、架空线路等距离应不小于1m。

④ 专用变压器的二次绕组和灯管间的连接线，应采用额定电压不低于15kV的高压尼龙绝缘导线或用裸铜线外套玻璃管保护。

⑤ 专用变压器的二次绕组与建筑物、构筑物表面的距离应不小于20mm，一次绕组与敷设面之间的距离应不小于50mm。

⑥ 高压线路在穿越建筑物时，应穿双层玻璃管加强绝缘，玻璃两端须露出建筑物两侧，长度各为50～80mm。

⑦ 对容量不超过4kW的霓虹灯，可采用单相供电，对容量超过4kW的霓虹灯，需要提供三相电源，霓虹灯变压器要均匀分配在各相上。

（5）景观照明灯安装。

① 每套灯具的导电部分对地绝缘电阻大于2MΩ。

② 在人行道等人员往来密集场所安装的落地式灯具，无围栏防护，安装高度距地面2.5m以上。

③ 金属构架和灯具的可接近裸体导体及金属软管的接地（PE）或接零（PEN）可靠，且有标志；灯具的节能分级应符合设计要求。

④ 在离开建筑物处地面安装泛光灯时，为了能得到较均匀的亮度，灯与建筑物的距离 D 与建筑物高度 H 之比应不小于1/10，即 $D/H>1/10$。

⑤ 在建筑物本体上安装泛光灯时，投光灯突出建筑物的长度应在0.7～1m处，应使窗墙形成均匀的光幕效果。

⑥ 安装景观照明灯时，应使整个建筑物或构筑物受照面上半部的平均亮度为下半部的2～4倍。

⑦ 设置景观照明尽量不要在顶层设立向下的投光照明，由于投光灯要伸出墙一段距离，影响建筑物外表美观。

⑧ 对于顶层有旋转餐厅的高层建筑，若旋转餐厅外墙与主体建筑外墙不在一个平面内，就很难从下部向上照到整个轮廓，因此，宜在顶层加辅助立面照明，增设节日彩灯。

（6）建筑物彩灯安装。

① 当建筑物彩灯采用防雨专用灯具时，其灯罩应拧紧，灯具应有泄水孔。

② 建筑物彩灯宜采用 LED 等节能新型光源，不应采用白炽灯泡。

③ 彩灯配管应为热浸镀锌钢管，按明配敷设，并采用配套的防水接线盒，其密封应完好；管路、管盒间采用螺纹连接，连接处的两端用专用接地卡固定跨接接地线，跨接接地线采用绿/黄双色铜芯软电线，截面积应不小于 $4mm^2$。

（7）应急照明灯具安装。

① 应急照明灯具必须采用经消防检测中心检测合格的产品。

② 安全出口标志灯应设置在疏散方向的里侧上方，灯具底边宜在门框上方 0.2m。地面上的疏散指示标志灯，应有防止被重物或外力损坏的措施。当厅室面积较大，疏散指示标志灯无法装设在墙面上时，宜装设在顶棚下且距地面高度不宜大于 2.5m。

③ 疏散照明灯投入使用后，应检查灯具始终处于点亮状态。

④ 应急照明灯回路的设置除符合设计要求外，还应符合防火分区设置的要求。

⑤ 应急照明灯具安装完毕，应检查灯具电源转换时间，其值为：备用照明应不大于 5s；金融商业交易场所应不大于 1.5s；疏散照明应不大于 5s；安全照明应不大于 0.25s。应急照明最少持续供电时间应符合设计要求。

（8）航空障碍标志灯安装。

① 灯具安装牢固可靠，且应设置维修和更换光源的设施。

② 灯具安装在屋面接闪器保护范围外时，应设置避雷小针，并与屋面接闪器可靠连接。

③ 当灯具在烟囱顶上安装时，应安装在低于烟囱口 1.5 ～ 3m 的部位且呈正三角形水平布置。

4. 通电试运行

灯具安装完毕，经绝缘测试检查合格后，方允许通电试运行。通电后应仔细检查和巡视，检查灯具的控制是否灵活、准确；开关与灯具控制顺序是否对应，灯具有无异常噪声，若发现问题应立即断电，查出原因并修复。

（1）简述灯具等电位的含义。

（2）霓虹灯为什么有配套变压器？其工作电压是多少？

（3）带蓄电池的应急灯有几根线？它们分别是什么线？

4.2.4 施工现场照明灯具的选择和安装

1. 照明灯具的选择

（1）正常湿度一般场所，选用开启式照明器。

（2）潮湿或特别潮湿场所，选用密闭型防水照明器或配有防水灯头的开启式照明器。

(3) 含有大量尘埃但无爆炸和火灾危险的场所，选用防尘型照明器。

(4) 有爆炸和火灾危险的场所，按危险场所等级选用防爆型照明器。

(5) 存在较强振动的场所，选用防振型照明器。

(6) 有酸碱等强腐蚀介质场所，选用耐酸碱型照明器。

2. 照明灯具的安装

(1) 照明灯具的金属外壳必须与PE线相连接，照明开关箱内必须装设隔离开关、短路与过载保护器和漏电保护器，并应符合规范的有关规定。

(2) 室外220V灯具距地面不得低于3m，室内220V灯具距地面不得低于2.5m。普通灯具与易燃物距离不宜小于300mm；施工现场首选节能灯，但特殊场合选用聚光灯、碘钨灯等高热灯具时，与易燃物距离不宜小于500mm，且不得直接照射易燃物。达不到安全距离时，应采取隔热措施。

(3) 路灯的每个灯具应单独装设熔断器保护。灯头应做防水弯。

(4) 荧光灯管应采用管座固定或用吊链悬挂。荧光灯的镇流器不得安装在易燃的结构物上。

(5) 碘钨灯及钠、铊、铟等金属卤化物灯具的安装高度宜在3m以上，灯线应固定在接线柱上，不得靠近灯具表面。

(6) 投光灯的底座固定应安装牢固，应按需要的光轴方向将枢轴拧紧固定。

(7) 灯具内的接线必须牢固，灯具外的接线必须做可靠的防水绝缘包扎。

(8) 对夜间影响飞机或车辆通行的在建工程及机械设备，必须设置醒目的红色信号灯，其电源应设在施工现场总电源开关的前侧，并应设置外电线路停止供电时的应急自备电源。

4.2.5 风扇安装 重点提示

1. 风扇安装要求

(1) 吊扇安装应符合下列规定。

① 吊扇挂钩安装牢固，吊扇挂钩的直径不小于吊扇挂销直径，且不小于8mm；有防振橡胶垫；挂销的防松零件齐全、可靠。

② 吊扇扇叶距地高度不小于2.5m。

③ 吊扇组装不改变扇叶角度，扇叶固定螺栓防松零件齐全。

④ 吊杆间、吊杆与电动机间螺纹连接，啮合长度不小于20mm，且防松零件齐全紧固。

⑤ 吊扇接线正确，当运转时扇叶无明显颤动和异常声响。

⑥ 涂层完整，表面无划痕、无污染，吊杆上下扣碗安装牢固到位。

⑦ 同一室内并列安装的吊扇开关高度一致，一般为1.3m，且控制有序不错位。

(2) 壁扇安装应符合下列规定。

① 壁扇底座采用尼龙塞或膨胀螺栓固定；尼龙塞或膨胀螺栓的数量不少于两个，且直径不小于8mm，固定牢固可靠。

② 壁扇防护罩扣紧。固定可靠，当运转时扇叶和防护罩无明显颤动和异常声响。

③ 壁扇下侧边缘距地面高度不小于1.8m。

④ 涂层完整，表面无划痕、无污染，防护罩无变形。

2. 风扇安装的施工工艺

风扇安装工艺流程：

接线盒清理检查 → 接线 → 安装 → 通电试验

风扇安装施工方法与要点。

（1）接线盒检查清理。用錾子轻轻地将盒子内残留的水泥、灰块等杂物剔除，用小号油漆刷将接线盒内杂物清理干净。清理时注意检查有无接线盒预埋安装位置错位（即螺钉安装孔错位90°）、螺钉安装孔缺失、相邻接线盒高差超标等现象，应及时修整。若接线盒埋入较深，超过1.5mm时，应加装套盒。

（2）接线。

① 先将盒内导线留出维修长度后剪除余线，用剥线钳剥出适宜长度，以刚好能完全插入接线孔的长度为宜。

② 对于多联开关需要分支连接的应采用安全型压接帽压接分支。

③ 应注意区分相线、零线及保护地线，不得混乱。

④ 吊扇的相线应经开关关断。

⑤ 吊扇接线。

a. 根据产品说明将吊扇组装好（扇叶暂时不装）。

b. 根据产品说明书剪取适当长度的导线穿过吊杆与扇头内接线端子连接。

c. 上述配线应注意区分导线的颜色，应与系统整体穿线颜色一致，以区分相线、零线及保护地线。

（3）安装。

① 吊扇安装。对电扇及其附件进场验收时，应查验合格证。防爆产品应有防爆标志和防爆合格证号，实行安全认证制度的产品应有安全认证标志。风扇应无损坏，涂层应完整，调速器等附件应适配。

固定吊扇的吊钩应弯成T字形或Γ形。吊钩应由盒中心穿下，严禁将预埋件下端在盒内预先弯成圆环。现浇混凝土楼板内预埋吊钩，应将Γ形吊钩与混凝土中的钢筋相焊接，在无条件焊接时，应与主筋绑扎固定。在预制空心板板缝处，应将Γ形吊钩与短钢筋焊接，或者使用T形吊钩，吊钩在板面上与楼板垂直布置，使用T形吊钩还可以与板缝内钢筋绑扎或焊接。

安装吊扇前，将预埋吊钩露出部位弯制成型，曲率半径不宜过小。吊扇吊钩伸出建筑物的长度，应以安上吊扇吊杆保护罩将整个吊钩全部遮住为好，如图4.16（a）所示。

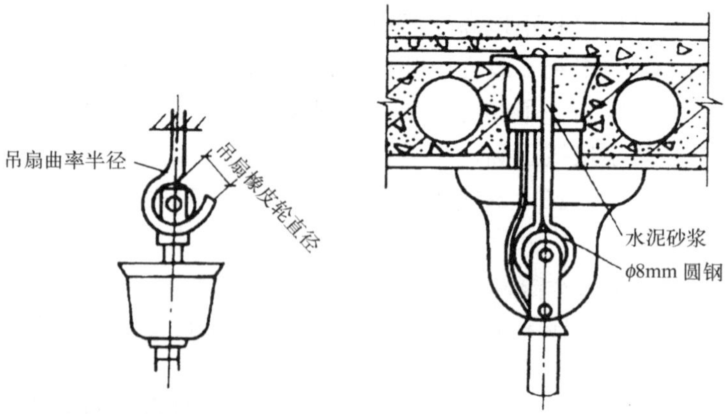

（a）吊钩　（b）吊扇吊钩做法

图4.16　吊扇吊钩安装

在挂上吊扇时，应使吊扇的重心和吊钩的直线部分处在同一条直线上，如图4.16（b）所示。将吊扇托起，吊扇的环挂在预埋的吊钩上。

按接线图接好电源，并包扎紧密。向上托起吊杆上的护罩，将接头扣于其中，护罩应紧贴建筑物或绝缘台表面，拧紧固定螺钉。

吊扇调速开关安装高度应为1.3m。同一室内并列安装的吊扇开关高度应一致，且控制有序不错位。吊扇运转时扇叶不应有明显的颤动和异常声响。

② 壁扇安装。壁扇底座应固定牢固。在安装的墙壁上找好挂板安装孔和底板钥匙孔的位置，安装好尼龙塞。先拧好底板钥匙孔上的螺钉，把风扇底板的钥匙孔套在墙壁螺钉上，然后用木螺钉把挂板固定在墙壁的尼龙塞上。壁扇的下侧边线距地面高度不宜小于1.8m，且底座平面的垂直偏差不宜大于2mm。壁扇的防护罩应扣紧，固定可靠。壁扇宜使用带开关的插座。壁扇在运转时，扇叶和防护罩均不应有明显的颤动和异常声响。

③ 换气扇安装。换气扇一般在公共场所、卫生间及厨房内墙体或窗户上安装。换气扇的电源插座、控制开关须使用防溅型。换气扇安装在窗上、墙上的做法如图4.17所示。安装换气扇的金属构件部分均应刷樟丹漆一道，灰色油漆两道，木制构件部分油漆颜色与建筑墙面相同。

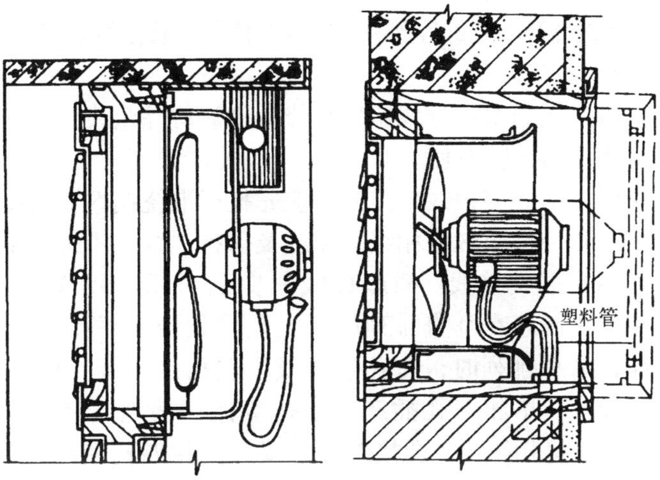

（a）单相　（b）三相

图4.17　换气扇的安装

（4）通电试验。插座安装完毕，且各条支路的绝缘电阻摇测合格后，方允许通电试运行。通电后应仔细检查和巡视，检查电扇的控制是否灵活、准确；电扇的转向、运行声音及调速开关是否正常，若发现问题必须先断电，然后查找原因进行修复。

4.2.6　插座安装

1. 插座安装要求　重点提示

（1）当交流、直流或不同电压等级的插座安装在同一场所时，应有明显的区别，且必须选择不同结构、不同规格和不能互换的插座；配套的插头应按交流、直流或不同电压等级区别使用。

（2）暗装的插座面板紧贴墙面，四周无缝隙，安装牢固，表面光滑整洁、无碎裂、划伤，装饰帽齐全。

（3）当接插有触电危险家用电器的电源时，采用能断开电源的带开关插座，开关断开相线。

（4）插座的安装高度一般为1.3m。当托儿所、幼儿园及小学等儿童活动场所不采用安全型插座时，插座的安装高度不小于1.8m；车间及试（实）验室的插座安装高度距地面不小于 0.3m；潮湿场所采用密封型并带保护地线触头的保护型插座，安装高度不低于 1.5m；特殊场所暗装的插座不小于 0.15m；同一室内插座安装高度一致。

（5）地插座面板与地面齐平或紧贴地面，盖板固定牢固，密封良好。

2. 插座安装的工艺流程和方法。

插座安装工艺流程：

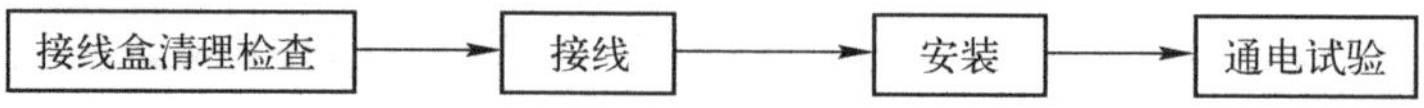

插座安装施工方法与要点分为下面 4 个方面。

1）接线盒检查清理

用錾子轻轻地将盒子内残留的水泥、灰块等杂物剔除，用小号油漆刷将接线盒内杂物清理干净。清理时注意检查有无接线盒预埋安装位置错位（即螺钉安装孔错位 90°）、螺钉安装孔缺失、相邻接线盒高差超标等现象，应及时修整。若接线盒埋入较深，超过 1.5m 时，应加装套盒。

2）接线

（1）先将盒内导线留出维修长度后剪除余线，用剥线钳剥出适宜长度，以刚好能完全插入接线孔的长度为宜。

（2）对于多根线的连接，应先按标准绕制 5 圈后搪锡，并用双层胶布缠好。

（3）应注意区分相线、零线及保护地线，不得混乱。

（4）插座接线。插座接线时应面对插座操作。单相双孔插座在垂直排列时，上孔接相线，下孔接零线；水平排列时，右孔接相线，左孔接零线。插座接线时，单相三孔插座，上孔接保护接地（零）线，右孔接相线，左孔接工作零线。三相四孔插座，保护接地（零）线应在正上方，下孔从左侧起分别接在 L_1、L_2、L_3 相线上。同样用途的三相插座，相序应排列一致。同一场所的三相插座，其接线的相位必须一致。接地（PE）或接零（PEN）线在插座间不串联连接。插座插孔排列顺序如图 4.18 所示。

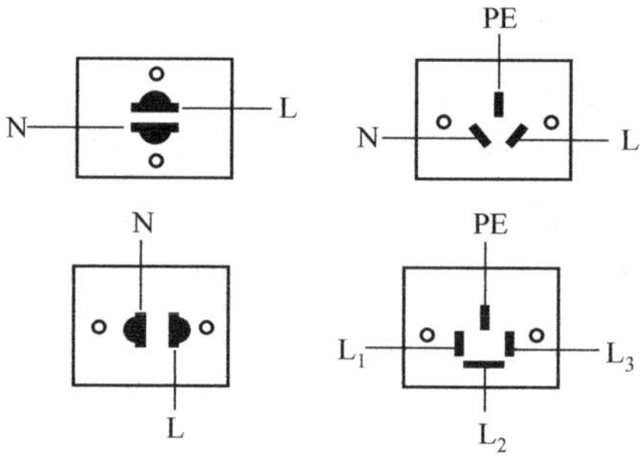

图 4.18　插座插孔排列顺序图

带开关插座接线时，电源相线应与开关的接线柱连接，电源工作零线应与插座的接线柱相连接。带指示灯带开关插座接线如图 4.19 所示。带熔断器管二孔三孔插座接线如图 4.20 所示。

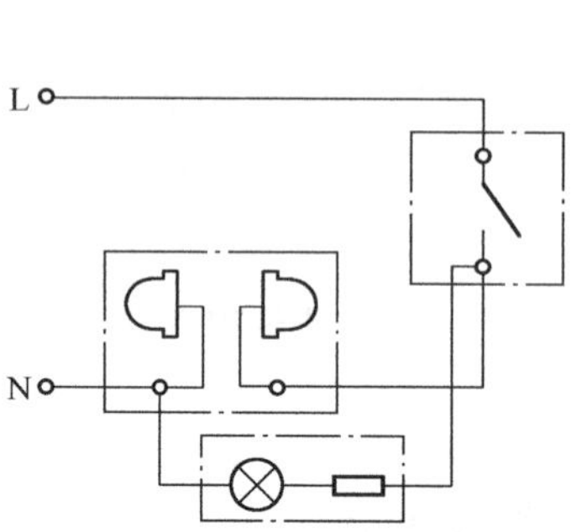

图 4.19　带指示灯带开关插座接线图

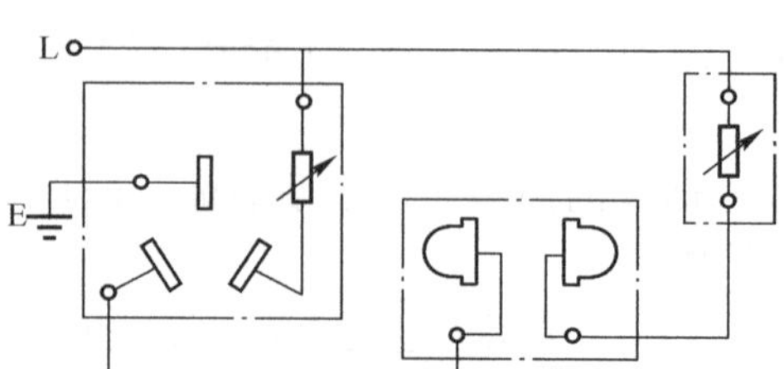

图 4.20　带熔断器管二孔三孔插座接线图

双联及以上的插座接线时，相线、工作零线应分别与插孔接线柱并接或进行不断线整体套接，不应进行串接。插座进行不断线整体套接时，插孔之间的套接线长度应不小于150mm。插座的接地（零）线应采用铜芯导线，其截面积应不小于相线的截面积。

3）安装

按接线要求，将盒内导线与插座的面板连接好后，将面板推入，对正安装孔，用镀锌螺钉固定牢固。固定时使面板端正，与墙面平齐。对附在面板上的安装孔装饰帽应事先取下备用，在面板安装调整完毕再盖上，以免多次拆卸划损面板。安装在室外的插座应有防水措施。安装在装饰材料上的插座应与装饰材料间设置隔热阻燃制品（如石棉布等）。

4）通电试验

插座安装完毕，且各条支路的绝缘电阻摇测合格后，方允许通电试运行。通电后应仔细检查和巡视，若发现问题必须先断电，然后查找原因进行修复。

（1）插座的孔距不同，主要取决于什么？
（2）插座为什么要强制性规定接线的排列顺序？
（3）普通插座和安全型插座有何区别？

4.2.7　开关安装

1. 开关安装要求

（1）同一建筑物、构筑物的开关采用同一系列的产品，开关的通断位置一致，操作灵活、接触可靠。

（2）相线经开关控制；民用住宅不能用软线引至床边的床头开关。

（3）开关安装位置便于操作，开关边缘距门框边缘的距离为0.15～0.2m，开关距地面高度1.3m；拉线开关距地面高度2～3m，层高小于3m时，拉线开关距顶板不小于100mm，拉线出口垂直向下。

（4）相同型号并列安装及同一室内开关安装高度一致，且控制有序不错位。并列安装的拉线开关的相邻间距不小于20mm。

（5）暗装的开关面板应紧贴墙面，四周无缝隙，安装牢固，表面光滑整洁、无碎裂、划伤，装饰帽齐全。

（6）在同一室内预埋的开关（插座）盒，相互间高低差应不大于5mm；成排埋设时应不大于2mm；并列安装高低差应不大于1mm。并列埋设时开关盒应以下沿对齐。

（7）厨房、厕所（卫生间）、洗漱室等潮湿场所的开关应设在房间的外墙处。

（8）走廊灯的开关，应在距灯位较近处设置。

（9）壁灯或起夜灯的开关，应设在灯位的正下方，并在同一条垂直线上。

（10）室外门灯、雨棚灯的开关应设在建筑物的内墙上。

2. 开关安装的工艺流程和方法

开关安装工艺流程：

接线盒清理检查 → 接线 → 安装 → 通电试验

开关安装施工方法与要点分为以下 4 个方面。

1）接线盒清理检查

用錾子轻轻地将盒子内残留的水泥、灰块等杂物剔除，用小号油漆刷将接线盒内杂物清理干净。清理时注意检查有无接线盒预埋安装位置错位（即螺钉安装孔错位 90°）、螺钉安装孔缺失、相邻接线盒高差超标等现象，应及时修整。若接线盒埋入较深，超过 1.5mm 时，应加装套盒。

2）接线

（1）先将盒内导线留出维修长度后剪除余线，用剥线钳剥出适宜长度，以刚好能完全插入接线孔的长度为宜。

（2）对于多联开关需要分支连接的应采用安全型压接帽压接分支。

（3）开关的相线应经开关关断。

3）安装

按接线要求，将盒内导线与开关的面板连接好后，将面板推入，对正安装孔，用镀锌螺钉固定牢固。固定时使面板端正，与墙面平齐。对附在面板上的安装孔装饰帽应事先取下备用，在面板安装调整完毕再盖上，以免多次拆卸划损面板。安装在室外的开关应有防水措施。安装在装饰材料上的插座与装饰材料间设置隔热阻燃制品（如石棉布等）。

扳把开关不允许横装。扳把开关接线时，把电源相线接到静触点接线柱上，动触点接线柱接灯具导线。扳把向上时表示开灯，向下表示关灯。开关芯连同支架固定到盒上，扳把上的白点应向下安装，盖好开关盖板，用机用螺栓将盖板与支架固定牢固，盖板应紧贴建筑物表面，如图 4.21 所示。

双控开关有三个接线柱，其中两个分别与两个静触点连通，另一个与动触点连通（称为共用桩）。双控开关的共用极（动触点）与电源的 L 线连接，另一个开关的共用桩与灯座的一个接线柱连接。灯座另一个接线柱应与电源的 N 线相连接。两个开关的静触点接线柱，用两根导线分别进行连接。

明装开关需要先把绝缘台固定在墙上，将导线甩出绝缘台，在绝缘台上安装开关和接线。

拉线开关暗装时把电源的相线和到灯的导线接到开关的两个接线柱上，固定在预埋好的盒体上，面板上的拉线出口应垂直朝下。

明配线路中安装拉线开关，应先固定好绝缘台，拧下拉线开关盖，把两个线头分别穿入开关底座的两个穿线孔内，用木螺钉将开关底座固定在绝缘台上，导线分别接到接线柱，拧上开关盖。双联及以上明装拉线开关并列安装时，应使用长方空心木台，开关间距不宜小于 20mm。

瓷质防水拉线开关安装时，应先安装好瓷座（外壳），开关芯接线完成后再装入瓷座（外壳）内，拧好开关芯的固定螺栓。

跷板式开关为暗装开关。开关芯与盖板互不相连的为活装面板，安装时需要先安装开关芯连同固定板，再安装开关盖板。

普通单联单控跷板开关电源的相线应接到与动触点相连接的接线柱上，去灯具的导线与静触点相连接。面板上有指示灯的，指示灯应在上面；跷板上有红色标记的应向上安装；"ON"字母的是开的标志。若跷板或面板上无任何标志，应装成跷板上部按下时，开关应处在合闸的位置，跷板下部按下时，应处在断开位置，如图4.22所示。

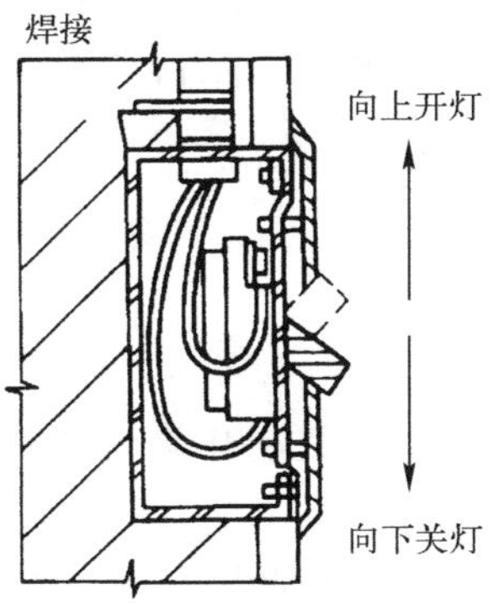

图4.21 扳把开关安装

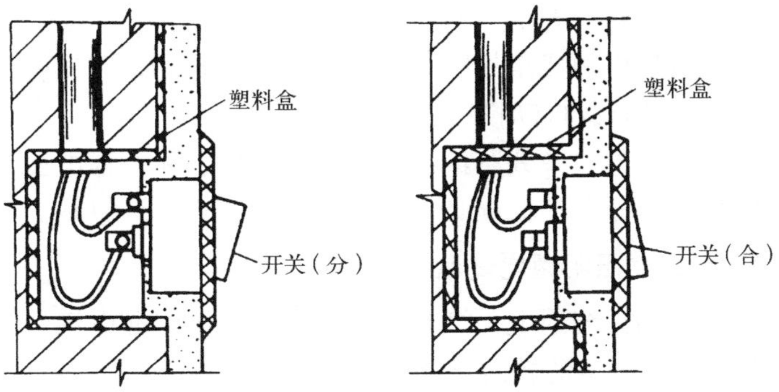

(a) 开关处在断开位置　　(b) 开关处在合闸位置

图4.22 跷板开关通断位置

安装在潮湿场所的开关，应使用面板上带有薄膜的防潮防溅开关。开关在凹凸不平的墙面上安装时，为提高电器的密封性能，需要加装一个橡胶垫，以弥补墙面不平整的缺陷。

在塑料管暗敷设工程中，应不使用带金属安装板的跷板开关。

4）通电试验

插座安装完毕，且各条支路的绝缘电阻摇测合格后，方允许通电试运行。通电后应仔细检查和巡视，检查灯具的控制是否灵活、准确；开关与灯具控制顺序相对应，若发现问题必须先断电，然后查找原因进行修复。

(1) 并列安装的开关有何要求？
(2) 开关安装的标准是什么？
(3) 开关的绝缘电阻是多少？

任务4.3 照明装置安装竣工验收

1. 照明灯具安装工序交接确认

(1) 安装灯具的预埋螺栓、吊杆和吊顶上嵌入式灯具安装专用骨架等完成，按设计要求做承载试验合格，这样才能安装灯具。

(2) 影响灯具安装的模板、脚手架拆除；顶棚和墙面喷浆、油漆或壁纸等及地面清理工作基本完成后，才能安装灯具。

(3) 导线绝缘测试合格，才能进行灯具接线。

(4) 高空安装的灯具，地面通断电试验合格，才能安装。

2. 照明开关、插座、风扇安装工序交接确认

吊扇的吊钩预埋完成，导线绝缘测试应合格，顶棚和墙面的喷浆、油漆或壁纸等应基本

完成，这样才能安装开关、插座和风扇。

3. 照明系统的测试和通电试运行工序交接确认

（1）绝缘电阻测试前导线的接续应完成。

（2）照明箱（盘）、灯具、开关、插座的绝缘电阻测试在就位前或接线前应完成。

（3）备用电源或事故照明电源进行空载自动投切试验前应拆除负荷。空载自动投切试验合格，才能做有载自动投切试验。

（4）电气器具及线路绝缘电阻测试合格，才能通电试验。

（5）照明全负荷试验必须在上述（1）、（2）、（4）完成后进行。

4. 建筑物照明通电试运行

（1）照明系统通电，灯具回路控制应与照明配电箱及回路的标志一致。开关与灯具控制顺序相对应，风扇的转向及调速开关应正常。

（2）公用建筑照明系统通电连续试运行时间应为24h，民用住宅照明系统通电连续试运行时间应为8h。所有照明灯具均应开启，且每2h记录运行状态1次，连续试运行时间内无故障。

5. 工程交接验收时应对下列项目进行检查

（1）并列安装的相同型号的灯具、开关、插座及照明配电箱（板），其中心轴线、垂直偏差、距地面高度。

（2）暗装开关、插座的面板，盒（箱）周边的间隙，交流、直流及不同电压等级电源插座的安装。

（3）大型灯具的固定，吊扇、壁扇的防松、防震措施。

（4）照明配电箱（板）的安装和回路编号。

（5）回路绝缘电阻测试和灯具试亮及灯具控制性能。

（6）接地或接零。

6. 程交接验收时应提交下列技术资料和文件

（1）竣工图。

（2）变更设计的证明文件。

（3）产品的说明书、合格证等技术文件。

（4）安装技术记录。

（5）试验、测试记录，包括灯具程序控制记录和大型、重型灯具的固定及悬吊装置的过载试验记录。

知识梳理与总结

本任务主要介绍以下内容。

（1）照明的方式和种类。照明方式有一般照明、分区一般照明、局部照明、混合照明。照明的种类有正常照明、应急照明、值班照明、航空障碍照明、装饰照明、景观照明。

（2）常用电光源。常用电光源有白炽灯、卤钨灯、低压荧光灯、高压汞灯、高压钠灯、金属卤化物灯和发光二极管（LED灯）。白炽灯和卤钨灯安装使用方便，但能耗太大，温度过高，已逐步淘汰。荧光灯光效高，但有频闪效应，又不宜安装在室外或潮湿场所。高压汞灯和钠灯，光效高，使用寿命长，功率大，但显色指数低，色温高，启动时间长，适用不常开关的场所。霓虹灯和发光二极管作为节能产品，正逐步走向成熟而被广泛使用。

（3）电气照明基本线路。主要有电感（电子）式荧光灯接线、汞灯和钠灯接线、两（三）地控制一盏灯接线。

（4）电气照明装置安装。电气照明装置指各种灯具、开关、插座、吊扇等。灯具安装方式有吸顶式、线吊式、链吊式、管吊式、壁装式，不同种类的灯具应采用不同的安装方式，灯具接线时应火线进开关，地线进灯头。吊扇安装主要要注意吊钩的制作、安装和固定的方法。

练习题4

1. 选择题

（1）下列（　　）情况，应设置应急照明。

A. 有危及航空安全的建筑物、构筑物上，应根据航行要求设置障碍照明

B. 正常照明因故障灯熄灭后，需要确保正常工作或活动继续进行的场所，应设置备用照明

C. 正常照明因故障灯熄灭后，需要确保人员安全疏散的出口和通道，应设置疏散照明

D. 有警戒任务的场所，应根据警戒范围的要求设置警卫照明

（2）照明方式是指照明设备按其安装部位或使用功能构成的基本制式。照明可分为(　　)

A. 一般照明　　B. 分区一般照明　　C. 局部照明　　D. 混合照明

（3）下列工作场所中的（　　）可采用白炽灯。

A. 要求瞬时启动和连续调光的场所，使用其他光源不合理时

B. 对防止电磁干扰要求严格的场所

C. 开关灯频繁的场所

D. 照度要求不高，且照明时间较短的场所

（4）下面灯具中，气体放电光源有（　　）。

A. 碘钨灯　　B. 荧光灯　　C. LED　　D. 高压纳灯

（5）电气照明中，经常会提到T5、T8、T12荧光灯管。此处T5等符号的准确含义是（　　）。

A. 灯管的直径　　B. 灯管的长度

C. 灯管的效率代号　　D. 灯管的系列号

（6）花灯吊钩圆钢直径应不小于灯具挂销直径，且应不小于（　　）mm。

A. 6　　B. 8　　C. 10　　D. 12

（7）大型花灯吊钩的固定及悬吊装置，应按灯具质量的（　　）倍做过载试验。

A. 10　　B. 5　　C. 3　　D. 2

（8）插座接线时，接地（PE）或接零（PEN）在插座间（　　）连接。

A. 可以串接　B. 不串接　C. 可以并接　D. 不并接

（9）建筑物景观照明灯具安装中，每套灯具的导电部分对地绝缘电阻大于（　　）MΩ。

A. 10　B. 5　C. 3　D. 2

（10）应急照明灯的电源除正常电源外，另一路电源是（　　）。

A. 柴油发电机组　B. 蓄电池柜　C. 自带电源　D. 逆变器

2. 简答题

（1）试述照明装置安装程序。

（2）简述吸顶灯安装的施工步骤。

（3）顶棚采用吊顶时，不同灯具的安装有什么特殊要求？

（4）简述荧光灯有哪几种安装方式。

（5）安装高压水银灯应注意哪些事项？

（6）画出荧光灯、汞灯、钠灯、双控、三控接线图。

（7）LED 有哪些特点？

（8）开关、插座的安装位置是如何确定的？简述安装步骤。

（9）插座接线有哪些具体的规定？

（10）吊扇安装有哪些注意事项？

（11）照明系统的测试和通电试运行工序交接确认包含哪些内容？

（12）建筑物照明通电试运行包含哪些内容？

学习单元5 常用电气设备安装

教学导航

<table>
<tr><td colspan="2">教学任务</td><td>任务 5.1　电动机的安装与接线
任务 5.2　成套配电柜、控制柜（屏、台）和动力、照明箱（盘）安装
任务 5.3　电力变压器的安装
任务 5.4　柴油发电机组的安装</td><td>学时</td><td>8</td></tr>
<tr><td rowspan="2">教学目标</td><td>知识方面</td><td colspan="3">掌握电动机接线的基本原理
掌握各种配电箱安装的程序及基本要求
了解各种电力变压器使用特点及适用场合
了解柴油发电机组的安装程序及基本要求</td></tr>
<tr><td>技能方面</td><td colspan="3">配电柜一、二次接线图的绘制</td></tr>
<tr><td colspan="2">重点</td><td colspan="3">电动机的接线
配电箱安装程序、方法及要求</td></tr>
<tr><td colspan="2">难点</td><td colspan="3">电气设备的交接试验
配电柜一、二次接线图的绘制</td></tr>
</table>

任务 5.1　电动机的安装与验收

【任务背景】 电动机是电气设备中最常用的设备。建筑工程中大多机械设备都由电动机拖动。故电动机的维修和安装是施工人员最重要的工作之一。电动机的种类很多，按电压分，有低压电动机和高压电动机之分；按电源分，有交流和直流之分；按体积分，有微型、小型、中型和大型之分。

5.1.1　电动机铭牌

电动机的铭牌示例如下，主要包括下面 9 方面的内容。

×××电动机厂	三相异步电动机	编号×××
型号 Y132S_2－4	功率 15kW	频率 50Hz
电压 380V（380/220V）	电流 30.3A	接法△（Y/△）
转速 1460 转/分	温升 75℃	绝缘等级 E
防护等级 IP44	重 150kg	工作方式　S1 连续　S2 短时　S3 断时

1）型号

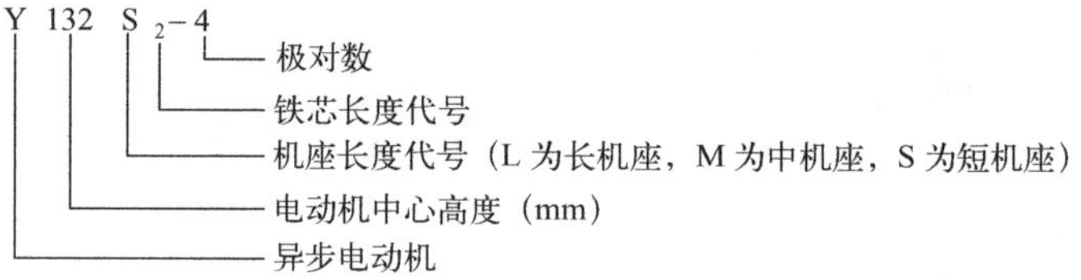

2）额定功率

指电动机在额定运行情况下转轴上输出的机械功率，单位为 W 或 kW。

3）频率

指电动机所连接的交流电源的频率，我国电力网统一标准频率为 50Hz。

4）转速

指电动机在额定运行电压、频率、输出额定功率时旋转速度，单位为 r/min。

5）电压

指正常运行状态下加在定子绕组上的线电压，单位为 V。

6）电流

指电动机在额定电压和频率情况下输出额定功率时，定子绕组允许长期通过的线电流，单位为 A。

7）接法

电动机在额定电压下定子三相绕组采用的连结方法。一般有三角形和星形两种连结。

8）绝缘等级与温升

指电动机所用绝缘材料的绝缘等级，各种绝缘材料均有一定的使用极限温度。由绝缘等级可以确定电动机的允许温升。电动机允许温升与绝缘等级的关系见表 5.1。

表 5.1　电动机允许温升与绝缘等级关系

绝缘等级	A	E	B	F	H	C
绝缘材料允许温度（℃）	105	120	130	135	180	180 以上
电动机允许温升（℃）	60	75	80	100	125	125 以上

9）定额

指电动机的工作方式，分连续、短时和断时三种。

5.1.2　电动机的安装施工工艺

电动机安装施工工艺流程：

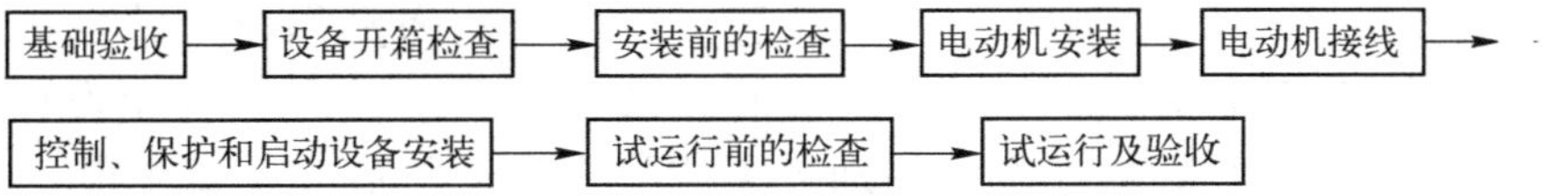

电动机安装施工方法和要点分为以下8个方面。

1. 基础验收

对基础轴线、标高、地脚螺栓位置、外形几何尺寸进行测量验收，沟槽、孔洞及电缆管位置应符合设计及土建防水的质量要求；混凝土标号应符合设计要求，一般基础承重不小于电动机质量的3倍；基础各边应超出电动机底座边缘100 ～ 150mm。

2. 设备开箱检查

（1）设备到场后，由建设单位、监理单位代表、供货方及施工单位共同进行开箱检查，并做好开箱检查记录。

（2）按照设备供货清单、技术文件，对设备及其附件、备件的规格、型号、数量进行详细核对。

（3）电动机本体、控制和启动设备外观检查应无损伤及变形，油漆应完好，电动机及其附件设备均应符合设计要求。

3. 安装前的检查

（1）检查电动机的功率、型号、电压等规格是否与设计相符。

（2）检查电动机有无损伤，风罩风叶是否完好，转子转动是否灵活，轴向窜动是否超过规定的范围。

（3）检查电动机的润滑脂，应无变色、变质及硬化等现象。其性能应符合电动机工作条件。

（4）电动机的引出线与接线端子连接应良好，接线端子编号应齐全。

（5）拆开接线盒，用万用表测量三相绕组有无断路。

（6）用兆欧表测量电动机的绝缘电阻，如果电动机的额定电压在500V以下，则采用500V兆欧表测量，其绝缘电阻应不低于0.5MΩ。

（7）对多速电动机、绕线式等电动机应做进一步的检查。

4. 电动机的安装

电动机安装工作主要包括电动机的基础制作、安装和校正。

1）电动机基础制作

电动机通常安装在机座上，机座固定在基础上，电动机的基础通常有混凝土、砖砌和金属支架三种，采用混凝土浇注的较多。混凝土基础的保养期一般为15天，整个基础表面应平整。浇注基础时，应根据电动机地脚螺栓的间距，将地脚螺栓预埋入基础内，为保证地脚螺栓预埋位置正确无误，可采用两种方法：其一，将4颗地脚螺栓先固定在一块定型铁板上，然后再整体埋入基础，待混凝土达到标准强度后，再拆去定型铁板；其二，根据电动机安装孔尺寸，在混凝土基础上预留孔洞（100mm×100mm），在安装电动机时，再将地脚螺栓穿过机座，放在预留孔内，进行二次浇注。地脚螺栓埋设不可倾斜，在电动机紧固后应高出螺帽3～5扣。

2）电动机的安装

安装电动机时，应审核电动机安装的位置是否便于检修操作及运输。固定在基础上的电动机，一般应有不小于1.2m的维护通道。采用水泥基础时，若无设计要求，基础重量一般不小于电动机重量的3倍。基础各边应超出电动机底座边缘100～150mm。安装电动机垫片一般不超过3块，垫片与基础面接触应严密。电动机安装后，应做数圈人力转动试验。电动机外壳保护接地（或接零）必须良好。电动机外壳接地如图5.1所示。

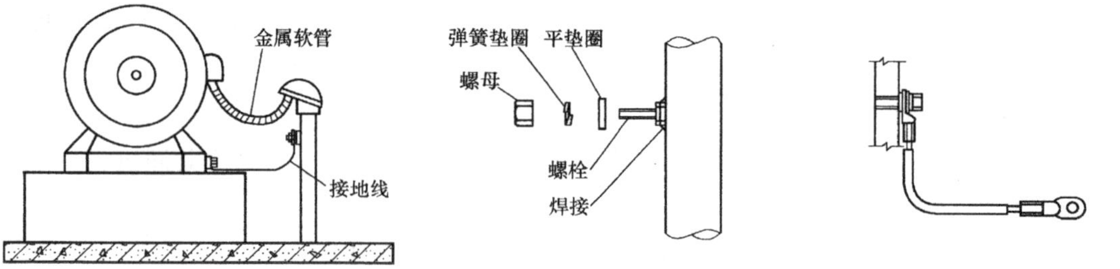

（a）电动机安装　（b）钢管接地螺栓做法　（c）电动机外壳接地做法

图5.1　电动机外壳接地

3）电动机的校正

电动机就位后即可进行纵向和横向的水平校正。如果不平，可用0.5～5mm厚的垫铁垫在电动机机座下，找平、找正直到符合要求为止。在电动机与被驱动的机械通过传动装置相互连接之前，必须对传动装置进行校正。由于传动装置的种类不同，校正的方法也各不相同。

（1）皮带传动的校正。皮带传动时，为了使电动机和它所驱动的机械正常运行，就必须使电动机皮带轮的轴和被驱动机械皮带轮的轴保持平行，同时还要使两个皮带轮宽度的中心线在同一直线上。如果两皮带轮宽度相同，校正时在皮带轮的侧面进行，利用一根细绳来测量，如图5.2（a）所示，当A、B、C、D在同一直线上时，即已找正。如果两皮带轮宽度不同，应先找出皮带轮的中心线，并画出记号，如图5.2（b）中1、2和3、4两条线，然后拉一根线绳，对准1—2这条线，并将线拉直。如果两轴平行，则线绳必然同3—4那根线重合。

（2）联轴器的校正。联轴器也称靠背轮。当电动机与被驱动的机械采用联轴器连接时，必须使两轴的中心线保持在一条直线上，否则，电动机转动时将产生很大的振动，严重时会损坏联轴器，甚至扭弯、扭断电动机轴或被驱动机械的轴。另外，由于电动机转子自重和被驱动机械转动部分重量的作用，使轴在垂直平面内有一挠度，使轴发生弯曲，如图 5.3 所示。假如两相连机器的转轴安装绝对水平，那么联轴器的两接触平面将不会平行，而处于如图 5.3（a）所示的位置。在这种情况下用螺栓将联轴器连接起来，使联轴器两接触面互相接触，电动机和机械的两轴承就会受到很大的应力，使其在转动时产生振动。为了避免出现这种现象，必须将两端轴承装得比中间轴承高一些，使联轴器的两平面平行，如图 5.3（b）所示。同时，还要使这对转轴的轴线在联轴器处重合。校正时首先取下螺栓，用钢板尺测量径向间隙 a 和轴向间隙 b，测量后把联轴器旋转 180°再测。如果联轴器平面是平行的，并且轴心也是对准的。那么在各个位置所测的 a 值和 b 值都是一样的，如图 5.4 所示，否则，要继续校正，直到符合要求为止。测量时必须仔细，多次重复进行。但是有的联轴器表面加工粗糙，也会出现 a 值和 b 值在各个位置上不相等，这就需要细心分析，找出其规律，如此才能鉴别是否已经校正。

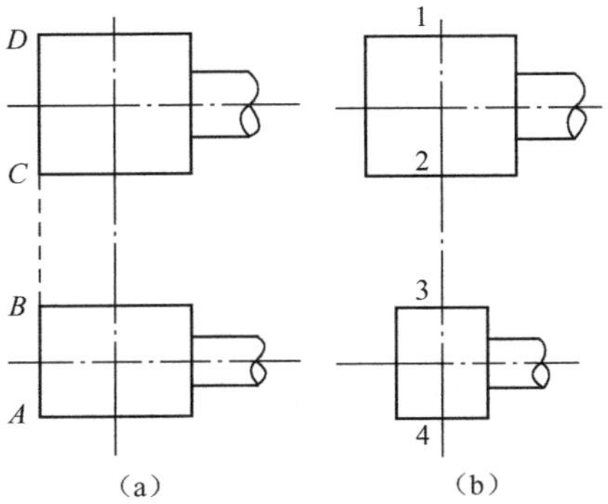

图 5.2　皮带轮的校正法

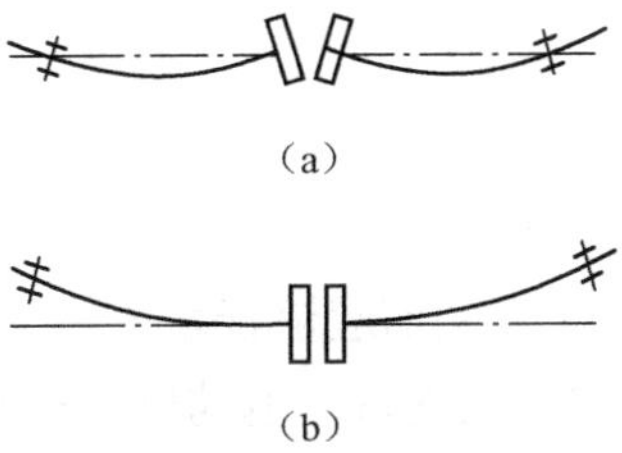

图 5.3　轴的弯曲

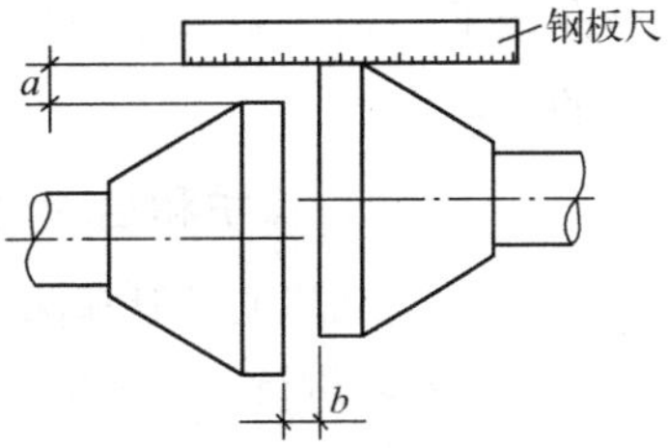

图 5.4　用钢板尺校正联轴器

（3）齿轮传动校正。齿轮传动必须使电动机的轴与被驱动机械的轴保持平行。大小齿轮啮合适当。如果两齿轮的齿间间隙均匀，则表明两轴达到了平行，间隙大小可用塞尺进行检查。也可通过运行，听齿轮转动的声音来判别啮合情况。

5. 电动机接线 重点提示

电动机接线在电动机安装中是一项非常重要的工作，如果接线不正确，不仅电动机不能正常运行，还可能造成事故。接线前应查电动机铭牌上的说明或电动机接线板上接线端子的数量与符号，然后根据接线图接线。

三相感应电动机共有 3 个绕组，总计有 6 个端子，各相的始端用 U_1、V_1、W_1 表示，终端用 U_2、V_2、W_2 表示。标号 $U_1 \sim U_2$ 为第一相，$V_1 \sim V_2$ 为第二相，$W_1 \sim W_2$ 为第三相。

如果三相绕组接成星形，U_2、V_2、W_2 连在一起，U_1、V_1、W_1 接电源线；如果接成三角形，U_1 和 W_2，V_1 和 U_2，W_1 和 V_2 相连，U_1、V_1、W_1 接电源线。定子绕组的接线如图 5.5 所示。

若电动机没有铭牌，或端子标号不清楚，应先用仪表或其他方法对绕组的首尾进行确认，然后再进行接线。确认的方法可采用比较简单的万用表法。首先将万用表的转换开关放在欧姆挡上，利用万用表分出每相绕组的两个出线端，然后将万用表的转换开关转到直流毫

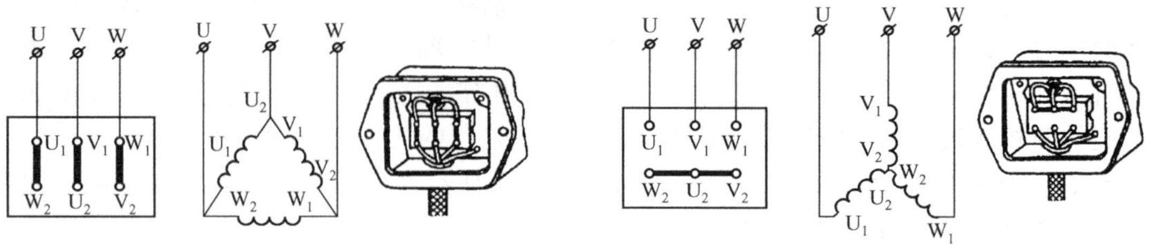

（a）三角形连接　　　　（b）星形连接

图 5.5　定子绕组的接线方法

安挡上，并将三相绕组接成图 5.6 所示的线路并假设首尾。接着，用手转动电动机的转子，如果万用表指针不动，则说明三相绕组的首尾假设是正确的，如果万用表指针动了，说明至少有一相绕组的首尾反了，应一相一相分别对调后重新试验，直到万用表指针不动为止。该方法是利用转子铁芯中的剩磁在定子三相绕组内感应出电动势的原理进行的。

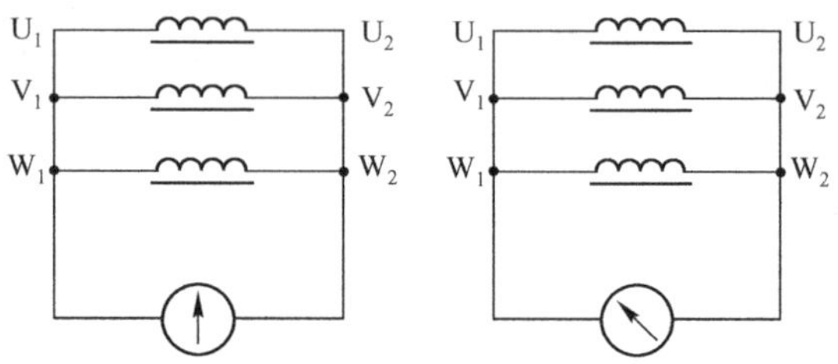

图 5.6　用万用表区分绕组首尾方法

6. 控制、保护和启动设备安装

（1）电动机的控制和保护设备安装前应检查是否与电动机容量相符。控制和保护设备的安装应按设计要求进行。一般应装在电动机附近。电动机、控制设备和所拖动的设备应对应编号。

（2）引至电动机接线盒的明敷导线长度应小于 0.8m，并应加强绝缘，易受机械损伤的地方应套保护管。

（3）高压电动机的电缆终端头应直接引进电动机的接线盒内。达不到上述要求时，应在接线盒外加装保护措施。

（4）直流电动机、同步电动机与调节电阻回路及励磁回路的连接，应采用铜导线。导线不应有接头。调节电阻器应接触良好，调节均匀。

（5）电动机应装设过流和短路保护装置，并应根据设备需要装设断相和低电压保护装置。

（6）电动机保护元件的选择。

① 采用热元件时，热元件一般按电动机额定电流的 1.1 ～ 1.25 倍来选。

② 采用熔丝（片）时，熔丝（片）一般按电动机额定电流的 1.5 ～ 1.25 倍来选。

7. 试运行前的检查

（1）土建工程全部结束，现场清扫整理完毕。

（2）电动机本体安装检查结束。

（3）冷却、调速、润滑等附属系统安装完毕，验收合格，分部试运行情况良好。

（4）电动机的保护、控制、测量、信号、励磁等回路调试完毕动作正常。

（5）检查电动机绕组和控制线路的绝缘电阻是否符合要求，一般低压电动机绝缘电阻不小于 0.5MΩ。

(6) 电刷与换向器或滑环的接触应良好。

(7) 转动电动机转子应转动灵活，无碰卡现象。

(8) 电动机引出线应相序正确，固定牢固，接线正确，连接紧密。

(9) 电动机外壳油漆完整，保护接地良好。

(10) 传动装置连接良好。

(11) 有固定转向要求的电动机，试车前必须检查电动机与电源的相序并应一致。

(12) 照明、通信、消防装置应齐全。

8. 试运行及验收

(1) 电动机试运行一般应在空载的情况下进行，空载运行时间为2h，并做好电动机空载电流电压记录。

(2) 电动机试运行接通电源后，如果发现电动机不能启动和启动时转速很低或声音不正常等现象，应立即切断电源检查原因。

(3) 启动多台电动机时，应按容量从大到小逐台启动，不能同时启动。

(4) 电动机试运行中应进行下列检查：

① 电动机的旋转方向符合要求，声音正常；

② 换向器、滑环及电刷的工作情况正常；

③ 检查电动机各部分温度，应不超过产品技术条件的规定；

④ 滑动轴承温升应不超过80℃，滚动轴承温升应不超过95℃；

⑤ 电动机的振动应符合规范要求。

(5) 交流电动机带负荷启动次数应尽量减少，若产品无规定或处在冷态可连续启动两次，每次间隔时间不得小于5min；在热态时，可启动1次。当在处理事故及电动机启动时间不超过2～3s时，可再启动一次。

(6) 电动机验收时，应提交下列资料：

① 设计变更的证明文件和竣工图资料；

② 制造厂提供的产品说明书、检查及试验记录、合格证件及安装使用图纸等技术文件；

③ 安装验收技术记录、签证和电动机转子检查及干燥记录；

④ 调整试验记录及报告。

5.1.3　电动机抽芯检查

当电动机有下列情况之一时，应做抽芯检查：

(1) 出厂日期超过制造厂保护期限；

(2) 经外观检查或电气试验，质量有可疑时；

(3) 开启式电动机，经端部检查有可疑时；

(4) 试运转时有异常情况。

对电动机进行抽芯检查时应符合下列要求：

(1) 电动机内部清洁无杂物；

(2) 电动机的铁芯、轴颈、滑环和换向器等应清洁，无伤痕、锈蚀现象，通风孔无阻塞；

(3) 线圈绝缘层完好，绑线无松动现象；

（4）转子的平衡块应紧固，平衡螺钉应锁牢，风扇方向正确，叶片无裂纹。磁极及铁轭固定良好，励磁线圈紧贴磁极，应不松动；鼠笼式电动机转子导电条和端环的焊接应良好，浇铸的导电条和端环应无裂纹；

（5）电动机绕组连接正确、焊接牢固；

（6）直流电动机的磁极中心线与几何中心线应一致；

（7）电动机的滚珠轴承工作面应光滑、无裂纹、无锈蚀，滚动体与内外圈接触良好，无松动；

（8）加入轴承内的润滑脂应填满内部空隙的2/3。

5.1.4 电动机干燥

电动机经过运输和保管，容易受潮，安装前应检查绝缘情况，根据规范，对于新安装的额定电压为1000V以下的电动机，其线圈绝缘电阻在常温下应不低于0.5MΩ；额定电压为1000V及以上的电动机，在接近运行温度时定子线圈绝缘电阻应不低于1MΩ/kV，且其吸收比一般应不低于1.2。当电动机的绝缘电阻低于上述数值时一般应进行干燥。但经过耐压试验合格的额定电压1000V以上的电动机，当绝缘电阻在常温下不低于1MΩ/kV时可以不经干燥即可投入运行。

电动机干燥时，周围环境应清洁，机内的灰尘、脏物应用干燥的压缩空气吹净（气压不大于200kPa）。电动机外壳应接地。为了避免干燥时的热损失，可采取保温措施，如用帆布遮盖。但应有必要的通风口，以便排除电动机绝缘中的潮气。

电动机干燥时，其铁芯或绕组的温度应逐渐缓慢上升，一般每小时允许温升为5°～8°。温度计可用酒精温度计、电阻温度计或温度热电偶，不准使用水银温度计测量电动机温度，以防打破后水银流入电动机绕组，破坏绝缘。

在干燥过程中，应定期测量绝缘电阻值，并做好记录，所使用的兆欧表应不更换。一般干燥开始时，每隔半小时测一次绝缘电阻值，温升稳定后，可每隔一小时测一次。干燥过程中绕组绝缘电阻的变化，一般是开始时温度上升，潮气蒸发，绝缘电阻值有所下降，随着蒸气的逐步蒸发，绝缘电阻值又逐步上升，直至一稳定值。当吸收比及绝缘电阻符合要求，并在同一温度下经过5h稳定不变时，方可认为干燥完毕。

电动机的干燥方法较多，有外部加热法、铜损干燥法、短路电流法、铁损法等。各种干燥方法，应根据当时的具体条件及可能性，根据对象及绝缘材料受潮的程度而定。有时，当采用某一种方法不能获得预期效果时，也可联合采用两种干燥方法同时进行，以加快干燥速度。

电动机干燥处理常用的方法是外部干燥法、电流干燥法和两者同时进行的联合干燥法。

1. 外部干燥法

外部干燥即利用外部热源进行干燥处理，常用的措施如下。

（1）吹送热风：利用加装电热器的鼓风机进行吹送热风以达到干燥处理的目的。

（2）灯泡烘烤：在密闭箱内，利用数个200W左右的灯泡进行烘烤，即在电动机周围进行烘烤，也可把电动机拆开，将灯泡放在定子孔内进行烘烤。烘烤热源也可采用红外线灯泡或红外线热电管。

需要指出的是：烘烤温度不要过高，特别是对电动机定子孔内的烘烤，温度过高容易引起绕组的损伤。有条件的场合可结合恒温控制技术进行烘烤。烘烤温度控制在不超过125℃为宜。

2. 电流干燥法

电流干燥法也称内部干燥法或短路干燥法。可根据电动机的阻抗和电阻的大小将电动机三相绕组串联或并联，然后接入一可变电阻器，调整电流至额定电流值的60%左右，通电进行干燥。

需要注意的是，被水浸泡的电动机不能采用电流干燥法，应采用外部干燥法，或先采用外部干燥法至安全范围后，再结合采用电流干燥法。

电动机在干燥期间，应特别注意安全。值班人员不得离开工作岗位，必须随时监视温度及绝缘情况的变化，以免损坏绕组和发生火灾。并应有防火措施及灭火工具，如灭火器（如四氯化碳灭火器）、砂子等。干燥过程中不得在附近进行电焊和气焊。

5.1.5 电动机安装竣工验收

电动机安装完毕，应进行竣工验收，验收的内容如下。

1. 检查电动机规格型号是否符合设计图纸（略）

2. 按规范要求进行逐条检查

1）主控项目

（1）电动机、电加热器及电动执行机构的可接近裸露导体必须接地（PE）或接零（PEN）。

（2）电动机、电加热器及电动执行机构绝缘电阻应大于0.5MΩ。

（3）100kW以上的电动机，应测量各相直流电阻值，相互差应不大于最小值的2%；无中性点引出的电动机，测量线间直流电阻值，相互差应不大于最小值的1%。

2）一般项目

（1）电气设备安装应牢固，螺栓及防松零件齐全，不松动。防水防潮电气设备的接线入口及接线盒盖等应做密封处理。

（2）除电动机随带技术文件说明不允许在施工现场抽芯检查外，有下列情况之一的电动机，应抽芯检查。

① 出厂时间已超过制造厂保证期限，无保证期限的已超过出厂时间一年以上。

② 外观检查、电气试验、手动盘转和试运转，有异常情况。

（3）电动机抽芯检查应符合下列规定：

① 线圈绝缘层完好、无伤痕，端部绑线不松动，槽楔固定、无断裂，引线焊接饱满，内部清洁，通风孔道无堵塞；

② 轴承无锈斑，注油（脂）的型号、规格和数量正确，转子平衡块紧固，平衡螺钉锁紧，风扇叶片无裂纹；

③ 连接用紧固件的防松零件齐全完整；

④ 其他指标符合产品技术文件的特有要求。

（4）在设备接线盒内裸露的不同相导线间和导线对地间最小距离应大于8mm，否则应采取绝缘防护措施。

3. 提交安装技术资料

安装技术资料主要包括产品合格证、安装图、安装记录和试运行记录等。

4. 试运行

电动机安装完毕应进行通电试运行。首先应进行空载运行 2 小时，若无异常方可带负载试运行。

(1) 电动机与生产机械的三种连接方式各有什么特点?
(2) 简述用万用表测试电动机极性的步骤。
(3) 电动机铭牌上标注电压380/220V，接法Y/△为何意?

任务5.2 成套配电柜、控制柜（屏、台）和动力、照明（盘）安装

【任务背景】 配电箱（柜、屏、盘）在供配电系统中承担接受电能、分配电能的重要任务。对负载的监测、计量、参数显示、保护等都是通过配电箱（柜、屏、盘）上的设备和仪器、仪表来实现的。所有大大小小的建筑物都少不了配电箱，而配电箱安装是否正确，直接关系到供电的安全性和可靠性。配电箱的种类很多，按电压分，有高压柜和低压柜之分；按用途分，有配电柜、动力柜、照明柜、计量柜、控制柜等；按安装方式分，有悬挂式和落地式之分；按敷设方式分，有明敷和暗敷之分；按制作工艺分，有标准和非标准之分。

5.2.1 悬挂式配电箱安装工艺及安装要求

悬挂式配电箱大多用于照明与小容量动力设备。悬挂式配电箱有明装和嵌入式（暗装）两种。明装时，可以直接将配电箱固定在墙上，也可通过支架固定。

悬挂式配电箱安装工艺流程：

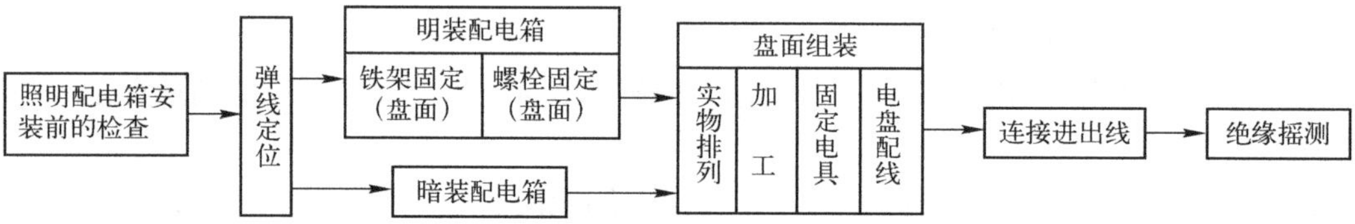

悬挂式配电箱安装施工方法和要点分为6个方面。

1. 照明配电箱安装前的检查

一般工程中，照明配电箱的数量较多，品种也繁多，所以在安装前，一定要核对图纸确定配电箱型号，并检查配电箱内部器件的完好情况；明确安装的形式、进出线的位置、接地的方式等。

2. 弹线定位

根据设计要求找出配电箱位置，并按照箱的外形尺寸进行弹线定位；弹线定位的目的是对有预埋木砖或铁件的情况，可以更准确地找出预埋件，或者可以找出金属胀管螺栓的位置。

3. 配电箱安装

明装配电箱时，土建装修的抹灰、喷浆及油漆应全部完成。

（1）膨胀螺栓固定配电箱。小型配电箱可直接固定在墙上。按配电箱的固定螺孔位置，常用电钻或冲击钻在墙上钻孔，且孔洞应平直不得歪斜。根据箱体重量选择塑料膨胀螺栓或金属膨胀螺栓的数量和规格。螺栓长度应为埋设深度（一般为120～150mm）加箱壁厚度及螺栓和垫圈的厚度，再加上3～5扣螺纹的余量长度。也可用预埋木砖，用木螺钉固定配电箱。安装示意如图5.7所示。

（2）铁架固定配电箱。中大型配电箱可采用铁支架，铁支架可采用角钢和圆钢制作。安装前，应先将支架加工好，并将埋注端做成燕尾，然后除锈，刷防锈漆。再按照标高用水泥砂浆将铁架燕尾端埋注牢固，待水泥砂浆凝固后方可进行配电箱的安装。在柱子上安装时，可用抱箍固定配电箱。安装示意如图5.8所示。

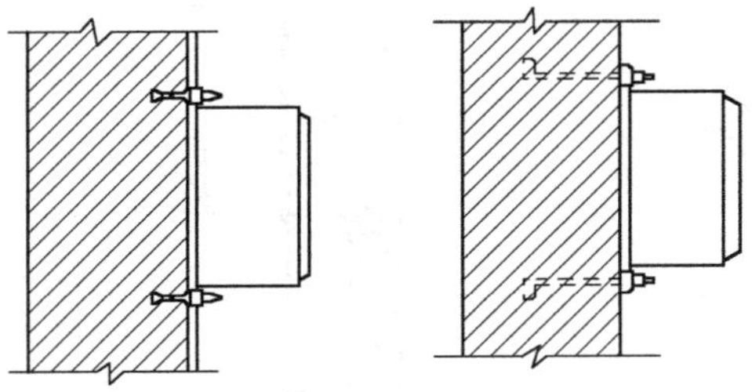

（a）墙上胀管螺栓安装　　（b）墙上螺栓安装

图5.7　悬挂式配电箱安装

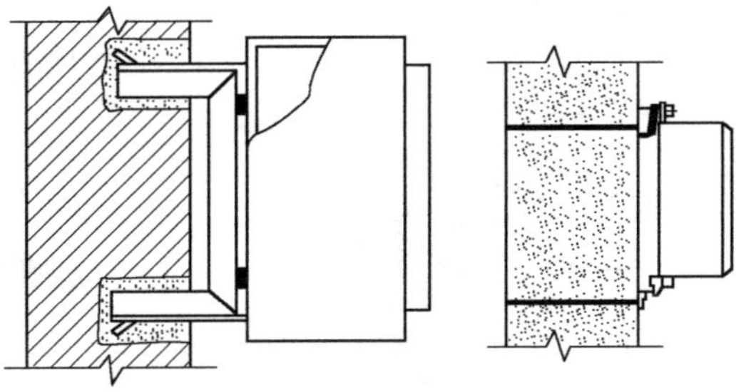

（a）用支架固定　　（b）用抱箍固定

图5.8　支架固定配电箱

暗装配电箱时，按设计指定位置，在土建砌墙时先去掉盘芯，配电箱箱底预埋在墙内。然后用水泥砂浆填实周边并抹平，若箱背与外墙平齐，应在外墙固定金属网后再做墙面抹灰。不得在箱背板上抹灰。预埋前应砸下敲落孔压片。配电箱宽度超过300mm时，应考虑加过梁，避免安装后箱体变形。应根据箱体的结构形式和墙面装饰厚度来确定突出墙面的尺寸。预埋时应做好线管与箱体的连接固定，线管露出长度应适中。安装配电箱盘芯，应在土建装修的抹灰、喷浆及油漆工作全部完成后进行。

当墙壁的厚度不能满足嵌入式要求时，可采用半嵌入式安装，使配电箱的箱体一半在墙面外，一半嵌入墙内，其安装方法与嵌入式相同。

4. 盘面组装

盘面组装主要包括实物排列、加工、固定电具和电盘配线。

（1）实物排列。将盘面板放平，再将全部电具、仪表置于其上，进行实物排列。对照设计图及电具、仪表的规格和数量，选择最佳位置使其符合间距要求，并保证操作维修方便及外形美观。

（2）加工。位置确定后，用方尺找正，画出水平线，分均孔距。然后撤去电具、仪表，进行钻孔（孔径应与绝缘嘴吻合）。钻孔后除锈，刷防锈漆及灰油漆。

（3）固定电具。油漆干后装上绝缘嘴，并将全部电具、仪表摆平、找正，用螺钉固定牢固。

（4）电盘配线。根据电具、仪表的规格、容量和位置，选好导线的截面和长度，剪断进行组配。盘后导线应排列整齐，绑扎成束。压头时，将导线留出适当余量，削出线芯，逐个压牢。但是多股线需要用压线端子。

5. 连接进出线

配电箱的进出线有三种形式：第一种是暗配管明箱进出线形式，如图 5.9 所示；第二种是明配管明箱进出线形式，如图 5.10 所示；第三种是暗配管暗箱进出线形式，如图 5.11 所示。

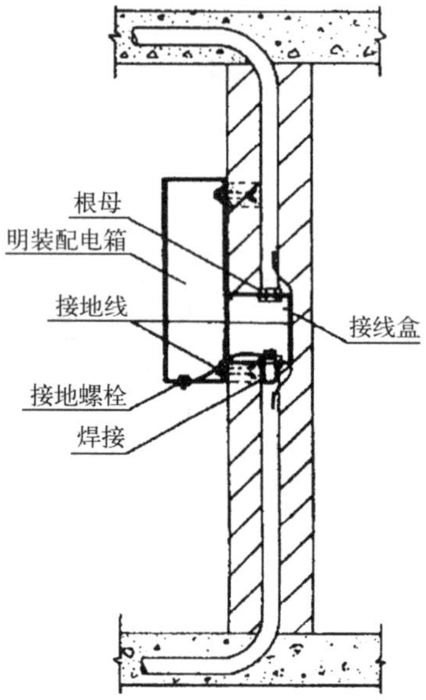

图 5-9　暗配管明箱进出线

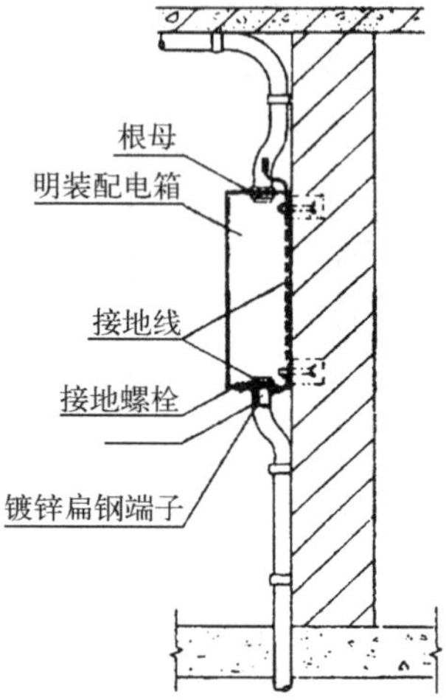

图 5-10　明配管明箱进出线

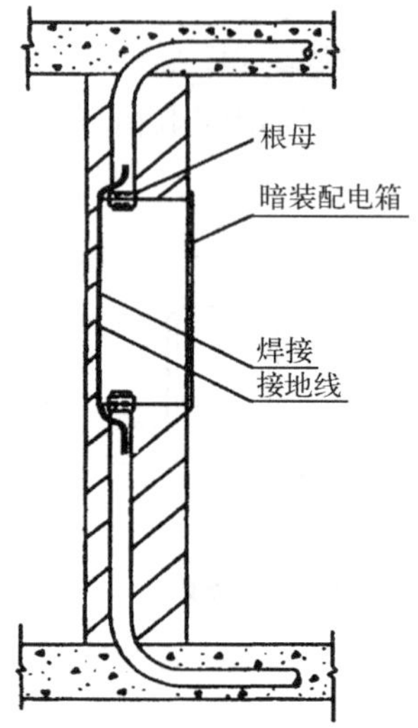

图 5-11　暗配管暗箱进出线

6. 绝缘摇测

配电箱全部电器安装完毕，用 500V 兆欧表对线路进行绝缘摇测。摇测项目包括相线与相线之间、相线与中性线之间、相线与保护地线之间、中性线与保护地线之间。两人进行摇测，同时做好记录，作为技术资料存档。

7. 悬挂式配电箱安装的一般规定 重点提示

（1）配电箱（盘）暗装时，其底口距地一般为 1.5m；明装时底口距地 1.2m；明装电度表板底口距地不得小于 1.8m。

（2）配电箱内的交流、直流或不同电压等级的电源，应具有明显的标志。

（3）配电箱（板）内，应分别设置中性线 N 和保护地线（PE 线）汇流排，中性线 N 和保护地线（PE）应在汇流排上连接，不得绞接，并应有编号。箱内汇流排安装示意如图 5.12 所示。

图 5.12　箱内汇流排安装示意图

（4）配电箱（板）内装设的螺旋熔断器的电源线应接在中间触点的端子上，负荷线应接在螺纹的端子上。

（5）箱（盘）内开关动作灵活可靠，

带有漏电保护的回路，漏电保护装置动作电流不大于30mA，动作时间不大于0.1s。

（6）配电箱上的电源指示灯，其电源应接至总开关的外侧，并应装单独熔断器（电源侧）。盘面闸具位置与支路相对应，其下面应装设卡片框，标明电路类别及容量。

（7）配电箱箱体接地应牢固可靠。通过线管接地如图5.9～图5.10所示。

（8）活动的门与箱体应进行可靠连接。装有电器元件的活动盘、箱门，应以裸铜编织软线与接地的金属构架可靠连接。

（1）悬挂式配电箱直接固定在墙上或用支架固定的依据是什么？
（2）配电箱内为何要设置N线和PE线汇流排？
（3）悬挂式配电箱接地可采用哪些方法？各有什么特点？

5.2.2 配电柜（屏、盘）安装工艺及安装要求

配电柜（屏、盘）安装工艺流程：

设备开箱检查 → 设备搬运 → 配电柜（盘）安装 → 柜（盘）上方母线配制及电缆连接 → 柜（盘）二次回路配线 → 柜（盘）试验调整 → 送电运行验收

配电柜（屏、盘）安装施工方法及要点分为以下7个方面。

1. 设备开箱检查

（1）施工单位、供货单位、监理单位共同验收，并做好进场检验记录。

（2）按设备清单、施工图纸及设备技术资料，核对设备及附件、备件的规格型号是否符合设计图纸要求；核对附件、备件是否齐全；检查产品合格证、技术资料、设备说明书是否齐全。

（3）检查箱、柜（盘）体外观无划痕、无变形、油漆完整无损等。

（4）箱、柜（盘）内部检查：电气装置及元件的规格、型号、品牌是否符合设计要求。

（5）柜、箱内的计量装置必须全部检测，并有法定部门的检测报告。

2. 设备搬运

（1）设备运输：由起重工作业，电工配合。根据设备重量、距离长短采用人力推车运输或卷扬机、滚杠运输，也可采用汽车吊配合运输。采用人力车搬运，注意保护配电柜外表油漆，配电柜指示灯不受损。

（2）道路要事先清理，保证平整畅通。

（3）设备吊点：柜（盘）顶部有吊环者，吊索应穿在吊环内，无吊环者吊索应挂在主要承力结构处，不得将吊索吊在设备部位上。吊索的绳长应一致，以防柜体变形或损坏部件。

（4）汽车运输时，必须用麻绳将设备与车身固定，开车要平稳，以防撞击损坏配电柜。

3. 配电柜（盘）安装

1）基础型钢安装

（1）按设计图选用型钢，若无规定可选用8～10号槽钢。将有弯的型钢调直，然后按

图纸、配电柜（盘）技术资料提供的尺寸预制加工型钢架，并刷防锈漆做防腐处理。

（2）按设计图纸将预制好的基础型钢架放于预埋铁件上，用水平尺找平、找正，可采用加垫片方法，但垫片不得多于 3 片，再将预埋铁、垫片、基础型钢焊接为一体。最终基础型钢顶部应高于抹平地面 100mm 以上为宜。

（3）基础型钢与地线连接：基础型钢安装完毕，将室外或结构引入的镀锌扁钢引入室内（与变压器安装地线配合）与型钢两端焊接，焊接长度为扁钢宽度的 2 倍，再将型钢刷两道灰漆。

2）配电柜（盘）安装

（1）按设计图纸布置将配电柜放于基础型钢上，然后按柜安装固定螺栓尺寸在基础型钢上用手电钻钻孔。一般无要求时，低压柜钻4 ～ 13 ×25 长孔，用 M12 镀锌螺钉固定，高压柜钻 4 ～ 16. 2 ×30 长孔，用 M16 镀锌螺钉固定。钢支架与配电柜配合示意如图 5. 13 所示。低压配电柜与基础连接如图 5. 14 所示。

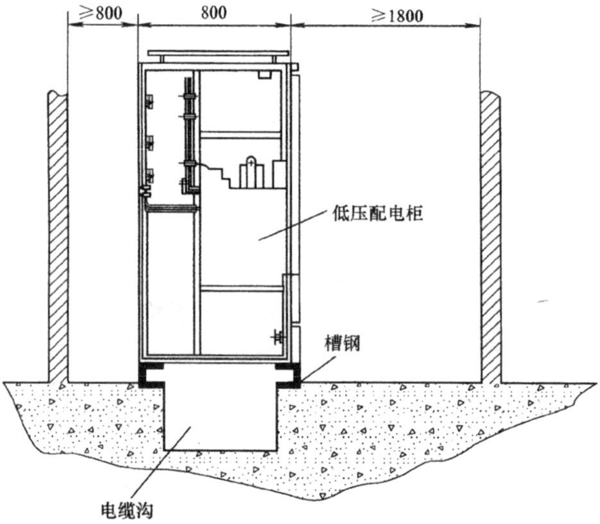

图 5. 13　钢支架与配电柜配合示意图

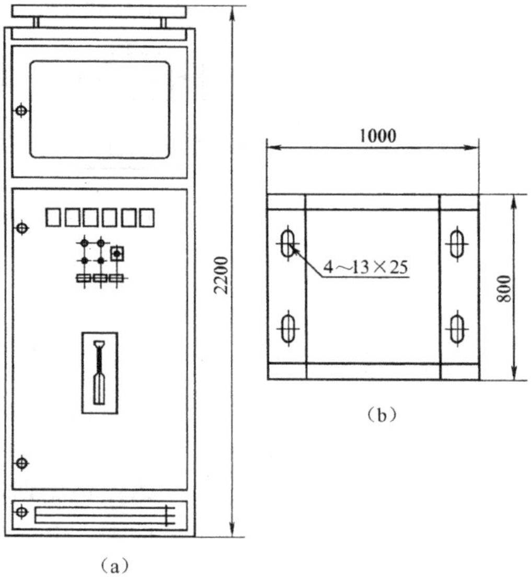

图 5. 14　低压配电柜与基础的连接

（2）柜（盘）就位、找平、找正后，柜体与基础型钢固定，柜体与柜体、柜体与侧挡板均用镀锌螺钉连接。

（3）每台配电柜（盘）单独与接地干线连接。每台柜从下部的基础型钢侧面上焊上 M10 螺栓，用 $6mm^2$ 铜线与柜上的接地端子连接牢固。

4. 柜（盘）上方母线配制及电缆连接

柜（盘）上方母线配制详见学习单元 3 硬母线安装要求。配电柜电缆进线采用电缆沟下进线时，需加电缆固定支架。电缆连接要求详见学习单元 6 电缆安装要求。

5. 柜（盘）二次回路配线

（1）按原理图逐台检查柜（盘）上的全部电器元件是否相符，其额定电压和控制、操作电源电压必须一致。

（2）按图敷设柜与柜之间的控制电缆连接线。

（3）控制线校线后，将每根芯线煨成圆圈，用镀锌螺钉、眼圈、弹簧垫连接到每个端子板上。端子板每侧一般一个端子压一根线，最多不能超过两根，并且两根线间加眼圈。多股线应涮锡，不准有断股。

6. 柜（盘）试验调整

（1）所有接线端子螺钉再紧固一遍。

（2）绝缘摇测：用 100 ～ 500V 绝缘电阻摇表在端子板处测量每个回路的绝缘电阻，保证大于 10MΩ。

（3）接临时电源：将配电柜内控制、操作电源回路的熔断器上端相线拆下，接上临时电。

（4）模拟试验：按图纸要求，分别模拟控制、连锁、操作、继电器保护动作正确无误，灵敏可靠。

（5）拆除临时电源，将被拆除的电源线复位。

7. 送电运行验收

（1）送电前准备。

① 备齐试验合格的验电器、绝缘靴、绝缘手套、临时接地编织线、绝缘胶垫、粉沫灭火器等。

② 彻底清扫全部设备及清理配电室内的灰尘、杂物，室内除送电需用的设备用具外，不得堆放其他物品。

③ 检查柜箱内、外、上、下是否有遗留的工具、金属材料及其他杂物。

④ 做好试运行组织工作，明确试运行指挥者、操作者、监护人。

⑤ 安装作业全部完毕，质量检查部门检查全部合格。

⑥ 试验项目全部合格，并有试验报告单。

⑦ 继电保护动作灵敏可靠，控制、连锁、信号等动作准确无误。

⑧ 箱、柜内所有漏电元器件均应做模拟漏电试验，全部合格并做记录。

（2）送电。

① 将电源送至室内，经验电、校相无误。

② 对各路电缆摇测合格后，检查受电柜总开关处于“断开”位置，再进行送电，开关试送 3 次。

③ 检查受电柜三相电压是否正常。

（3）验收：送电空载 24h 无异常现象，办理验收手续，收集好产品合格证、说明书、试验报告。

配电柜（屏、盘）安装的一般规定 重点提示

（1）柜（屏、盘）安装应按施工图纸布置，事先编好设备号、位号，按顺序将柜（屏、盘）安放在基础型钢上，作业人员不得任意更改。

（2）单独柜（屏、盘）只找正面板与侧面的垂直度。成列柜（屏、盘）按顺序就位后先找正两端的，然后挂小线逐台找正，以柜（屏、盘）面为准。找正时采用 0.5t 砌铁片调整，每处垫片最多不超过 3 片。

(3) 安装技术人员应了解相关设计规范，掌握柜（屏、盘）的布置、通道、柜间距离等设计要求。

(4) 小车、抽屉式柜推拉灵活，无卡阻碰撞现象；接地触头接触紧密，调整正确；推入时接地触头比主触头先接触，退出时接地触头比主触头后脱开。

(5) 有两个电源的柜（盘）母线的相序排列一致，相对排列的柜（盘）母线的相序排列对称，母线色标正确。

(6) 柜、屏、台、箱、盘的金属框架及基础型钢必须接地（PE）或接零（PEN）可靠；装有电器的可开门，门和框架的接地端子间应用裸编织铜线连接，且有标志。

(7) 各种安装支架和柜体必须采用螺栓连接。

(8) 柜内相间和相对地间的绝缘电阻应大于10MΩ。

(9) 成套柜的安装应符合下列要求：

① 机械闭锁、电气闭锁应动作准确、可靠；

② 动触头与静触头的中心线一致；

③ 二次回路辅助开关的切换接点应动作准确，接触良好；

④ 柜内照明齐全。

(10) 抽屉式配电柜的安装应符合下列要求：

① 抽屉推拉应灵活轻便，无卡阻、碰撞现象，抽屉应能互换；

② 抽屉的机械连锁或电气连锁装置应动作正确可靠，断路器分闸后，隔离触头才能分开。

(11) 低压成套配电柜、控制柜（屏、台）和动力、照明配电箱（盘）应有可靠的电击保护。柜（屏、台、箱、盘）内保护导体应有裸露的连接外部保护导体的端子，当设计无要求时，柜（屏、台、箱、盘）内保护导体最小截面积 S_p 应符合表5.2的规定。

表5.2　相应的保护导体的最小截面积 S_p

装置的相线、导线的截面积 S	相应的保护导体的最小截面积 S_p
$S \leqslant 16$	$S_p = S$
$16 < S \leqslant 35$	$S_p = 16$
$35 < S \leqslant 400$	$S_p = S/2$

(1) 落地式配电柜有哪几种安装方式？各适用在什么场合？

(2) 简述变配电室内的配电柜的接地方法？

(3) 在设计时，配电柜的数量和种类的确定依据是什么？

5.2.3　配电柜（屏、盘）二次接线的安装

高、低压开关柜、动力箱和三箱（配电箱、计量箱、端子箱）均少不了二次配线的安装。二次配线是在箱内电器元件安装就位好以后进行，二次接线的安装应依据二次接线图进行，二次接线图除用于配电柜的安装接线外，还为日常维修提供方便，其特点是反映设备器具的具体排列和实际连线，而不反映动作原理。常见的二次安装接线方法有直接法、线路编

号法和元件相对编号法三种。本节主要对元件相对编号法进行阐述。

1. 元件相对编号法的绘制原则

（1）按电气原理图绘制。

（2）图中所有元器件应按实际位置排列，并展示元器件内部接线图。

（3）每个元件应编号，并将号码粘贴在元器件的左上方。

（4）每根导线均有编号。

2. 箱内电器元件安装

（1）箱内电气元件应按照安装接线图上元器件的排列顺序进行安装。电气元件的固定应稳固端正，安装在盘上的各电气元件应能自由拆装，而不影响其他相邻电气元件和线束。

（2）配电箱上母线的相线应用颜色标出，L_1 相应用黄色；L_2 相应用绿色；L_3 相应用红色；中性线N相宜用蓝色；保护地线（PE线）应用黄绿相间双色。

（3）配电柜（屏、盘）的盘面上安装各种刀闸及自动开关等，在处于断路状态时，刀片可动部分和动触头均应不带电。

（4）盘面标志牌、标志框齐全，正确并清晰。

（5）仪表、继电器安装应满足以下要求：

① 仪表、继电器等电器元件的密封垫、铅封、漆封和附件应完整；

② 仪表及继电器，均应经过校验后方可安装，测量仪表应将额定值标明在刻度盘上；

③ 仪表之间水平及垂直间距应不小于20mm，固定仪表时，受力应均匀，以免影响仪表精度。

（6）安装控制开关时，应先检查各不同位置触点闭合情况与二次接线，各触点应接触良好，安装应横平竖直、牢固可靠。

（7）电阻器应安装在盘柜上部，并使冷却空气能在其周围流动，同时在其接线端子上30mm以内的一段芯线上套上绝缘黄蜡管。

（8）安装信号灯、光子牌等信号元件前应进行外观检查及试亮，并检查灯罩颜色及附加电阻应与设计符合。

（9）屏上装有装置性设备或其他有接地要求的电器，其外壳应可靠接地。

（10）带有照明的封闭式屏、柜应保证照明完好。

（11）端子排的安装应符合下列要求：

① 端子排应无损坏，固定牢固，绝缘良好；

② 端子排应有序号，垂直布置的端子排最下方的一个端子及水平布置的最下一排端子距地宜大于350mm，端子排并列时彼此间隔应不小于150mm；

③ 回路电压超过400V者，端子板应有足够的绝缘并涂以红色标志；

④ 强、弱电端子应分开布置，当有困难时，应有明显标志并设空端子隔开或设加强绝缘隔板；

⑤ 正、负电源之间及经常带电的正电源与合闸或跳闸回路之间，宜以一个空端子隔开；

⑥ 电流回路应经过试验端子，其他需断开的回路宜经特殊端子或试验端子，试验端子应接触良好；

⑦ 潮湿环境宜采用防潮端子；

⑧ 接线端子应与导线截面适配，不应使用小接线端子配大截面导线。

3. 配电柜（屏、盘）二次接线的安装工艺流程与方法

配电柜（屏、盘）二次接线安装工艺流程：

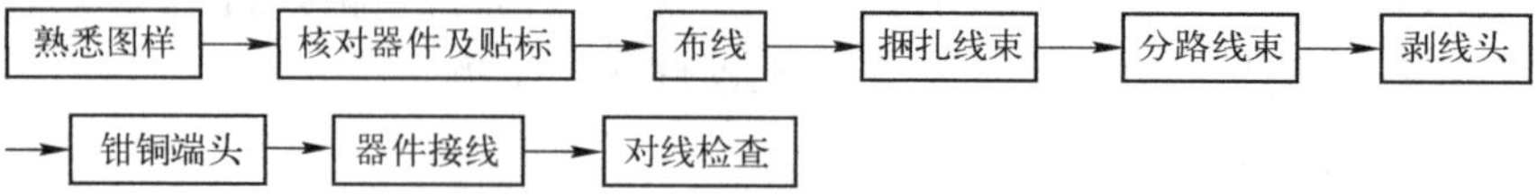

配电柜（屏、盘）二次接线的安装施工方法及要点分为以下 9 个方面。

1）熟悉图样

（1）看懂并熟悉电路原理图、施工接线图、屏面布置图等。其中施工接线示意如图 5.15 所示。

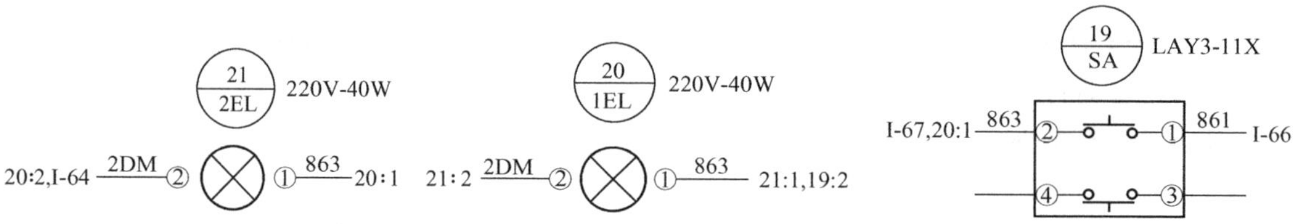

注：① 图中 2DM、861、863 表示电路原理图的编号；

② 图中 19:2、20:1、20:2、21:1、21:2、I-64、I-66、I-67 表示元器件之间连接线的编号，前面的数码表示元器件的编号，后面的数码表示元器件的接线点编号。

图 5.15　施工接线示意图

（2）按施工接线图布线顺序打印导线标号，标号内容按原理回路编号进行加工，如 2DM、863、861 等。

（3）按施工接线图标记端子功能名称填写名称单，并规定纸张尺寸，以便加工端子标条。

（4）按施工接线图加工线号和原器件标贴。

2）核对元器件及贴标

（1）根据施工接线图，对柜体内所有电器元件的型号、规格、数量、质量进行核对并确认安装是否符合要求，若发现电器元件外壳罩有碎裂、缺陷及接点有生锈、发霉等质量问题，应予以调换。

（2）按图样规定的电器元件标志，将“器件标贴”贴于该器件适当位置（一般贴于器件的下端中心位置），要求“标贴”整齐美观，并避开导线行线部位，便于阅读。

（3）按图样规定的端子名称，将“端子标条”插入该端子名称框内，JF5 型标记端子的平面朝下，以免积尘。

（4）按原理图中规定的各种元器件的不同功能，将功能标签紧固到元器件安装板（面板）正面，使用 $\phi2.5$ 的螺钉进行紧固或粘贴。

（5）有模拟线的面板应校对与一次方案是否相符，若有错误，应反馈给有关部门。

3）布线

（1）线束要求横平竖直，层次分明，外层导线应平直，内层导线不扭曲或扭绞，在布线

时，要将贯穿上下的较长导线排在外层，分支线与主线成直角，从线束的背面或侧面引出，线束的弯曲宜逐条用手弯成小圆角，其弯曲半径应大于导线直径的2倍，严禁用钳强行弯曲，布线时应从上到下，从左到右顺序布线。

（2）将导线套上“标号套”打一个扣固定套管，然后测量第1个器件接头布线至第2个器件接头的导线长度，并加20cm的余量长度，剪断导线并套上“标号套”后打扣固定套管（标号套长度控制在13±0.5mm），特殊标号较长规格以整台柜（箱）内容而定。

（3）在二次结线图中，根据元器件安装位置的不同可以分为仪表门背视、操作板背视、端子箱、仪表箱、操作机构、柜内断路器室等。不同部分操作板的布线应把诸如连接端子箱、仪表箱等不同部位的导线按器件安装的实际尺寸剪取导线，并套上标号套，如图5.16所示。

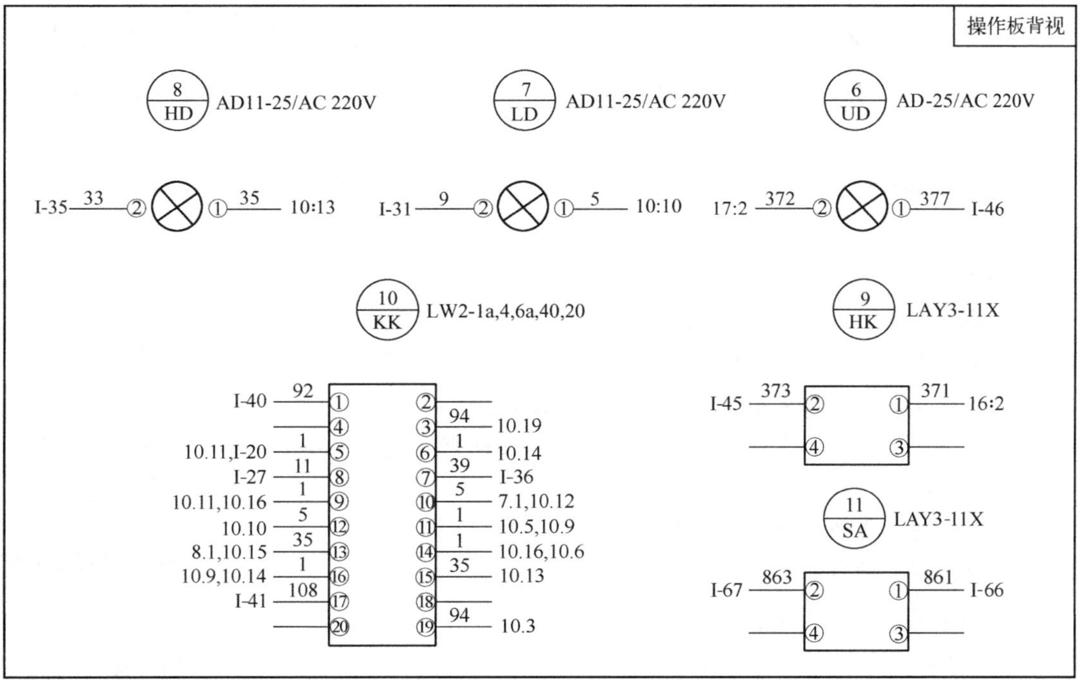

图5.16　操作板背视接线图

4）捆扎线束

（1）塑料缠绕管捆扎线束可根据线束直径选择适当的材料和规格，缠绕管捆扎线束时，每节间隔5～10mm，力求间隔一致，线束应平直。

（2）根据元件位置及配线实际走向量出用线长度，加上20cm余量后落料、拉直、套上标号套。

（3）用线夹将圆束线固定悬挂于柜内，使其与柜体保持大于5mm的距离，且不贴近有夹角的边缘敷设，在柜体骨架或底板适当位置设置线夹，两个线夹间的距离，横向不超过300mm，纵向不超过400mm，紧固后线束不得晃动，且不损伤导线绝缘。

（4）跨门线一律采用多股软线，线长以门开至极限位置，以及关闭时线束不受其拉力与张力的影响而松动使绝缘损伤为原则并与相邻的器件保持安全距离，线束两端用支持件压紧，根据走线方位弯成U形或S形。

5）分路线束

线束排列应整齐美观。例如，分路到继电器的线束一般按水平方向在两个继电器中间两侧分开的方向行走，到接线端的每根线应略带弧形且连接时有一定的裕度。继电器安装接线示意如图 5.17 所示；再如，分路到双排仪表的线束，可用中间分线的布置。双排仪表安装接线示意如图 5.18 所示。

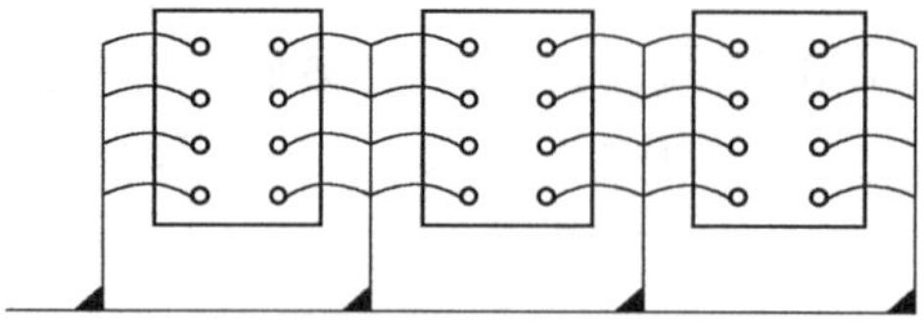

图 5.17　继电器安装接线示意图

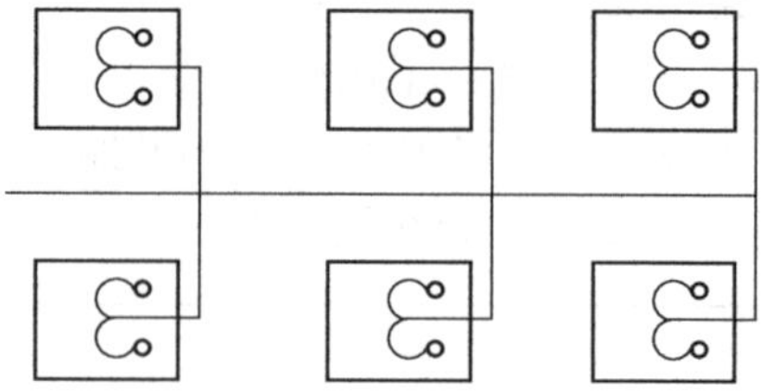

图 5.18　双排仪表安装接线示意图

6）剥线头

按规格用剥线钳剥去端头所需长度塑胶皮后把线头适当折弯，为防止标号头脱落，剥线时不得损伤线芯。

7）钳铜端头

按导线截面选择合适的导线端头连接器件接头，用冷压钳将导线芯线压入铜端头内，注意其裸线部分不得大于 0.5mm，导线也不得过多伸出铜端头的压接孔，铜端头表面，更不得将绝缘层压入铜端头内。导线与端头连接示意如图 5.19 所示。

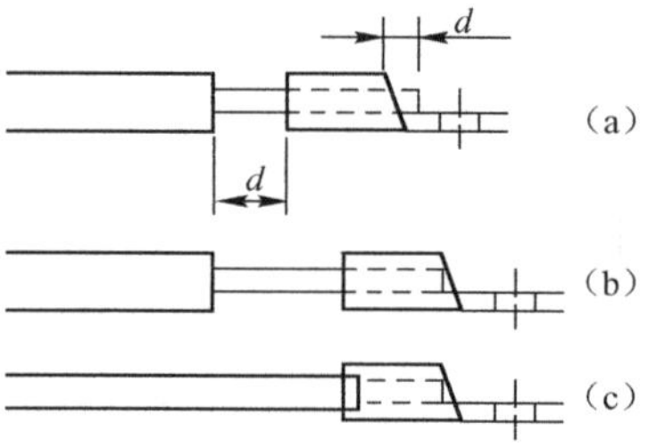

图 5.19　导线与端头连接示意图

单股导线的羊眼圈、曲圆的方向应与螺钉的紧固方向相同，开始曲圆部分和绝缘外皮的距离为 2 ～ 3mm，以垫圈不会压住绝缘外皮为原则，圆圈内径和螺钉的间隙应不大于螺钉直径的 1/5。

截面小于或等于 1mm^2 的单股导线，应用焊接方法与接点连接，若元件的接点为螺钉紧固，要用焊片过渡。

8）器件接线

（1）严格按施工接线图接线。

（2）接线前先用万用表或对线器校对是否正确，并注意标号套在接线后的视读方向（即从左到右，从下到上），若发现方向不对应立即纠正。

（3）当二次线接入一次线时，应在母线的相应位置钻 ϕ6mm 孔，用 M5 螺钉紧固，或用子母垫圈进行连接。

（4）对于管形熔断器的连接线应在上端或左端接点引入电源，下端或右端接点引出，对于螺旋式熔断器应在内部接点引入电源，由螺旋套管接点引出。

（5）电流互感器的二次线不允许穿过相间，每组电流互感器只允许一点接地，并设独立接地线，不应串联接地，接地点位置应按设计图纸要求制作，若图纸未标注，可用专用接地垫圈在柜体接地。

（6）将导线接入器件接头上，并加弹簧垫圈（除特殊垫圈可不加弹簧外），螺钉必须拧紧，不得有滑牙，螺钉帽不得有损伤现象，螺纹露出螺母以2～3扣为宜。

（7）标号套套入导线，导线压上铜端头后，必须将“标号套”字体向外，各标号套长度统一，排列整齐。

（8）所有器件不接线的端子都需配齐螺钉、螺母、垫圈并拧紧。

9）对线检查

二次安装接线即将完工时，应用万用表或校线仪对每根导线进行对线检查。可先用导通法进行对线检查，当确定接线无误后方可采用通电法对各回路进行通电试验。

二次配线安装的一般规定 重点提示

（1）配线排列应布局合理、横平竖直、曲弯美观一致，接线正确、牢固，与图样一致。

（2）二次回路绝缘导线和控制电缆的工作电压应不低于750V。

（3）按机械强度要求，采用的电缆芯或绝缘导线最小截面为：连接强电端子的铜线应不小于$1.5mm^2$；铝线应不小于$2.5mm^2$；连接于弱电端子的、运动装置使用的铜芯电缆直径应不小于$0.5mm^2$。

（4）推荐采用成束捆扎行线的布置方法。禁止用金属等易破坏绝缘的材料捆扎线束，屏（柜、台）内应安装用于固定线束的支架或线夹。

（5）屏的内部连接导线，一般采用塑料绝缘铜芯导线。连接导线中间不允许有接头。

（6）屏内同一安装单位各设备之间的连线，一般不经过端子排。

（7）导线穿过铁板的孔时，要套一个大小适当的保护物，如橡皮圈、绝缘管等，装套必须牢固。

（8）盘内母线色标均匀完整；二次接线排列整齐，回路编号清晰、齐全，采用标准端子头编号，每个端子螺钉上接线不超过两根。柜（盘）的引入、引出线路整齐。

（9）绝缘电阻检查，用500V兆欧表测试绝缘电阻，测带电导体与地之间的绝缘电阻应不小于5MΩ，无电气关系的主电路之间绝缘电阻应不小于10MΩ。

（10）过门线束还应采用固定线束的措施，过门线束$1.5mm^2$不超过30根，$1mm^2$不超过45根，若导线超出规定数量，可将线束分成两束或更多，以免因线束过大影响门的开、关不自如，过门接地线低压柜不小于$2.5mm^2$，高压柜不小于$4mm^2$。

（11）二次回路接地应设专用螺栓。

（1）二次接线图的特点是什么？安装时为什么不能用原理图代替？

（2）二次安装图有哪几种绘制方法？各种方法的特点是什么？

（3）哪些导线应进过端子排？进过端子排的目的是什么？

任务5.3　电力变压器的安装

【任务背景】 变压器的种类很多，按用途分，有电力变压器、仪用变压器、控制变压器、电焊变压器、阻抗变压器等多种。电力变压器是供配电系统中的重要设备之一，它用来改变交流电压的大小。电力变压器也有多种类型，目前10kV配电系统中，常用的有油浸式变压器、干式变压器和箱式变电站。油浸式变压器具有价格低廉、冷却效果好等优点，被广泛使用在工矿企业和施工现场，但对环境有一定污染。干式变压器具有环保、低耗、低噪声、防火性能好等优点，被广泛使用在高层、大型民用建筑内，但冷却效果略差，价格较高。箱式变电站集配电、变电于一身，具有技术先进安全可靠、自动化程度高、工厂预制化、组合方式灵活、投资少、见效快、占地面积小、对环境适应性强、安装方便等一系列优点；但还存在着一些不足，如箱体内出线间隔的扩展裕度小，检修空间较小，因无人值守故故障不宜被及时发现等。油浸式变压器外形结构如图 5.20 所示，干式变压器外形结构如图 5.21 所示，箱式变电站外形结构如图 5.22 所示。

图 5.20　油浸式变压器外形结构图

图 5.21　干式变压器外形结构图

图 5.22　箱式变压器外形结构图

5.3.1　油浸式变压器的安装工艺及要求

油浸式变压器的安装工艺流程：

基础验收 → 设备开箱检验 → 设备二次搬运 → 变压器安装就位 → 附件安装 → 变压器接线与接地 → 交接试验 → 试运行前检查 → 试运行 → 交工验收

油浸式变压器安装施工方法及要点分为以下 9 个方面。

1. 基础验收

变压器就位前，要先对基础进行验收。基础的中心与标高应符合设计要求，轨距与轮距应互相吻合，具体要求如下：

（1）轨道水平误差应不超过 5mm；

（2）实际轨距不能小于设计轨距，误差应不超过 +5mm；

（3）轨面对设计标高的误差应不超过 ±5mm。

2. 设备开箱检验

（1）设备开箱检验应由施工单位、监理单位、建设单位有关人员和供货方代表共同进行验收，并做好开箱检验记录。

（2）开箱后，查看设备清单、施工图纸及产品技术说明书，核对变压器规格、型号应与设计相符，附件与备件齐全，无损坏。

（3）变压器外观检查无机械损伤及变形，油漆完好，无锈蚀。

（4）邮箱密封应良好，带油储存的变压器油枕油位应正常，油液应无渗漏。

（5）绝缘瓷件及环氧树脂铸件无损伤、裂纹等缺陷。

3. 设备二次搬运

（1）变压器二次搬运应由起重工作业，电工配合。搬运时最好采用汽车吊和汽车，距离较短时且道路较平坦时可采用卷扬机、滚杠等运输。

（2）变压器吊装时，索具必须检查合格，钢丝绳必须挂在油箱的吊钩上，变压器顶盖上盘的吊环仅用于吊芯检查，严禁用此吊环吊装整台变压器。

（3）变压器搬运时，用木箱或纸箱将高、低压绝缘瓷瓶罩住进行保护，防止其受到损伤。

（4）变压器搬运过程中，不应有严重冲击或振动情况，利用机械牵引时，牵引的着力点应在变压器重心以下，以防倾斜，运输倾斜不得超过15°，防止内部结构变形。

（5）用千斤顶顶升大型变压器时，应将千斤顶放置在油箱千斤顶支架部位，升降操作应协调，各点受力均匀，并及时垫好垫块。

（6）大型变压器在搬运或装卸前，应核对高低压侧方向，以免安装时调换方向发生困难。

4. 变压器安装就位

变压器既可以在室内安装，又可以室外安装。变压器的布置的方法有很多，图 5.23 为室内布置示意图，图 5.24 为室外布置示意图。

变压器安装就位应注意下列事项。

（1）变压器就位可用汽车吊直接进行就位，由起重工操作，电工配合。可用枕木搭设临时轨道，用倒链拉入预设位置。

（2）就位时，应注意其方位、距墙尺寸应与设计要求相符，允许误差为 ±25mm，施工图无标注时，纵向按轨道定位，横向距离不得小于 800mm，距门不得小于 1000mm，并使屋内预留吊钩的垂线位于变压器中心，以便于进行吊芯检查。

（3）变压器基础的轨道应水平，轨距与轮距应配合，装有气体继电器的变压器顶盖，沿气体继电器的气流方向有 1.0% ～ 1.5% 的升高坡度，如图 5.25 所示。

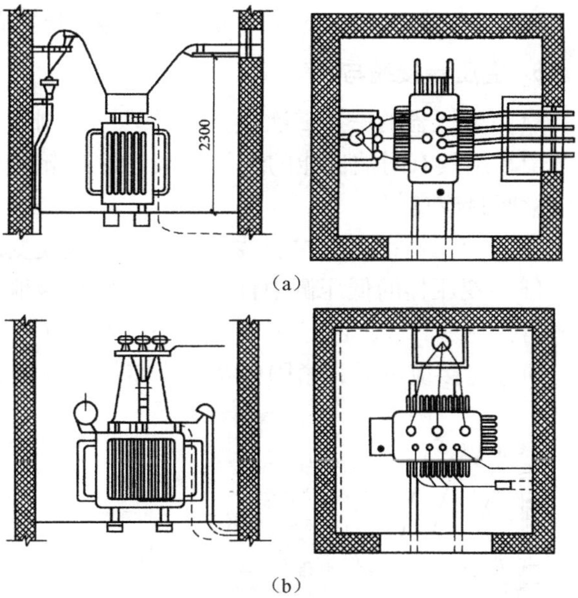

图 5.23　变压器室内布置示意图

（4）变压器与母线槽连接时，其套管中心线应与母线槽中心线相符。

（5）变压器宽面推进时，低压侧应向外，窄面推进时，油枕侧应向外。装有开关的一侧操作方向上应留有 1200mm 以上的距离。

（6）装有滚轮的变压器，其滚轮应转动灵活，在变压器就位后，应将滚轮用能拆卸的制动装置加以固定。

（7）油浸变压器的安装，考虑在带电的情况下，要便于检查油枕和套管中的油位、上层油温、气体继电器等。

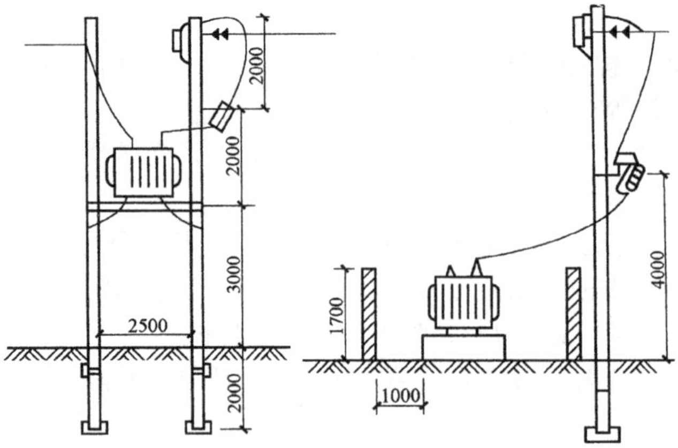

图 5.24　变压器室外布置示意图

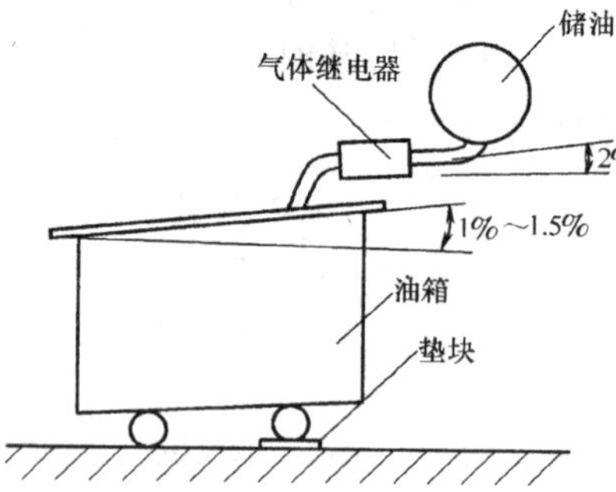

图 5.25　变压器箱盖的升高坡度

5. 附件安装

附件安装的内容有密封处理、有载调压切换装置的安装、冷却装置的安装、储油柜的安装、升高座的安装、套管的安装、气体继电器的安装、安全气道（防爆管）的安装、干燥器（吸湿器、防潮呼吸器、空气过滤器）的安装、温度计的安装等。油浸式电力变压器如图 5.26 所示。

6. 变压器接线与接地

（1）变压器的一、二次接线、地线、控制导线均应符合规范，油浸变压器附件的控制导线，应采用具有耐油性能的绝缘导线。靠近箱壁的绝缘导线，排列应整齐，并有保护措施；接线盒密封应良好。

（2）变压器一、二次引线的施工，不应使变压器的套管直接承受应力。

（3）变压器的低压侧中性点必须直接与接地装置引出的接地干线进行连接，变压器箱体应进行接地（PE），且有标志。TN-S 系统、TN-C-S 系统变压器接地如图 5.27 和图 5.28 所示。所有连接应可靠，紧固件及防松零件应齐全。变压器防松措施如图 5.29 所示。

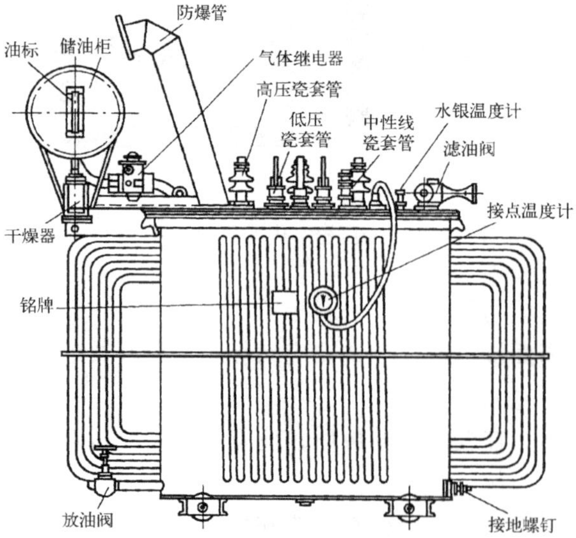

图 5.26　油浸式电力变压器

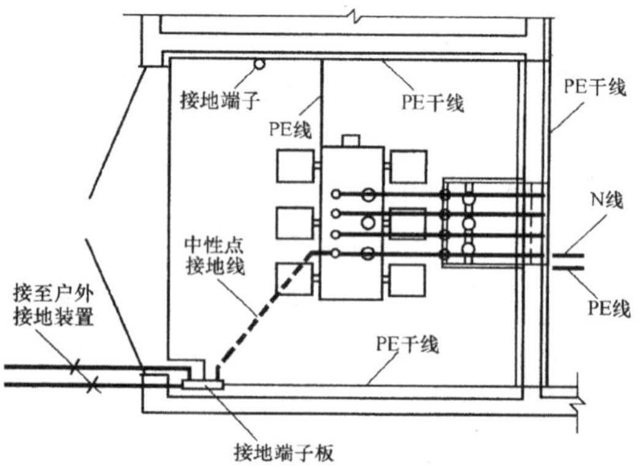

图 5.27　TN-S 系统变压器接地

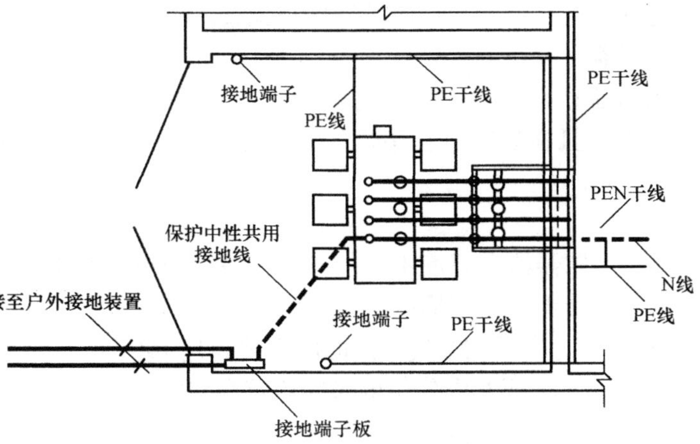

图 5.28　TN-C-S 系统变压器接地

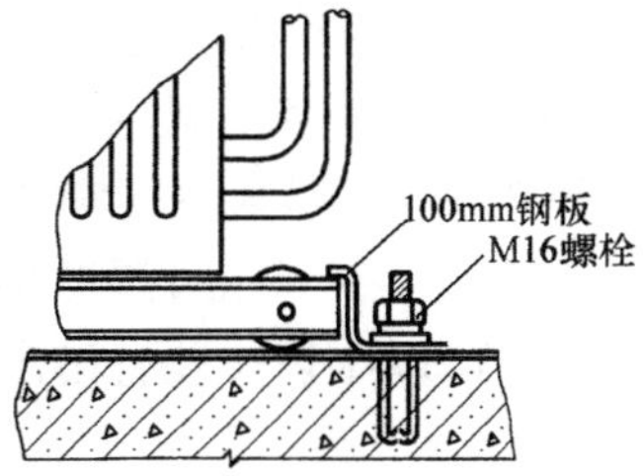

图 5.29　变压器防松措施

7. 交接试验

（1）变压器的交接试验应由当地供电部门许可的有资质的试验室进行，试验标准符合 GB 50150《电气装置安装工程电气设备交接试验标准》的规定。

（2）变压器交接试验的内容：测量绕组连同套管的直流电阻；检查所有分接头的电压比；检查变压器的三相接线组别和单相变压器引出线的极性；测量绕组连同套管的绝缘电阻、吸收比或极化指数；测量绕组连同套管的介质损耗角正切值 $\tan\delta$；测量绕组连同套管的直流泄漏电流；绕组连同套管的交流耐压试验；绕组连同套管的局部放电试验；测量与铁芯绝缘的各紧固件及铁芯接地线引出套管对外壳的绝缘电阻；非纯瓷套管的试验；绝缘油测试；有载调压切换装置的检查和试验；额定电压下的冲击合闸试验；检查相位；测量噪声等内容。

8. 送电试运行

（1）变压器第一次投入使用时，可全压冲击合闸，冲击合闸宜由高压侧投入。

（2）变压器应进行 3 ～ 5 次全压冲击合闸，无异常情况，第一次受电后，持续时间应不少于 10min。励磁涌流应不引起保护装置的误动作。

（3）油浸变压器带电后，检查油系统所有焊缝和连接面应没有渗油现象。

（4）变压器并列运行前应核对相位。

（5）变压器试运行要注意冲击电流、空载电流、一、二次电压、温升，并做好试运行记录。

（6）变压器空载运行 24h 后无异常情况方可投入负荷运行。

9. 验收

变压器带电工作 24h 后无异常情况，可办理验收手续。在验收时，应移交下列技术资料：设计变更通知；厂方提供的产品说明书、试验记录、产品合格证、产品检验报告及施工图等技术文件；安装技术记录、器身检查记录；变压器试验报告。

1）器身检查

变压器经过长途运输和装卸，内部铁芯常因振动和冲击使螺栓松动或掉落，以及存在一些外观检查不出来的缺陷，所以有的变压器在安装前还应进行器身检查。

当满足下列条件之一时，可不进行器身检查：

（1）制造厂规定可不进行器身检查者；

（2）就地生产仅短途运输的变压器，且在运输过程中进行了有效的监督，无紧急制动、剧烈振动、冲撞或严重颠簸等异常情况者。

进行器身检查应遵循下列规定：

（1）周围空气温度不宜低于0℃，变压器器身温度不宜低于周围空气温度。当器身温度低于周围空气温度时，应加热器身，宜使其温度高于周围空气温度10℃。

（2）当空气相对湿度小于75%时，器身暴露在空气中的时间不得超过16h。

（3）调压切换装置吊出检查、调整时，暴露在空气中的时间应符合表5.3的规定。

表5.3　调压切换装置露空时间

环境温度（℃）	>0	>0	>0	<0
空气相对湿度（%）	65	65～75	75～85	不控制
持续时间不大于（h）	24	16	10	8

（4）空气相对湿度或露空时间超过规定时，必须采取相应的防护措施。露空时间计算规定：带油运输的变压器由开始放油时算起；不带油运输的变压器由揭开顶盖或打开堵塞算起，到开始抽真空或注油为止。

（5）器身检查时，场地四周应清洁并有防尘措施；雨雪天或雾天时严禁在室外进行。

2）对变压器油的有关规定

油浸式变压器的油是起绝缘和冷却作用的，对带有调压装置的变压器，油还起到灭弧作用。器身检查完毕，必须用合格的变压器油对器身进行冲洗，并清洗油箱底部，不得有遗留杂物。注入变压器中的绝缘油必须是按规定试验合格的油，不同牌号的绝缘油或同牌号的新油与旧油不宜混合使用，否则应做混油试验。

3）变压器干燥

根据各项检查和试验，经过鉴定判明变压器绝缘受潮时，应进行干燥。干燥的方法通常采用铁损干燥法和零序电流干燥法。在保持温度不变的情况下，线圈的绝缘电阻下降后再上升，并连续6小时保持稳定时，则可认为干燥完毕。此时可切断电源，停止干燥。干燥完毕，应立即将变压器注油，以防受潮，同时为了避免热的变压器突然冷却而产生机械应力，注油时，油温一般为50～60℃，注油前应将变压器内的温度计全部撤除。注油量应将铁芯淹没而距顶面100～200mm。注油后，当温度降到制造厂试验温度时，测定绝缘电阻与绝缘吸收系数R60"/R15"，应符合制造厂的规定值。

5.3.2　干式变压器的安装工艺及要求

在防火要求较高的场所、人员密集的重要建筑物内（如地铁、高层建筑、剧院、商场、候机大楼等）、企业主体车间的无油化配电装置中（如电厂、钢厂、石化等），应选用干式电力变压器。当场地较小时，如技术经济指标合理、与居民住宅连体的和无独立变压器室的配电站、难以解决油浸电力变压器事故排油造成环境污染的场所和在与重要建筑物防火间距不够的户外箱式变电站宜选用干式电力变压器。

干式变压器安装要求除与油浸式变压器的安装要求相同外，还应注意以下几点。

1. 安装前的检查

（1）所有紧固件、紧固绝缘件完好。

（2）金属部件无锈蚀、损伤，铁芯无多点接地。

（3）绕组完好，无变形、位移、损伤，内部无杂物，表面光滑无裂纹。

（4）引线连接导体间和对地的距离符合国家现行有关标准的规定或合同要求，裸导体表面无损伤、毛刺和尖角，焊接良好。

（5）规定接地的部位有明显的标志，并配有符合标准的螺帽、螺栓（就位后即接地，器身水平固定牢固）。

2. 安装环境要求

（1）干式电力变压器安装的场所符合制造厂对环境的要求，室内清洁，无其他非建筑结构的贯穿设施，顶板不渗漏。

（2）基础设施满足载荷、防震、底部通风等要求。

（3）室内通风和消防设施符合有关规定，通风管道密封良好，通风孔洞不与其他通风系统相通。

（4）温控、温显装置设在明显位置，以便于观察。

（5）室门采用不燃或难燃材料，门向外开，门上标有设备名称和安全警告标志，保护性网门、栏杆等安全设施完善。

3. 维修距离要求

干式变压器施工图无注明时，安装维修最小环境距离应符合如图5.30所示的规定。

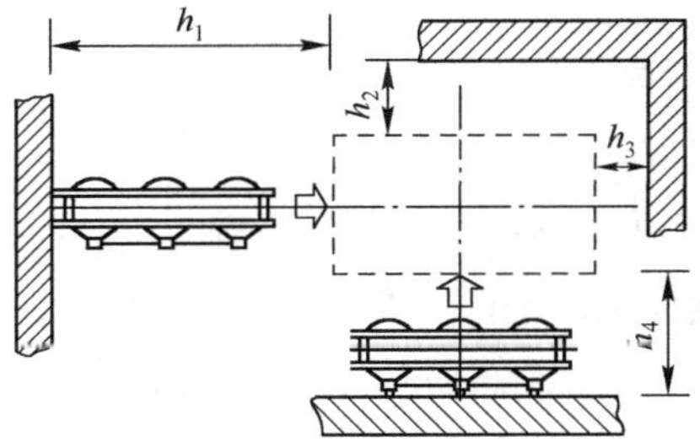

干式变压器安装维修最小距离

部位	周围条件	最小距离（mm）
h_1	有导轨	2600
	无导轨	2000
h_2	有导轨	2200
	无导轨	1200
h_3	距墙	1100
h_4	距墙	600

图5.30　干式变压器维修最小距离

5.3.3　箱式变电站的安装工艺及要求

箱式变电站安装工艺流程：

测量定位 → 基础型钢安装 → 设备就位、安装、接地 → 接线 → 试验 → 验收

箱式变电站安装施工方法与要点分为以下5个方面。

1. 测量定位

按施工图设计的位置、标高、方位进行测量放线，确定箱式变电站安装的底盘线和中心轴线，并确定地脚螺栓的位置。

2. 基础型钢安装

（1）预制加工基础型钢的型号、规格应符合施工图的设计要求。按设计尺寸进行下料和调直，做好防锈处理。根据地脚螺栓位置及孔距尺寸，进行制孔。制孔必须采用机械制孔。

（2）基础型钢架安装。按放线确定的位置、标高、中心轴线尺寸，控制准确的位置稳定好型钢架，用水平尺或水准仪找正、找平。与地脚螺栓连接牢固。

（3）基础型钢与地线连接，将引进箱内的地线扁钢与型钢结构基架的两端焊牢，然后涂两遍防锈漆。箱式变电站安装如图 5.31 所示。

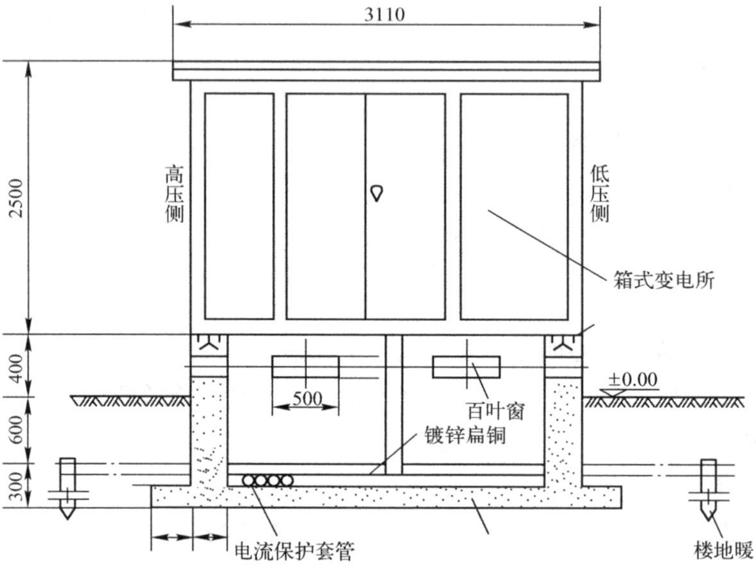

图 5.31　箱式变电站安装

3. 箱式变电站就位、安装、接地

（1）就位。要确保作业场地清洁、通道畅通。将箱式变电站运至安装的位置，吊装时，应充分利用吊环将吊索穿入吊环内，吊索受力应均匀一致，确保箱体平稳、安全、准确地就位。

（2）按设计布局的顺序组合排列箱体。找正两端的箱体，然后挂通线，找准调正，使其箱体正面平顺。

（3）组合的箱体找正、找平后，应将箱与箱用镀锌螺栓连接牢固。

（4）接地。箱式变电站接地，应以每箱独立与基础型钢连接，严禁进行串联。接地干线与箱式变电站的 N 母线和 PE 母线直接连接，变电箱体、支架或外壳的接地应使用带有防松装置的螺栓连接。连接均应紧固可靠，紧固件齐全。

（5）箱式变电站的基础应高于室外地坪，周围排水畅通。

（6）箱式变电站，用地脚螺栓固定的螺帽齐全，拧紧牢固，自由安放的应垫平放正。

（7）箱壳内的高、低压室均应装设照明灯具。

（8）箱体内应有防雨、防晒、防锈、防尘、防潮、防凝露的技术措施。

（9）箱式变电站安装高压或低压电能表时，必须接线相位准确，并安装在便于查看的位置。

4. 接线

（1）高压接线要求，既要有终端变电站接线，也应有适应环网供电的接线。

(2) 接线的接触面应连接紧密，连接螺栓或压线螺钉应牢固，与母线连接时紧固螺栓采用力矩扳手紧固。

(3) 相序排列准确、整齐、顺直、美观。涂色标志正确。

(4) 设备接线端与母线搭接或卡子、夹板处，以及明设地线的接线螺栓处的两侧10～15mm处均不得涂刷涂料。

5. 试验及验收

(1) 箱式变电站电气交接试验，变压器、高压开关及其母线等应按相关规定进行试验。

(2) 高压开关、熔断器等与变压器组合在同一个密闭油箱内箱式变电站，其高压电气交接试验必须按随带的技术文件执行。

(3) 低压配电装置的电气交接试验。

① 对每路配电开关及保护装置核对规格、型号，必须符合设计要求。

② 测量线间和线对地间绝缘电阻大于0.5MΩ。当绝缘电阻大于10MΩ时，用2500V绝缘电阻表摇测1min，无闪络击穿现象。当绝缘电阻为0.5～10MΩ时，做1000V交流工频耐压试验，时间为1min，不击穿为合格。

> ? (1) 更换油浸式变压器的油应注意哪些事项？
> (2) 干式变压器与油浸式变压器比较，其优势在哪些方面？
> (3) 哪些场所特别适合采用箱式变电站？为什么？

任务5.4 柴油发电机组的安装

【任务背景】 随着社会的不断发展，用电设备越来越多，故用电量也随之剧增，随着生活水平的提高，人们对供电的质量要求也越来越高，而我国的电力水平还远远不能满足社会的需求，很多地区在用电高峰时都得限量用电或拉闸限电。使用发电机发电是保证设备不断电的有效措施。目前使用的发电机有汽油发电机和柴油发电机两种。汽油发电机的特点是：体积小，噪声小，便于移动，低温条件下启动方便快捷，功率小，但运行费用较高，适合轻载的场合，一般用于小型的施工现场。柴油发电机的特点是：功率大，运行费用低，但较笨重、不便于移动，低温条件下启动困难，适合重载的场合，一般作为单位的自备电源或大型施工现场的备用电源。

5.4.1 柴油发电机组的组成及容量选择

柴油发电机组（简称机组）是内燃发电机组的一种，由柴油机、三相交流同步发电机和控制屏（包括自动检测、控制机保护装置）三部分组成。机组还包括散热水箱、联轴器、燃油箱、消声器和公共底座等。机组通常是将柴油机和发电机用联轴器直接连在一起，共同安装在钢制的底座上。

在初步设计时，柴油发电机组的容量通常按变压器容量的10%～20%考虑，但实际上是否能满足使用要求却很难确定。实践经验证明，按自备柴油发电机组的计算负荷选择，同时用大功率笼形异步电动机的启动条件进行校核。

1. 用电负荷的类型

智能建筑的的用电负荷大致可分为三种类型。

（1）保安型负荷：即保证大楼人身安全及大楼内智能化设备安全、可靠运行的负荷，有消防电梯、消防水泵、防排烟设备、应急照明及大楼设备的管理计算机监控系统设备、通信系统设备、从事业务用的计算机及相关设备等。

（2）保障型负荷：即保障大楼运行的基本设备负荷，也是大楼运行的基本条件，主要有工作区域的照明、部分电梯、通常照明灯。

（3）一般照明：除上述负荷外的负荷，如舒适用的空调、水泵及其他一般照明、电力设备等。

2. 发电机组的容量计算

计算自备发电机容量，保安型负荷必须考虑在内，保障型负荷是否考虑，应视城市电网情况及大楼的功能而定，如果城市电网很稳定，能保证两路独立的电源供电，并且大楼要求不太高，则保障型负荷可以不计算在内。虽然城市电网稳定，可以保证两路独立的电源供电，但大楼的功能要求很高或级别相当高，那么应将保障型负荷计算在内，或部分计算在内。例如，银行、证券大楼的营业大厅的照明及主要职能部门房间的照明灯就应将保障型负荷计算在内。

如果将保安型负荷和部分保障型负荷相叠加，选择发电机容量将偏大。因此，在初步设计时自备发电机容量可以取变压器总装机容量的10%～20%。

设备容量统计出来后，根据实际情况选择需要系数（一般取0.8～0.9），计算出计算容量 P_j，自备发电机的功率按下式计算

$$P = KP_j / \eta$$

式中 P——自备发电机组的功率（kW）；

P_j——负荷设备的计算容量（kW）；

η——发电机并联运行不均匀系数，一般取0.9，单台取1；

K——可靠系数，一般取1.1。

5.4.2 柴油发电机组的安装工艺

柴油发电机组安装工艺流程：

机组基础 → 机组就位 → 调校机组 → 安装接地线 → 控制箱安装 →

机组接线 → 机组调试 → 机组试运行

柴油发电机组安装施工方法和要点分为以下8个方面。

1. 机组基础

柴油发电机组的基础应符合柴油发电机组制造厂家的要求，基础上预留机组地脚螺栓孔，采用二次灌浆，其孔距尺寸应按基础外形安装图确定。基座的混凝土强度等级必须符合设计要求。

2. 机组就位

（1）机组就位之前，首先应对机组进行复查、调整和准备工作。

（2）机组吊装作业时，机具、吊索必须先经过仔细检查，不合格者不得使用，防止事故伤人。

（3）使用滚杠滚动机组时，应在地面上垫好木板，在移动时要有专人指挥，用撬棍拨动时，不得使物件倾斜，以免伤人。

（4）发电机组各联轴节的连接螺栓应紧固。基座地脚螺栓应牢固。安装时应检查主轴承盖、连杆、汽缸体、贯穿螺栓、汽缸盖等地螺栓与螺母的紧固情况。

（5）柴油机与发动机用联轴器连接时，其不同轴度应符合相关的规定。

（6）所设置的仪表应完好齐全，位置应正确。操作系统的动作灵活可靠。柴油发电机组安装示意如图5.32所示。

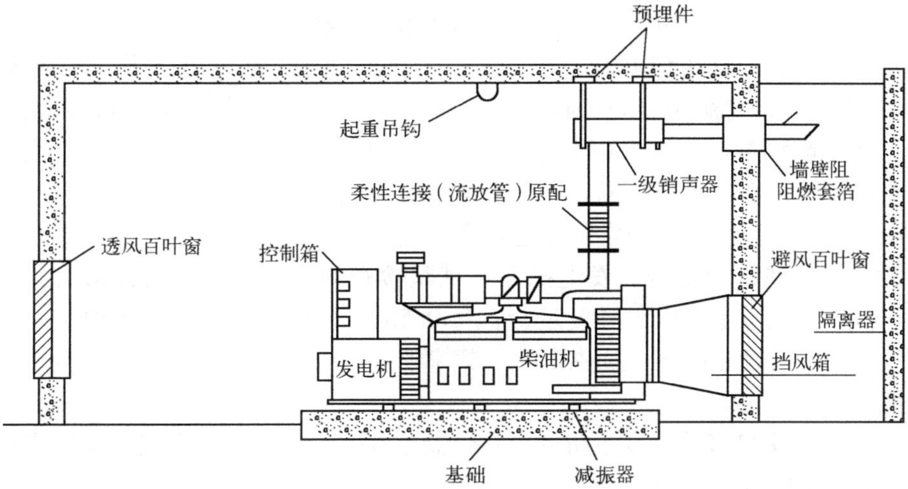

图5.32 柴油发电机组安装示意图

3. 调校机组

（1）机组就位后，首先调整机组的水平度，其水平度一般应不超过0.05/1000。

（2）调校油路、传动系统、发电系统（电流、电压、频率）仪表、控制系统等。

（3）发电机及其励磁系统和发电机控制箱调试数据应符合设计要求和产品技术说明书的规定。

4. 安装接地线

（1）发电机中性线（工作零线）应与接地母线引出线直接连接，螺栓防松装置齐全，接地标志明显。

（2）发电机本体和机械部分的可接近导体均应做保护接地（PE）或保护接零（PEN），且有明显标志。

5. 控制箱安装

发电机控制箱（屏）是同步发电机组的配套设备，主要是控制发电机送电及调压。小容量发电机的控制箱一般（经减振器）直接安装在机组上，大容量发电机的控制屏固定在机房的地面上，或安装在与机组隔离的控制室内。

6. 机组接线

（1）发电机及控制箱接线应正确、可靠。馈电出线两端的相序必须与电源原供电系统的相序一致。

（2）发电机随机的控制箱接线应正确无误，所有紧固件应牢固。开关、保护装置的型号、规格必须符合设计要求。

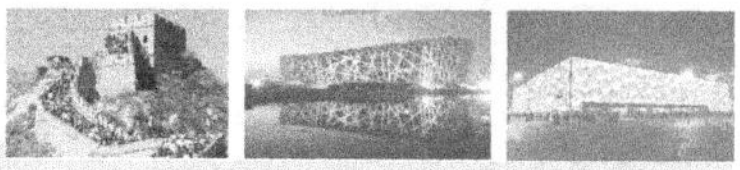

7. 机组调试

1）柴油机的调试

柴油机燃油供给系统中，输油泵、喷油泵、调速器、供油量及配气机构气门间隙等零部件的检查和调整。

2）交流发电机的检查和调试

（1）绝缘电阻测量。冷态时，发电机绕组及温度传感器（在常温下）对机壳的绝缘电阻应不低于30MΩ。发电机组至低压配电柜馈电线路的导线间、导线对地间的绝缘电阻应大于0.5MΩ。塑料绝缘电缆馈电线路直流耐压试验为2.4V，时间为15min，泄漏电流应稳定，无击穿现象。

（2）绕组电阻测量。发电机绕组的电阻不仅与电动机的损耗有关，而且对发电机的励磁电压、短路电流等特性参数有影响，绕组直流电阻的大小与导线规格及绕组形式有关。电阻值应符合厂家规定。测量电阻通常采用电桥测量法。

（3）发电机发热试验检查。发电机发热试验检查的方法是：机组开机后，保持输出电压、功率不变，电流恒定，机组温度运行，每0.5h记录环境温度和轴承温度，并测试电枢电流、电压、励磁及励磁电流、励磁电压、频率计各点温度。试验检查进行1h，所测参数不超过规定值即认为合格。

（4）发电机的交接试验。发电机的交接试验是在空载情况对发电机性能的考核。试验内容和试验结果必须符合表5.4的规定。

表5.4　发电机交接试验内容

序号	部位＼内容		试验内容	试验结果
1	静态试验	定子电路	测量定子绕组的绝缘电阻和吸收比	绝缘电阻大于0.5MΩ； 沥青浸胶及烘卷云母绝缘吸收比大于1.3；环氧粉云母绝缘吸收比大于1.6
2			在常温下，绕组表面温度与空气温度差在±3℃范围内测量各相直流电阻	各项直流电阻阻值相互间差值不大于最小值的2%，与出厂值在同温度下比差值不大于2%
3			交流工频耐压试验1min	实验电压为1.5U_N+750V，无闪路击穿现象，U_N为发电机额定电压
4		转子电路	用1000V绝缘电阻表测量转子绝缘电阻	绝缘电阻大于0.5MΩ
5			在常温下，绕组表面温度与空气温度差在±3℃范围内测量绕组直流电阻	数值与出厂值在同温度下比差值不大于2%
6			交流工频耐压试验1min	用2500V绝缘电阻表测量绝缘电阻替代
7		励磁电路	退出励磁电路电子器件后，测量励磁电路的线路设备的绝缘电阻	绝缘电阻大于0.5MΩ
8			退出励磁电路电子器件后，进行交流工频耐压试验1min	实验电压1000V，无闪路击穿现象
9		其他	有绝缘轴承的用1000V绝缘电阻表测量轴承绝缘电阻	绝缘电阻大于0.5MΩ
10			测量检温计（埋入式）绝缘电阻，校验检温计精度	用250V绝缘电阻表检测不短路，精度符合出厂规定
11			测量灭磁电阻，自同步电阻器的直流电阻	与铭牌相比较，其整值为±10%

续表

序号	内容 部位	试验内容	试验结果
12	运转试验	发电机空载特性试验	按设备说明书比对，符合要求
13		测量相序	相序与出线标志相符
14		测量空载和负荷后轴电压	按设备说明书比对，符合要求

除上述以外，还应进行励磁装置调整、空气过滤器的检查、防冷凝加热器的检查。

3）控制屏的调试

（1）做好试机前的各项准备工作。清除各组件及控制屏内部的尘埃。检查各开关与按钮操作是否灵活、接触是否良好、各仪表外观是否完好、指针是否在零位、各元器件安装是否牢固、元器件型号规格是否与图纸一致等情况。检查控制屏一次及二次回路接线是否正确、可靠。最后连接好交流发电机的输出线。

（2）通电试验。开机后，检查各仪表、信号系统、报警系统显示是否正常，检查各环节或部门工作是否正常，并做好记录。

8. 试运行

（1）柴油机的废气可用外接排气管引至室外，引出管不宜过长，管路转弯不宜过急，弯头不宜多于3个。外接排气管内径应符合产品设计说明书的规定，一般非增压柴油机不小于75mm，增压型柴油机不小于90mm，增压柴油机的排气背压不得超过6kPa（600mmH_2O），排气温度约为450℃，排气管的走向应能够防火，安装时应特别注意。调试运行中要对上述要求进行核查。

（2）受电侧的开关设备、自动或手动切换装置和保护装置等试验合格后，进行负荷试验，即使柴油发电机组带上预定负载，经12h连续运行，无机械和电气故障，无漏油、漏水、漏气等不正常现象，此时可认为带负载试运行合格，这样才可进行交接验收。

5.4.3　柴油发电机组安装的一般规定

机房应靠近大容量的应急负荷或与变电所的低压配电所毗邻。

机房应有良好的自然通风和采光，如果机房设在地下设备层须注意通风、防潮及机组的散热和冷却，并应结合当地消防部门要求做好消防措施。

机组一般应横向布置，当受建筑场地限制时，可采取纵向布置。

机房与控制箱及配电室毗邻布置时，发电机出线端及电缆沟应布置在靠控制室及配电室侧。

机组之间、机组外廓至墙的距离应满足搬运设备、就地操作、维护检修或布置辅助设备的需要。机组外廓与墙壁的净距最小尺寸应不小于表5.5中的数值。

表5.5　机组外廓与墙壁的静距最小尺寸

项目 \ 容量/kW		64以下	75～150	200～400	500～800
机组操作面	*a*	1.60	1.70	1.80	2.20
机组背面	*b*	1.50	1.60	1.70	2.00

续表

项目 \ 容量/kW		64 以下	75 ～ 150	200 ～ 400	500 ～ 800
柴油机端	c	1.00	1.00	1.20	1.50
机组间距	d	1.70	2.00	2.30	2.60
发电机端	e	1.60	1.80	2.00	2.40
机房净高	h	3.50	3.50	4.00 ～ 4.30	4.30 ～ 5.00

注：表中柴油机距排风口百叶窗间距，是根据国产封闭式自循环水冷却方式机组而定，当机组冷却方式与本表不同时，其间距应按实际情况选定；若基础设在地下层，其间距可适当加大。

在柴油发电机组油箱注入燃料油后，不允许有明烟、明火、火星或其他易燃物接近柴油发电机组和油箱。

?（1）柴油发电机组适用哪些负载？

（2）施工现场柴油发电机组与正常电源应采取什么措施？

（3）发电机组应如何做好接地？

知识梳理与总结

本任务主要介绍以下内容。

（1）电动机安装。电动机安装有三部分工作：第一是就位工作，电动机与生产机械地连接有三种方式，即皮带轮连接、联轴器连接和齿轮连接；第二是电动机的接线，三相鼠龙式异步电动机的接线方法有星形和三角形接法，前者一般适用于中小型电动机接线，后者适用于中大型电动机接线；第三是电动机的绝缘测试，电动机在使用前应做绝缘测试，绝缘电阻应不小于0.5MΩ。

（2）配电柜安装。配电柜有高压柜、低压柜、动力柜和照明柜之分。安装方式有明装和暗装之分及悬挂和落地之分。接线形式有板前和板后两种。箱内的接线方法有直接法、线路编号法和相对元件编号法三种。直接法接线直观，操作方便，但维修困难，适应设备器件不是很多的场合。线路编号法绘制接线图方便，接线快速，但维修困难。相对元件编号法绘制接线图烦琐，但维修比较方便。

（3）变压器安装。常用的电力变压器有油浸式变压器、干式变压器和箱式变电站。油浸式变压器较便宜，安装方便，适用于工矿企业及施工现场，但能耗高，且有油污染。干式变压器噪声低、能耗小且污染小，但大容量散热效果欠佳。箱式变电站集变电所和配电所于一身，体积小，功能全，适用在不宜建变配电所且容量不是很大或容易引起压降的场所，但箱式变电站价格较高，因为无人值班，故障时会影响生产。

（4）柴油发动机安装。作为备用电源，柴油发动机是首选，柴油发动机的容量确定：$P=KP_j/\eta$。安装工作主要有基础施工、机组就位、机组调校、安装接地线、控制箱安装、机组接线、机组调试和试运行。

练习题5

1. 选择题

（1）额定电压在500V以下的电动机，其绝缘电阻应不低于（　　）MΩ。

A. 0.5　　B. 1　　C. 10　　D. 20

(2) 固定在基础上的电动机，一般应有不小于（　　）维护通道。

A. 1.2m　　B. 1.8m　　C. 2m　　D. 3m

(3) 交流电动机冷态可连续启动两次，但每次间隔时间不得小于（　　）min。

A. 1　　B. 3　　C. 5　　D. 10

(4) 配电箱（板）内，应分别设置（　　）。

A. 接地螺栓　　B. N 线汇流排　　C. PE 线汇流排　　D. N、PE 线汇流排

(5) 每台配电柜（盘）单独与接地干线连接。每台柜从下部的基础型钢侧面上焊上 M10 螺栓，用（　　）mm^2 铜线与柜上的接地端子连接牢固。

A. 4　　B. 6　　C. 10　　D. 16

(6) 柜内相间和相对地间的绝缘电阻应大于（　　）MΩ。

A. 0.5　　B. 5　　C. 10　　D. 30

(7) 变压器应进行 3 ～ 5 次全压冲击合闸，无异常情况，第一次受电后，持续时间应不少于（　　）min。

A. 5　　B. 10　　C. 30　　D. 60

(8) 箱式变电站是由（　　）、变压器和低压配电柜组成。

A. 高压断路器　　B. 高压隔离开关　　C. 高压熔断器　　D. 高压配电柜

(9) 冷态时，发电机绕组及温度传感器（在常温下）对机壳的绝缘电阻应不低于（　　）MΩ。

A. 0.5　　B. 10　　C. 20　　D. 30

(10) 柴油机的废气可用外接排气管引至室外，引出管不宜过长，管路转弯不宜过急，弯头不宜多于（　　）个。

A. 1　　B. 2　　C. 3　　D. 4

2. 简答题

(1) 电动机与被驱动机械有哪几种连接方式？

(2) 鼠龙式异步电动机接线有哪几种方式？画出接线示意图。

(3) 电动机试运行应满足哪些要求？

(4) 简述配电柜的种类。

(5) 配电柜对其内部的 N 线和 PE 线汇流排有哪些要求？

(6) 根据电动机单方向运行电路图，绘制二次安装接线图。

(7) 配电柜中各种导线的颜色是如何规定的？

(8) 电力变压器有哪几种类型？各适合什么场所？

(9) 干式变压器对安装环境有哪些要求？

(10) 对箱式变压器的接地有什么要求？

(11) 柴油发电机由哪几部分组成？

(12) 柴油发电机组安装有哪些内容？

学习单元6

常用室外配线

教学导航

<table>
<tr><td colspan="2">教学任务</td><td>任务 6. 1　架空配电线路施工
任务 6. 2　电缆线路施工</td><td>学时</td><td>10</td></tr>
<tr><td rowspan="2">教学目标</td><td>知识方面</td><td colspan="3">了解架空线路的结构及各种器件的规格型号和使用场所
了解各种规格型号电缆的特征和使用场所
掌握架空线路的施工方法程序和工艺要求
掌握电缆线路各种敷设方式的施工方法、工艺流程和工艺要求
熟知常用室外配线竣工验收内容</td></tr>
<tr><td>技能方面</td><td colspan="3">根据不同环境和配线要求确定配线方式
在电气项目设计中，能熟练选择电缆敷设的方式</td></tr>
<tr><td colspan="2">重点</td><td colspan="3">根据工程特点选择合适电缆
掌握电缆直埋、电缆沟和排管敷设的施工程序、方法和要求</td></tr>
<tr><td colspan="2">难点</td><td colspan="3">电缆头的制作工艺</td></tr>
</table>

任务 6.1　架空配电线路施工

【任务背景】 架空线路是电力网的重要组成部分，其作用是输送和分配电能。架空配电线路是采用电杆将导线悬空架设直接向用户供电的配电线路。一般按电压等级分类，1kV 及以下的为低压架空配电线路，1kV 以上的为高压架空配电线路。

架空线路具有架设简单，造价低，材料供应充足，分支、维修方便，便于发现和排除故障等优点，缺点是易受外界环境的影响，供电可靠性较差，影响环境的整洁美观等。

6.1.1　架空配电线路的结构与施工程序

1. 架空配电线路的结构

架空配电线路主要由电杆、横担、导线、拉线、绝缘子及金具等组成，结构如图 6.1 所示。

1）电杆基础

电杆基础是对电杆地下设备的总称，主要由底盘、卡盘和拉线盘等组成。其作用主要是防止电杆因承受垂直荷重、水平荷重及事故荷重等所产生的上拔、下压甚至倾倒等。是否装设三盘应依据设计和现场具体情况而定。

2）电杆及杆型

电杆是架空配电线路的重要组成部分，是用来安装横担、绝缘子和架设导线的，其截面有圆形和方形两种。

按材质电杆可分为木杆、钢筋混凝土杆和金属杆。金属杆一般使用在线路的特殊位置，木杆由于木材供应紧张且易腐烂，除部分地区个别线路外，新建线路已均不使用，普遍使用的是钢筋混凝土电杆，钢筋混凝土电杆具有经久耐用及抗腐蚀等优点，但比较笨重。

电杆在线路中所处的位置不同，它的作用和受力情况就不同，杆顶的结构形式也就有所不同。一般按其在配电线路中的作用和所处位置可将电杆分为直线杆、耐张杆、转角杆、终端杆、分支杆和跨越杆 6 种基本形式。

3）导线

由于架空配电线路经常受到风、雨、雪、冰等各种载荷及气候的影响，以及空气中各种化学物质的侵蚀，因此要求导线应有一定的机械强度和耐腐蚀性能。架空配电线路中常

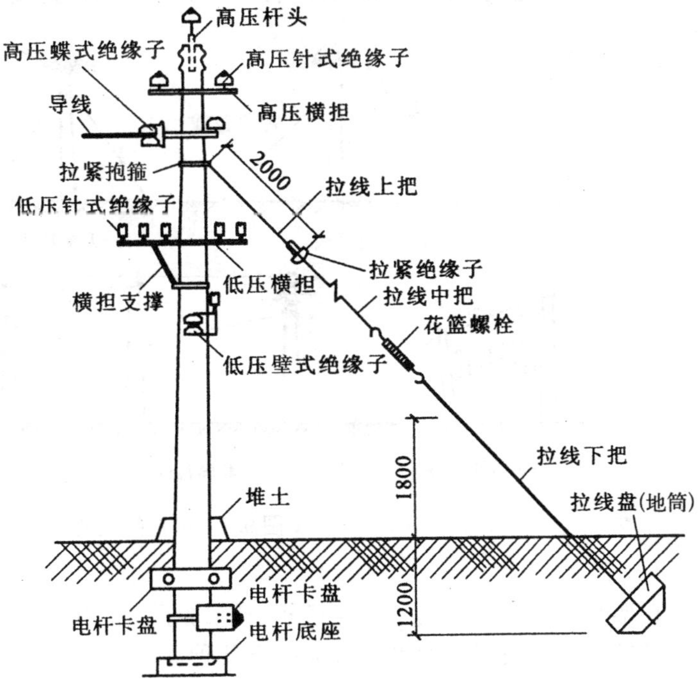

图 6.1　架空配电线路电杆结构图

用裸绞线的种类有裸铜绞线（TJ）、裸铝绞线（LJ）、钢芯铝绞线（LGJ）和铝合金线（HLJ）。低压架空配电线路也可采用绝缘导线。

导线在电杆上的排列为：高压线路一般为三角排列，线间水平距离为 1.4m；低压线路一般为水平排列，导线间水平距离为 0.4m；考虑登杆的需要，靠近电杆两侧的导线距电杆中心距离增大到 0.3m。

4）横担

架空配电线路的横担较为简单，它装设在电杆的上端，用来安装绝缘子、固定开关设备、电抗器及避雷器等，因此要求有足够的机械强度和长度。

架空配电线路的横担，按材质可分为木横担、铁横担和陶瓷横担 3 种；按使用条件或受力情况可分为直线横担、耐张横担和终端横担。架空配电线路普遍使用角钢横担。横担的选择与杆型、导线规格及线路挡距有关。

5）绝缘子

绝缘子（俗称瓷瓶）是用来固定导线，并使导线与导线、导线与横担、导线与电杆间保持绝缘，此外，绝缘子还承受导线的垂直荷重和水平拉力，所以选用时应考虑绝缘强度和机械强度。架空配电线路常用绝缘子有针式绝缘子、碟式绝缘子、悬式绝缘子和拉线绝缘子。

6）拉线

拉线的作用是平衡电杆各方向的拉力，防止电杆弯曲或倾倒。因此，在承力杆（终端杆和转角杆）上，均需装设拉线。为了防止电杆被强风刮倒或遭受冰凌荷载的破坏影响，或在土质松软的地区，为增强线路电杆的稳定性，有时也在直线杆上，每隔一定距离装设防风拉线（两侧拉线）或四方拉线。线路中使用最多的是普通拉线。还有由普通拉线组成的人字拉线、十字拉线，另外，还有水平拉线（过道拉线）、共同拉线、V 形拉线、弓形拉线和自身拉线等，如图 6.2 所示。

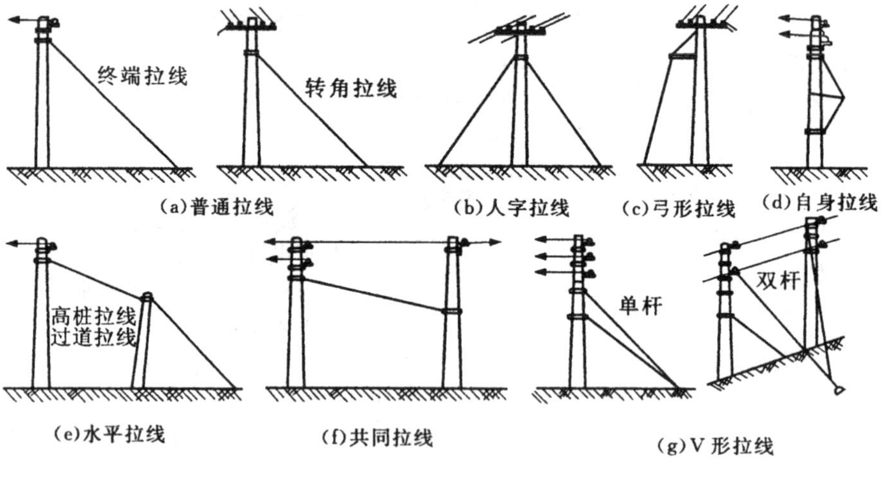

图 6.2　电杆拉线的类型

7）金具

在架空电力线路中用来固定横担、绝缘子、拉线及导线的各种金属连接件统称为金具。其品种较多，一般根据用途可分为以下几种。

（1）连接金具。用于连接导线与绝缘子、绝缘子与杆塔横担的金具，如耐张线夹、碗头挂板、球头挂环、直角挂板、U 形挂环等。架空线路常用连接金具如图 6.3 所示。

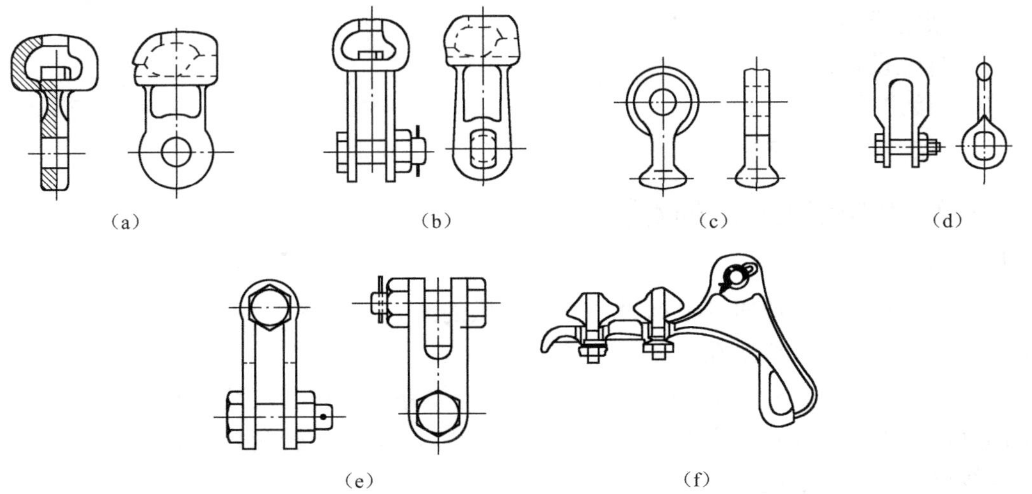

图 6.3 架空线路常用拉线金具

(2) 接续金具。用于接续断头导线的金具，如接续导线的各种铝压接管及在耐张杆上连接导线的并沟线夹等。

(3) 拉线金具。用于拉线的连接和承受拉力之用的金具，如楔形线夹、U 形夹、花篮螺钉等。架空线路常用拉线金具如图 6.4 所示。

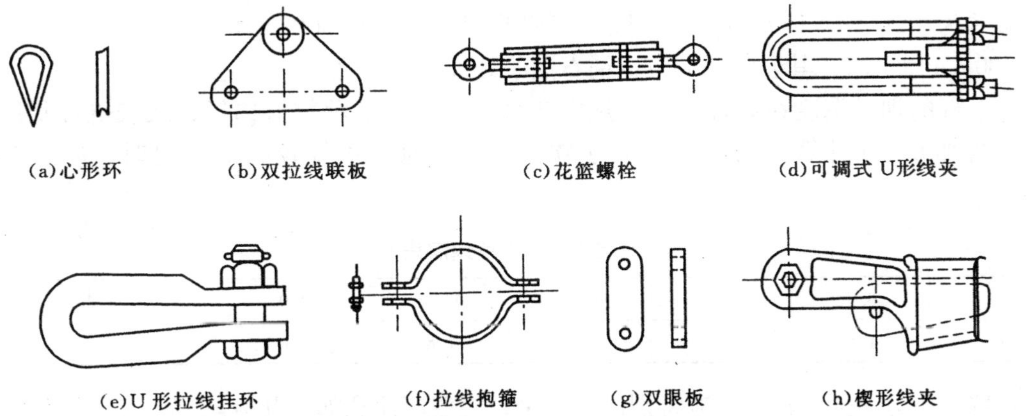

图 6.4 架空线路常用拉线金具

2. 架空配电线路施工程序 重点提示

架空配电线路施工的一般步骤：

(1) 熟悉设计图纸，明确施工要求；

(2) 按设计要求，准备材料和机具；

(3) 测量定位，按图纸要求，结合施工现场的情况，确定电杆的杆位；

(4) 挖坑，根据杆位，进行基础施工；

(5) 组装电杆，将横担及其附属绝缘子、金具、电杆组装在一起；

(6) 立杆；

(7) 制作并安装拉线或撑杆；

（8）架空线架设与驰度观察；

（9）杆上设备安装；

（10）接户线安装；

（11）架空线路的竣工验收。

6.1.2 架空配电线路的安装

1. 测量定位

线路测量及杆塔定位通常根据设计部门提供的线路平面图、断面图和杆塔明细表进行。定位方法可采用标杆定位法和经纬仪定位法。

杆坑定位应准确。对于10kV及以下架空配电线路直线杆，杆坑中心顺线路方向的位移应不超过设计挡距的3%；横线方向上位移应不超过50mm。转角杆、分支杆杆坑中心横线路、顺线路位移应不超过50mm。

2. 挖坑

杆坑中心位置确定后即可根据中心桩位，依据图纸规定尺寸，量出挖坑范围，用白灰在地面上画出白粉线，坑口尺寸应根据基础埋深及土质情况来决定。

杆坑形式分为圆形坑和长方形坑，当采用抱杆立杆时还要留有滑坡（马道）。无论是圆形坑、方形坑或拉线坑，坑底均应基本保持平整，便于进行检查测量坑深。坑深检查一般以坑边四周平均高度为基准，可用水准仪和塔尺、测杆测量，也可用直尺直接测量坑深。坑深允许偏差为 -50 ～ +100mm，当杆坑深度偏差超过100 ～ 300mm时，可用填土夯实处理。超过300mm以上时，其超深部分应以铺石灌浆处理。

若电杆的埋设深度在设计时没有规定，可按表6.1所示数值选择，或按电杆长度的十分之一再加0.7m计算。当遇有土质松软、流砂、地下水位较高等情况时，应进行特殊处理。

表6.1 电杆埋深表

杆长/m	8.0	9.0	10.0	11.0	12.0	13.0	15.0
埋深/m	1.5	1.6	1.7	1.8	1.9	2.0	2.3

挖坑工作劳动强度较大，应特别注意安全，一般应注意如下几点。

（1）施工中所用的工具必须坚实牢固，并应经常注意检查，以免发生事故。

（2）当坑深超过1.5m时，坑内工作人员必须戴安全帽；当坑底面积超过1.5m^2时，允许两人同时工作，但两人不得面对面操作或挨得太近。

（3）严禁在坑内休息。

（4）挖坑时，坑边不应堆放重物，以防坑壁垮坍。禁止将工器具放在坑壁边缘，避免掉落伤人。

（5）在行人通过地区，当坑挖完不能很快立杆时，应在坑的四周设置围栏，夜间应装设红色警戒灯，以防行人跌入坑内。

3. 电杆组装

起立杆塔有整体起立和分解起立两种方式。整体起立杆塔的优点在于，绝大部分组装工作在地面上进行，高空作业量少，施工比较安全方便。架空配电线路应尽可能采用整体起立的方法。这就必须在起立之前对杆塔进行组装。所谓组装，就是根据图纸及杆型装置杆塔本体、横担、金具、绝缘子等。组装电杆施工程序如下。

电杆连接 → 横担组装 → 杆顶支座安装 → 绝缘子安装

1）电杆连接

等径分段钢筋混凝土电杆和分段的环形截面锥形电杆，均必须在施工现场进行连接。钢圈连接的钢筋混凝土电杆宜采用电弧焊接，焊接的具体要求详见相关规范。

2）横担组装

导线的布置不同，横担安装距离也不同。在低压线路中，导线的布置都采用水平排列，在高压线路中，导线的布置多采用三角形排列，以提高线路的耐雷水平。安装横担时，将电杆顺线路方向放在杆坑旁准备起立的位置处，杆身下两端各垫道木一块，从杆顶向下量取最上层横担至杆顶的距离，画出最上层横担安装位置。先把 U 形抱箍套在电杆上，放在横担固定位置；在横担上合好 M 形抱铁，使 U 形抱箍穿入横担和抱铁的螺栓孔，用螺母固定。先不要拧紧，只要立杆时不向下滑动即可。待电杆立起后，再将横担调整至符合规定，将螺帽逐个拧紧。调整好了的横担应平正，端部上下歪斜、左右歪斜及左右扭斜均不得超过 20mm。

杆上横担的安装位置，应符合下列要求。

（1）直线杆单横担应安装在受电侧。转角杆、分支杆、终端杆及受导线张力不平衡的地方，横担应安装在张力的反方侧。遇有弯曲的电杆，单横担应装在弯曲的凸面，且应使电杆的弯曲与线路的方向一致。

（2）直线多层横担应装设在同一侧。各横担须平行架设在一个垂直面上，与配电线路垂直。高低压合杆架设时，高压横担应在低压横担的上方。

（3）低压架空线路导线采用水平排列，最上层横担距杆顶的距离不宜小于 200mm。高压架空配电线路导线成三角形排列，最上层横担（单回路）距杆顶距离宜为 800mm，耐张杆及终端杆宜为 1000mm。当高低压共杆或多回路多层横担时，各层横担间的最小垂直距离如表 6.2 所示。

表 6.2　同杆架设线路横担间的最小垂直距离（m）

架设方式	直线杆	分支或转角杆
3 ～ 10kV 与 3 ～ 10kV	0.80	0.50
3 ～ 10kV 与 3kV 以下	1.20	1.00
3kV 以下与 3kV 以下	0.60	0.30

（4）15°以下的转角杆和直线杆，宜采用单横担，但在跨越主要道路时应采用单横担双绝缘子；15°～45°的转角杆，宜采用双横担双绝缘子；45°以上的转角杆，宜采用十字横担。

3）杆顶支座安装

将杆顶支座的上、下抱箍抱住电杆，分别将螺栓穿入螺栓孔，用螺母拧紧固定。如果电杆上留有装杆顶支座的孔眼，则不用抱箍，可将螺栓直接穿入支座和电杆上的孔眼，用螺母拧紧固定即可。

4）绝缘子安装

杆顶支座及横担调整紧固好后即可安装绝缘子。安装前应把绝缘子表面的灰垢、附着物及不应有的涂料擦拭干净，经过检查试验合格后，再进行安装。要求安装牢固、连接可靠、防止积水。悬式绝缘子的安装，应符合下列规定：

（1）与电杆、导线金具连接处，无卡压现象；

（2）耐张串上的弹簧销子、螺栓及穿钉应由上向下穿。当有特殊困难时可由内向外或由左向右穿入；

（3）绝缘子裙边与带电部分的间隙应不小于50mm。

4. 立杆

架空配电线路施工常用立杆方法有如下几种。

（1）撑杆（架杆）立杆。对10m以下的钢筋混凝土电杆可用3副架杆，轮换着将电杆顶起，使杆根滑入坑内。此立杆方法劳动强度较大，适用于长度不超过10米的电杆。

（2）汽车吊立杆。此种方法可减轻劳动强度、加快施工进度，但在使用上有一定的局限性，只能在有条件停放吊车的地方使用。

（3）抱杆立杆。分固定式抱杆和倒落式抱杆。倒落式抱杆立杆采用人字抱杆，可以起吊各种高度的单杆或双杆，是立杆最常用的方法，倒落式抱杆立杆如图6.5所示。

倒落式抱杆立杆用的工具主要有抱杆、滑轮、卷扬机（或绞磨）、钢丝绳等。立杆前，先将制动用钢丝绳一端系在电杆根部，另一端在制动桩上绕3～4圈，再将起吊钢丝绳一端系在抱杆顶部的铁帽上，另一端绑在电杆长度的2/3处。在电杆顶部接上临时调整绳三根，按三个角分开控制。总牵引绳的方向要与制动桩、坑中心、抱杆铁帽处于同一直线上。

起吊时，抱杆和电杆同时竖起，负责制动绳的人要配合好，加强控制。当电杆起立至适当位置时，缓慢松动制动绳，使电杆根部逐渐进入坑内，但杆根应在抱杆失效前接触坑底。当杆根快要触及坑底时，应控制其正好处于立杆的正确位置上。在整个立杆过程中，左右侧拉线要均衡施力，以保证杆身稳定。当杆身立至与地面成70°位置时，反侧临时拉线要适当拉紧，以防电杆倾倒。当杆身立至80°时，立杆速度应放慢，并用反侧拉线与卷扬机配合，使杆身调置到正直。

调整杆位，一般可用杠子拨动，使电杆移至规定位置。

调整好的电杆应满足如下要求：

（1）直线杆的横向位移应不大于50mm；电杆的倾斜应不使杆梢的位移大于半个杆梢；

（2）转角杆应向外角预偏，紧线后应不向内角倾斜，向外角的倾斜也应不使杆梢位移大于一个梢径；转角杆的横向位移应不大于50mm；

（3）终端杆应向拉线侧预偏，其预偏值应不大于梢直径，紧线后应不向受力侧倾斜，向拉线侧倾斜应不使杆梢位移大于一个杆梢。

调整符合要求之后即可进行填土夯实工作。回填土时应将土块打碎，每回填500mm夯实一次。对松软土质的基坑，应增加夯实次数或采取加固措施。夯实时应在电杆的两对侧同时进行或交替进行，以防电杆移位或倾斜。当回填土至卡盘安装位置时，即安装卡盘；然后再继续回填土并夯实，夯实后的基坑应设置防沉土层。土层上部面积不宜小于坑口面积，培土高度宜高出地面300mm，在电杆周围形成一个圆形土台。

5. 拉线安装

1）拉线结构及长度计算

拉线整体由拉线抱箍、楔形线夹、钢绞线、UT 形线夹、拉线棒和拉线盘组成，其组装如图 6.6 所示。当在居民区和厂矿区拉线从导线之间穿过时，应装设拉线绝缘子；并应使在拉线断线时，拉线绝缘子距地面应不小于 2.5m。其目的是避免拉线上部碰触带电导线时，图 6.6 人员在地面上误触拉线而触电。

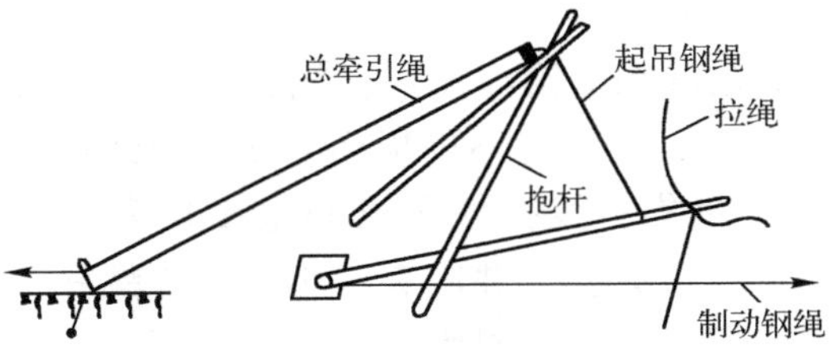

图 6.5　倒落式抱杆立杆示意图

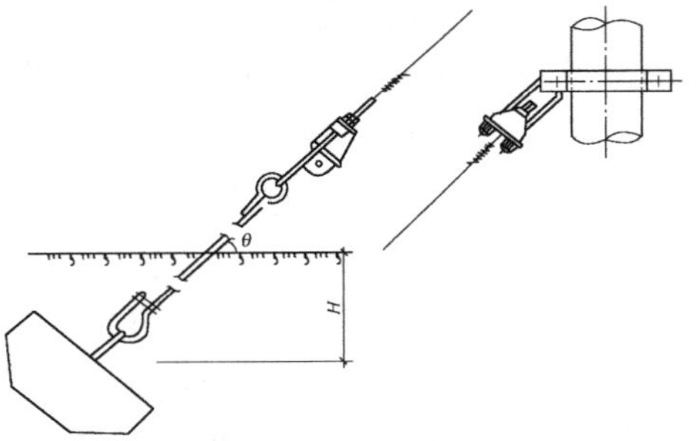

图 6.6　单钢绞线普通拉线组装

拉线的长度的计算，一般是先计算装成拉线的计算长度，然后再计算拉线的预割长度，即钢绞线的下料长度。

所谓拉线的计算长度，指的是从电杆上拉线固定点至拉线棒出土处的直线长度，即拉线装成长度。

算出拉线计算长度的目的是计算拉线组装所需钢绞线的长度，即拉线的预割长度。一般采用下式计算，即

钢绞线长度 = 拉线计算长度 − 拉线棒出土部分长度 − 两端连接金具的长度 + 两端金具出口尾部钢绞线折回长度

2）拉线组装

埋设拉线盘 → 安装拉线上把 → 安装拉线中把

（1）埋设拉线盘。在埋设拉线盘之前，首先应将拉下棒与拉线盘组装好，放入拉线坑内。拉线坑应有斜坡，且宜设防沉层。拉线棒一般采用直径不小于 16 的镀锌圆钢。下把拉线棒装好后，将拉线盘放正，将拉线棒方向对准已立好的电杆，拉线棒与拉线盘应垂直，并使拉线棒的拉环露出地面 500 ～ 700mm。随后就可分层填土，回填土时应将土块打碎后夯实。

（2）安装拉线上把。拉线一般采用截面积不小于 $25mm^2$ 的钢绞线。拉线上把装在电杆上，需用拉线抱箍及螺栓固定（也可在横担上焊接拉线环）。组装时，先用一只螺栓将拉线抱箍抱在电杆上，然后把预制好的上把拉线环放在两块抱箍的螺孔间，穿入螺栓拧上螺母加以固定。或使用 U 形线夹代替拉线环，先将拉线穿入 U 形线夹固定，再用螺栓将 U 形线夹与拉线抱箍联结，如图 6.6 所示。

（3）安装拉线中把。在埋设好下部拉线盘，做好拉线上把后，便可收紧拉线做中把，使上部拉线和下部拉线棒连接起来，形成一个整体，以发挥拉线的作用。

收紧拉线时，一般使用紧线钳。将紧线钳下部钢丝绳系在拉线棒上，紧线钳的钳头夹住拉

线高处，收紧钢丝绳将拉线收紧。将拉线的下端穿过U形线夹的楔形线夹内，将楔形线夹与已穿入拉线棒拉线的U形环连接，套上螺母。此时即可卸下紧线钳，利用可调U形线夹调节拉线的松紧。拉线穿过楔形线夹折回尾线长度为300～500mm，尾线回头与本线应扎牢。

安装好了的拉线应符合下列规定：

① 拉线与地面的夹角应符合设计要求，宜为45°，其偏差应不大于3°；

② 终端杆的拉线及耐张杆承力拉线应与线路方向的中心线对正，分角拉线应与线路分角线方向对正，防风拉线应与线路方向垂直；

③ 跨越道路的拉线，对行车路面边缘的垂直距离应不小于5m，对行车路面中心的垂直距离应不小于6m；跨越电车行车线时，对路面中心的垂直距离应不小于9m；

④ 采用U形线夹及楔形线夹固定拉线时，应在丝扣上涂润滑剂；线夹舌板与拉线接触应紧密，受力后无滑动现象，线夹的凸肚应在尾线侧，安装时不得损伤导线；拉线弯曲部分不应有明显松股，拉线断头处与拉线主线应固定可靠；线夹处露出的尾线长度为300～500mm，尾线回头后与本线应扎牢。U形线夹的螺杆应露扣，并应有不小于1/2螺杆丝扣长度可供调紧，调整后，其双螺母应并紧，若用花篮螺栓，则应封固；

⑤ 过道拉线的拉桩柱应向张力反方向倾斜10°～20°，埋设深度应不小于拉线柱长的1/6，拉桩坠线与拉桩杆夹角应不小于30°，拉桩坠线上端固定点的位置距拉桩杆顶端应为0.25m，距地面应不小于4.5m；

⑥ 当一根电杆上装设多条拉线时，各条拉线的受力应一致。

3）撑杆的安装

若线路建在高低相差悬殊的地方，一般导线成仰角时用拉线，成附角时用撑杆；当地形受到限制，无法安装拉线时，也可用撑杆代替拉线，作为平衡张力稳定电杆之用，如图6.7所示。撑杆的规格和高度应根据电杆的高度、规格和受力情况来确定。撑杆与电杆间的夹角，应满足设计要求，一般为30°，允许偏差为±5°。撑杆底部埋深不宜小于0.5m，且底部应垫以底盘或块石，并应与撑杆垂直。在撑杆与主杆的结合处，一般采用∠63×63×6的角钢制成的连板支架（两块）和四个M16×210～270的方头螺栓固定。在角钢连板与主杆及撑杆之间要垫以4块特制的M形抱铁，使撑杆与电杆连接紧密、牢固。钢筋混凝土电杆撑杆架设如图6.7所示。

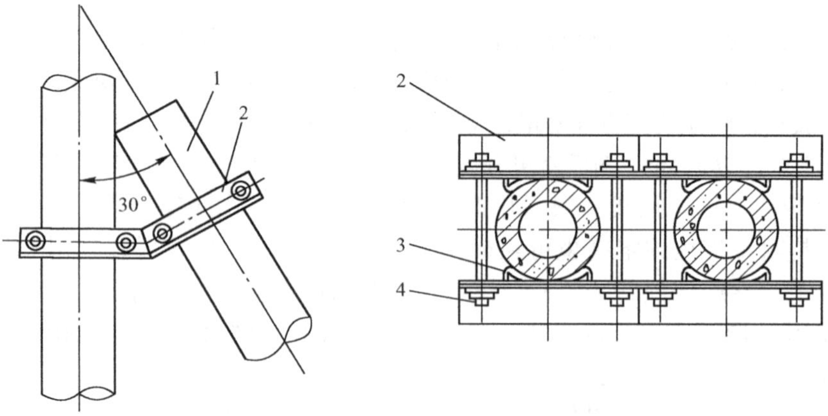

图6.7　钢筋混凝土电杆撑杆架设

6. 架空线架设与驰度观察

导线架设是架空线路施工中的一道大工序，施工人员较多，又是在一个距离较长的施工现场同时作业，有时还要通过一些交叉跨越物。因此，在施工中所有施工人员必须密切配合。

导线架设施工程序如下。

放线 → 导线连接 → 紧线和驰度观测 → 导线在绝缘子上固定

1）放线

放线就是将成卷的导线沿电杆两侧展放，为将导线架设在横担上做准备。

（1）放线前的准备工作。

① 查勘沿线情况，包括所有的交叉跨越情况，应先期制定各个跨越处放线的具体措施，并分别与有关部门取得联系；清除放线通路上可能损伤导线的障碍物，或采取可靠的防护措施，避免擦伤导线；在通过能腐蚀导线的土壤和积水地区时，应有保护措施。

② 全面检查电杆是否已经校正，有无倾斜或缺件需修正补齐。

③ 对于跨越铁路、公路、通信线路及不能停电的电力线路，应在放线前搭设跨越架，其材料可用直径不小于 70mm 的圆木或毛竹，埋深一般为 0.5m，用铁丝或麻绳绑扎。在垂直跨越架上方的架顶上应安装拉线，以加强跨越架的稳定性。

④ 将线盘平稳地放在放线架上，要注意出线端应从线盘上面引出，对准前方拖线方向。

⑤ 对于放线人员的组织，应做好全面安排，指定专人负责，明确交代任务。确定通信联系信号并通知所有参加施工人员。

（2）放线。目前导线的展放大多采用人力拖放，此法不需要牵引设备和大量牵引钢绳，方法简便。但其缺点是需耗费大量劳动力，有时线路通过农田损坏农作物面积较大。拖放人员的安排应根据实际情况，一般平地上按每人平均负重 30kg，山地为 20kg。

放线时，将导线端头弯成小环，并用线绑扎，然后将牵引棕绳（或麻绳）穿过小环与导线绑在一起，拖拉牵引绳，陆续放出导线。为了防止磨伤导线并减轻放线时的牵引拉力，可在每根直线杆的横担上装一只开口滑轮，当导线拖拉至电杆处时，将导线提起嵌入滑轮，这样不断地拖拉导线前进。所用滑轮的直径应不小于导线直接的 10 倍。铝绞线和铜芯铝绞线应采用铝滑轮或木滑轮；钢绞线则可采用铁滑轮或木滑轮。若条件允许，在不损伤导线的前提下，也可将导线沿线路拖放在地面上，再由工作人员登上电杆，将导线用麻绳提到横担上，分别摆好。

在展放导线的过程中，要有专人沿线查看，放线架处也应有专人看守，导线不应有磨损、散股、断股、扭曲、金钩等现象。如有上述情况，应立即停止放线，并加以修补处理或做出明确的标记，以备专门处理。

为避免浪费导线，导线展放长度不宜过长，一般应比挡距增加 2% ～ 3%。还应注意，放线和紧线要尽可能在当天完成。若放线当天来不及紧线，可使导线承受适当的张力，并保持导线的最低点脱离地面 3m 以上，但必须检查各交叉跨越处，以不妨碍通电、通信、通航、通车为原则，然后使导线两端稳妥固定。

2）导线连接

架空线路导线连接的质量，直接影响导线的机械强度和电气性能。导线放完后，导线的断头都要连接起来，使其成为连通的线路。导线的连接方法，随接头的位置不同而有所区别。跳线处接头，常用线夹连接法；其他位置接头，常用钳接（压接）法、单股线缠绕法和多股线交叉缠绕法；特殊地段和部位利用爆炸压接法。

架空线路导线在连接时，需满足下列要求。

（1）不同金属、不同规格、不同绞向的导线，严禁在挡距内连接。必须连接时，只能在杆上跳线（跨越线、弓子线）内用并沟线夹或绑扎连接。

（2）在一个挡距内，每根导线应不超过1个接头。跨越线（道路、河流、通信线路、电力线路）和避雷线均不允许有接头。

（3）导线接头的位置与导线固定点的距离应大于0.5m。

（4）导线接头处的机械强度应不低于原导线强度的90%，电阻应不超过同长度导线的1.2倍。

配电线路中跳线之间连接或分支线与主干线的连接，当采用并沟线夹时，其线夹数量一般不少于2个；采用绑扎连接时，其绑扎长度要求见表6.3。需连接的两导线截面不同时，其绑扎长度应以小截面为准。连接时需做到接触紧密、均匀、无硬弯；跳线应呈均匀弧度。所用绑线应选用与导线同金属的单股线，其直径应不小于2.0mm。

导线的直接连接多采用连接管压接的方法。连接管上压口位置及操作顺序应按图6.8所示进行，压口数量及压后尺寸应符合规定。压接后导线端头露出长度应不小于20mm，导线端头绑线应保留。连接管弯曲度应不大于管长的2%，有明显弯曲时应校直；但应注意校直后的连接管不应有裂纹，管两端附近的导线不应有灯笼、抽筋等现象。压接后将连接管两端出口处、合缝处及外露部分涂刷电力复合脂。压后尺寸的允许误差，铝绞线钳接管为±1.0mm；钢芯铝绞线钳接管为±0.5mm。

表6.3 绑线绑扎长度值

导线截面（mm^2）	绑扎长度（mm）
LJ-35及以下	≥150
LJ-50	≥200
LJ-70	≥250

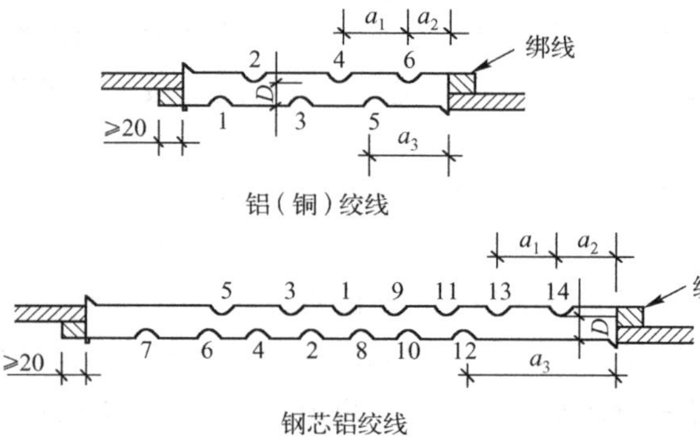

图6.8 导线钳压接

3）紧线和驰度观测

架空配电线路的紧线和驰度观测同时进行。紧线方法通常采用单线法、双线法和三线法。单线法是一线一紧，所用紧线时间较长，但它使用最为普遍。双线法是两根线同时收紧，施工中常用于同时收紧两根边导线。三线法是三根线同时收紧，如图6.9所示。

紧线通常在一个耐张段进行。紧线前必须先做好耐张杆、转角杆和终端杆的拉线，然后再分段紧线。大挡距线路应验算耐张杆强度，以确定是否需要增设临时拉线。临时拉线可拴住横担的两端，以防止紧线时横担发生偏转。待紧完导线并固定好之后，再将临时拉线拆除。

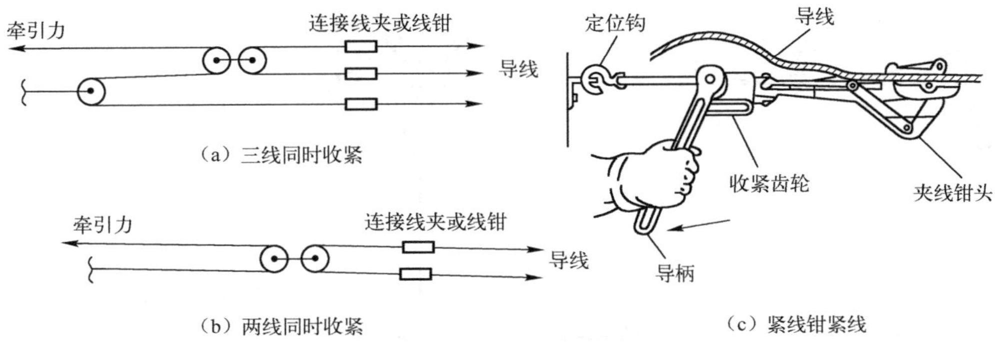

图6.9 紧线图

紧线时将耐张段一段的电杆作为固定端，另一端的电杆作为紧线端。先在固定端将导线放入耐张线夹中固定，然后在耐张段紧线端，用人力直接或通过滑轮组牵引导线，待导线脱离地面2～3m后，再用紧线器夹住导线进行紧线。所用紧线器通常为三角紧线器，如图6.9（c）所示。采用这种三角紧线器紧线时，只需向前推动后面的拉环即可，待中线夹部分张开，夹入导线后，拉紧拉环和钢绳，导线会越拉越紧。在使用过程中，三角紧线器的装拆均较灵活方便。

紧线顺序一般是先紧中导线，后紧两边导线。紧线时，每根电杆上都应有人，以便及时松动导线，使导线接头能顺利越过滑轮和绝缘子。当导线收紧至接近弛度要求值时，应降低牵引速度，待达到弛度要求值后，立即停止牵引，待0.5～1min无变化时，由操作人员在操作杆上量好尺寸画好印记，将导线卡入耐张线夹，然后将导线挂上电杆，松去紧线器。也可以在高空画印后，再将导线放松落地，由地面人员根据印记卡好线，再次紧线，将耐张线夹与绝缘子串（先挂好）连接起来。

弛度观测通常是与紧线工作同时配合进行的。测量的目的在于，使安装后的导线能达到最合理的弛度。弛度的大小应根据当时的环境温度，从电力部门给定的弧垂表和曲线表中查出，不可随意增大或减小。

施工中最常用的观测弛度的方法为平行四边形法，即等长法，如图6.10所示。将弛度测量尺挂在观测挡两端 A、B 电杆上导线悬挂点位置，将横尺（横观测板）定位于弛度数值 f 的 a、b 处，进行紧线操作并观测弛度，当导线最低点稳定在 a、b 两点连线上时，弛度即达到规定值 f。

在两杆导线悬挂点高度差不大的情况下，采用等长法观测弛度比较精确；若悬挂点高差较大，宜采用异长法观测弛度。只是采用此法比等长法多一步计算手续，如图6.11所示。将弛度测量尺挂在观测挡 A、B 两杆的导线悬点位置，选择一适当的 a 值，根据公式算出 b 值。将弛度测量尺上的横尺分别定位于 A'、B' 处。再用等长法相同的观测方式，使导线最低点稳定在 A'、B' 的连接线上，此时弛度即达到规定值 f。

此外，也可用张力表法测定导线弛度。其方法是，按当时环境温度，从电力部门给定的弧垂表和曲线表上查得对应张力的数值，测量时，将张力表连在收紧导线或钢丝绳上，然后，在紧线时从张力表中直接观测导线的张力数值，当这个数值与所查得的数值相符时，即为所要求的弛度。

10kV及以下架空配电线路导线紧好后，其弛度的误差不应超过设计弛度的 ±5%，同一挡距内各相导线弛度宜一致，水平排列的导线弛度相差不应大于50mm。

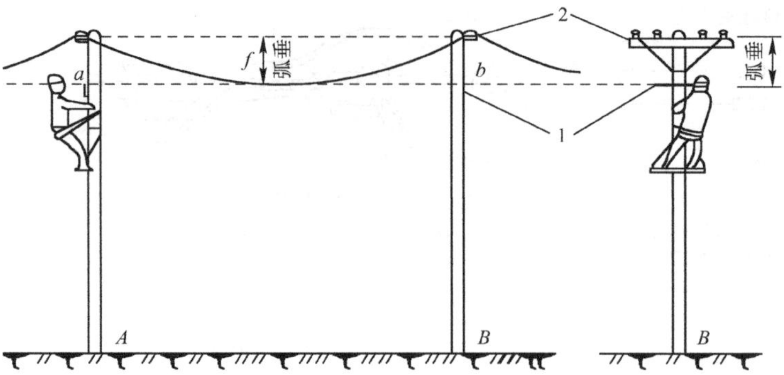

图 6.10　等长法测定导线弧垂

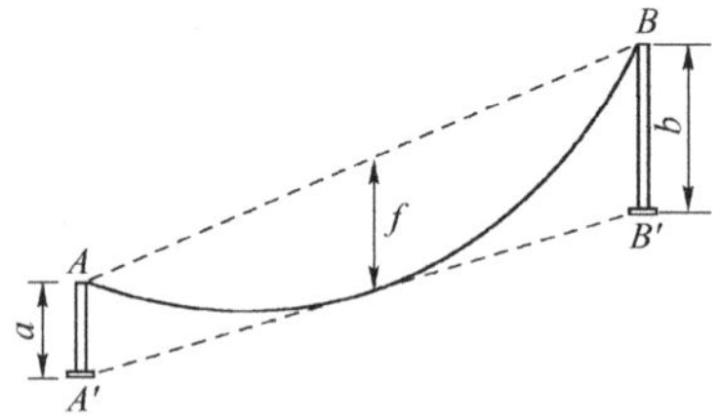

图 6.11　异长法观测驰度示意图

4）导线在绝缘子上的固定

导线在绝缘子上的固定方法，通常有顶绑法、侧绑法、终端绑扎法和用耐张线夹固定法。导线在直线杆针式绝缘子上的固定多采用顶绑法，如图 6.12 所示。导线在转角杆针式绝缘子上的固定采用侧绑法，有时由于针式绝缘子顶槽太浅，在直线杆上也可采用侧绑法，其绑扎方法如图 6.13 所示。蝶式绝缘子的绑扎方法如图 6.14 所示。此种方法用于终端杆、耐张杆及耐张型转角杆上。但当这些电杆全部使用悬式绝缘子串时，则应采用耐张线夹固定导线与其配合。耐张线夹固定导线如图 6.15 所示。

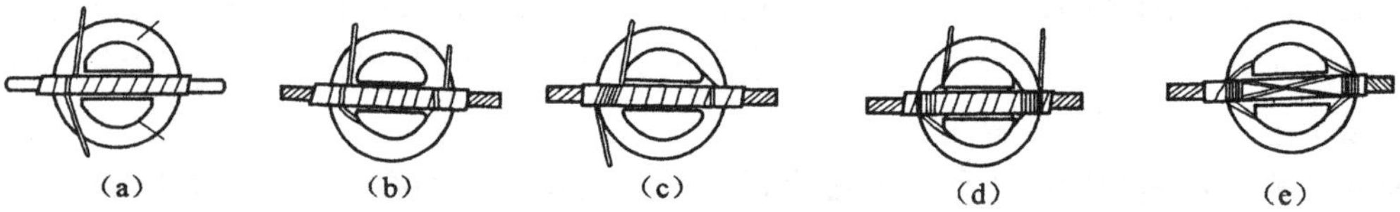

图 6.12　顶绑法

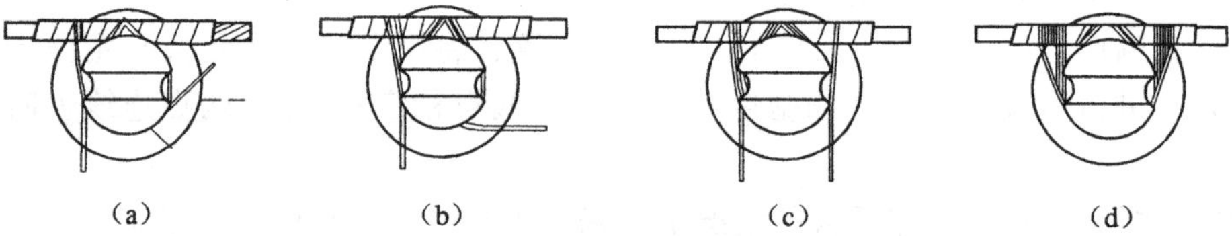

图 6.13　侧绑法

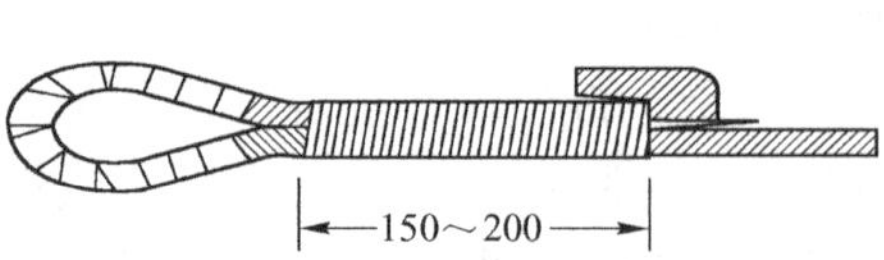

图 6.14　终端侧绑法

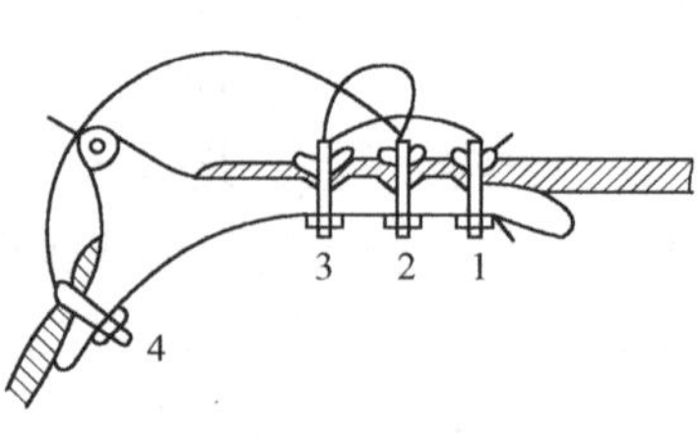

图 6.15　耐张线夹固定法

导线的固定应牢固、可靠；绑扎时应在导线的绑扎处（或固定处）包缠铝包带，一般铝包带宽为 10mm，厚为 1mm，包缠应紧密无缝隙，但不应相互重叠（铝包带在导线弯曲的外侧允许有些空隙）。包缠长度应超出绑扎部分 20 ～ 30mm。所用绑线应为与裸导线材料相同的裸绑线；当导线为绝缘导线时，应使用带包皮的绑线。绑扎时应注意不损伤导线和绑线，绑扎后应不使导线过分弯曲，绑线在绝缘子颈槽内不得互相挤压。

7. 杆上设备安装

常用的杆上设备有变压器、高压跌落式熔断器、高压负荷开关、高压油开关（高压断路器）、避雷器等。

（1）电杆上的电气设备安装应牢固可靠；电气连接应接触紧密；不同金属连接应有过渡措施；瓷件表面光洁，无裂缝、破损等现象。

（2）杆上变压器及变压器台的安装，其水平倾斜不大于台架根开的 1/100；一、二次引线排列整齐、绑扎固定；油枕、油位正常，外壳干净。接地可靠，接地电阻值符合规定；套管压线螺栓等部件齐全；呼吸孔道畅通。

（3）变压器中性点应与接地装置引出干线直接连接。由接地装置引出的干线，以最近距离直接与变压器中性点（N 端子）可靠连接，以确保低压供电系统可靠、安全地运行。

（4）跌落式熔断器的安装，要求各部分零件完整；转轴光滑灵活，铸件不应有裂纹、砂眼锈蚀。瓷件良好，熔断器管不应有吸潮膨胀或弯曲现象。熔断器安装牢固、排列整齐，熔断器管轴线与地面的垂线夹角为 15°～ 30°。合熔断器管时上触头应有一定的压缩行程；上、下引线压紧；与线路导线的连接紧密可靠。高压跌落式熔断器如图 6. 16 所示。

（5）杆上断路器和负荷开关的安装，其水平倾斜不大于担架长度的 1/100。引线连接紧密，当采用绑扎连接时，长度不小于 150mm。外壳干净，不应有漏油现象，气压不低于规定值；操作灵活，分、合位置指示正确可靠；外壳接地可靠，接地电阻值符合规定。户外高压断路器如图 6. 17 所示。户外高压负荷开关如图 6. 18 所示。

图 6. 16　高压跌落式熔断器

图 6. 17　户外高压断路器

图 6. 18　户外高压负荷开关

（6）杆上隔离开关的瓷件良好，操作机构动作灵活，隔离刀刃合闸时接触紧密，分闸后应有不小于 200mm 的空气间隙；与引线的连接紧密可靠。水平安装的隔离刀刃，分闸时宜使静触头带电。三相运动隔离开关的三相隔离刀刃应分、合同期。杆上隔离开关如图 6. 19 所示。

（7）低压熔断器和开关安装要求各部分接触应紧密，便于操作。低压熔断器（片）安装要求无弯折、压偏、伤痕等现象。

（8）杆上避雷器（如图 6. 20 所示）的瓷套与固定抱箍之间加垫层；安装排列整齐、高低一致；相间电压为 1 ～ 10kV 时，

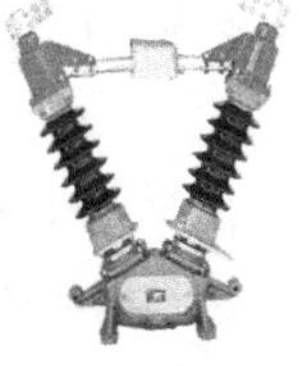

图 6. 19　户外高压隔离开关

图 6. 20　杆上避雷器

相间距离不小于350mm；1kV以下时，相间距离不小于150mm。避雷器的引线短而直、连接紧密，采用绝缘线时，其截面要求如下。

① 引上线：铜线截面不小于16mm^2，铝线截面不小于25mm^2。

② 引下线：铜线截面不小于25mm^2，铝线截面不小于35mm^2。

引下线接地可靠，接地电阻值符合规定。与电气部分连接，应不使避雷器产生外加应力。

8. 接户线安装

接户线是指从架空线路电杆上引到建筑物电源进户点前第一支持点的一段架空导线。按其电压等级可分为低压接户线和高压接户线。接户线安装应满足设计要求。

1）低压接户线

低压接户线一般应从靠近建筑物而又便于引线的一根电杆上引下来，其挡距不宜大于25m，否则不宜直接引入，应增设接户杆。低压接户线一般应采用绝缘导线，导线的架设应符合下列规定。

（1）低压架空接户线的线间距离，在设计未规定且挡距超过25m时，应不小于200mm；挡距小于25m时，为150mm。沿墙敷设且挡距不超过6m时，为100mm；超过6m时，为150m。

（2）接户线不宜跨越建筑物，若必须跨越，在最大驰度情况下，对建筑物的垂直距离应不小于2.5m；且接户线与建筑物有关部位接近时，其最小距离应符合下列规定：与上方窗户和阳台的垂直距离不小于800mm；与下方窗户的垂直距离不小于300mm；与下方阳台的垂直距离应不小于2500mm；与窗户和阳台的水平距离应不小于750mm；与墙壁、构架的距离应不小于50mm。

（3）低压架空接户线不应从高压引下线间穿过，同时也严禁跨越铁路。跨越通车街道的接户线不允许有接头。当与弱电线路交叉时，若接户线在弱电线路上方，垂直距离应为600mm；在弱电线路下方时，垂直距离应为300mm。

（4）接户线在最大驰度时，跨越街道及建筑物的最小距离应不小于下列规定：通车的街道为6m；不通车的街道、人行道为3.5m；胡同（里）、弄、巷为3.0m，进户点的对地距离应不小于2.5m。

（5）低压架空接户线在电杆上和进户处均应牢固地绑扎在绝缘子上，以避免松动和脱落。绝缘子应安装在支架上和横担上，支架或横担应装设牢固，并能承受接户线的全部动力。导线截面在16mm^{2}及以上时，应使用蝶式绝子。

导线穿墙必须用套管保护，套管埋设应内高外低，以免雨水流入屋内。钢管可用防水弯头，管口应光滑，防止擦伤导线绝缘。

2）高压架空接户线

高压架空接户线安装应遵守高压架空配电线路架设的有关规定，在此提出注意的有以下几点。

（1）高压接户线的挡距不宜大于40m。当采用裸绞线时，其最小允许截面为：铜绞线16mm^2；铝绞线25mm^2。高压架空接户线采用绝缘线时，线间距离应不小于450mm。

（2）接户线受电端的对地距离，应不小于4.0m。接户线距地面的垂直距离，应不小于：居民区为6.5m，非居民区为5.5m，交通困难地区为4.5m。

（3）高压架空接户线在引入口处的对地距离应不小于4.0m。导线引入室内必须采用穿墙套管而不能直接引入，以防导线与建筑物接触，造成触电伤人及发生接地故障。

（4）导线的固定。当导线截面较小时，一般可使用悬式绝缘子与蝶式绝缘子串联方式固定在建筑物的支持点上，当导线截面较大时，则应使用悬式绝缘子与耐张线夹串联方式固定。

不论接户线的电压高低，都应注意：导线在挡距内不准接头。且要保证导线在最大摆动时，不应有接触树木和其他建筑物的现象。由两个不同电源引入的接户线不宜同杆架设。

（1）架空线施工主要有哪些工作？

（2）TN-S系统或TN-C-S系统供电时，和保护零线在同一横担架设时，面向负荷其相序从左向右如何排列？

（3）架空线上什么地方应安装跌落式熔断器或高压断路器？

6.1.3 架空配电线路的竣工验收

架空线路工程的验收工作一般分为隐蔽工程验收检查、中间验收检查及竣工验收检查三个阶段。

1. 隐蔽工程验收检查

隐蔽工程是指在竣工后无法检查的工程部分。其内容大致有以下几项。

（1）基础坑深，包括电杆坑、拉线坑。

（2）预制基础埋设，如底盘、卡盘、拉线盘的规格与安装位置。

（3）各种连接管的规格、压接前的内外径、长度及压接装置。

（4）接地装置的安装。

2. 中间验收检查

中间验收检查是指施工班组完成一个或数个分项（基础、杆塔、接地等）成品后进行验收检查。对架空线路施工而言，大致有以下几项。

（1）电杆及拉线。检查的内容包括：电杆焊口弯曲度及焊接质量；杆身高度及扭偏情况；横担及金具安装情况（应平整、紧密、牢固、方向正确）拉线的连接方法及受力情况；回填土况。

（2）接地。检查内容是实测接地电阻，看其是否符合设计的规定值。

（3）架线。检查内容包括：导线及绝缘子的型号及规格是否符合设计要求；金具的规格及连接情况；压接管的位置及数量；导线的驰度；导线对各部分的电气距离；电杆在架设导线后的挠度、线位；导线连接的质量；线路与地面、建筑物之间的距离等。

3. 竣工验收检查

竣工验收检查是在工程全部结束后进行的验收检查。其检查项目如下。

（1）采用器材的型号、规格应符合设计要求。

（2）线路设备标志应齐全。

(3) 电杆组立的各相误差应符合规定，不能超过标准。

(4) 拉线的制作和安装符合要求。

(5) 导线的弧垂、相间的距离、对地距离、交叉跨越距离及对建筑物接近距离符合要求。

(6) 电器设备外观应完整无缺损。

(7) 线位正确、接地装置符合要求。

(8) 基础埋深、导线连接、补修质量应符合设计要求。

(9) 沿线的障碍物、应砍伐的树及树枝等杂物应清除完毕。

工程在竣工验收合格后，应进行下列电气试验。

(1) 测定线路的绝缘电阻。1kV 以下线路绝缘电阻应不小于 0.5MΩ；10kV 线路绝缘电阻不进行规定，但要求每个绝缘子的绝缘电阻不小于 300MΩ。

(2) 测定线路的相位。

(3) 冲击合闸试验（低压线路不要求）。在额定电压下对空载线路冲击合闸三次，合闸过程中线路绝缘子不应有损坏。

若以上试验结果均合格、正常，符合设计要求，则竣工检查结束。最后，将规范规定应提交的技术资料和文件全部移交使用单位。

在验收时应提交的资料和文件如下。

(1) 竣工图。

(2) 变更设计的证明文件（包括施工内容明细表）。

(3) 安装设计记录（包括隐蔽工程记录）。

(4) 交叉跨越距离记录及有关的协议文件。

(5) 原材料和器材出厂证明书和试验记录。

(6) 代用材料清单。

(7) 接地电阻实测值记录。

(8) 调整试验记录。

(9) 有关的批准文件。

任务 6.2 电缆线路施工

【任务背景】 电缆线路在电力系统中作为传输和分配电能之用。随着时代的发展，电力电缆在民用建筑、工矿企业等领域应用越来越广泛。电缆线路与架空线路比较，具有敷设方式多样、占地少、不占或少占用空间、受气候条件和周围环境的影响小、传输性能稳定、维护工作量较小且整齐美观等优点。但是电缆线路也有一些不足之处，如投资费用较大、敷设后不宜变动、线路不宜分支、寻测故障较难、电缆头制作工艺复杂等。

6.2.1 电缆的种类与结构

电缆的种类很多，按用途分有电力电缆和控制电缆；按电压等级分有高压电缆和低压电缆；按导线芯数分有 1 ～5 芯（电力电缆）；按绝缘材料分有纸绝缘电力电缆、聚氯乙烯绝缘电力电缆、聚乙烯绝缘电力电缆、交联聚乙烯绝缘电力电缆和橡皮绝缘电力电缆。

电力电缆由三个主要部分组成，即导电线芯、绝缘层和保护层。其结构如图6.21所示。电力电缆的导电线芯是用来传导大功率的，其所用材料通常是高导电率的铜和铝。我国制造的电缆线芯的标称截面有2.5～800mm^{2}多种规格。

电缆绝缘层是用来保证导电线芯之间、导电线芯与外界的绝缘。绝缘层包括分相绝缘和统包绝缘。绝缘层的材料有纸、橡皮、聚氯乙烯、聚乙烯和交联聚乙烯等。

电力电缆的保护层分内护层和外护层两部分。内护层主要是保护电缆统包绝缘不受潮湿和防止电缆浸渍剂外流及轻度机械损伤。外护层是用来保护内护层的，防止内护层受到机械损伤或化学腐蚀等。护层包括铠装层和外被层两部分。

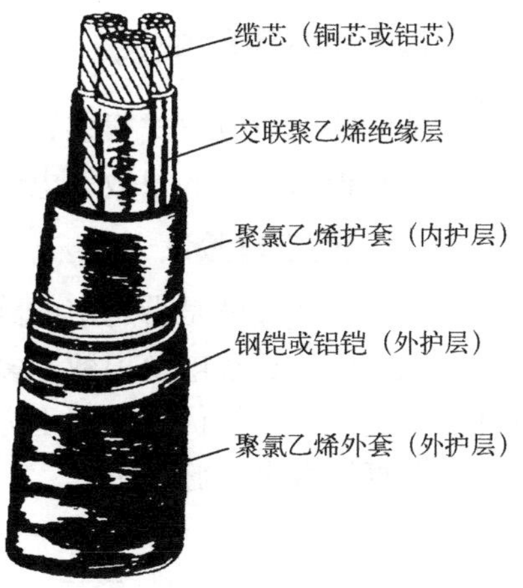

图6.21　交联聚乙烯绝缘电力电缆

6.2.2　电缆的型号及名称

我国电缆的型号是采用双语拼音字母组成，带外护层的电缆则在字母后加上两个阿拉伯数字。常用的电缆型号中汉语拼音字母的含义及排列次序如表6.4所示。

表6.4　常用电缆型号字母含义及排列次序

类　别	绝缘种类	线芯材料	内护层	其他特征	外护层
电力电缆不表示 K—控制电缆 Y—移动式软电缆 P—信号电缆 H—市内电话电缆	Z—纸绝缘 X—橡皮 V—聚氯乙烯 Y—聚乙烯 YJ—交联聚乙烯	T—铜（省略） L—铝	Q—铅护套 L—铝护套 H—橡套 （H）F—非燃性橡套 V—聚氯乙烯护套 Y—聚乙烯护套	D—不滴流 F—分相铅包 P—屏蔽 C—重型	两个数字（含义如表6.5所示）

电缆外护层的结构用两个阿拉伯数字表示，前一个数字表示铠装层结构，后一个数字表示外被层结构。阿拉伯数字代号的含义如表6.5所示。为方便新老代号对照，特列出电缆外护层代号新旧对照，如表6.6所示。

例如，VV22 —10—3×95表示3根截面为95mm^2、聚氯乙烯绝缘、电压为10kV的铜芯电力电缆，铠装层为双钢带，外被层是聚氯乙烯护套。

表6.5　电缆外护层代号的意义

第一个数字		第二个数字	
代号	铠装层类型	代号	外被层类型
0	无	0	无
1	—	1	纤维绕包
2	双钢带	2	聚氯乙烯护套
3	细圆钢丝	3	聚乙烯护套
4	粗圆钢丝	4	—

表6.6　电缆外护层代号新旧对照表

新代号	旧代号	新代号	旧代号
02，03	1，11	(31)	3，13
20	20，120	32，33	23，39
(21)	2，12	(40)	50，150
22，23	22，29	41	5，25
30	30，130	42，43	59，15

6.2.3 电缆的敷设

室外电缆的敷设方式很多，有电缆直埋式、电缆沟、排管、隧道、穿管等。采用哪种敷设方式，应根据电缆的根数、电缆线路的长度及周围环境条件等因素决定。

1. 电缆的直埋敷设

电缆直埋敷设就是沿选定的路线挖沟，然后将电缆埋设在沟内。此种方式一般适用于沿同一路径线路较长且电缆根数不多（8 根以下）的情况。电缆直埋敷设具有施工简便、费用较低、电缆散热好等优点，但土方量大，电缆还易受到土壤中酸碱物质的腐蚀。

电缆直埋敷设的施工工艺：

挖沟 → 敷设电缆 → 回填土 → 埋标桩

1）挖沟

电缆直埋敷设时，首先应根据选定的路径挖沟，电缆沟的宽度与电缆沟内埋设电缆的电压和根数有关。电缆沟的深度与敷设场所有关。电缆沟的形状基本上是一个梯形，对于一般土质，沟顶应比沟底宽 200mm。

2）敷设电缆

敷设前应清除沟内杂物，在铺平夯实的电缆沟底铺一层厚度不小于 100mm 的细沙或软土，然后敷设电缆，敷设完毕，在电缆上面再铺以一层厚度不小于 100mm 的细沙或软土，并盖以混凝土保护板，其覆盖宽度应超过电缆两侧各 50mm。电缆直埋敷设如图 6.22 所示。

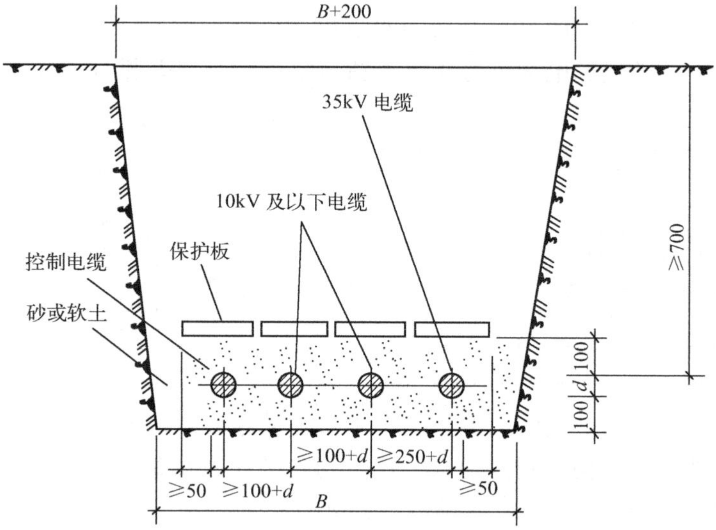

图 6.22　10kV 及以下电缆直埋敷设示意图

3）回填土

电缆敷设完毕，应请建设单位、监理单位及施工单位的质量检查部门共同进行隐蔽工程验收，验收合格后方可覆盖、填土。填土时应分层夯实，覆土要高出地面 150 ～ 200mm，以备松土沉陷。

4）埋标桩

直埋电缆在直线段每隔 50 ～ 100m 处、电缆的拐弯、接头、交叉、进出建筑物等地段应设标桩。标桩露出地面以 15cm 为宜。

直埋电缆敷设的一般规定　重点提示

（1）电缆的埋设深度一般要求电缆的表面距地面的距离应不小于 0.7m。穿越农田时应不小于 1m。在寒冷地区，电缆应埋设于冻土层以下。在电缆引入建筑物、与地下建筑物交叉及绕过地下建筑物时，可埋设浅些，但应采取保护措施。

（2）当电缆与铁路、公路、城市街道、厂区道路交叉时，应敷设于坚固的保护管或隧道内。道路于铁路、公路交叉敷设方法如图 6.23 所示。

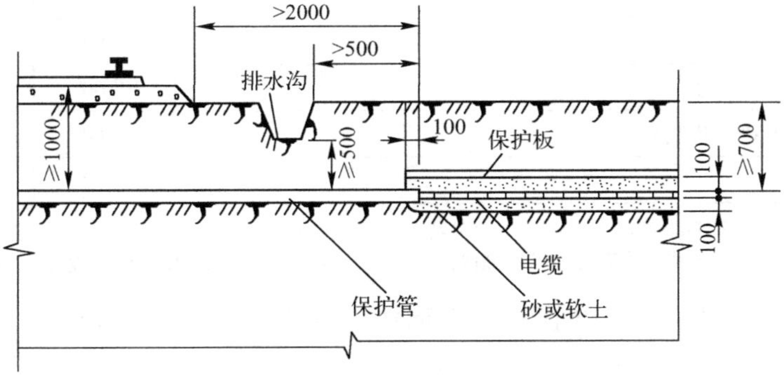

（a）电缆与铁路交叉

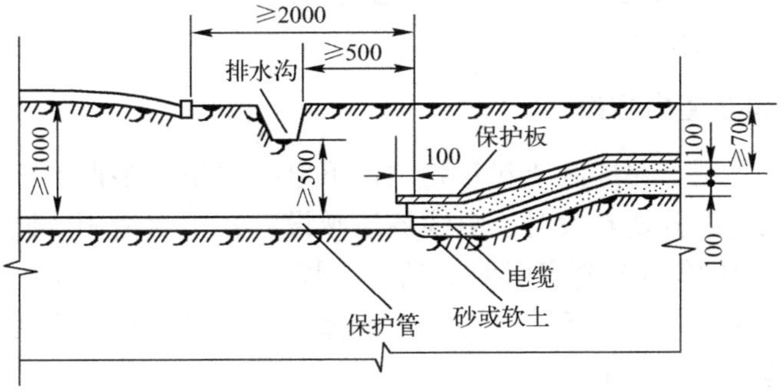

（b）电缆与公路交叉

图 6.23　电缆与铁路、公路交叉敷设的方法

（3）同沟敷设两条及以上电缆时，电缆之间及电缆与管道、道路、建筑物之间平行或交叉时的最小净距应符合表 6.7 的规定。电缆之间不得重叠、交叉和扭绞。

表 6.7　电缆之间及电缆与管道、道路、建筑物之间平行交叉时的最小净距

项　目		最小净距（m）	
		平行	交叉
电力电缆间及其与控制电缆间	10kV 及以下	0.10	0.50
	10kV 以上	0.25	0.50
控制电缆间		—	0.50
不同使用部门的电缆间		0.50	0.50
热管道（管沟）及热力设备		2.00	0.50
油管道（管沟）		1.00	0.50
可燃气体及易燃液体管道（沟）		1.00	0.50
其他管道（管沟）		0.50	0.50
铁路路轨		3.00	1.00
电气化铁路路轨	交流	3.00	1.00
	直流	10.0	1.00
公路		1.50	1.00

续表

项　　目	最小净距（m）	
	平行	交叉
城市街道路面	1.00	0.70
电杆基础（边线）	1.00	—
建筑物基础（边线）	0.60	—
排水沟	1.00	0.50

注：① 电缆与公路平行的净距，当情况特殊时可酌减；
② 当电缆穿管或者其他管道有保温层等保护设施时，表中净距应从管壁或保护设施的外壁算起。

（4）电缆直埋敷设时，严禁在管道上面或下面平行敷设。与管道（特别是热力管道）交叉不能满足距离要求时，应采取隔热措施。

（5）电缆在沟内敷设应有适量的蛇形弯，电缆的两端、中间接头、电缆井内、过管处、垂直位差处均应留有适当的裕度。

2. 电缆在电缆沟和隧道内敷设

电缆沟敷设方式主要用于在厂区或建筑物内地下电缆数量较多但不需采用隧道时及城镇人行道开挖不便，且电缆需分期敷设时。电缆隧道敷设方式主要适用于同一通道的地下中低压电缆达40根以上或高压单芯电缆多回路的情况，以及位于有腐蚀性液体或经常有地面水流溢出的场所。电缆沟和电缆隧道敷设具有维护、保养和检修方便等特点。

电缆沟和电缆隧道敷设的施工工艺：

砌筑沟道 → 制作、安装支架 → 电缆敷设 → 盖盖板

1）*砌筑沟道*

电缆沟和电缆隧道通常由土建专业人员用砖和水泥砌筑而成，其尺寸应按照设计图的规定，沟道砌筑好后，应有5～7天的保养期。电缆沟的断面如图6.24所示。电缆隧道内净高应不低于1.9m，有困难时局部地区可适当降低。电缆隧道断面如图6.25所示，其中尺寸C与电缆的种类有关，当电力电缆为36kV时，$C \geqslant 400$mm；电力电缆为10kV及以下时，$C \geqslant 300$mm；若为控制电缆，$C \geqslant 250$mm。其他各部尺寸也应符合有关规定。

电缆沟和电缆隧道应采取防水措施，其底部应做成坡度不小于0.5%的排水沟，积水可及时直接接入排水管道或经积水坑、积水井用水泵抽出，以保证电缆线路在良好环境下运行。

2）*制作、安装支架*

常用的支架有角钢支架和装配式支架，角钢支架需要自行加工制作，装配式支架由工厂加工制作。支架的选择、加工要求一般由工程设计决定。也可以按照标准图集的做法加工制作。安装支架时，宜先找好直线段两端支架的准确位置，先安装固定好，然后拉通线再安装中间部位的支架，最后安装转角和分岔处的支架。角钢支架安装如图6.26所示。支架制作、安装一般要求如下。

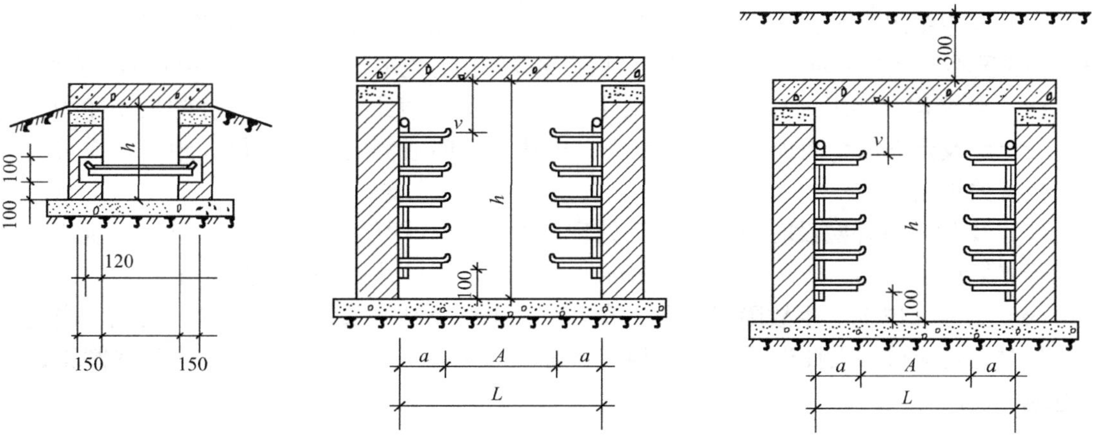

（a）无覆盖电缆沟（一）　　（b）无覆盖电缆沟（二）　　（c）有覆盖电缆沟

图 6.24　室外电缆沟

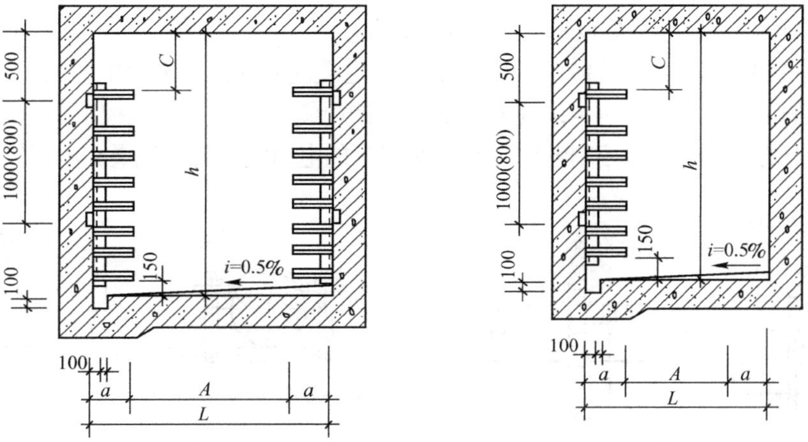

（a）双侧支架　　（b）单侧支架

图 6.25　电缆隧道直线段

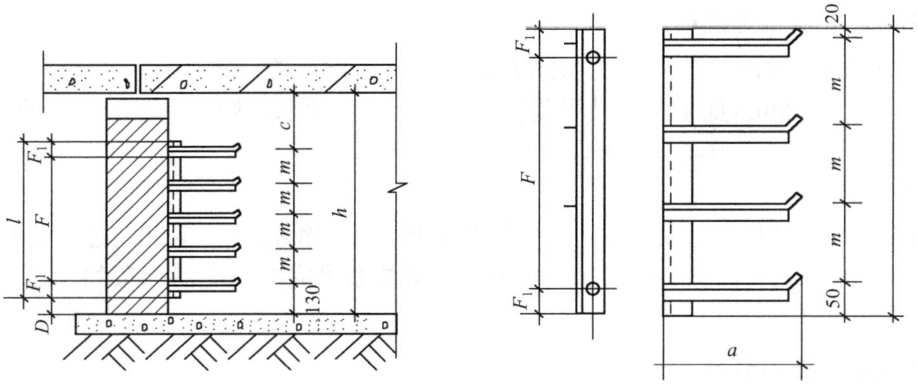

（a）支架安装尺寸　　（b）支架组合尺寸

图 6.26　支架安装和支架组合尺寸图

（1）制做电缆支架所使用的材料必须是标准钢材，且应平直无明显扭曲。

（2）电缆支架制作中，严禁使用电、气焊割孔。

（3）在电缆沟内支架的层架（横撑）的长度不宜超过0.35m，在电缆隧道内支架的层架（横撑）的长度不宜超过0.5m。保证支架安装后在电缆沟内、电缆隧道内留有一定的通路宽度。

（4）电缆沟支架组合和主架安装尺寸、支架层间垂直距离和通道宽度的最小净距、电缆支架最上层及最下层至沟顶和沟底的距离、电缆支架间或固定点间的最大距离等应符合设计要求或有关规定。

（5）支架在室外敷设时应进行镀锌处理，否则，宜采用涂磷代底漆一道，过氧乙烯漆两道。若支架用于湿热、盐雾及有化学腐蚀地区，应根据设计做特殊的防腐处理。

（6）为防止电缆产生故障时危及人身安全，电缆支架全长均应有良好的接地，当电缆线路较长时，还应根据设计进行多点接地。接地线应采用直径不小于ϕ12mm镀锌圆钢，并应在电缆敷设前与支架焊接。

3）电缆敷设

按电缆沟或电缆隧道的电缆布置图敷设电缆并逐条加以固定，固定电缆可采用管卡子或单边管卡子，也可用U形夹及Π形夹固定。电缆固定的方法如图6.27和图6.28所示。

电缆沟或电缆隧道电缆敷设的一般规定如下。

（1）各种电缆在支架上的排列顺序：高压电力电缆应放在低压电力电缆的上层；电力电缆应放在控制电缆的上层；强电控制电缆应放在弱电控制电缆的上层。若电缆沟和电缆隧道两侧均有支架，1kV以下的电力电缆与控制电缆应与1kV以上的电力电缆分别敷设在不同侧的支架上。

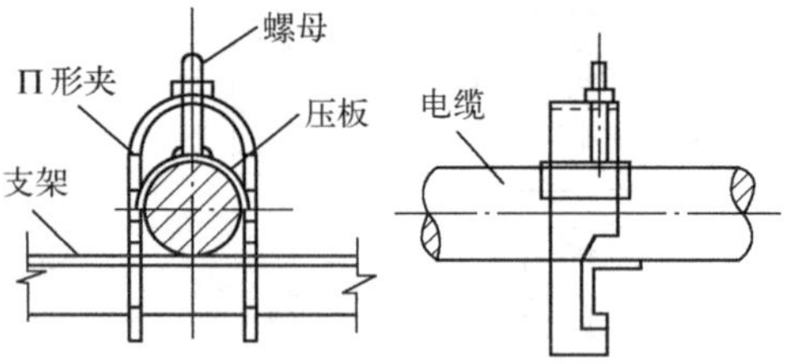

图6.27　电缆在支架上用U形夹固定安装

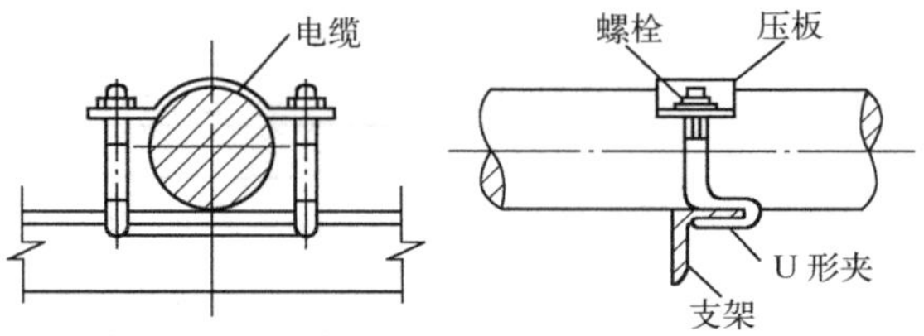

图6.28　电缆在支架上用Π形夹固定安装

（2）电力电缆在电缆沟或电缆隧道内并列敷设时，水平净距应符合设计要求，一般可为35mm，但不应小于电缆的外径。

（3）敷设在电缆沟的电力电缆与热力管道、热力设备之间的净距，平行时不小于1m，交叉时应不小于0.5m。如果受条件限制，无法满足净距要求，则应采取隔热保护措施。

（4）电缆不宜平行敷设于热力设备和热力管道上部。

4）盖盖板

电缆沟盖板的材料有水泥预制块、钢板和木板。采用钢板时，钢板应进行防腐处理。采用木板时，木板应进行防火、防蛀和防腐处理。电缆敷设完毕，应清除杂物，盖好盖板，必要时还应将盖板缝隙密封。

3. 电缆在排管内敷设

电缆排管敷设方式，适用于电缆数量不多（一般不超过12根），而与道路交叉较多，路径拥挤，又不宜采用直埋或电缆沟敷设的地段。穿电缆的排管大多是水泥预制块，如图6.29所示。排管也可采用混凝土管或石棉水泥管。

电缆排管敷设的施工工艺：

挖沟 → 人孔井设置 → 安装电缆排管 → 覆土 → 埋标桩 → 穿电缆

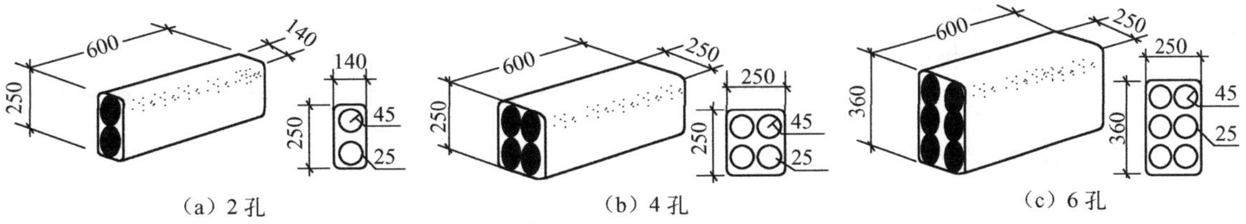

图6.29　混凝土管块

1）挖沟

敷设电缆排管时，应首先根据选定的路径挖沟，沟的挖设深度为0.7m加排管厚度，宽度略大于排管的宽度。排管沟的底部应垫平夯实，并应铺设厚度不小于80mm的混凝土垫层。垫层坚固后方可安装电缆排管。

2）人孔井设置

为便于敷设、拉引电缆，在敷设线路的转角处、分支处和直线段超过一定长度时，均应设置人孔井。一般人孔井间距不宜大于150m，净空高度应不小于1.8m，其上部直径不小于0.7m。人孔井内应设集水坑，以便集中排水。人孔井由土建专业人员用水泥砖块砌筑而成。人孔井的盖板也是水泥预制板，待电缆敷设完毕，应及时盖好盖板。

3）安装电缆排管

将准备好的排管放入沟内，用专用螺栓将排管连接起来，即要保证排管连接平直，又要保证连接处密封。

排管安装的要求如下。

（1）排管孔的内径应不小于电缆外径的1.5倍，但电力电缆的管孔内径应不小于90mm，控制电缆的管孔内径应不小于75mm。

（2）排管应倾向人孔井侧有不小于0.5%的排水坡度，以便及时排水。

（3）排管的埋设深度为排管顶部距地面不小于0.7m，在人行道下面可不小于0.5m。

（4）在选用的排管中，排管孔数应充分考虑发展需要的预留备用。一般不得少于1～2孔，备用回路配置于中间孔位

4）覆土

与直埋电缆的方式类似。

5）埋标桩

与直埋电缆的方式类似。

6）穿电缆

穿电缆前，首先应清除孔内杂物，然后穿引线，引线可采用毛竹片或钢丝绳。在排管中敷设电缆时，把电缆盘放在井坑口，然后用预先穿入排管孔眼中的钢丝绳，将电缆拉入管孔内，为了防止电缆受损伤，排管口应套以光滑的喇叭口，井坑口应装设滑轮，如图6.30所示。

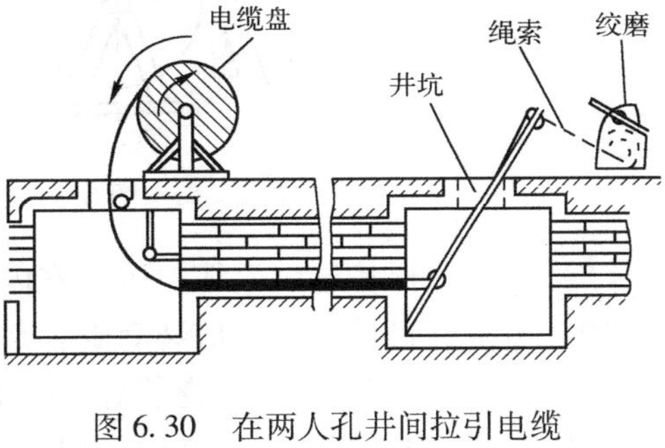

图6.30　在两人孔井间拉引电缆

(1) 简述电缆直埋敷设的施工工艺。
(2) 简述电缆沟的施工工艺。
(3) 简述电缆排管敷设的施工工艺。

6.2.4 电缆敷设的一般规定

电缆敷设过程中，一般按下列程序：先敷设集中的电缆，再敷设分散的电缆；先敷设电力电缆，再敷设控制电缆；先敷设长电缆，再敷设短电缆；先敷设敷设难度大的电缆，再敷设敷设难度小的电缆。电缆敷设的一般规定如下。

(1) 施工前应对电线进行详细检查；规格、型号、截面、电压等级均符合设计要求，外观无扭曲、坏损及漏油、渗油等现象。

(2) 每轴电缆上应标明电缆规格、型号、电压等级、长度及出厂日期。电缆盘应完好无损。

(3) 电缆外观完好无损，铠装无锈蚀、无机械损伤，无明显皱折和扭曲现象。油浸电缆应密封良好，无漏油及渗油现象。橡套及塑料电缆外皮及绝缘层无老化及裂纹。

(4) 电缆敷设前进行绝缘测定。例如，工程采用 1kV 以下电缆，用 1kV 摇表摇测线间及对地的绝缘电阻不低于 10MΩ。摇测完毕，应将芯线对地放电。

(5) 冬季敷设电缆，温度达不到规范要求时，应将电缆提前加温。

(6) 电缆短距离搬运，一般采用滚动电缆轴的方法。滚动时应按电缆轴上箭头指示方向滚动。若无箭头，可按电缆缠绕方向滚动，切不可反缠绕方向滚运，以免电缆松弛。

(7) 电缆支架的架设地点应选好，以敷设方便为准，一般应在电缆起止点附近为宜。架设时，应注意电缆轴的转动方向，电缆引出端应在电缆轴的上方，敷设方法可用人力或机械牵引，如图 6.31 所示。

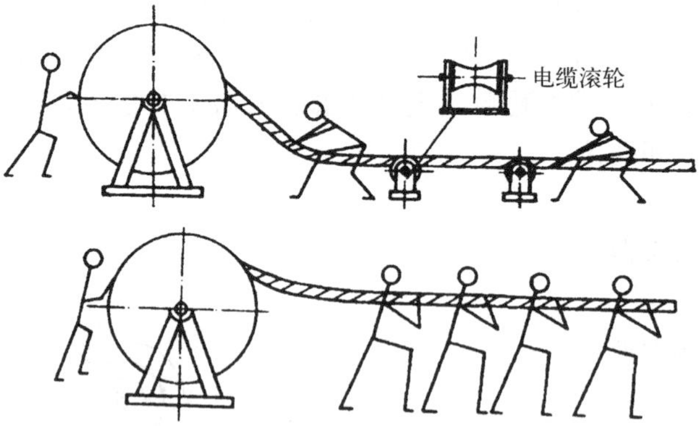

图 6.31　人力牵引电缆示意图

(8) 有麻皮保护层的电缆，进入室内部分，应将麻皮剥掉，并涂防腐漆。

(9) 电缆穿过楼板时，应装套管，敷设完后应将套管用防火材料封堵严密。

(10) 电缆两端头处的门窗装好，并加锁、防止电缆丢失或损毁。

(11) 三相四线制系统中必须采用四芯电力电缆，不可采用三芯电缆加一根单芯电缆或以导线、电缆金属护套等作为中性线，以免损坏电缆。

（12）敷设电缆时，不应破坏电缆沟、隧道、电缆井和人孔井的防水层。

（13）并联使用的电力电缆，应使用型号、规格及长度都相同的电缆。

（14）敷设电缆时，不应使电缆过渡弯曲，电缆的最小弯曲半径应符合规范的规定。

（15）电缆进入电缆沟、隧道、竖井、建筑物、盘（柜）及穿入管子时，出入口应封闭，管口应密封。

（16）电缆铠装及铜屏蔽层均应可靠接地，接地方法如图 6.32 所示。

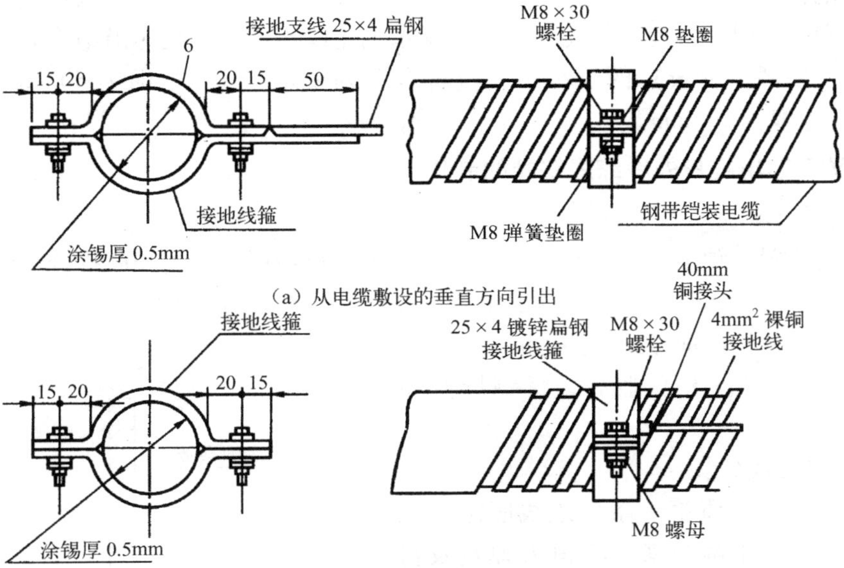

（a）从电缆敷设的垂直方向引出

（b）从电缆敷设的平行方向引出

图 6.32　电缆钢铠作为接地装置

6.2.5　电缆终端头和中间接头的制作

电缆线路两末端的接头称为终端头，中间的接头称为中间接头，终端头和中间接头又统称为电缆头。电缆头一般是在电缆敷设就位后在现场进行制作。它的主要作用是使电缆保持密封，使线路畅通，并保证电缆接头处的绝缘等级，使其能够安全可靠运行。电缆头制作的方法很多，但目前大多使用的是热缩式和冷缩式两种方法。冷缩式电缆头与热缩式电缆头比较，具有制作简便、受人为影响因素小、冷缩电缆附件会随着电缆的热胀冷缩而和电缆保持同步呼吸作用使电缆和附件始终保持良好的结合状态等优点，但成本高。而热缩式电缆头与冷缩式电缆头相比主要优点是成本低，所以，目前在 10kV 以上领域，广泛使用冷缩式电缆头。

1. 电缆头施工的基本要求

（1）施工前应做好一切准备工作，如熟悉安装工艺；对电缆、附件及辅助材料进行验收和检查；施工用具配备到位。

（2）当周围环境及电缆本身的温度低于 5℃时，必须采暖和加温，对塑料绝缘电缆则应在0℃以上。

(3) 施工现场周围应不含导电粉尘及腐蚀性气体，操作中应保持材料工具的清洁，环境应干燥，霜、雪、露、积水等应清除。当相对湿度高于70%时，不宜施工。

(4) 操作时，应严格防止水和其他杂质侵入绝缘层材料，尤其在天热时，应防止汗水滴落在绝缘材料上。

(5) 用喷灯封铅或焊接地线时，操作应熟练、迅速，防止过热，避免灼伤铅包及绝缘层。

(6) 从剖铅开始到封闭完成，应连续进行，且要求时间越短越好，以免潮气进入。

(7) 切剥电缆时，不允许损伤线芯和应保留的绝缘层，且使线芯沿绝缘表面至最近接地点（金属护套端部及屏蔽）的最小距离应符合下列要求：1kV 电缆为 50mm，6kV 电缆为 60mm，10kV 电缆为 125mm。

2. 15kV 三芯电缆户外冷缩式终端的制作

1) 电缆预处理

(1) 把电缆置于预定位置，剥去外护套、铠装及衬垫层。开剥长度符合说明书要求。

(2) 再向下剥 25mm 的护套，留出铠装，并擦洗开剥处向下 50mm 长护套表面的污垢。

(3) 护套口向下 15mm 处绕包两层防水胶带。

(4) 在顶部绕包 PVC 胶带，将铜屏蔽带固定。

2) 钢带接地线安装

(1) 用恒力弹簧将第一条接地线固定在钢铠上，绕包配套胶带两个来回将恒力弹簧及衬垫层包覆住。

(2) 先在三芯铜屏蔽带根部缠绕第二条接地线，并将其向下引出，并用恒力弹簧将第二条接地线固定住。

(3) 半重复绕包配套胶带将恒力弹簧全部包覆住。

(4) 在第一层防水胶带的外部再绕包第二层防水带，把接地线夹在当中，以防水气沿接地线空隙渗入，其制作示意如图 6.33 所示。

(5) 在整个接地区域及防水带外面绕包几层 PVC 胶带，将它们全部覆盖住。

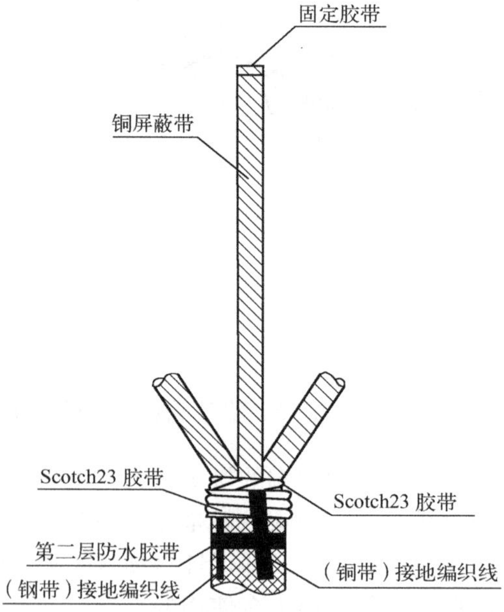

图 6.33 电缆终端头制作（一）

3) 安装分支手套

(1) 把冷缩式电缆分支手套套入电缆根部，逆时针抽掉芯绳，先收缩颈部，然后，按同样方法，分别收缩三芯。

(2) 用 PVC 带将接地编织线固定在电缆护套上。

4) 安装绝缘套管

(1) 将冷缩式套管分别套入三芯，使套管重叠在手套分支上 15mm 处，逆时针抽掉芯绳，将其收缩。

（2）在冷缩式套管口上留 15mm 的铜屏蔽带，其余切除。

（3）铜屏蔽带口向上留 5mm 半导体层，其余全部剥去，剥离时切勿划伤绝缘。

（4）按接线端子孔深加上 10mm 切除顶部绝缘。

（5）套管口向下 25mm 处，绕包 PVC 带做一标志，此处为冷缩式终端安装基准。

5）安装冷缩式终端头

（1）半重叠绕包半导电带，从铜屏蔽带上 5mm 处开始，绕包至 5mm 主绝缘上然后到开始处。制作示意如图 6. 34 所示。

（2）套入接线端子，对称压接，并挫平打光，仔细清洁接线端子。

（3）用清洁剂将主绝缘擦拭干净。

（4）在半导电带与主绝缘搭接处，涂上少许硅脂，将剩余的涂抹在主绝缘表面。并用半导电带填平接线端子与绝缘之间的空隙。

（5）套入冷缩式终端，定位于 PVC 标志处，逆时针抽掉芯绳，使终端收缩。

（6）从绝缘管开始，半重叠来回绕包配套胶带至接线端子上。

注意：如果接线端子的宽度大于冷缩终端的直径，那么应先安装冷缩终端，最后压接线端子。

15kV 三芯电缆户外冷缩式终端头（半成品）如图 6. 35 所示。

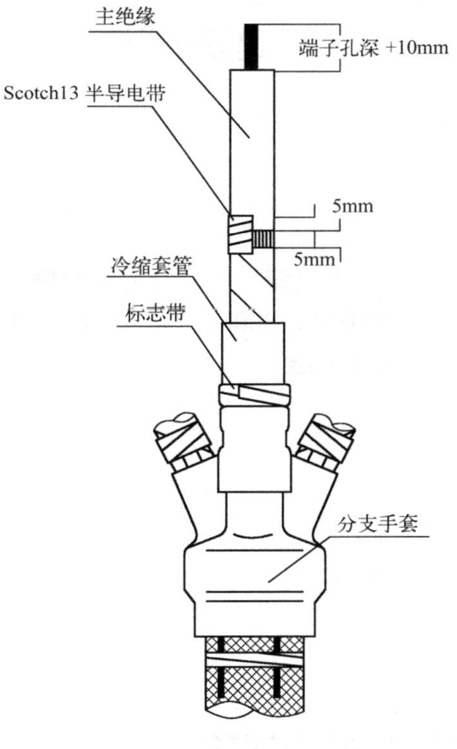

图 6. 34　电缆终端头制作（二）

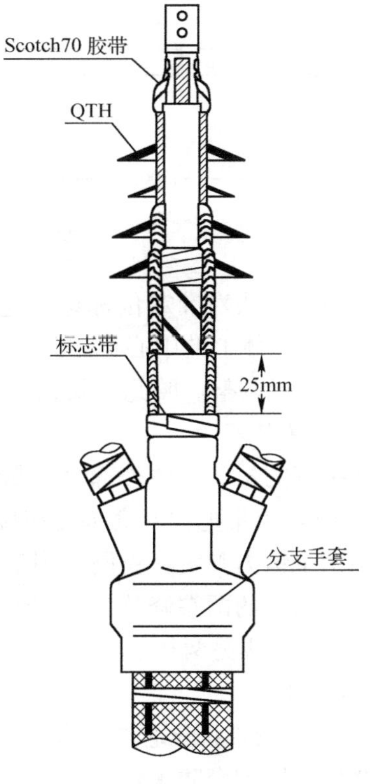

图 6. 35　15kV 三芯电缆户外冷缩式终端头示意图

3. 15kV 三芯电缆冷缩式中间接头的制作

1） 电缆预处理

（1） 把电缆置于预定位置，严格按规定尺寸将需要连接的两端电缆开剥处理，切除钢带时，用扎线将钢带绑扎住，切割后用 PVC 胶带将端口锐边包覆住。

（2） 绕包两层配套半导电胶带，将电缆铜屏蔽带端口包覆住加以固定。

2） 安装冷缩接头主体

（1） 按 1/2 接管长加 5mm 的尺寸切除电缆主绝缘。

（2） 从开剥长度较大的一端装入冷缩接头主体，较短的一端套入铜屏蔽编织网套。

（3） 参照连接管供应商的指示装上接管，进行压接。压接后若有尖角、毛刺，应对接管表面挫平打光并清洗。

（4） 按常规方法清洗电缆主绝缘，并等其干燥方可进行下一步操作。

（5） 将专用混合剂涂抹在半导体屏蔽层与主绝缘交界处，然后把其余剂料均匀涂在主绝缘表面及接管上。

（6） 测量绝缘端口之间的尺寸 C（如图 6.36 所示），按 $0.5C$ 尺寸，在接管上确定实际中心点 D，然后按 300mm 在一边的铜屏蔽带上找出一个尺寸校验点 E。

（7） 距离半导电屏蔽层端口某处（按图纸尺寸规定）做一记号，此处为接头收缩起始点。

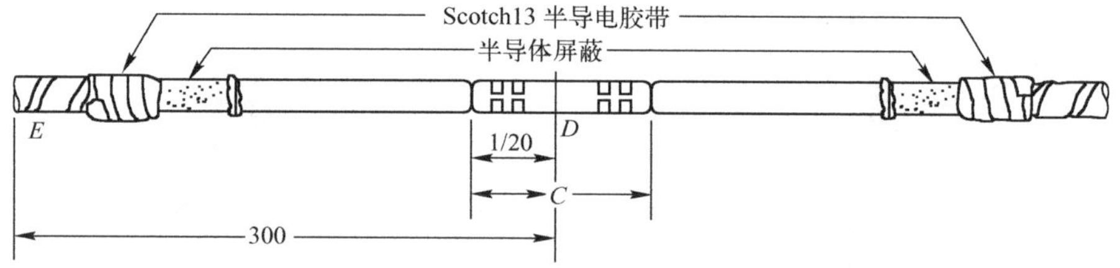

图 6.36　电缆中间接头示意图

（8） 将冷缩接头对准定位标记，逆时针抽掉芯绳使接头收缩，在接头完全收缩后 5min 内校验冷缩接头主体上的中心标记到校验点 E 的距离是否确实为 300mm，若有偏差，尽快左右抽动接头以进行调整。照此步骤完成第二、第三个接头的安装。

3） 恢复金属屏蔽

（1） 在装好的接头主体外部套上铜编织网套。

（2） 用 PVC 胶带把铜网套绑扎在接头主体上。

（3） 用两个恒力弹簧将铜网套固定在电缆铜屏蔽带上。

（4） 将铜网套的两端修整齐，在恒力弹簧前各保留 10mm。

按同样方法完成另两相的安装。

4） 防水处理

（1） 用 PVC 胶带将三芯电缆绑扎在一起。

（2） 绕包一层配套防水带，涂胶黏剂的一面朝外，将电缆衬垫层包覆住。

5） 安装铠装接地接续编织线

（1） 在编织线两端各 80mm 的范围将编织线展开。

（2）将编织线展开的部分贴附在配套胶带和钢铠上并与电缆外护套搭接20mm。

（3）用恒力弹簧将编织线的一端固定在钢铠上，搭接在外护套上的部分反折回来一起固定在钢铠上。

同样，编织线的另一端也照此步骤安装。

（4）半重叠绕包两层PVC胶带将弹簧连同铠装一起覆盖住，不要包在配套的防水带上。

（5）用配套防水带做接头的防潮密封，从一端护套上距离为60mm开始半重叠绕包（涂胶黏剂一面朝里），绕至另一端护套上60mm处。

6）恢复外护层

（1）如果为得到一个整齐的外形，可先用防水胶带填平两边的凹陷处。

（2）在整个接头外绕包装甲带，以完成整个安装工作，从一端电缆护套上60mm防水带上开始，半重叠绕包装甲带至对面另一端60mm防水带上。为得到最佳的效果，30min内不得移动电缆。

（1）简述冷缩式电缆头与热缩式电缆头的优缺点。

（2）简述电缆头作用。

（3）简述15kV三芯电缆户外冷缩式终端制作的步骤。

6.2.6 电缆线路的竣工验收

1. 电力电缆的试验

橡塑电力电缆试验的内容：

（1）测量绝缘电阻；

（2）交流耐压试验；

（3）测量金属屏蔽层电阻和导体电阻比；

（4）检查电缆线路两端的相位；

（5）交叉互连系统试验。

电力电缆试验的规定：

（1）对电缆的主绝缘做耐压试验或测量绝缘电阻时，应分别在每一相上进行。对一相进行试验或测量时，其他两相导体、金属屏蔽或金属套和铠装层一起接地；

（2）对金属屏蔽或金属套一端接地，另一端装有护层过电压保护器的单芯电缆主绝缘做耐压试验时，必须将护层过电压保护器短接，使这一端的电缆金属屏蔽或金属套临时接地；

（3）对额定电压为0.6/1kV的电缆线路应用2500V兆欧表测量导体对地绝缘电阻代替耐压试验，试验时间为1min；

（4）测量各电缆导体对地或对金属屏蔽层间和各导体间的绝缘电阻，应符合下列规定：

① 耐压试验前后，绝缘电阻测量应无明显变化；

② 橡塑电缆外护套、内衬层的绝缘电阻不低于0.5MΩ/km；

③ 0.6/1kV电缆用1000V兆欧表；0.6/1kV以上电缆用2500V兆欧表；6/6kV及以上电缆也可用5000V兆欧表；橡塑电缆外护套、内衬层的测量用500V兆欧表。

(5) 交流耐压试验，应符合下列规定：

① 橡塑电缆优先采用20～300Hz交流耐压试验；20～300Hz交流耐压试验电压和时间如表6.8所示；

② 不具备上述试验条件或有特殊规定时，可采用施加正常系统相对地电压24h方法代替交流耐压。

表6.8　橡塑电缆20～300Hz交流耐压试验电压和时间

额定电压 U_0/U（kV）	试验电压	时间（min）
18/30及以下	$2.5U_0$（或$2U_0$）	5（或60）
21/35～64/110	$2U_0$	60
127/220	$1.7U_0$（或$1.4U_0$）	60
190/330	$1.7U_0$（或$1.3U_0$）	60
290/500	$1.7U_0$（或$1.1U_0$）	60

(6) 测量金属屏蔽层电阻和导体电阻比。测量相同温度下的金属屏蔽层和导体的直流电阻；

(7) 检查电缆两端的相位应一致，并与电网相位相符合；

(8) 电力电缆的交叉互连系统试验主要有以下几个方面：

① 交叉互连系统的对地绝缘的直流耐压试验；

② 非线性电阻型护层过电压保护器测试；

③ 交叉互连性能检验；

④ 互连箱检验。

具体试验方法见《电气装置安装工程电气设备交接试验标准》。

2. 电缆线路的竣工验收

电缆线路竣工后的验收，应由有监理、设计、使用和安装单位的代表参加验收小组来进行。验收要求如下。

(1) 在验收时，施工单位应将全部资料交给电缆运行单位。

(2) 电缆运行单位对要投入运行的电缆进行电气验收。验收项目如下。

① 电缆各导电芯线必须完好连接。

② 按《电气装置安装工程施工及验收规范》中的有关规定进行绝缘测定和直流耐压试验。

③ 校对电缆两端相位，应与电力系统的相位一致。

(3) 电缆的标志应齐全，其规格、颜色应符合规程规定的统一标准要求。

知识梳理与总结

本任务主要介绍以下内容。

(1) 架空线配线。架空线配线的主要工作有定位划线、基础施工、电杆组立与组装、导线架设与连接、驰度观察、导线固定、杆上设备安装及进户线安装。架空线配线的特点：成本低、架设和检修方便、分支容易，但受外界干扰大、供电可靠性低。

（2）电缆配线。电缆由线芯、绝缘层和防护层三部分组成。电缆配线的主要特点：不占空间、供电可靠、输送高压电能方便，但电缆头制作工艺复杂、成本较高、分支不宜。电缆敷设方式主要有支架、线槽、桥架。电缆敷设工作中电缆头的制作是一项重要工作，电缆头包括电缆终端头和电缆中间接头，电缆头制作方法有热缩型和冷缩型两种，前者制作成本低，但制作时需外部加热，手续烦琐；后者制作方便、绝缘性能好，但成本较高。

练习题6

1. 选择题

（1）架空电力线路的导线，可采用（　　）线。地线可采用（　　）线。

A. 钢芯铝绞线　　B. 铝绞线　　C. 镀锌钢绞线　　D. 钢绞线

（2）市区10kV及以下架空电力线路，遇（　　）情况可采用绝缘铝绞线。

A. 高层建筑邻近地段　　B. 繁华街道或人口密集地区

C. 游览区和绿化区　　D. 建筑施工现场

（3）架空电力线路，可采用（　　）过电压保护方式。

A. 架设地线　　B. 中线上装设避雷器

C. 提高绝缘子等级　　D. 装设电容器

（4）高压架空接户线在引入口处的对地距离应不小于（　　）m。

A. 3.0　　B. 3.5　　C. 4　　D. 4.5

（5）低压架空线路导线采用水平排列，最上层横担距杆顶的距离不宜小于（　　）mm。

A. 200　　B. 250　　C. 300　　D. 350

（6）电缆敷设场所土中直埋电缆持续允许载流量的选取环境温度应为（　　）。

A. 埋深处的最热月平均地温　　B. 最热月的日最高水温平均值

C. 最热月的日最高温度平均值　　D. 最热月的日最高温度平均值加5℃

（7）直埋敷设于非冻土地区时，电缆外皮至地下构筑物基础，不得小于（　　）m。

A. 1.0　　B. 0.5　　C. 0.3　　D. 0.15

（8）直埋敷设电缆方式，应满足（　　）m。

A. 位于城郊或空旷地带，沿电缆路径的直线间隔约100m，转弯处或接头部位应竖立明显的方位标志或标桩

B. 位于城镇道路等开挖较频繁的地方，可在保护板上层铺以醒目的标志带

C. 沿电缆全长应覆盖宽度不小于电缆两侧各50mm的保护板，保护板宜用混凝土制作

D. 电缆应敷设在壕沟里，沿电缆全长的上、下紧邻侧铺以厚度不小于100mm的软土或砂层

（9）直埋敷设电缆的接头配置，应符合（　　）。

A. 并列电缆的接头位置宜相互错开，且不小于0.5m的净距

B. 对重要回路的电缆接头，宜在其两侧约1000mm开始的局部段，按留有备用量方式敷设电缆

C. 斜坡地形处的接头安置，应呈水平状

D. 接头与邻近电缆的净距，不得小于0.25m

（10）保护管的内径，不宜小于电缆外径或多根电缆包络外径的（　　）倍。

A. 2.0　　B. 1.5　　C. 1.3　　D. 1.4

2. 简答题

（1）简述架空配电线路安装的步骤。

（2）架空配电线路基础施工前的杆坑定位应符合哪些规定？

（3）架空配电线路基础施工时应注意什么？

（4）架空配电线路施工常用立杆方法有哪几种？电杆立好后应符合哪些规定？

（5）架空配电线路常用拉线有哪几种？安装好后拉线应符合哪些规定？

（6）电缆敷设有哪几种方式？各适应何种场合？

（7）简述直埋式有哪些主要施工要求。

（8）简述电缆沟有哪些主要施工要求。

（9）简述电缆头的作用和制作方法。

（10）电力电缆试验有哪些内容？

学习单元7

接地装置安装

教学导航

<table>
<tr><td colspan="2">教学任务</td><td>任务7.1　接地系统概述
任务7.2　接地装置的安装
任务7.3　电气、电子设备的接地和施工要求
任务7.4　接地电阻
任务7.5　建筑物等电位连接
任务7.6　接地装置的竣工验收</td><td>学时</td><td>3</td></tr>
<tr><td rowspan="2">教学目标</td><td>知识方面</td><td colspan="3">熟知接地装置的组成
掌握低压保护接地的形式、特点及适用场合
掌握人工接地装置与自然接地装置的安装方法及主要要求
了解电气、电子设备接地的形式及要求
掌握等电位的概念、形式及安装要求</td></tr>
<tr><td>技能方面</td><td colspan="3">掌握接地电阻的测量方法</td></tr>
<tr><td colspan="2">重点</td><td colspan="3">低压配电系统接地的基本要求及等电位概念</td></tr>
<tr><td colspan="2">难点</td><td colspan="3">等电位连接的具体方法和要求</td></tr>
</table>

任务 7.1　接地系统的构成与接地形式

【任务背景】 接地与保护是电气工程施工中的重要内容，人们在日常生活中，随时随地都会使用各种用电设备，而大多的设备其外壳往往是金属的，当设备中的相线碰到金属外壳时，这些金属外壳对地产生一个电压，一旦人的任何部位碰触到设备的外壳，人所承受的电压将是相电压，这会危及生命。故了解各种接地装置的施工工艺，掌握接地装置的施工要求是十分重要的。

7.1.1　接地装置的组成

接地装置的组成：

- 接地装置
  - 接地体
    - 自然接地体
    - 人工接地体
      - 垂直接地体
      - 水平接地体
  - 接地线
    - 自然接地线
    - 人工接地线

电气装置的某部分与大地之间进行良好地电气连接，称为接地。埋入地中并直接与大地接触的金属导体，称为接地体或接地极。连接接地体与设备、装置接地部分的金属导体，称为接地线。接地线在设备、装置正常运行情况下是不载流的，但在故障情况下要通过接地故障电流。

接地线与接地体合称接地装置，其主要作用是向大地均匀地泄放电流，使接地装置对地电压不至于过高。由若干接地体在大地中相互用接地线连接起来的一个整体，称为接地网。其中接地线又分接地干线和接地支线，接地网如图 7.1 所示。

1. 接地体

接地体分为自然接地体和人工接地体两类。专门为接地而人为装设的接地体，称为人工接地体 。兼作接地体用的直接与大地接触的各种金属构件、金属管道及建筑物的钢筋混凝土基础等，称为自然接地体。

1） 自然接地体

交流电气设备的接地，应首先利用自然接地体，它是利用建筑物基础内的钢筋构成的接地系统；它具有接地电阻较小、稳定可靠、减少材料和安装维护费用的优点。可作为自然接地体的物体有：

（1） 埋设在地下的金属管道，但不包括有可燃或有爆炸物质的管道；

（2） 金属井管；

（3） 与大地有可靠连接的建筑物的金属结构；

（4） 水工构筑物及其类似的构筑物的金属管、柱。

2） 人工接地体

当采用自然接地体时的接地电阻不能满足要求，或在技术上有特殊要求的情况下，应采用人工接地体，以减小接地电阻阻值。人工接地体一般安装时需要配合土建施工进行，在基础开挖时，也同时挖好接地沟，并将人工接地体按设计要求埋设好。

人工接地体按其敷设方式分为垂直接地体和水平接地体两种。垂直接地体一般为垂直埋入地下的角钢、圆钢、钢管等，也可采用金属接地板。水平接地体一般为水平敷设的扁钢、圆钢等。

（1）垂直接地体。垂直接地体多使用镀锌角钢和镀锌钢管，一般应按设计数量及规格进行加工。镀锌角钢一般选用 40mm × 40mm × 5mm 或 50mm × 50mm × 5mm 两种规格，其长度一般为 2. 5m。镀锌钢管直径一般为 50mm，壁厚不小于 3. 5mm。垂直接地体打入地下的部分应加工成尖形，其形状如图 7. 2 所示。

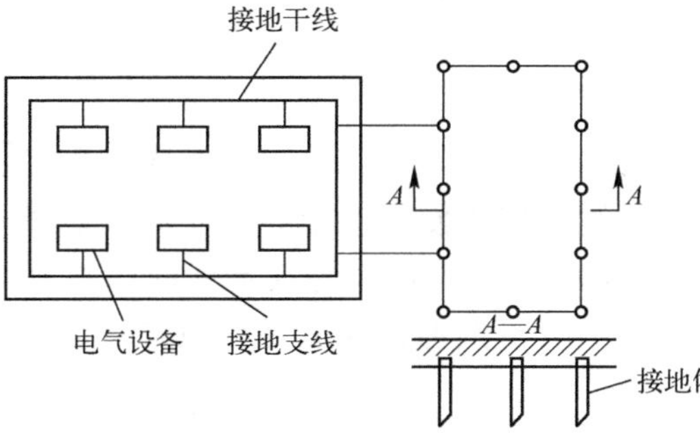

图 7. 1　接地网示意图

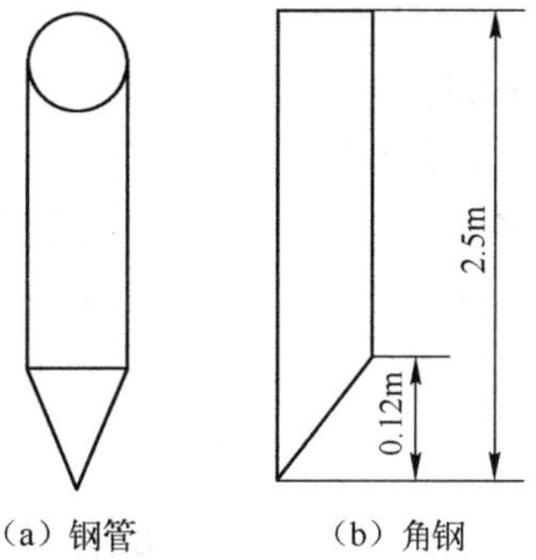

图 7. 2　垂直接地体端部处理

接地装置需埋于地表层以下，一般深度应不小于 0. 6m。为减少相邻接地体的屏蔽作用，垂直接地体之间的间距不宜小于接地体长度的 2 倍，一般间距不应小于 5m，并应保证接地体与地面垂直。

接地体与接地体之间的连接一般采用镀锌扁钢。扁钢应立放，这样既便于焊接又可减小流散电阻。

（2）水平接地体。水平接地体是将镀锌扁钢或镀锌圆钢水平敷设于土壤中，水平接地体可采用 40mm × 4mm 的扁钢或直径为 16mm 的圆钢。水平接地体埋深为不小于 0. 6m。水平接地体一般有三种形式，即水平接地体、绕建筑物四周的环式接地体及延长接地体。普通水平接地体埋设方式如图 7. 3 所示。普通水平接地体如果有多根水平接地体平行埋设，其间距应符合设计规定，当无设计规定时不宜小于 5m。围绕建筑物四周的环式接地体见图 7. 4。当受地方限制或建筑物附近的土质差时，可延长水平接地体，将接地体延伸到电阻率小的地方去（见图 7. 1），但要考虑到接地体的有效长度范围限制，否则不利于电流的泄散。

2. 接地线

接地线是连接接地体和电气设备接地部分的金属导体，其作用是将接地体与电气设备保持电气通路。接地线分为自然接地线和人工接地线两种类型。

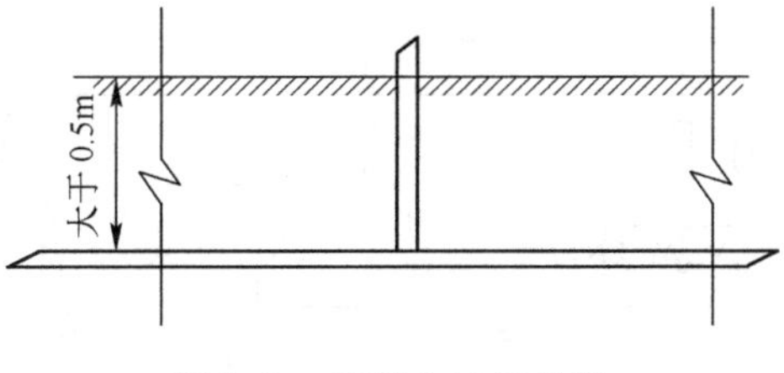

图 7. 3　普通水平接地体

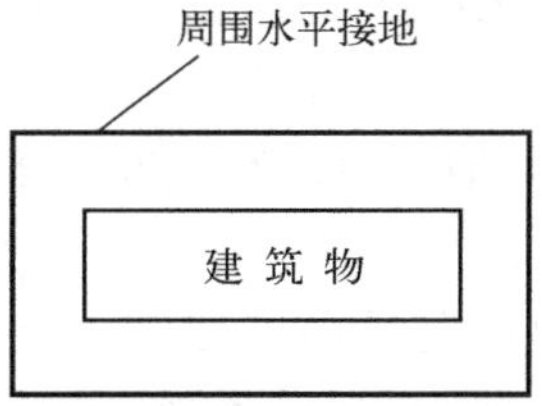

图 7. 4　建筑物四周环式接地体

1）自然接地线

自然接地线可利用建筑物的金属结构，如梁、柱、桩等混凝土结构内的钢筋等，利用自然接地线必须符合下列要求：

（1）应保证管路全长有可靠的电气通路；

（2）利用电气配线钢管作为接地线时管壁厚度应不小于 2.5mm；

（3）用螺栓或铆钉连接的部位必须焊接跨接线；

（4）利用串联金属构件作为接地线时，其构件之间应以截面不小于 100mm^{2}的钢材焊接；

（5）不得用蛇皮管、管道保温层的金属外皮或金属网作为接地线。

2）人工接地线

人工接地线材料一般采用扁钢和圆钢，但移动式电气设备、采用钢质导线在安装上有困难的电气设备可采用有色金属作为人工接地线，绝对禁止使用裸铝导线作为接地线。采用扁钢作为接地线时，其截面积应不小于 15mm×4mm，采用圆钢作为接地线时，其直径应不小于 6mm。人工接地线不仅要有一定机械强度，而且接地线截面应满足热稳定的要求。

7.1.2　低压电网的接地形式

在低压电网中，其常用的接地形式有 TT 系统、TN 系统和 IT 系统三种。其中 IT 系统除在煤矿等处普遍采用外，在工业和民用建筑中很少采用。目前我国一些较大的企事业单位，在自用配电变压器的独立电网中，一般均采用 TN-C-S 系统。而对于具有较多携带式或移动式的单相用电设备场所，如多层厂房、医院、宾馆等，提倡采用 TN-S 系统。

1. IT 系统

IT 系统就是电源中性点不接地、用电设备外露可导电部分直接接地的系统，如图 7.5 所示。

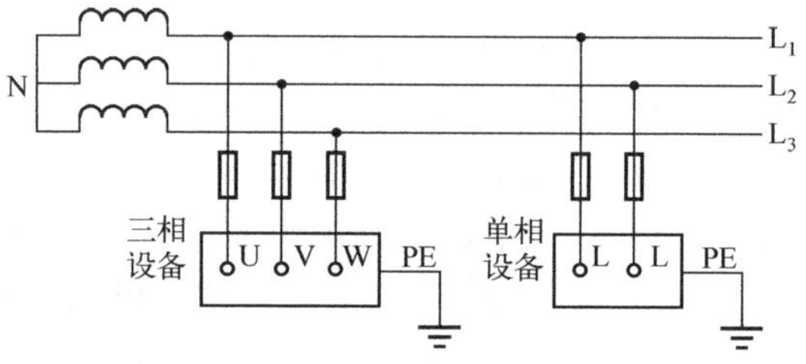

图 7.5　IT 系统接线

IT 系统是三相三线式接地系统，该系统变压器中性点不接地或经阻抗接地，无中性线 N，只有线电压（380V），无相电压（220V），保护接地线 PE 各自独立接地。该系统的优点是当一相接地时，不会使外壳带有较大的故障电源，系统可以照常运行，同时由于各设备 PE 线分开，彼此没有干扰，电磁适应性也比较强。缺点是不能配出中性线 N。因此它是不适用于拥有大量单相设备的民用建筑。

2. TT 系统

TT 系统就是电源中性点直接接地、用电设备外露可导电部分也直接接地的系统，如图 7.6 所示。

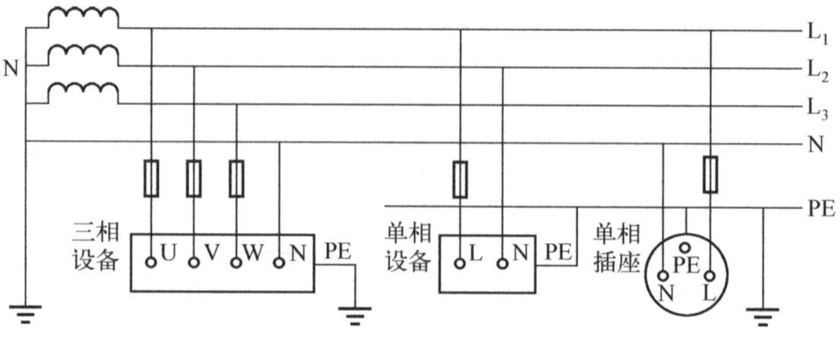

图 7.6　TT 系统接线

TT 系统的特点是中性线 N 与保护接地线 PE 无电气连接，即中性点接地与 PE 线接地是分开的，各用电子系统接地点也是分开的。该系统在正常运行时，不管三相负荷平衡不平衡，在中性线 N 带电情况下，PE 线不会带电。正常运行时的 TT 系统类似于 TN-S 系统，也能获得人与物的安全性和取得合格的基准接地电压。但是由于采用了多点接地，各用电子系统接地点间的地电压不同而导致信号地线中有电流，形成周波干扰。在对各用电子系统之间的信号线的地线进行低频隔离，安装合适的电设备保护装置之后，还是可以用于广播电视系统、城市公共配电网和农网。

3. TN 系统

TN 系统即电源中性点直接接地、设备外露可导电部分与电源中性点直接电气连接的系统。它有三种形式，分述如下。

1）TN-S 系统

TN-S 系统如图 7.7 所示。图中相线 $L_1 \sim L_3$、中性线 N 与 TT 系统相同。与 TT 系统不同的是，用电设备外露可导电部分通过 PE 线连接到电源中性点，与系统中性点共用接地体，而不是连接到自己专用的接地体。在这种系统中，中性线（N 线）和保护线（PE 线）是分开的，这就是 TN-S 中“S”的含义。TN-S 系统的最大特征是 N 线与 PE 线在系统中性点分开后，不能再有任何电气连接，这一条件一旦破坏，TN-S 系统便不再成立。

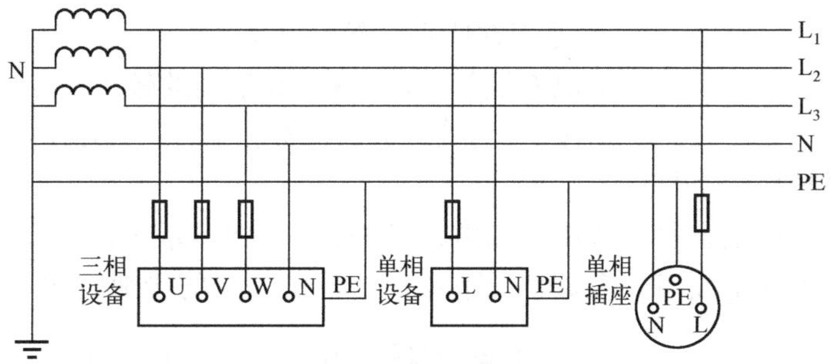

图 7.7　TN-S 系统接线

TN-S 系统是我国现在应用最为广泛的一种系统。其特点是，中性线 N 与保护接地线 PE 除在变压器中性点共同接地外，两线不再有任何的电气连接。中性线 N 是带电的，而 PE 线不带电。该接地系统完全具备安全和可靠的基准电压。其优点是 PE 线上在正常工作时不出现电流，因此设备的外露可导电部分也不呈现对地电压。在事故时也容易切断电源，因此比较安全，在自带变配电所的建筑中，几乎无一例外地采用了 TN-S 系统；在建筑小区中，也有一些采用了 TN-S 系统。

2）TN-C 系统

TN-C 系统如图 7.8 所示，TN-C 系统被称为三相四线系统，该系统中性线 N 与保护接地 PE 合二为一，通称 PEN 线。这种接地系统虽对接地故障灵敏度高，线路经济简单，在一般情况下，如选用适当的开关保护装置和足够的导线截面，也能达到安全要求，但它只适合用于三相负荷较平衡的场所。广播电视系统，单相负荷所占比重较大，难以实现三相负荷平衡，PEN 线的不平衡电流加上线路中存在着的由于荧光灯、晶闸管（可控硅）等设备引起的高次谐波电流，在非故障情况下，会在中性线 N 上叠加，使中性线 N 带电，且电流时大时小极不稳定，造成中性点接地电压不稳定漂移，以及干扰信号。不但会使设备外壳（与 PEN 线连接）带电，对人身带来不安全，因此在民用建筑中，TN-C 系统应禁止使用。

3）TN-C-S 系统

TN-C-S 系统是 TN-C 系统和 TN-S 系统的结合形式，如图 7.9 所示。在 TN-C-S 系统中，从电源出来的那一段采用 TN-C 系统，因为在这一段中无用电设备，只起电能的传输作用，到用电负荷附近某一点处，将 PEN 线分开形成单独的 N 线和 PE 线。从这一点开始，系统相当于 TN-S 系统。

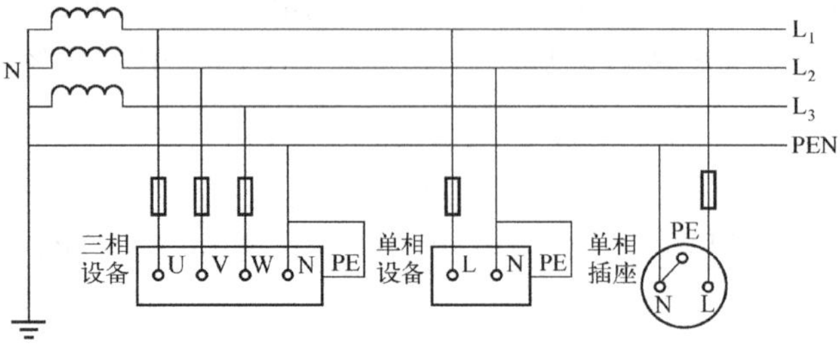

图 7.8　TN-C 系统接线

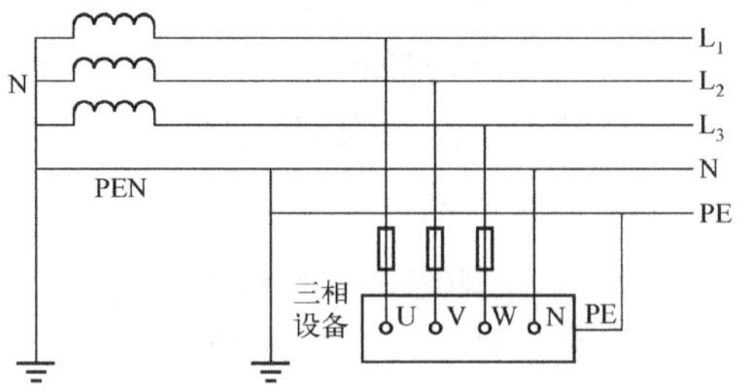

图 7.9　TN-C-S 系统接线

TN-C-S 系统也是现在应用比较广泛的一种系统。工厂的低压配电系统、城市公共低压电网、小区的低压配电系统等采用 TN-C-S 系统的较多。一般在采用 TN-C-S 系统时，都要同时采用重复接地这一技术措施，即在系统由 TN-C 变成 TN-S 处，将 PEN 线再次接地，以提高系统的安全性能。

以上各种系统中，用电设备外露可导电部分的连接方式只是针对 I 类设备而言，对其他类的用电设备，多数情况下不存在设备外壳的接地问题。

7.1.3　低压配电系统接地的基本要求　重点提示

低压配电系统接地应满足以下基本要求。

（1）在 TN 系统的接地形式中，所有受电设备的外露可导电部分必须用保护线（或共用中性线即 PEN）与电力系统的接地点相连接，且必须将能同时触及的外露可导电部分接至同一接地装置上。

（2）当采用 TN-C-S 系统时，保护线与中性线从某点（一般为进户处）分开后就不能再合并，且中性线绝缘水平应与相线相同。

（3）接地干线一般应采用不少于两根导体在不同地点与接地网相连接。

（4）系统重复接地的设置要求：

① 架空线的干线和分支线的终端以及沿线每隔 1km 处；

② 电缆和架空线在引入车间或大型建筑物处（但距接地点不超过 50m 者除外）。

（5）系统中保护零线的使用要求。

① 用于保护接零的零线上，不得装设熔断器和开关。因为，一旦熔断器熔断，开关跳闸，就等于零线断开。

② 由同一台变压器或同一段母线供电的低压线路，不允许一部分设备采用接零，而另一部分设备采用接地。因为，一旦采用接地的电气设备外壳带电时，将使所有采用接零的电气设备的外壳，呈现出危险的电压。

> ❓（1）人工接地装置与自然接地装置各有哪些特点？
> （2）TN-C、TN-C-S 和 TN-S 系统有什么区别？哪种接线最安全？为什么？

任务 7.2　接地装置的安装

【任务背景】 接地装置是直接与大地接触，是将接地线（引下线）引来的电流直接散入到大地的设备。自然接地装置是在房屋建造过程中必然存在的，但必须要等连接安装以后才能成为真正可用的自然接地装置；人工接地装置是当自然接地装置不能满足要求时才增加的。接地装置安装的质量将直接关系到接地系统对设备保护的安全性与可靠性。

7.2.1　人工接地装置的安装

接地装置的具体安装，应根据设计图纸的要求进行。图 7.10 可作为接地装置安装的一般示意图。

人工接地装置安装工艺流程：

加工接地体 → 挖掘土沟 → 安装接地体 → 连接接地体 → 焊接部位的防腐处理 →

接地电阻测试 → 回填土 → 接地干线与接地支线的敷设

人工接地装置安装施工方法和要点分为以下 8 个方面。

1. 加工接地体

如图 7.11 所示。对于垂直接地体，若采用镀锌角钢，则在角钢的一端加工成尖头形状；若采用镀锌钢管，则在钢管的一端加工成扁尖形或斜面形（适用于松软土壤）、圆锥形（适用于较坚硬的土壤）。

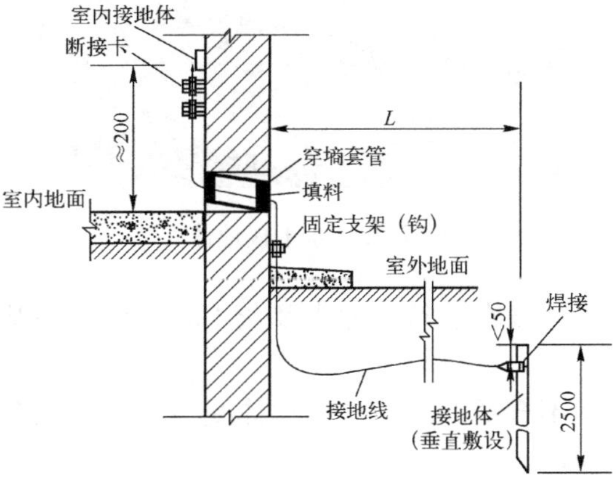

图 7.10　接地装置安装示意图

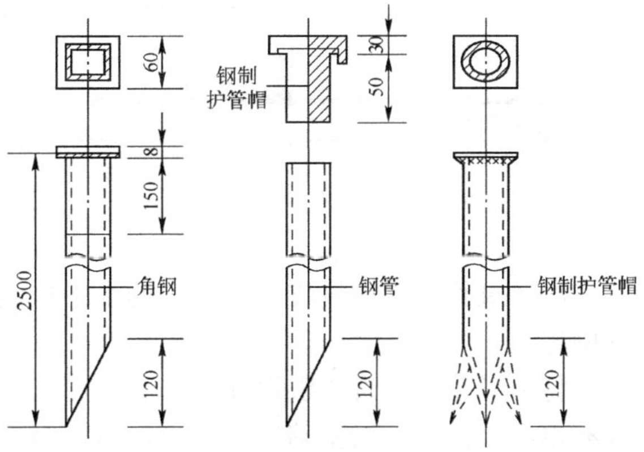

图 7.11　垂直接地体的制作

为了防止在锤打接地体入地时产生接地体弯曲、打劈等现象，常在角钢上端部焊上一段长 150mm 的加强短角钢，在端面上再焊上一块 60mm × 60mm 的正方铁板。当接地体采用钢管时，可以在顶部的管口用一块铁板封焊，也可以制作一个护管帽，将它套在接地体的顶端上，这样就可以防止打劈。

2. 挖掘土沟

接地装置须埋入地下一定深度，这样不仅可使接地电阻稳定，而且不易遭到损坏。所以，在敷设接地装置之前，应该按设计图纸确定的位置及线路走向，挖掘土沟。因为规定接地体顶端埋设于地下的深度应不小于0.6m，所以，沟深应该为0.8～1m，沟宽约为0.5m，沟面应稍宽，沟底应稍窄。在接地体位置处，应挖一个较宽的坑，以利于锤击接地体与焊接接地体间的连接。

3. 安装接地体

接地体分垂直和水平两种形式。

对于垂直接地体，挖好沟以后即可将接地体锤打到地中。敲打时，要使接地体与地面保持垂直。当接地体顶端露出沟底150～200mm时（沟深为0.8～1m）就可停止敲打。然后将扁钢与接地体用电焊焊接。扁钢应侧放而不可平放，扁钢与钢管连接的位置距接地体顶端100mm。人工垂直接地体安装如图7.12所示。

对于水平接地体，多用于环绕建筑四周的联合接地，常用40mm×4mm镀锌扁钢，最小截面积应不小于100mm^2，厚度应不小于4mm。当接地体沟挖好后，应垂直敷设在地沟内（不应平放），垂直放置时，散流电阻较小，项部埋设深度距地面应不小于0.6m，水平接地体安装如图7.13所示。水平接地体多根平行敷设时，水平间距应不小于5m。

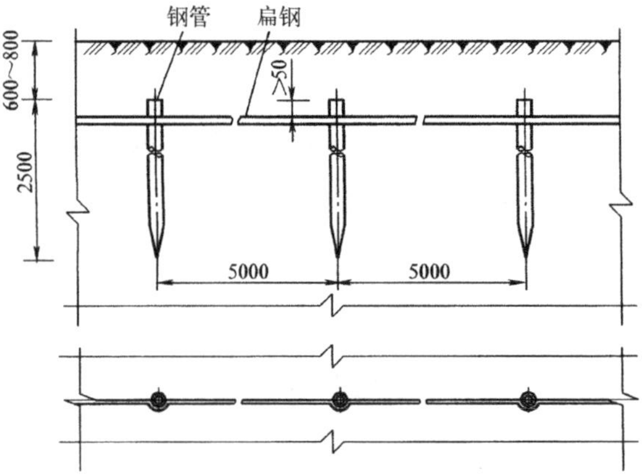

图7.12　人工垂直接地极的安装

图7.13　水平接地体安装

沿建筑物四周敷设成闭合环状的水平接地体，可埋设在建筑物散水及灰土基础以外的基础槽边。

将水平接地体直接敷设在基础底坑与土壤接触是不合适的。由于接地体受土壤的腐蚀会极易损坏；被建筑物基础压在下边，给维修带来不便。

4. 连接接地体

接地体间的连接，一般采用40×4的镀锌扁钢。先将扁钢调直，然后用电焊与接地体依次连接。焊接时，扁钢应立放而不可平放，以使散流电阻较小。焊接应采用搭接焊，扁钢与钢管、扁钢与角钢，除应在其接触部位两侧进行焊接外，还应焊上用钢带弯成的弧形（或直角形）卡子，或将钢带本身弯成弧形（或直角形）直接焊接在钢管（或角钢）上。图7.14是几种常用的焊接形式。

5. 焊接部位的防腐处理

当焊接确认牢固无虚焊时即可对焊接部位进行防腐处理，一般涂以沥青油。

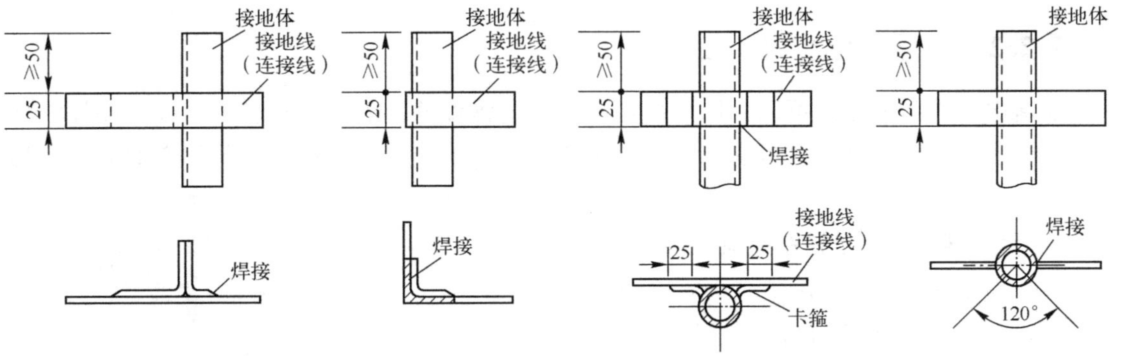

图 7.14　接地体与连接线的焊接形式

6. 接地电阻测试

接地电阻测试采用接地电阻测试仪。要求接地电阻小于等于 4Ω。当达不到此要求时，应采取补救措施。

7. 回填土

经过检查，确认接地体的埋深、焊接质量、线路走向、接地体间的间距、接地体离建筑物的距离等都符合要求时，即可填沟平土。填沟的泥土中不应有石头、垃圾、建筑碎料等，因为这些杂物会增大接地电阻。回填土应分层夯实，最好在每层土上浇一些水，以使土壤与接地体接触紧密，从而可降低接地电阻。

8. 接地干线与接地支线的敷设

接地线包括接地体间的连线及接地干线与接地支线。接地干线和接地支线又可分为室外和室内两种。

室外接地干线与接地支线一般敷设在沟内。敷设前，应按设计要求挖沟，沟深不小于 0.5m。接地线敷设后，其末端露出地面的高度应大于 0.5m，以便引接。焊接部位应涂刷沥青油防腐。

室内接地干线与接地支线一般采用明敷，以便于检查。但部分设备的接地支线，也有暗敷在地面或混凝土层中。明敷的接地线，一般沿墙壁敷设，也有敷设在母线架或电缆架等支持构件上。图 7.15 为接地线敷设的示意图。

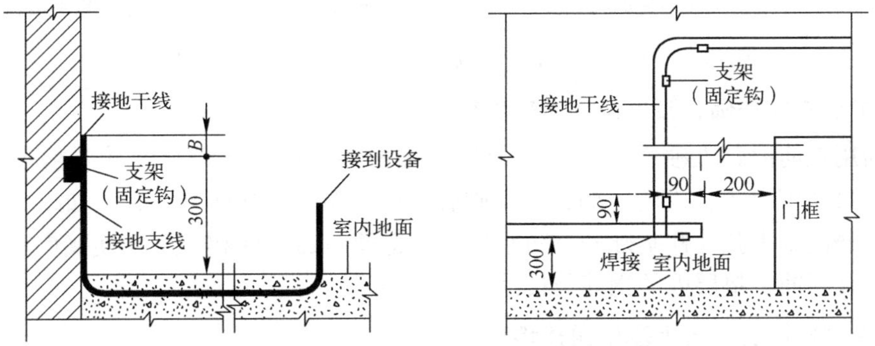

（a）接地支线埋入地坪暗敷　　（b）接地干线水平和垂直明敷

图 7.15　接地线敷设的示意图

7.2.2 自然接地装置的安装

交流电气设备的接地可以利用埋设在地下的金属管道，但不包括有可燃或有爆炸物质的管道、金属井管、与大地有可靠连接的建筑物的金属结构、水工构筑物及其类似的构筑物的金属管、桩。

1. 利用钢筋混凝土桩基基础做接地极

在接地引下线的柱子（或者剪力墙内主筋做引下线）处，将桩基础的底部钢筋与承台梁主筋焊接，再与上面作为引下线的柱（或剪力墙）内主筋焊接。如果每一组桩基多于4根，只须连接四角桩基的钢筋作为自然接地体。桩基内钢筋做接地极如图7.16所示。

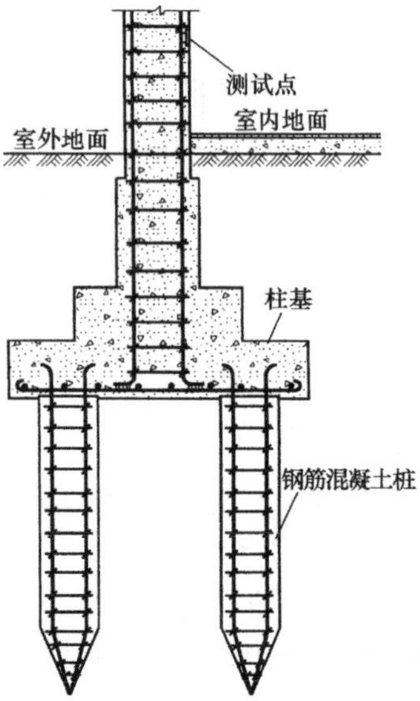

图7.16 桩基内钢筋做接地极

2. 利用钢筋混凝土板基础做接地极

（1）利用无防水层底板的钢筋混凝土板式基础做接地极时，将利用作为引下线负荷规定的柱主筋与底板的钢筋进行焊接连接，方法如图7.17所示。

（2）利用有防水层板式基础的钢筋做接地体时，将符合设计要求可以用来作（避雷）引下线的柱内主筋，在室外自然地面以下的适当位置处，利用预埋连接板与外引的 ϕ12mm镀锌圆钢或40mm×40mm的镀锌扁钢相焊接做连接线。同时防水层的钢筋混凝土板式基础的接地装置连接，做法如图7.18所示。

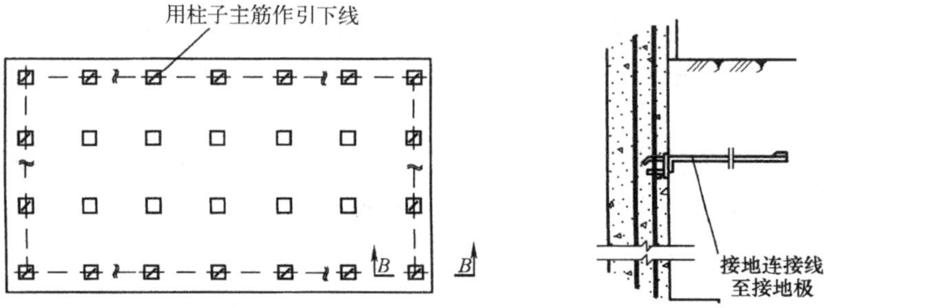

（a）无防水层底板（避雷）接地极平面图　　（b）B-B 无防水层（避雷）引下线外引做法

图7.17 利用无防水层底板的钢筋混凝土板式基础做接地极

3. 利用独立柱基础、箱形基础做接地极

（1）利用钢筋混凝土独立柱基础及箱形基础做接地体，将符合设计要求可以用做（避雷）引下线现浇混凝土柱内的主筋，与基础底层钢筋网做焊接连接，方法如图7.19所示。

（2）钢筋混凝土独立柱基础若有防水层，应将预埋的铁件和引下线连接应跨越防水层将柱内的引下线钢筋、垫层内的钢筋与接地线相焊接。

4. 利用钢柱钢筋混凝土基础做接地极

（1）仅有水平钢筋网的钢柱钢筋混凝土基础做接地时，每个钢筋混凝土基础中有一个地脚螺栓通过连接导体（大于等于 ϕ12mm钢筋或圆钢）与水平钢筋网进行连接。地脚螺栓与连接导体、水平钢筋网的搭接焊接长度应不小于 6mm，并应在钢桩就位后，将地脚螺栓、螺母与钢柱焊成一体，有水平钢筋网的基础如图 7.20 所示。

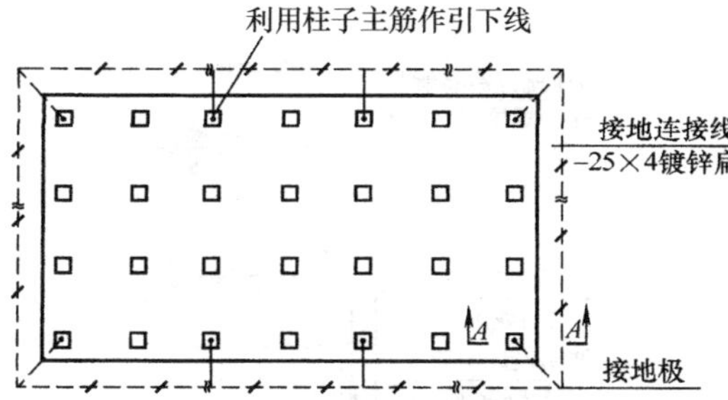

（a）有防水层底板（避雷）接地极平面图

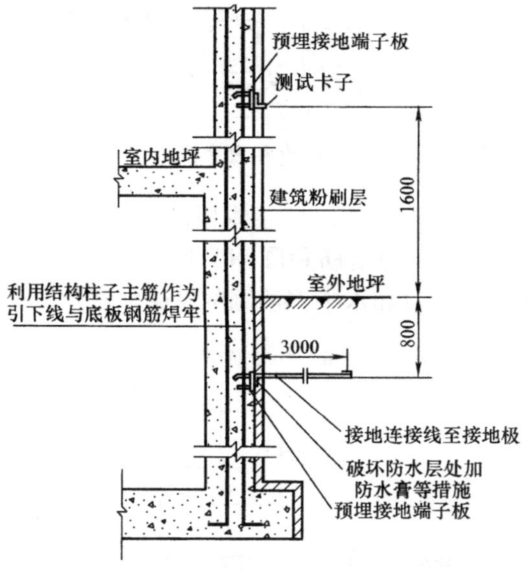

（b）A-A 有防水层（避雷）引下线做法

图 7.18　利用有防水层板式基础的钢筋做接地体

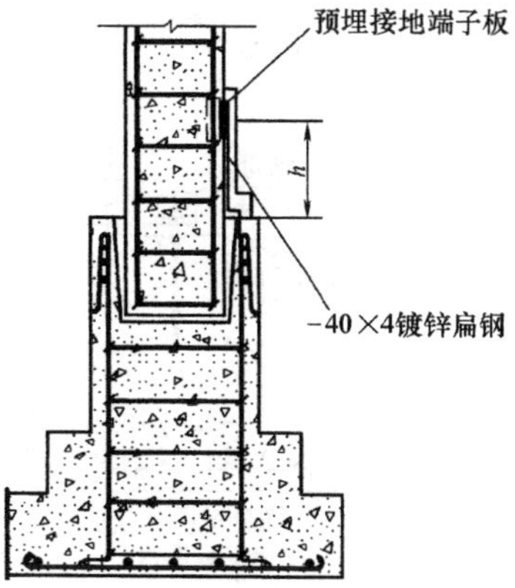

（a）有垂直和水平钢筋网的基础

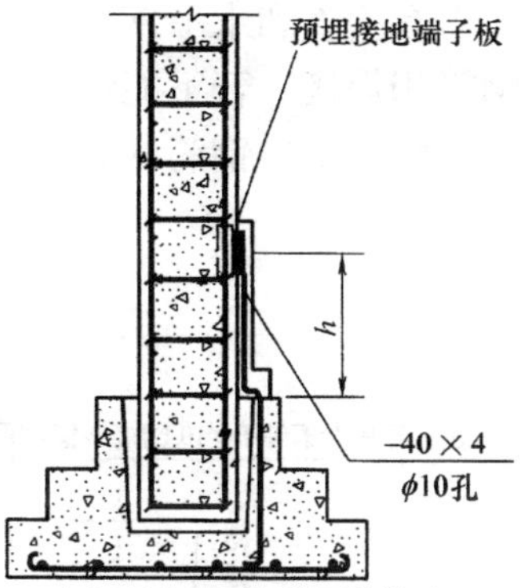

（b）只有水平钢筋网的基础

图 7.19　柱内扁钢与基础焊接图

（2）有垂直和水平钢筋网的基础，垂直和水平钢筋网的连接，应将与地脚螺栓相连接的一根垂直钢筋焊到水平网上。当不能焊接时，采用大于等于 ϕ12mm 钢筋或圆钢跨接焊接。如果垂直 4 根主筋能接触到水平钢筋网，将垂直的 4 根钢筋与水平钢筋网进行绑扎连接。有垂直和水平钢筋网的基础如图 7.21 所示。

（3）当钢柱钢筋混凝土基础底部有柱基时，宜将每一桩基的一根主筋同承台钢筋连接。

5. 钢筋混凝土杯形基础预制柱做接地体

（1）当仅有水平钢筋的杯形基础做接地体时，将连接导体（即连接基础内水平钢筋网与预制混凝土柱预埋连接板的钢筋和圆钢，引出位置是在杯口一角的附近）与预制混凝土柱上的预埋连接板位置相对应，连接导体与水平钢筋网采用焊接。连接导体与柱上预埋件连接也应焊接，立柱后，将连接导体与∠63mm×63mm×5mm、长 100mm 的柱内预埋连接板焊接后，将其与土壤接触的外露部分用 1∶3 水泥砂浆保护，保护层厚度不小于 50mm，有水平钢筋网的基础如图 7.22 所示。

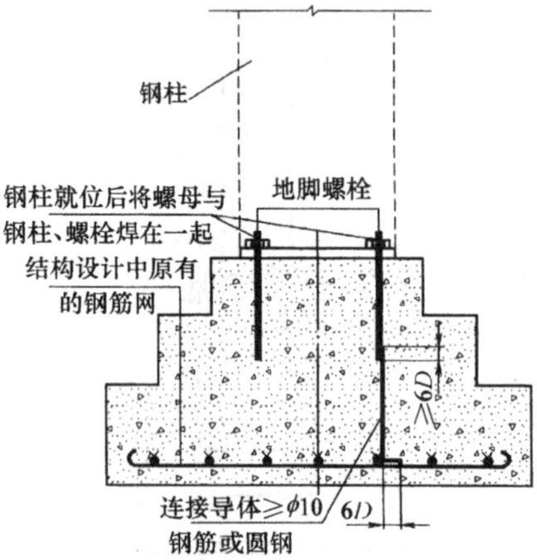

图 7.20　有水平钢筋网的基础

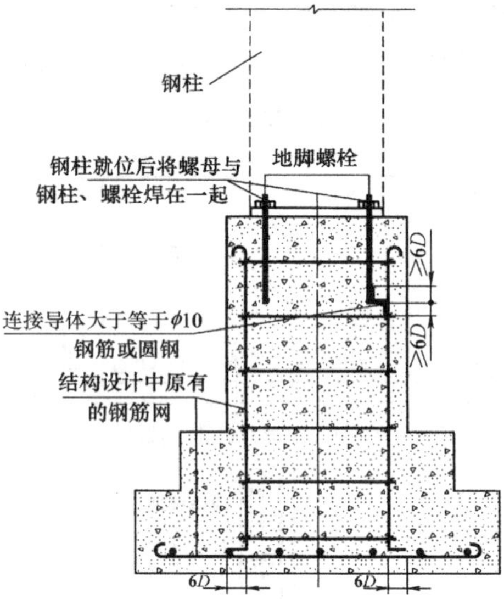

图 7.21　有垂直和水平钢筋网的基础

（2）当有垂直和水平钢筋网的杯形基础做接地体时，与连接导体相连接的垂直钢筋，应与水平钢筋相焊接。若不能焊接，采用不小于 ϕ10mm 的钢筋和圆钢跨接焊。如果 4 根垂直主筋都能接触到水平钢筋网，应将其绑扎连接，有垂直和水平钢筋网的基础如图 7.23 所示。

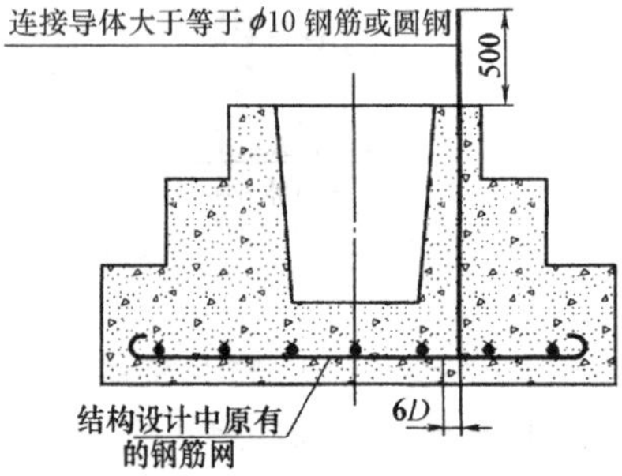

图 7.22　有水平钢筋网的基础

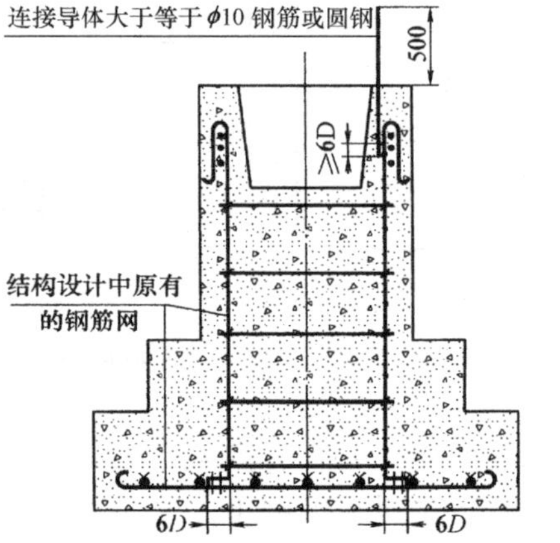

图 7.23　有垂直和水平钢筋网的基础

（3）连接导体外露部分应做水泥砂浆保护层，厚度为 50mm。当杯形钢筋混凝土基础底下有桩基时，宜将每一根桩基的一根主筋同承台梁钢筋焊接。若不能直接焊接，可用连接导体进行连接。

6. 利用建筑物的钢结构做接地装置

利用建筑物的钢结构作为接地装置的主要要求是保证成为连续的导体。因此，除了其在接合处采用焊接外，凡是用螺栓连接或铆钉连接及其他仅以接触相连接的地方，都要采用跨接线连接。利用建筑物的钢结构作为接地装置如图 7.24 所示。跨接线一般采用扁钢，作为接地干线的，其截面积不得小于 100mm^2；作为接地支线的，其截面积不得小于 48mm^2。当金属结构的扁钢、工字钢、槽钢与圆钢相接，或圆钢与圆钢相接时，可利用钢绞线作为连接线，钢绞线的直径不得小于 6mm，两端焊以适当的接头。

在建筑物伸缩缝的地方，为了避免建筑物沉陷不均等情况造成电气上不连续的可能，也必须采用连接线跨过伸缩缝在金属结构的两端连接。此时所用钢绞线的直径不得小于 12mm。

（a）在梁的接合处

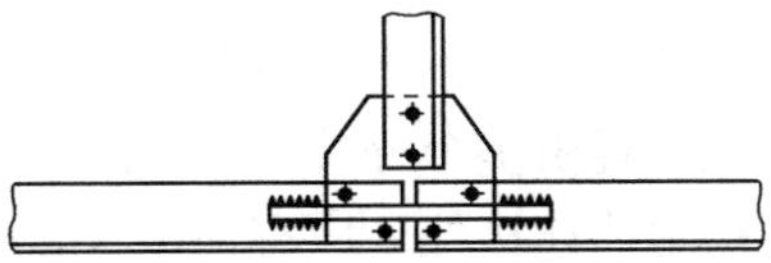

（b）在螺栓或铆钉的接合处

图 7.24　利用建筑物的钢结构做接地装置

7. 利用金属管道做接地装置

除了流经可燃液体和可燃或爆炸性气体的管道外，其他金属制管道都可作为接地装置。

（1）利用配电线管作为接地装置。配电线用的保护钢管若敷设在水泥地坪中或安装在干燥建筑物内允许作为接地线，但其管壁厚度不得小于 1.5mm，以免产生锈蚀而成为不连续的导体。接地线与配电管道相连如图 7.25 所示，但镀锌钢管不能进行焊接，应采用卡接（见学习单元 3）。接地线连接时的跨接长度不小于如表 7.1 所示的长度。

表 7.1　接地线连接时的焊接长度

钢管公称直径/mm	20	25	30	40	50	60	75
圆、扁钢连接尺寸/mm	$\phi 6$	$\phi 6$	$\phi 8$	$\phi 10$	25×4	25×4	30×4
铜裸线截面积/mm^2	6	6	6	6	10	10	10
连接线焊接尺寸 l/mm	30	30	40	50	30	30	35

（2）利用工业管道作为接地装置。从工业管道上引出接地线时，应采用螺栓连接。工业管道的接地装置如图 7.26 所示。

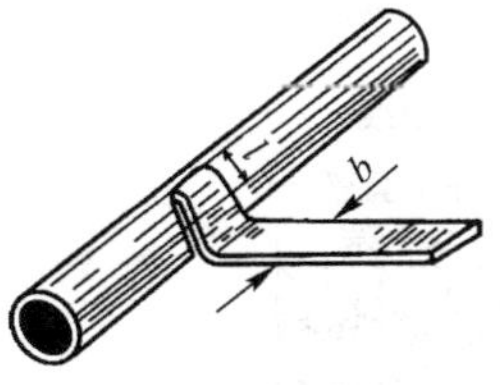

（a）扁铁与金属管相连接

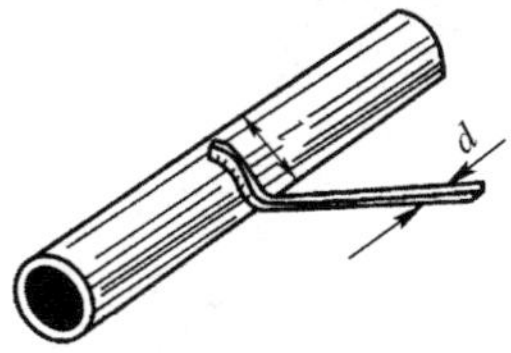

（b）圆钢与金属管相连接

图 7.25　接地线与金属管道相连

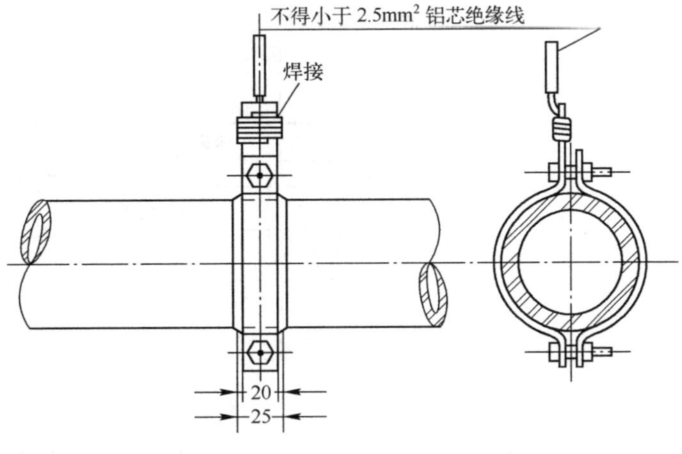

图 7.26　工业管道的接地装置

7.2.3 接地装置的安装要求和注意事项 重点提示

在安装接地装置中，除上面提到的一些注意事项外，还必须符合下列要求。

(1) 接地体离建筑物的距离应由设计图纸决定，一般不宜小于1.5m（作为防雷接地时，不宜小于3m）。

(2) 从接地干线引到电气设备的接地支线的距离，越小越好。

(3) 接地装置由多个分接地装置组成时，应按设计要求设置便于分开的断接卡。自然接地体与人工接地体连接处，应有便于分开的断接卡。

(4) 为测量接地电阻，应在室内接地线中设立断接卡。

(5) 进行检修时，在断路器室、配电间、母线分段处、发电机引出线等需临时接地的地方，应引入接地干线，并应设有专供连接临时接地线使用的接线板（一般采用扁钢制成）和螺栓（一般用MIO螺栓），如图7.27所示。也有将接线螺栓直接焊在接地干线的宽面上。

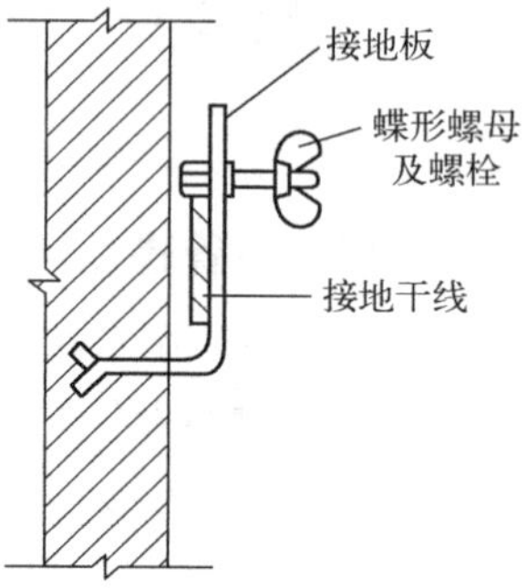

图7.27 临时接地线柱安装

(6) 明敷接地线沿建筑物敷设的，还应符合下列要求。

① 便于检查。

② 敷设位置不应妨碍设备的拆卸与检修。

③ 支持件间的距离，在水平直线部分宜为0.5～1.5m；垂直部分宜为1.5～3m；转弯部分宜为0.3～0.5m。

④ 接地线应按水平或垂直敷设，也可与建筑物倾斜结构平行敷设。在直线段上，不应有高低起伏及弯曲等情况。

⑤ 接地线沿建筑物墙壁水平敷设时，离地面距离宜为250～300mm；接地线与建筑物墙壁间的间隙宜为10～15mm。

⑥ 接地线在穿过墙壁、楼板和地坪处应加装钢管或其他坚固的保护套，图7.28是接地线穿过墙、楼板的一般施工方法。

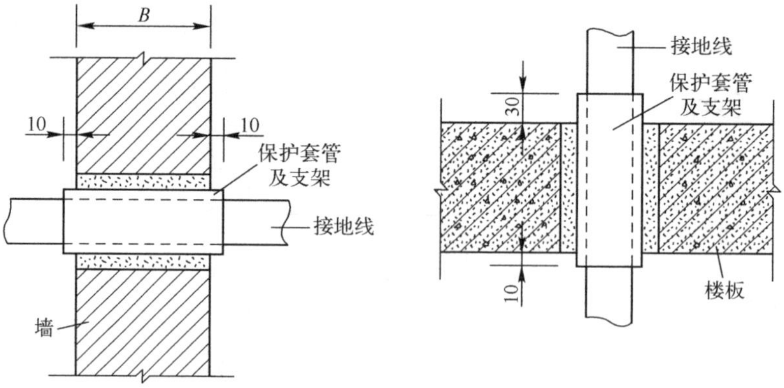

图7.28 接地线穿过墙、楼板的做法

⑦ 接地线跨越建筑物伸缩缝、沉降缝时，应设置补偿器。补偿器可用接地线本身弯曲成弧状来代替，也可先将该处的接地线断开，然后用50mm^{2}的软铜线或弯成U形的$\phi12$的圆钢跨接在断开的接地扁钢的两端，如图7.29所示，以防止由于建筑物伸缩或沉降不均等而损

伤接地线。

⑧ 接地线跨越门时，可将接地线埋入门口的地中或从门的上方通过。

⑨ 为防止接地线发生机械损伤和化学腐蚀，在与公路、铁路或管道等交叉及其他可能使接地线遭受损伤处，均应用管子或角钢等加以保护。有化学腐蚀的部位，还应采取防腐措施。

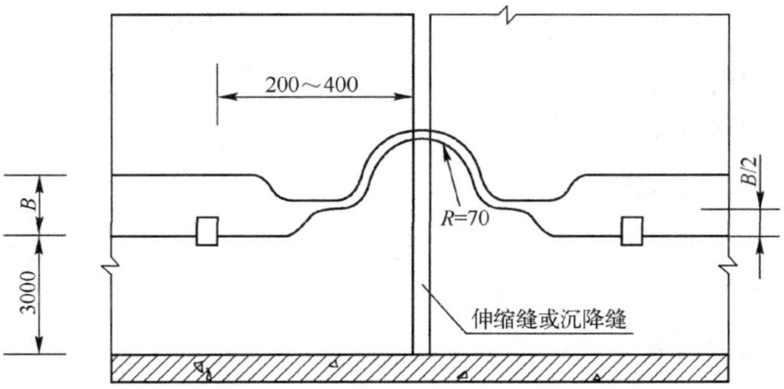

图 7.29 接地线通过伸缩缝、沉降缝的做法

⑩ 有色金属接地线不能采用焊接时，可采用螺栓连接。接至电气设备上的接地线，应用镀锌螺栓连接。

⑪ 明敷的接地线敷设完毕，应该对接地线表面涂漆，以便于识别与防腐。规定明敷接地线的表面应涂以 15 ～ 100mm 宽度相等的绿色和黄色相间的条纹。在每个导体的全部长度只在每个区间或每个可接触到的部位上宜做出标志。当使用胶带时，应使用双色胶带。中性线宜涂淡蓝色标志。

在接地线引向建筑物的入口处和在检修用临时接地点处，均应刷白色底漆并标以黑色记号，其代号为“ ± ”。

（7）垂直接地体之间的间距，规定不宜小于接地体长度的 2 倍，所以一般为 5m。接地体与地下管道、电缆等交叉时，应相距为 300 ～ 350mm，其搭接长度必须符合下列规定。

① 扁钢与扁钢，为扁钢宽度的 2 倍（且至少 3 个棱边焊接）。

② 圆钢与圆钢，为圆钢直径的 6 倍。

③ 圆钢与扁钢，为圆钢直径的 6 倍。

（1）垂直接地装置和水平接地装置安装时主要有哪些要求？

（2）人工接地装置与自然接地装置有何区别？

（3）电缆金属外皮能否作为一台电动机的外壳接地线？为什么？

任务 7.3 接地电阻

【任务背景】 接地电阻是任何接地装置必定存在的一个阻值，其值的大小直接关系到电流的释放效果和电气设备的对地电压，不同系统的接地装置对接地电阻的要求有所不同，但总的来说就是为了降低电气设备可导电部分对地的电压，从而保证人身与设备的安全。因此，准确测量接地电阻，有效降低接地电阻是保证设备及人身安全的有效措施。

7.3.1 电气设备接地电阻值

1. 接地电阻的定义

接地电阻是指电气设备接地装置的对地电压与电流之比。接地装置是由接地体和接地线组成，故接地电阻是接地体的流散电阻与接地线和接地体电阻的总和。由于接地体和接地线的电阻相对较小，可略去不计，因此接地电阻可认为就是接地体的流散电阻。

根据通过接地体流入地中的电流性质不同，又可将接地电阻分为工频接地电阻（流入地中的电流为工频电流时求得的接地电阻）与冲击接地电阻（流入地中的电流为雷电流时求得的接地电阻）两种。

2. 接地电阻值

若接地电流一定，则接地电阻阻值越小，接地装置的对地电压值也就越小。所以，接地电阻阻值的大小，标志着对电气设备接地性能要求的高低。表 7.2 给出了电力系统不同接地装置所要求的接地电阻阻值。

表 7.2　部分电气装置要求的接地电阻阻值

电气装置名称	接地的电气装置特点	接地电阻/Ω
1kV 以下中性点直接接地和不接地的系统	与总容量在 100kVA 以上的发电机或变压器相连的接地装置	≤4
	同上装置重复接地	≤10
	与总容量在 100kVA 以下的发电机或变压器相连的接地装置	≤10
	同上装置重复接地	≤30
低压架空电力线路	低压线路水泥杆、金属杆	≤30
	零线重复接地	≤10
	低压进户绝缘子铁脚	≤30
建筑物防雷装置	第一类防雷建筑物（防直击雷及雷电波侵入）	≤10
	第一类防雷建筑物（防感应雷）	≤10
	第二类防雷建筑物（防直击雷及雷电波侵入）	≤10
	第三类防雷建筑物（防直击雷）	≤30
	烟囱、水塔接地	≤30

7.3.2　接地电阻的测量

目前，测量接地电阻主要采用接地电阻测试仪（俗称接地电阻摇表，型号有 ZC-8 与 ZC-29 型两种）直接进行测量。

摇测时，先将测试仪的“倍率标尺”开关置于较大倍率挡。首先慢慢转动摇柄，同时调整“测量标度盘”，使指针指零（中线），然后加大转速（约为 120r/min），并同时调整“测量标度盘”，使指针指示表盘中线。这时“测量标度”所指示的数值乘以“倍率标尺”的数值即为接地装置的接地电阻阻值。接地电阻的测量接线如图 7.30 和图 7.31 所示。

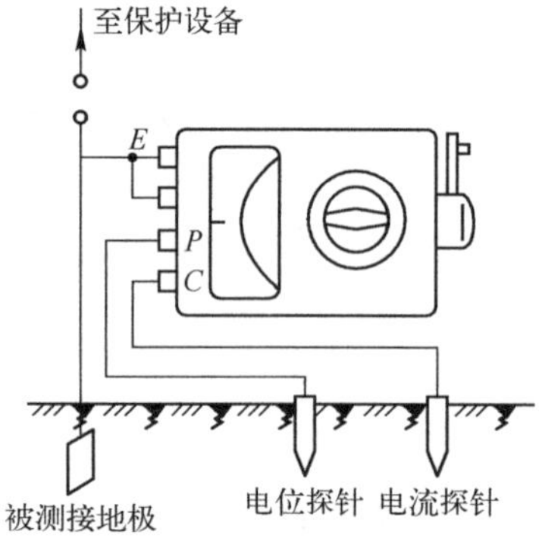

图 7.30　接地电阻测量接法

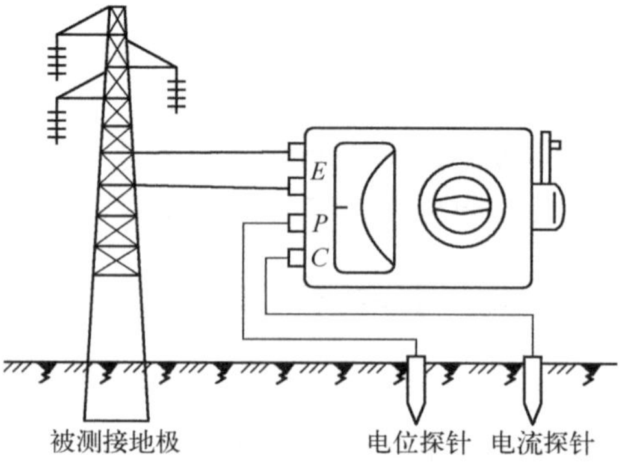

图 7.31　测量小于 1Ω 的接地电阻的接线

7.3.3 降低接地电阻的措施

在高土壤电阻率地区，降低接地电阻的措施就是降低土壤电阻率。具体措施如下。

（1）敷设引外接地体。若在电力设备附近1km以内有电阻率较低的土壤，可敷设引外接地体，以降低场所内的接地电阻。经过公路的引外线，埋设深度应不小于0.8m。

（2）深埋式接地体。若地下较深处的土壤电阻率较低，可用井式或深埋式接地体。

（3）填充电阻率降低的物质（或降阻剂）。

① 在接地体的周围填充一层厚度适当的低电阻系数的降阻剂来增加土壤中的导电性能，从而降低接触电阻。

② 填充物应因地制宜，最好利用附近工厂的废渣，做到综合利用。置换材料的特征应保证电阻率低、不易流失、性能稳定、易于吸收和保持水分、无强烈腐蚀作用，并且施工简便、经济合理。

③ 填充物也可用质量较好的土壤及铁屑或中性长效降阻剂。

填充方法可采用人工接地坑。采用低电阻率的材料置换接地体附近小范围的高电阻率的土石，对于减小单个或集中接地体的工频接地电阻具有显著的效果。

填入坑内的置换材料必须磨碎，并应分层捣紧，敷设时应保持25%～30%的湿度。为防止可溶物流失及季节变化对材料电阻率的影响，在材料四周可填充一层低电阻率的黏土。

（4）利用水和水接触的钢筋混凝土体作为流散介质。充分利用水工建筑物（水井、水池等）及其他与水接触的混凝土内的金属体作为自然接地体，可在水下钢筋混凝土结构物内绑扎成的许多钢筋网中，选择一些纵横交叉点加以焊接，与接地网连接起来。

当利用水工建筑物作为自然接地体仍不能满足要求，或者利用水工建筑物作为自然接地体有困难时，应优先在就近的水中（河水、池水等）敷设外引（人工）接地装置（水下接地网），接地装置应敷设在水的流速不大之处和静水中，并要填充一些大石块加以固定。

（5）伸长水平接地体。水平接地体适当伸长，有利于电流流散。

（6）加食盐降低土壤电阻率。

食盐对降低土壤电阻率效果较好，实验表明，用食盐处理土壤后，土壤电阻率明显下降。因此在接地体周围放些食盐能明显降低接地电阻阻值。

（1）工频接地电阻与冲击接地电阻哪个大？哪个小？为什么？
（2）影响大地电阻率的因素有哪些？
（3）常用降低接地电阻的措施各有什么特点？

任务7.4 建筑物等电位连接

【任务背景】 人的任何两部位触及不同的电位时，两部位间将产生一个电位差，电流将流过人的身体，此电流若超过人能承受的极限电流将危及生命；如果将人的任何两部位能触及到的地方用导体将它们连接起来，则即使人的任何两部位触及带电导体，两部位间的电位差很小，甚至为零，不会危及生命。等电位连接能降低建筑物内间接接触电击的接触电压和不同金属部件的电位差，并消除自建筑物外经电气线路和各种金属管道引入的危险故障电压的危害。等电位连接是防止触电的一项安全措施。

7.4.1 等电位的分类与连接方法

在工业和民用建筑物中，将各外露可导电部分（如电动机外壳、配电箱外壳）、各装置外导电部分（如水管、钢门、金属旗杆等）用金属材料和绝缘导线连接起来，以构成一个等电位空间，按照 IEC 标准，通常称其为等电位连接。安装连接端子的箱称等电位箱。等电位箱再做可靠的接地处理，就形成一个可靠的漏电、触电保护系统。

1. 等电位箱的分类

根据用途不同和安装位置的不同，等电位可以分总等电位、辅助等电位和局部等电位三种。安装连接端子的箱也分别称总等电位箱（MEB）、辅助等电位箱（SEB）和局部等电位箱（LEB）。等电位箱引出等电位连接干线，可选用扁钢、圆钢或导线穿绝缘导管敷设。等电位连接端子排如图 7.32 所示。等电位箱外形如图 7.33 所示。

2. 等电位连接的方法

1）总等电位连接

总等电位连接是将建筑物内进线配电箱的 PE 母排、接地干线、上下水管、煤气管道、暖气管道、空调管路、电缆槽道及各种金属构件等汇接到接地母排（总接地端子）上并相互连接。

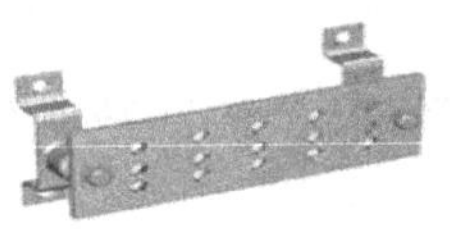

图 7.32 等电位连接端子排

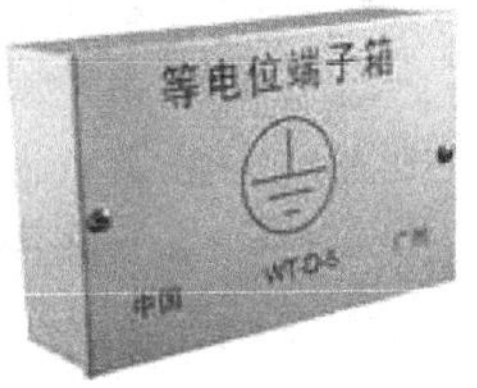

图 7.33 等电位连接端子箱

建筑物内总等电位连接系统如图 7.34 所示。

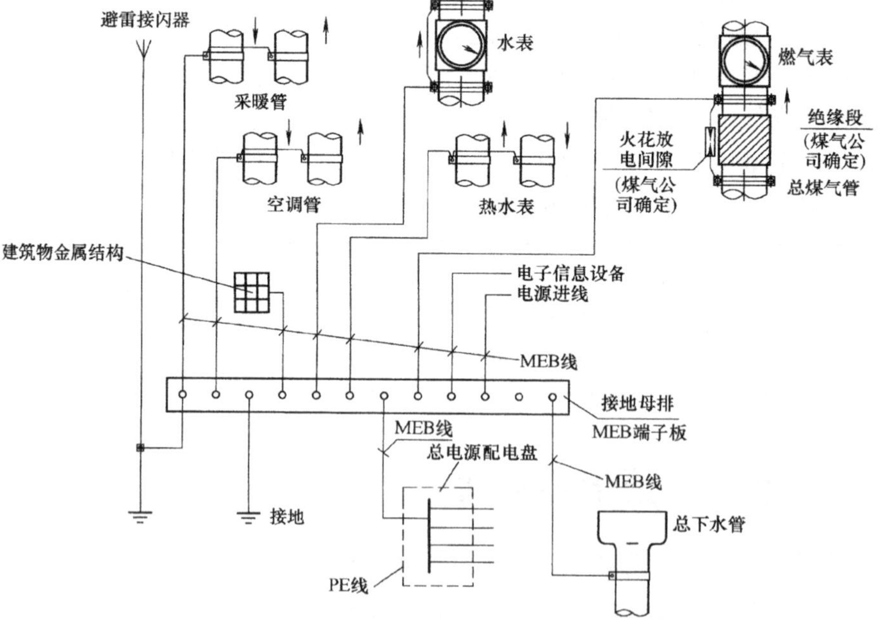

图 7.34 建筑物内总等电位连接系统

2）辅助等电位连接

辅助等电位连接是将两导电部分用导线直接进行等电位连接。

3）局部等电位连接

当需要在一局部场所范围内做多个辅助等电位连接时，可将多个辅助等电位连接通过一个等电位连接端子板实现，这种方式称为局部等电位连接。这块端子板称为局部等电位连接端子板。

有防水要求的房间等电位连接系统如图 7.35 所示，游泳池等电位连接系统如图 7.36 所示，医院手术室等电位连接系统如图 7.37 所示。

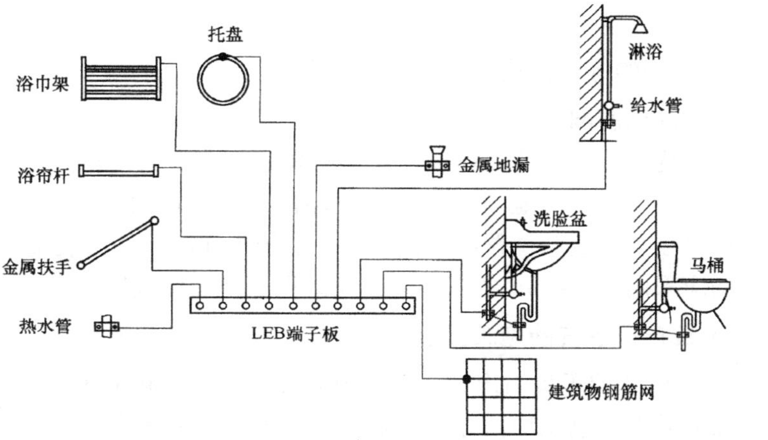

图 7.35　有防水要求的房间等电位连接系统

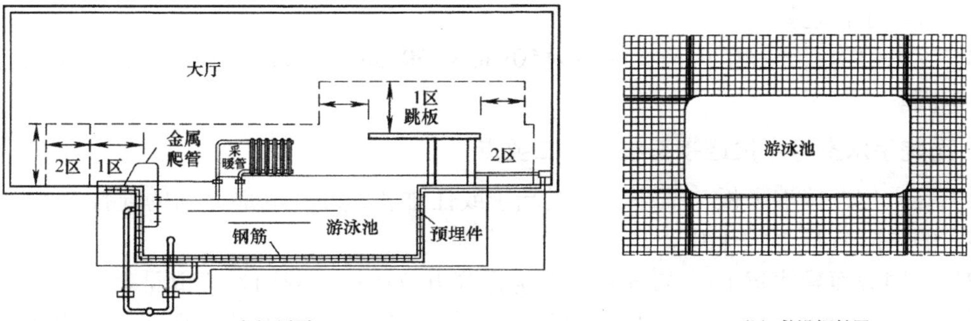

（a）剖面　　（b）敷设钢丝网

图 7.36　游泳池等电位连接系统

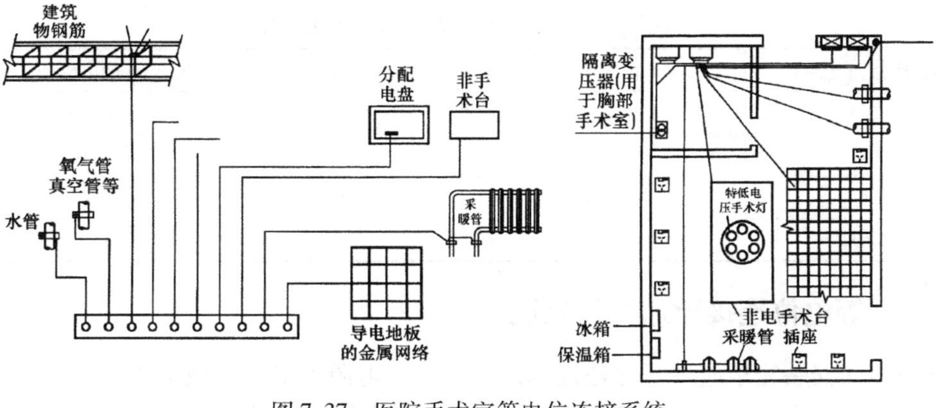

图 7.37　医院手术室等电位连接系统

7.4.2 等电位连接的施工要点

1. 总等电位连接系统的施工要点

(1) 端子板应采用紫铜板，根据设计要求的规格尺寸加工。端子箱尺寸及箱顶、底板孔规格和孔距应符合设计要求。

(2) MEB 线截面应符合设计要求。相邻管道及金属结构允许用一根 MEB 线连接。

(3) 利用建筑物金属体做防雷及接地时，MEB 端子板宜直接短捷地与该建筑物用做防雷及接地的金属体连通。

2. 有防水要求房间的等电位连接系统的施工要点

(1) 首先将地面内钢筋网与等电位连通。

(2) 预埋件的结构形式和尺寸、埋设位置、标高应符合施工图设计的要求。

(3) 等电位连接线与浴缸、地漏、下水管、卫生设备的连接按图 7.36 所示进行。

(4) 等电位连接端子板安装位置应方便检测。端子板和端子箱组装应牢固、可靠。

(5) LEB 线均应采用 BV-4mm^{2}的铜导线，应暗设于地面内或墙内穿入塑料管布线。

3. 游泳池等电位连接系统的施工要点

(1) LEB 线可自 LEB 端子板引出，与其室内有关金属管道和金属导电部分相互连接。

(2) 无筋地面应敷设等电位均衡导线，采用 25mm×4mm 镀锌扁钢或 ϕ12 镀锌圆钢在游泳池四周敷设 3 道，距游泳池 0.3m，每道间距约为 0.6m，最少在两处进行横向连接，且与等电位连接端子板连接。

(3) 等电位均衡导线也可敷设网格为 50mm×150mm、ϕ3mm 的铁丝网，相邻网之间应互相焊接牢固。

4. 医院手术室等电位连接系统的施工要点

(1) 等电位连接端子板与插座保护线端子或任意装置外导电部分间的连接线的电阻（包括连接点的电阻）应不大于 0.2Ω。

(2) 不同截面导线每 10m 的电阻值供选择等电位连接线截面参考值见表 7.3。

(3) 预埋件形式、尺寸和安装的位置、标高应符合施工图设计要求，安装必须牢固、可靠。

表 7.3 不同截面导线每 10m 的电阻值

铜导线截面（mm^2）	每 10m 的电阻值（Ω）	铜导线截面（mm^2）	每 10m 的电阻值（Ω）
2.5	0.073	50	0.0038
4	0.045	150	0.0012
6	0.03	500	0.0004
10	0.018		

7.4.3 等电位连接导通性的测试

等电位连接安装完毕应进行导通性测试，测试用电源可采用空载电压为 4 ～ 24V 的直流和交流电源，测试电流应不小于 0.2A，当测得等电位连接端子板与等电位连接范围内的金属管道等金属体末端之间的电阻不超过3Ω时，可认为等电位连接是有效的，若发现导通不良的管道连接处，应做跨接线，并在投入使用后定期做测试。

7.4.4　建筑物等电位连接的一般规定　重点提示

建筑物电源进线处应做总等电位连接，各个总等电位连接端子板应相连通。总等电位连接端子板安装在进线配电柜或箱近旁。

等电位连接线和等电位连接端子板宜用铜质材料。

用做等电位连接的主干线或总等电位箱（MEB）应不少于两处与接地装置（接地体）直接连接。

辅助等电位连接干线或辅助局部等电位箱（SEB）之间的连接线，形成环形网络，环形网络应就近与等电位连接总干线或局部等电位箱连接。

需连接等电位的可接近裸露导体或其他金属部件、构件与从等电位连接干线或局部等电位箱（LEB）派出的支线相连，支线连接应可靠，熔焊、钎焊或机械固定应导通正常。

等电位连接线路最小允许截面：若用于干线，铜16mm^2，钢50mm^2；若用于支线，铜6mm^2，钢16mm^2。

用25mm×4mm镀锌扁钢或ϕ12镀锌圆钢作为等电位连接的总干线，按施工图设计的位置，与接地体直接连接，不得少于两处。

将总干线引至总（局部）等电位箱，箱体与总干线应连接为一体，铜排与镀锌扁钢搭接处，铜排端应刷锡，搭接倍数不小于2b（b为扁钢宽度）。也可在总干线镀锌扁钢上直接打孔，作为接线端子。但必须刷锡，螺栓为M10（局部为M8）的镀锌螺栓，附件齐全，等电位总箱箱门应有标志。

由局部等电位箱派出的支线，一般采用多股软铜线穿绝缘导管的做法。建筑物结构施工期间预埋箱、盒和管，做好的等电位支线先预置于接线盒内，待金属器具安装完毕，将支线与专用连接点接好。

> ？（1）设备等电位连接和设备接地有何区别？
> （2）为什么在总等电位连接的系统中，还要进行辅助等电位连接与局部等电位连接？

任务7.5　接地装置的竣工验收

1. 验收检查内容

（1）整个接地网外露部分连接可靠，接地线规格正确，防腐层完好，标志齐全明显。

（2）避雷针（带）的安全位置及高度符合设计要求。

（3）供连接临时接地线用的连接板的数量和安装位置应符合设计要求。

（4）工频接地电阻阻值及设计时要求的其他测试参数应符合设计规定，雨后不应立即测量接地电阻。

（5）整个等电位连接网的连接可靠，等电位连接线规格正确，防腐层完好，标志齐全明显。

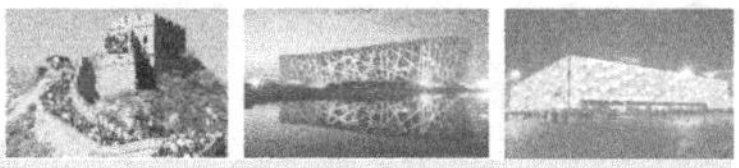

（6）等电位连接的位置、端子板的数量与位置符合设计要求。

2. 资料和文件

（1）实际施工的竣工图。

（2）变更设计的证明文件。

（3）安装技术记录（包括隐蔽工程记录等）。

（4）测试记录。

知识梳理与总结

本任务主要介绍以下内容。

（1）接地系统的概述。主要介绍接地装置的组成（即由接地体和接地线组成）和低压电网的接地形式（即 TT 系统、TN 系统和 IT 系统，其中 TN 系统最为常用，TN 系统又分为 TN－C系统、TN－S 系统和 TN－C－S 系统，民用建筑和施工现场应采用 TN－S 系统）。

（2）接地装置的安装。接地装置有人工接地装置和自然接地装置两种形式。条件许可应首选自然接地装置。

（3）接地电阻及测试。接地电阻可分为工频接地电阻（流入地中的电流为工频电流时求得的接地电阻）与冲击接地电阻（流入地中的电流为雷电流时求得的接地电阻）两种。接地电阻的检测应采用专用的接地电阻测试仪测量并应满足相关规定。接地电阻达不到要求时应采取相关措施进行降阻处理。

练习题 7

1. 选择题

（1）电源中性点接地属于什么接地？（　　）

A. 保护接地　　B. 保护接零　　C. 工作接地　　D. 重复接地

（2）所有用电设备的带电部分不允许接地的系统是（　　）。

A. IT 系统　　B. TT 系统　　C. TN-S 系统　　D. TN-C 系统

（3）TN-C-S 系统是在总配电处应用了（　　）的技术，将 PEN 线分为 PE 线与 N 线。

A. 保护接地　　B. 保护接零　　C. 工作接地　　D. 重复接地

（4）接地装置埋于地下的深度一般不小于（　　）。

A. 0.4m　　B. 0.6m　　C. 0.8m　　D. 1.0m

（5）计算机中的继电器，风机，指示灯，交、直流电源电路等大电流电路的接地，称为（　　）。

A. 逻辑地　　B. 安全地　　C. 功率地　　D. 悬浮地

（6）接地装置的接地电阻主要是由（　　）的电阻决定。

A. 土壤　　B. 接地线　　C. 接线体　　D. 接地装置

（7）下列常用降低接地电阻的措施中错误的是（　　）

A. 填充电阻率升高的物质（或升阻剂）

B. 伸长水平接地体

C. 利用水和水接触的钢筋混凝土体作为流散介质

D. 用加入食盐的方法降低土壤电阻率

（8）如果建筑物远离电源，建筑物内线路过长，则电流保护动作时间和接触电压都可能超过规定的限值，为降低接触电压，可采用（　　）进行解决。

A. 总等电位连接　　B. 辅助等电位连接

C. 局部等电位连接　　D. 不接地的等电位连接

（9）接地电阻测量时，离测试点 20m 的接地极是（　　）

A. 电压极　　B. 电流极　　C. 被测接地极　　D. 电压极或电流极

（10）不能作为自然接地装置的是（　　）

A. 建筑物的钢结构　　B. 工业管道

C. 煤气管道　　D. 建筑物基础钢筋

2. 简答题

（1）接地装置由哪几部分组成？通常可以采用什么材料制作？

（2）接地体有哪两种形式？施工时应优先选用哪一种？为什么？

（3）低压配电系统的接地形式有哪些？何谓 TN 系统？在 TN 系统中进行重复接地有什么意义？

（4）何谓等电位？哪些设备和设施应接入总等电位箱？

学习单元8 防雷装置安装

教学导航

教学任务		任务 8.1　建筑物防雷装置组成与防雷措施 任务 8.2　防雷装置的安装 任务 8.3　电子、电气设备防过电压保护 任务 8.4　防雷装置的竣工验收	学时	2
教学目标	知识方面	了解建筑物防雷等级的划分及防雷的有效措施 了解避雷针安装工艺和要求 掌握避雷网（带）安装工艺和要求 熟知高层建筑防雷措施 掌握电子、电气设备防过电压的方法		
	技能方面	根据建筑物不同的结构特点选择不同的施工方法		
重点		建筑物避雷网（带）的安装		
难点		根据建筑物不同的结构特点选择不同的施工方法		

任务8.1 建筑物防雷装置组成与防雷措施

【任务背景】 在人们的日常生活中，人员、设备和建筑物遭受雷击的事件时有发生，据分析不外乎有以下几个原因：建筑物越建越高，电气设备越来越多，金属装饰构架应用越来越普遍，加之大自然的气候变化无常。雷击是一种大自然的现象，人们无法阻止它的发生，但选择合适的防雷装置并按规定进行安装，就能有效地防御和减少雷电对人类的危害。

8.1.1 防雷装置的组成

防雷装置一般由接闪器、引下线和接地装置三部分组成。接地装置又由接地体和接地线组成。防雷装置如图8.1所示。

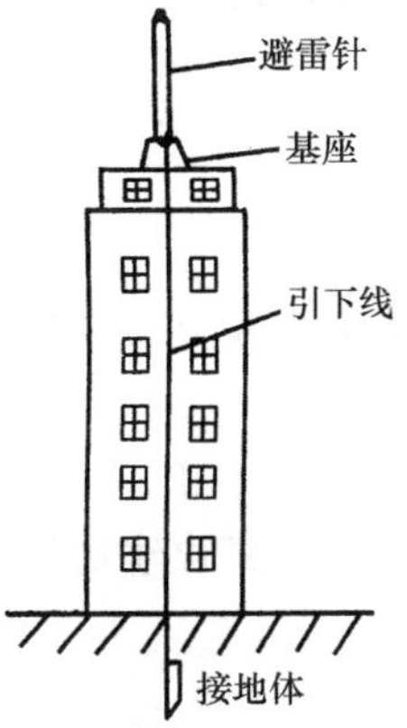

（a）避雷针防雷

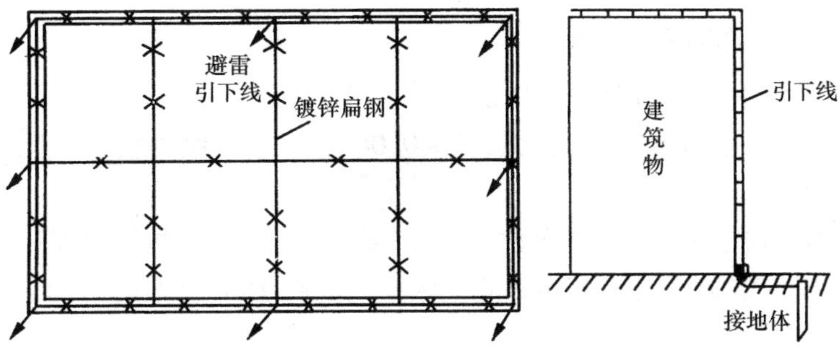

（b）避雷网防雷

图8.1 防雷装置

1. 接闪器

接闪器是将空中的雷电流引入大地，起先导接收的作用。常用的接闪器有避雷针、避雷线、避雷网（避雷带）、避雷线等。避雷针一般适合比较高耸且占地面积较小的建筑或设施，如塔雷建筑、烟囱、旗杆等。避雷线一般适合架空线。避雷带适合大多数建筑物。为了达到更好的避雷效果，有时建筑物屋顶采用避雷带加小针的形式避雷。

2. 引下线

引下线是连接接闪器与接地装置的金属导体。引下线有人工引下线和自然引下线之分，可作为人工引下线和自然引下线的材料见7.1.1节。目前建筑物的引下线大多利用柱内主筋。

3. 接地装置

接地装置（埋在地下的接地体和接地线）把引下线引下的雷电流流散到大地中去。接地体有人工接地体和自然接地体之分，可作为人工接地体和自然接地体的材料见7.1.1节。目前建筑物的接地体大多利用混凝土桩中的钢筋和钢管桩。

8.1.2 建筑物防雷等级

对建筑物的防雷，需要针对各种建筑物的实际情况因地制宜地采取防雷保护措施，达到既经济又能有效地防止或减少雷击建筑物所造成的人员伤亡、设施损坏和财产损失的目的。

根据建筑物的重要性、使用性质、受雷击可能性的大小和一旦发生雷击事故可能造成的后果进行分类，建筑物的防雷等级可分为三类，各类防雷建筑的具体划分如下。

1. 一类防雷建筑物

一类防雷建筑物对防雷装置的要求最高。

凡制造、使用或储有炸药、火药、起爆药、火工业品等大量爆炸物质的建筑物，因火花而引起爆炸，会造成巨大破坏和人身伤亡的。

2. 二类防雷建筑物

国家级重点文物保护建筑物、会堂、办公建筑物、大型展览和博览建筑物、大型火车站、国宾馆、国家级档案馆、大型城市的重要给水泵房等特别重要的建筑物。

制造、使用或储存爆炸物质的建筑物，且电火花不易引起爆炸或不致造成巨大破坏和人身伤亡的。

3. 三类防雷建筑物

省级重点文物保护的建筑物及省级档案馆。

0.012 次/a≤年雷击次数 N≤0.06 次/a 的省级办公建筑物及其他重要或人员密集的公共建筑物。

0.06 次/a≤年雷击次数 N≤0.3 次/a 的住宅、办公楼等一般性的民用建筑物。

平均雷暴日大于 15d/a 的地区，高度在 15m 以上的烟囱、水塔等孤立的高耸建筑物。

8.1.3 各类防雷建筑物的防雷措施

雷电可分为三种类型：直接类、感应雷和雷电波。通常，第一类防雷建筑物的防雷保护措施应包括防直接雷、防雷电感应和防雷电波侵入等保护措施，同时这些基本措施还应当被高标准地设置；第二类防雷建筑物的防雷保护措施与第一类相比，既有相同之处，又有不同之处，综合来看，第二类防雷建筑物仍采取与第一类防雷建筑物相类似的措施，但其规定的指标不如第一类防雷建筑物严格；第三类防雷建筑物主要采取防直接雷和防雷电侵入波的措施。各类防雷建筑物设置防雷装置的主要差异见表 8.1。

表 8.1　各类防雷建筑的防雷措施的技术要求对比

防雷类别 / 防雷措施特点	一　类	二　类	三　类
滚球半径	30m	45m	60m
防直接雷	应装设独立避雷针或架空避雷线（网），使保护物体均处于接闪器的保护范围之内。架空避雷网的网格尺寸小于等于 5×5(m) 或小于等于 6×4(m)	采用装设在建筑物上的避雷网（带）或避雷针或混合组成的接闪器来进行直接雷防护。避雷网的网格尺寸小于等于 10×10(m) 或小于等于 12×8(m)	宜采用装设在建筑物上的避雷网（带）或避雷针或混合组成的接闪器来进行直接雷防护。避雷网网格尺寸小于等于 20×20(m) 或小于等于 24×16(m)
防雷电感应	建筑物的设备、管道、构架、电缆金属外皮、钢屋架和钢窗等较大金属物及突出屋面的放散管和风管等金属物，均应接到防雷电感应的接地体上去	设备、管道、构架、等主要金属物，应就近接到接地装置上，可不另设接地装置	

续表

防雷类别 防雷措施特点	一 类	二 类	三 类
防雷电波侵入	（1）低压线路宜全线用电缆直接埋地敷设，入户端应将电缆的金属外皮、钢管接到防雷电感应的接地体上。 （2）当全线采用电缆有困难时，入户时架空线应改换金属铠装或护套电缆穿钢管直埋引入，长度不小于15m，且在连接处装设避雷器	（1）当低压线路采用全线用电缆直接埋地敷设时，入户端应将电金属外皮、金属线槽与防雷的接地装置相连。 （2）低压架空线入户时，架空线应改换金属铠装或护套电缆穿钢管直埋引入，长度不小于15m，且在连接处装设避雷器	（1）电缆进出线，就在进出端将电缆的金属外皮、钢管和电气设备的保护接地相连。 （2）架空线进出线，应在进出处装设避雷器，避雷器应与绝缘子铁脚、金具连接并接入电气设备的保护接地体上
防侧击雷	（1）从30m起每隔不大于6m沿建筑物四周设水平避雷带，并与引下线相连。 （2）30m及以上外墙上的栏杆、门窗等较大的金属物与防雷装置连接	高度超过45m建筑物应采取防侧击雷及等电位的保护措施	高度超过60m建筑物应采取防侧击雷及等电位的保护措施
引下线间距	小于等于12m	小于等于18m	小于等于25m
接地装置	接闪器应有独立的接地装置，且冲击电阻小于10Ω	可和防雷电感应、电气设备等接地共用同一接地装置，冲击电阻小于10Ω	接地装置共用，冲击电阻不宜大于30Ω，较高要求的建筑物不宜大于10Ω

任务8.2 防雷装置的安装

【任务背景】 接闪器、引下线与接地装置是各类防雷建筑都应装设的防雷装置，但由于对防雷的要求不同，各类防雷建筑所采用防雷装置的类型也不同，故技术要求也有所差异。要达到良好的防雷效果，工程施工时，每个环节都应符合规范要求。

8.2.1 避雷针安装

1. 避雷针的保护范围

避雷针对周围物体保护的有效性，常用保护范围来表示。在安装有一定高度的接闪器下面，有一个一定范围的安全区域，处在这个安全区域内的被保护的物体遭受直接雷击的概率非常小，这个安全区域称为避雷针的保护范围。确定避雷针的保护范围至关重要。避雷针对建筑物保护范围一般用滚球法确定。

滚球法是将一个以雷击距为半径的滚球沿需要防直接雷击的区域滚动，利用这一滚球与避雷针及地面的接触位来限定保护范围的方法。

避雷针保护范围的确定方法见图8.2，具体步骤如下。

（1）当避雷针高度 $h \leqslant$ 滚球半径 d_s 时。

① 距地面 d_s 处作一平行于地面的平行线。

② 以避雷针针尖为圆心，以 d_s 为半径，作弧线交平行线于 A、B 两点。

③ 以 A 或 B 为圆心及 d_s 为半径作弧线，该弧线上与避雷针尖相交，下与地面的相切点相交。再将此弧线以避雷针为轴旋转180°，形成的圆弧曲面软体空间就是避雷针保护范围。

④ 避雷针在 h_x 高度 xx' 平面上的保护半径 r_x 按下式确定（单位为m）：

$$r_x = \sqrt{h(2d_s - h)} - \sqrt{h_x(2d_s - h_x)} \tag{8.1}$$

避雷针在地面上的保护半径 r_0 可确定为

$$r_0 = \sqrt{h(2d_s - h)} \tag{8.2}$$

式中　d_s——滚球半径，按表 8.2 确定。

表 8.2　按建筑物防雷类别布置接闪器及其滚球半径

建筑物防雷类别	滚球半径 h_r（m）	避雷网网格尺寸（m）
第一类防雷建筑	30	小于等于 5×5 或小于等于 6×4
第二类防雷建筑	45	小于等于 10×10 或小于等于 12×8
第三类防雷建筑	60	小于等于 20×20 或小于等于 24×16

（2）当避雷针高度 > 滚球半径 d_s 时，在避雷针上取高度为 d_s 的一点代替避雷针针尖作为圆心，其余的作图步骤与 $h \leqslant$ 滚球半径 d_s 时的情况相同。用上述计算公式时，h 用 d_s 代替。由此可知，当 $h > d_s$ 时，避雷针的保护范围不再增大，并在其超出滚球半径 $h - d_s$ 部分，将会遭受侧面雷击。

2. 避雷针的制作

避雷针一般用镀锌圆钢或镀锌钢管制作，针长在 1m 以下时，圆钢为 ϕ12mm，钢管为 RC20mm。针长在 1 ～ 2m 时，圆钢为 ϕ16mm，钢管为 RC25mm。避雷针安装如图 8.3 所示。

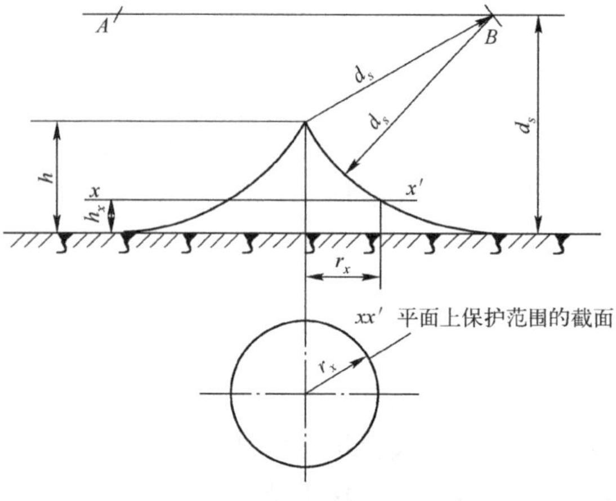

图 8.2　避雷针的保护范围

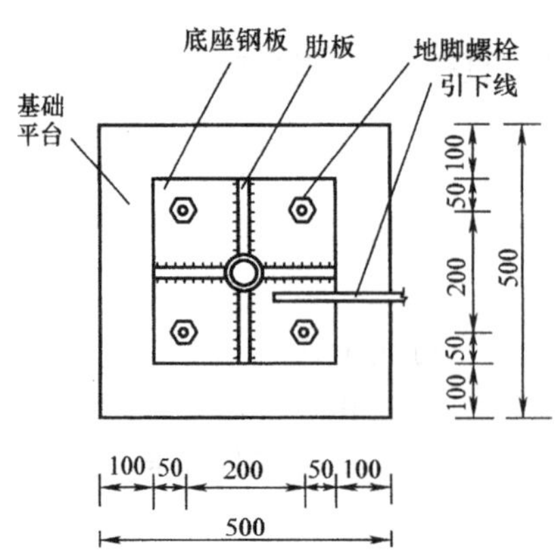

图 8.4　肋板焊接

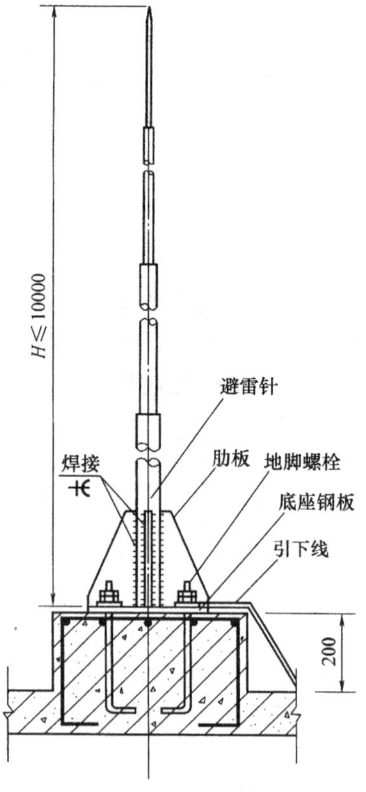

图 8.3　避雷针安装

3. 制作混凝土支座

避雷针安装前，应在屋面施工时浇灌好混凝土支座预留好地脚螺栓，地脚螺栓最少有两根与屋面、墙体或梁内钢筋焊接。待混凝土强度达到要求后，再安装避雷针，连接引下线。

4. 安装避雷针

安装避雷针时，先组装避雷针，在底座板相应位置上焊一块肋板将避雷针立起，找直、找正后进行点焊，然后加以校正，焊上其他三快肋板。避雷针安装要牢固，并与引下线、避雷网焊接成一个电气通路，肋板焊接如图 8.4 所示。

5. 避雷针安装要求

（1）独立避雷针及其接地装置与道路或建筑物的出/入口等的距离应大于3m。当小于3m时，应采取均压措施或铺设卵石或沥青地面。

（2）独立避雷针（线）应设置独立的集中接地装置。当有困难时，该接地装置可与接地网连接，但避雷针与主接地网的地下连接点至 35kV 及以下设备与主接地网的地下连接点，沿接地体的长度不得小于 15m。

（3）独立避雷针的接地装置与接地网的地中距离应不小于 3m。

（4）建筑物上的避雷针应和建筑物顶部的其他金属物体连接成一个整体。

（5）装有避雷针的构架上的照明灯电源线，必须采用直埋于土壤中的带金属护层的电缆或穿入金属管的导线。电缆的金属护层或金属管必须接地，埋入土壤中的长度应在 10m 以上方可与配电装置的接地网相连或与电源线、低压配电装置相连接。

8.2.2 避雷带（网）安装 重点提示

安装工作包括避雷带安装、引下线安装和接地极安装。避雷带一般采用 ϕ10mm 的镀锌圆钢或 25mm × 4mm 的镀锌扁钢，支架一般采用 20mm × 4mm 镀锌扁钢制成。引下线一般采用柱内主筋。接地极一般采用建筑物基础的金属管、桩。

1. 明装避雷带安装

（1）避雷带沿屋面安装。避雷带沿屋面安装时，一般沿混凝土支座固定，支座距转弯点中点 0.25m，直线部分支座间距为 1 ～ 1.5m，必须布置均匀，避雷带距屋面的边缘距离不大于 500mm，在避雷带转弯中心严禁设支座，混凝土支座如图 8.5 所示。避雷带沿混凝土支座敷设如图 8.6 所示。

（2）女儿墙和天沟上支架安装。施工时，应尽量随结构施工预埋支架或铁件，根据设计要求进行弹线，并以转弯或交叉等处为起点（终点），在 1.5m 范围内均分档距，然后用手锤、錾子等进行剔凿，洞的大小应内外一致，安装支架前，将洞内用水浇湿后再进行支架浇筑。安装要求如下：

① 支架支起高度一般为 100mm；

② 两支架间的支线距离为 1 ～ 1.5m，转弯或连接处为 0.5m；

③ 支架与接闪器的连接应采用卡接，避雷带卡接如图 8.7 所示。

④ 每个支架应能承受大于 49N（5kg）的垂直拉力。

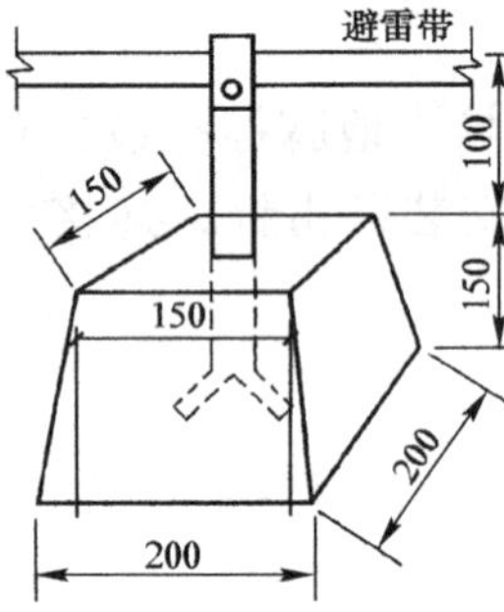

图 8.5　混凝土支座

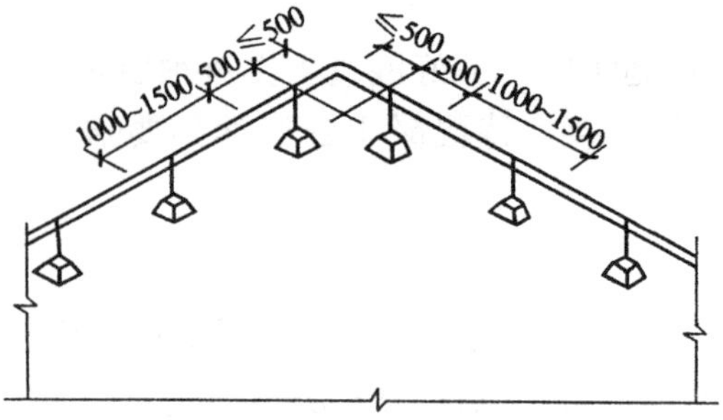

图 8.6　避雷带沿混凝土支座敷设

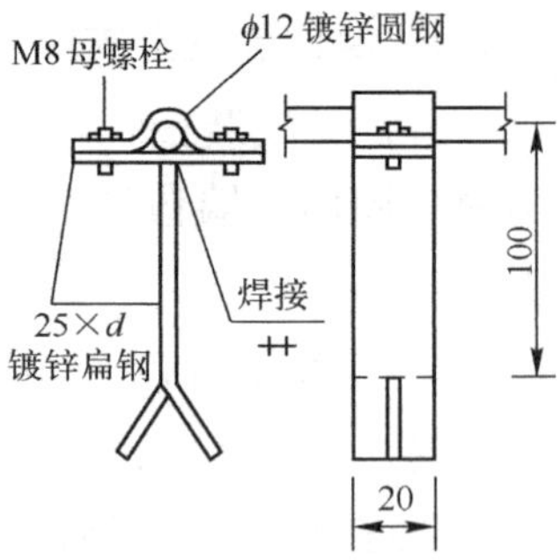

图 8.7　避雷带卡接

⑤ 若建筑物主楼和副楼高度不同，上下避雷带应用镀锌扁钢相连。

⑥ 根据建筑物的防雷等级，在屋顶应设置避雷网，一类防雷为 5m×5m 或 4m×6m，二类防雷为 10m×10m 或 8m×12m，三类防雷为 20m×20m 或 18m×24m。

避雷带在女儿墙和天沟上安装如图 8.8 和图 8.9 所示。

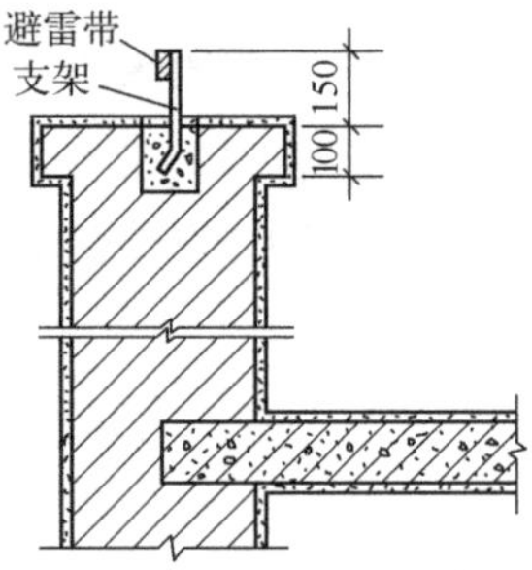

图 8.8　避雷带在女儿墙上安装

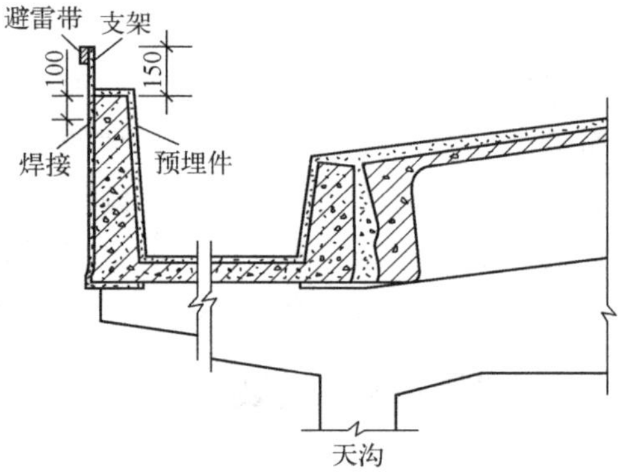

图 8.9　避雷带在天沟上安装

(3) 坡形屋面上安装。坡形屋面上安装时，应使用混凝土支墩固定，且支墩与屋面垂直。坡形屋面安装避雷带如图 8.10 所示。

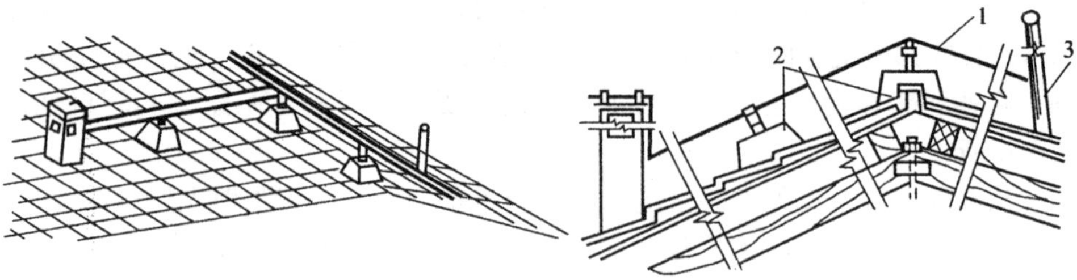

图 8.10　坡形屋面安装避雷带

(4) 屋脊和檐口上安装。屋脊和檐口上安装可以使用混凝土支墩或支架固定。使用支墩固定避雷带时，应配合土建施工。现场浇制支座，浇制时，先将脊瓦敲去一部分，使支座与瓦内的砂浆连成一体。若使用支架固定避雷带，用电钻将脊瓦钻孔，再将支架插入孔内，用水泥砂浆填塞牢固。避雷带及引下线在屋脊上安装如图 8.11 所示。

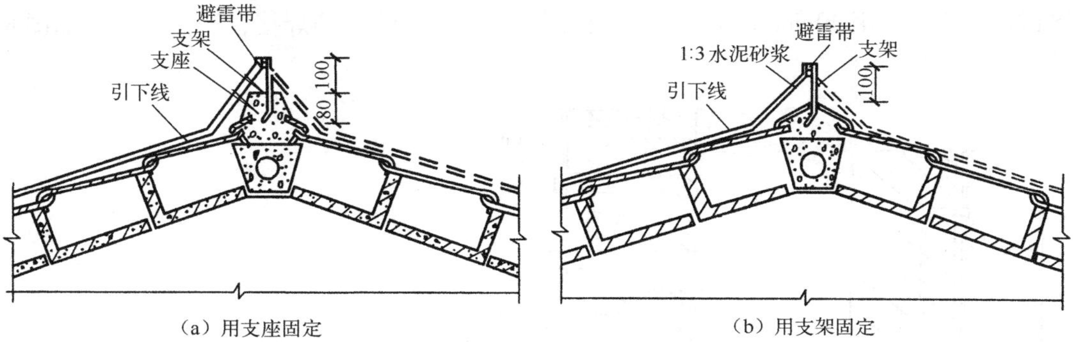

图8.11 避雷带及引下线在屋脊上安装

2. 暗装避雷带安装

1）利用建筑物V形折板内钢筋作为避雷带

利用建筑物V形折板内钢筋作为避雷带，折板插筋与吊环和钢筋绑扎，通长筋应和插筋、吊环绑扎，折板接头部位的通长筋在端部顶预留100mm长钢筋，便于与避雷引下线连接。V形折板钢筋作为防雷装置如图8.12所示。

2）利用女儿墙压顶钢筋作为避雷带

首先利用女儿墙压顶钢筋作为避雷带，将压顶内钢筋做电气连接（焊接），然后将避雷引下线与压顶内钢筋焊接连接。

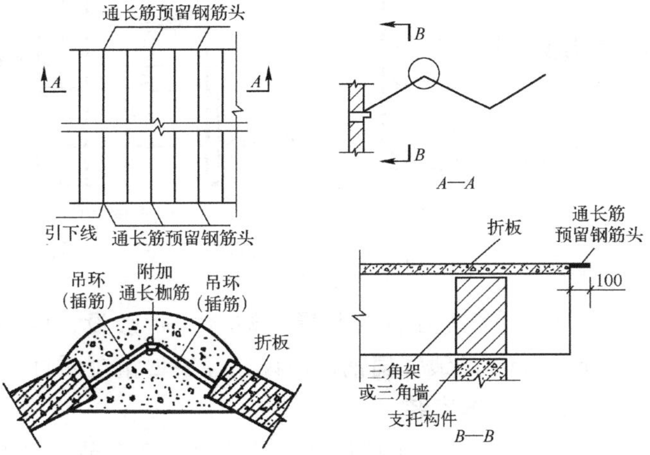

图8.12 V形折板钢筋作为防雷装置示意图

3. 引下线的安装

1）引下线明敷设要求

（1）明敷设引下线采用ϕ8mm的圆钢或25mm×4mm的镀锌扁钢，引下线不少于两根。

（2）引下线支持卡之间的距离：一类防雷间距不大于1.8m，二类防雷间距不大于2.0m，三类防雷间距不大于3.0m。卡子应突出墙装饰面15mm。

（3）多根明敷设引下线，为便于测量接地装置的接地电阻和检修引下线，在距地1.8m处断接卡子。断接卡以下与接地线连接，并用保护管进行保护，引下线明敷设如图8.13所示。

2）引下线暗敷设要求

（1）柱内主筋直径在10mm及以下时，应选4根主筋作为引下线，柱内主筋直径在16mm及以上时，选两根作为引下线。

（2）柱内主筋一般对角选择，且应通长焊接，两（四）根之间应跨接。

（3）一类防雷建筑，引下线的间距为12m；二类防雷建筑，引下线的间距为18m；三类防雷建筑，引下线的间距为25m。

（4）引下线的上部与接闪器焊接，下部与接地体焊接，并按设计要求的高度设置接地电阻测试点，测试点用40mm×4mm镀锌扁钢制作，与引下线主筋焊接，测试点设置如图8.14所示。

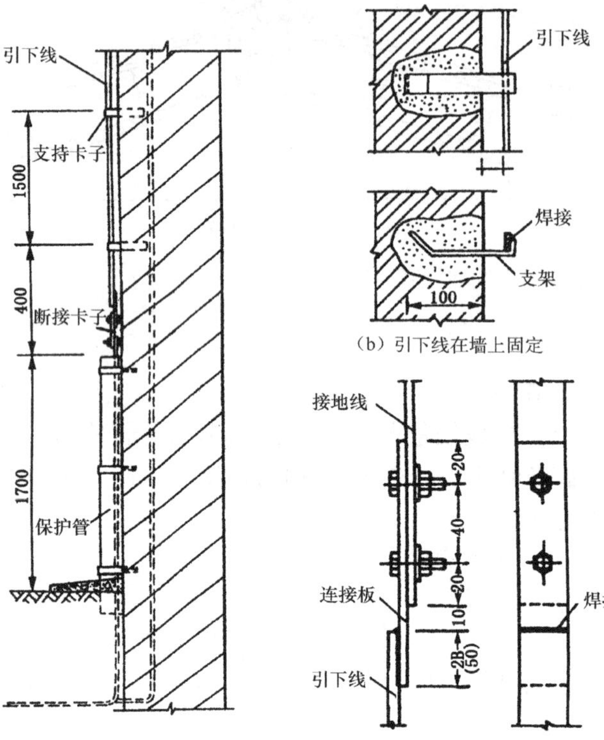

（a）断接卡子及保护管 （b）引下线在墙上固定 （c）断接卡子

图8.13 引下线明敷设

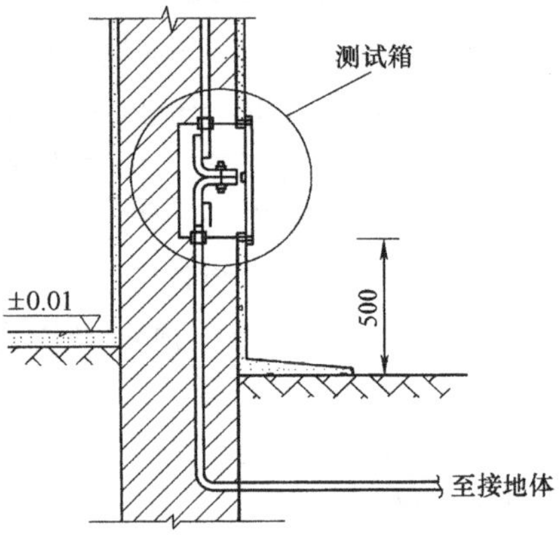

图8.14 测试点设置图

（5）引下线沿墙或混凝土构造柱暗敷设，应使用不小于ϕ12mm的镀锌圆钢或不小于25mm×4mm的镀锌扁钢，敷设路径要尽量短而直。

4. 接地体安装

防雷装置的人工接地体安装详见7.2.1节，自然接地体安装详见7.2.2节。如果利用建筑物基础钢筋做自然接地体，在地下0.8m处预留人工接地线，当接地电阻达不到要求时，连接人工接地体使用。人工接地线预留如图8.15所示。

（1）建筑物用的最多的是什么接闪器？为什么？

（2）避雷带和避雷网有何区别？建筑物的避雷网格与什么因数有关？

（3）在防雷装置中，对引下线有哪些要求？

8.2.3 高层建筑防雷装置的安装

现代化的高层建筑物都是用现浇的大模板和预制的装配式壁板等，结构钢筋较多，从屋顶到梁、柱、墙、楼板及地下的基础，都有相当数量的钢筋，把这些钢筋由上到下及室内上下水管、煤气管、热力管、变压器中性线等均与钢筋连接起来，形成一个整体，构成了笼式暗装避雷网，笼式暗装避雷网如图8.16所示。

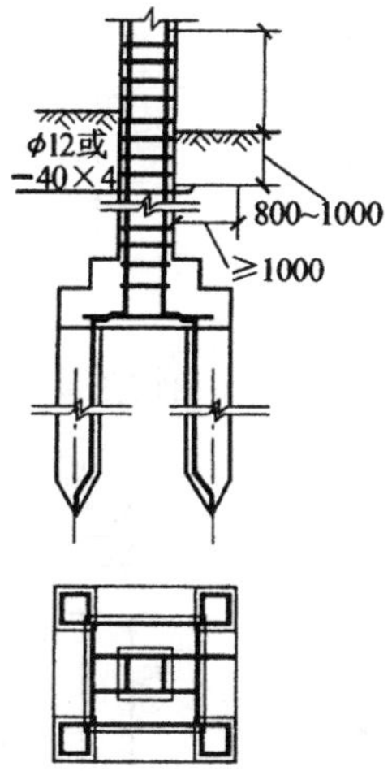

图 8.15　人工接地线预留

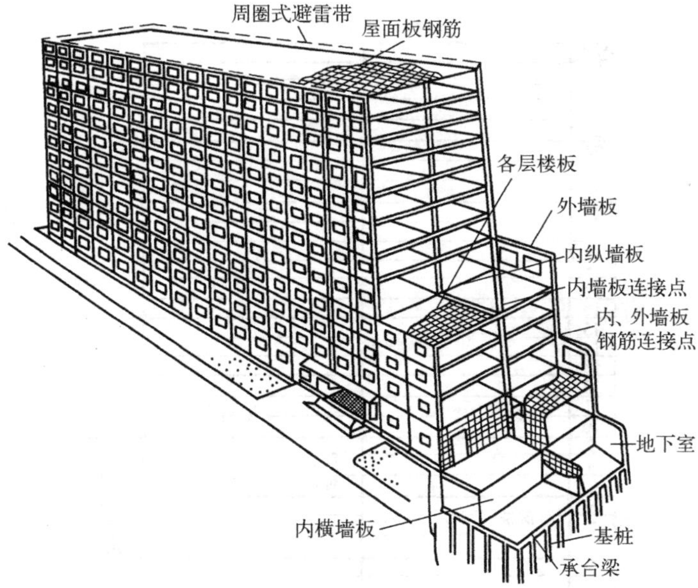

图 8.16　笼式暗装避雷网示意图

高层建筑防雷装置设置要求：

（1）建筑物高度超过 30m，由所在层开始，每隔 3 层均设一圈均压环；可利用钢筋混凝土圈梁的钢筋与柱内做引下线钢筋进行连接制作均压环；没有组合柱和圈梁的建筑物，应每 3 层在建筑物外墙内敷设一圈 ϕ8mm 的镀锌圆钢或 25mm × 4mm 的镀锌扁钢，与避雷引下线连接做均压环；

（2）建筑物为有效防止侧面遭受雷击（侧击雷），以距地 30m 高度起，每向上 3 层，每 3 层在结构圈梁内敷设一条 25mm × 4mm 的镀锌扁钢与引下线焊成环形水平避雷带，以防侧击雷；

（3）3 层以上所有金属栏杆及金属门窗等较大的金属物体与防雷装置可靠连接。

高层建筑避雷带（网或均压环）引下线连接如图 8.17 所示。

8.2.4　防雷装置安装的一般规定

防雷装置施工时，应采用自下而上的施工程序。首先安装集中接地装置，然后安装引下线，最后安装接闪器。

暗敷在建筑物抹灰层内的引下线应有卡钉分段固定；明敷的引下线应平直、无急弯，与支架焊接处，油漆防腐，且无遗漏。

建筑物顶部的避雷针、避雷带等必须与顶部外露的其他金属物体连成一个整体的电气通路，且与避雷引下线连接可靠。

避雷针、避雷带应位置正确，焊接固定的焊缝饱满无遗漏，螺栓固定的应备帽等防松零件齐全，焊接部分补刷的防腐油漆完整。

接闪器和引下线的连接应采用搭接法，扁钢搭接长度不小于宽度的两倍，且三个棱边均应施焊，扁钢搭接方法如图 8.18 所示，圆钢搭接长度不小于圆钢直径的 6 倍，且要求两面施焊。圆钢搭接方法如图 8.19 所示。

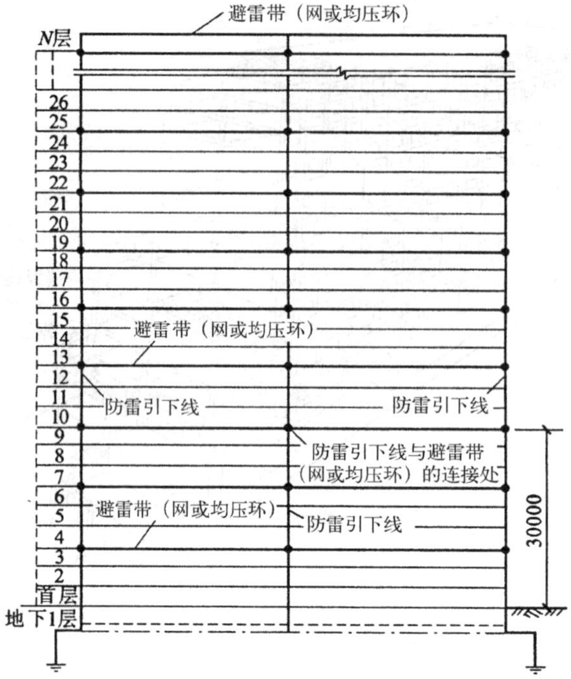

图 8.17　高层建筑物避雷带（网或均压环）引下线连接示意图

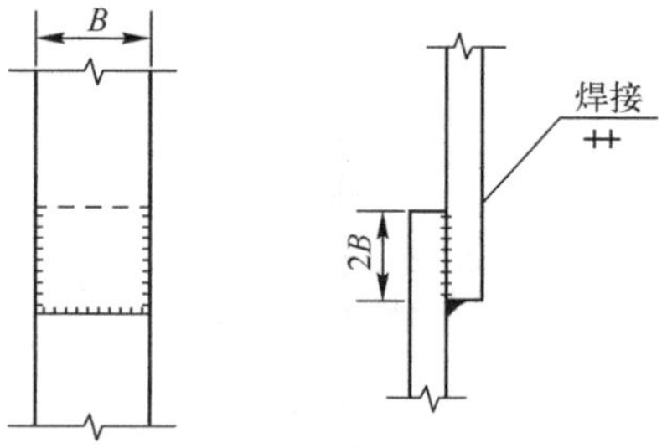

图 8.18　扁钢搭接方法

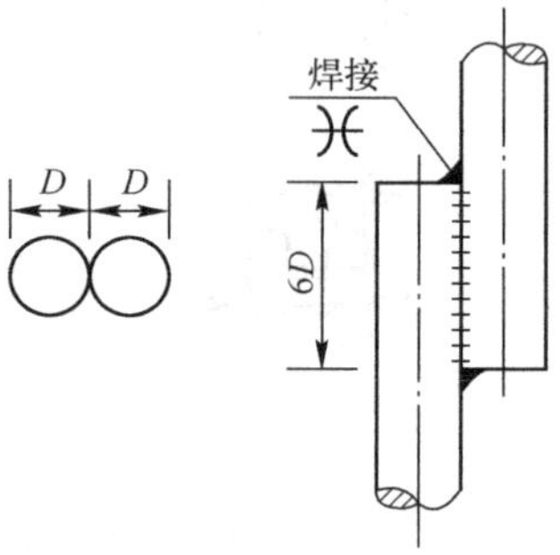

图 8.19　圆钢搭接方法

任务 8.3　电子电气设备防过电压保护

【任务背景】　前面所介绍的都是建筑物的防雷措施，电子电气设备也会遭受过电压的冲击而损坏。常用防过电压的器件有阀形避雷器、放电间隙和浪涌保护器。它们是用来保护电力系统中各种电气设备免受雷电过电压、操作过电压、工频暂态过电压冲击而损坏的一种电器。阀形避雷器主要用于架空线过电压保护，放电间隙主要用于 110kV 和 220kV 变压器中性点过电压保护。浪涌保护器主要用于电子电气设备过电压保护。

8.3.1　阀形避雷器的安装

1. 阀形避雷器的工作原理

阀形避雷器是由空气间隙和一个非线性电阻串联并装在密封的瓷瓶中构成的。在正常电压下，非线性电阻阻值很大，而在过电压时，其阻值又很小，避雷器正是利用非线性电阻这一特性而防雷的：在雷电波侵入时，由于电压很高（即发生过电压），间隙被击穿，而非线性电阻阻值很小，雷电流便迅速进入大地，从而防止雷电波的侵入。当过电压消失之后，非线性电阻阻值很大，间隙又恢复为断路状态。随时准备阻止雷电波的入侵。

2. 阀形避雷器的安装要求

（1）新装避雷器，应首先检查其电压等级是否与被保护设备相符。

（2）新装和复装（无雷期退出运行）前，必须进行工频交流耐压试验和直流泄漏试验及绝缘电阻的测定，达不到标准要求的，不能使用。

（3）安装前，应检查避雷器是否完好，其瓷件应无裂纹、破损；密封应完好，各节的连接应紧密；金属接触的表面应清除氧化层、污垢及异物，确保清洁。

（4）安装时的线间距应符合规定：3kV 时 46cm；6kV 时 69cm；10kV 时 80cm。水平距离均应在 40cm 以上。

（5）避雷器应对支持物保持垂直，固定要牢固，引线连接要可靠。

（6）避雷器的上、下引线要尽可能短而直，不允许中间有接头。其截面应不小于规定值，铝线不小于 $25mm^2$，铜线不小于 $16mm^2$。

（7）避雷器的安装位置与被保护设备的距离，应越小越好，对 3 ～ 10kV 电气设备的距离应不大于 15m。

3. 阀形避雷器试验

在安装阀形避雷器前，应做简单的现场试验，可用 2500V 及以上的兆欧表测量其绝缘电阻。对配电线路常用的 FS 型避雷器，其绝缘电阻一般应大于 2000MΩ，每次测量，应做好记录建卡工作，以便掌握其绝缘电阻有无大的变化，若绝缘电阻阻值与上次比较下降幅度很大，说明有可能是密封老化致使受潮或火花间隙短路造成。

8.3.2　放电间隙的安装

1. 放电间隙的工作原理

放电间隙又称保护间隙，所谓保护间隙，是由两个金属电极构成的一种简单的防雷保护装置。其中一个电极固定在绝缘子上，与带电导线相接，另一个电极通过辅助间隙与接地装置相接，两个电极之间保持规定的间隙距离。放电间隙如图 8.20 所示。

图 8.20　放电间隙

2. 放电间隙的安装要求

（1）间隙距离应符合要求，并稳定不变。

（2）间隙放电时，应采取能够防止电弧跳到其他设备上的措施。

（3）电极应镀锌或采取其他防锈蚀的措施。

（4）主、辅间隙之间的距离应尽量小，最好三相共用一个辅助间隙。

（5）间隙正常动作时，能防止电极被烧坏。

8.3.3　浪涌保护器的安装

1. 浪涌保护器（SPD）的作用

浪涌保护器又称电涌保护器，它主要由放电间隙、气体放电管、压敏电阻和抑制二极管组成。浪涌保护器的作用是把窜入电力线、信号传输线的瞬时过电压限制在设备或系统所能承受的电压范围内，或将强大的雷电流泄流入地，使被保护的设备或系统不受冲击而损坏。浪涌保护器如图 8.21 所示。

图 8.21　浪涌保护器

2. 浪涌保护器的安装要求

（1）浪涌保护器采用 35mm 标准导轨安装。

（2）常规安装应遵循下述步骤：

① 确定放电电流路径；

② 标记在设备终端引起的额外电压降的导线；

③ 为避免出现不必要的感应回路，应标记每一设备的 PE 导体；

④ 设备与浪涌保护器之间建立等电位连接；

⑤ 要进行多级保护的能量协调。

（3）连接线截面积规定。

数据线：要求截面积大于 $2.5mm^2$；当长度超过 0.5m 时要求截面积大于 $4mm^2$。

电源线：相线截面积 $S \leqslant 16mm^2$ 时，地线截面积为 S；相线截面积为 16 ～ $35mm^2$ 时，地线截面积为 $16mm^2$；相线截面积 $S \geqslant 35mm^2$ 时，地线要求为 $S/2$。

任务 8.4　防雷装置的竣工验收

防雷装置实行竣工验收制度。申请单位应当向许可机构提出申请，填写《防雷装置竣工验收申请书》，按相关程序进行竣工验收。防雷装置经验收合格的，许可机构应当办结有关验收手续，颁发《防雷装置验收合格证》，防雷装置验收不合格的，许可机构应当出具《防雷装置整改意见书》，整改完成后，按照原程序进行验收。

1. 应当经过设计审核和竣工验收的建筑物或设施

（1）《建筑物防雷设计规范》规定的一、二、三类防雷建（构）筑物。

（2）油库、气库、加油加气站、液化天然气、油（气）管道站场、阀室等爆炸危险环境设施。

（3）邮电通信、交通运输、广播电视、医疗卫生、金融证券、文化教育、文物保护单位和其他不可移动文物、体育、旅游、游乐场所及信息系统等社会公共服务设施。

（4）按照有关规定应当安装防雷装置的其他场所和设施。

2. 防雷装置竣工验收申请受理条件

（1）防雷装置设计取得当地气象主管机构核发的《防雷装置设计核准书》。

（2）防雷工程专业施工单位和人员取得国家规定的资质和资格。

（3）申请单位提交的申请材料齐全且符合法定形式。

3. 防雷装置竣工验收应提交的资料

（1）防雷装置竣工验收申请书。

（2）防雷装置设计核准书。

（3）防雷工程专业施工单位和人员的资质证书和资格证书。

（4）由省、自治区、直辖市气象主管机构认定防雷装置检测资质的检测机构出具的《防雷装置检测报告》。

（5）防雷装置竣工图等技术资料。

（6）防雷产品出厂合格证、安装记录和由国家认可防雷产品测试机构出具的测试报告。

4. 防雷装置竣工验收内容

（1）申请材料的合法性和内容的真实性。

（2）安装的防雷装置是否符合国务院气象主管部门规定的使用要求和国家有关技术规范

标准，是否按照审核批准的施工图施工。

知识梳理与总结

本任务主要介绍以下内容。

(1) 防雷装置概述。主要介绍防雷装置的组成及建筑物的防雷等级和防雷措施。防雷装置由接闪器、引下线和接地装置组成。防雷等级分三类，针对直接雷、感应雷、雷电波和侧击雷分别采用不同的措施。

(2) 防雷装置的安装。接闪器的种类有针、线、带、网、笼等，应根据不同的保护对象采用不同的接闪器，引下线和接地体有人工和自然之分，条件允许应首选自然形式。采用自然接地体时应根据不同的建筑物基础采取不同的施工方法，引下线和接地体材料、数量的选择和连接应满足相关的规范要求。高层建筑物应增加均压环、防侧击雷等防雷措施。

(3) 电子电气设备防过电压保护。电子电气设备防过电压保护主要通过避雷器、间隙放电和浪涌保护器。避雷器和间隙放电装置多用于架空线路。浪涌保护多用于配电系统。

练习题 8

1. 选择题

(1) 独立避雷针及其接地装置与道路或建筑物的出/入口等的距离应大于（　　）。

A. 1.5m　　B. 2m　　C. 3m　　D. 5m

(2) 女儿墙上避雷带明敷时，支架与接闪器的连接应采用（　　）。

A. 焊接　　B. 螺栓连接　　C. 卡接　　D. 绑扎

(3) 当建筑物为三类防雷等级时，屋顶的避雷网格是（　　）。

A. 5m×5m　　B. 10m×10m　　C. 20m×20m　　D. 随意

(4) 支持避雷带的金属支架应能承受（　　）的垂直拉力。

A. 1kg　　B. 2kg　　C. 5kg　　D. 10kg

(5) 防雷引下线的数量与建筑物的（　　）有关。

A. 高度　　B. 结构　　C. 防雷等级　　D. 用途

(6) 建筑物高度超过（　　）m，由所在层开始，每隔 3 层均设一圈均压环。

A. 30　　B. 20　　C. 10　　D. 5

(7) 三类防雷建筑，引下线的间距为（　　）m。

A. 12　　B. 18　　C. 20　　D. 25

(8) 采用柱内 ϕ16mm 的主筋做引下线，在需要连接时，其搭接的长度应不小于（　　）。

A. 16mm　　B. 32mm　　C. 96mm　　D. 100mm

(9) 采用 40mm×4mm 的扁钢做避雷带时，在需要连接时，其搭接的长度应不小于（　　）。

A. 40mm　　B. 8mm　　C. 80mm　　D. 4mm

(10) 电子电气设备过电压保护主要通过（　　）来实现。

A. 避雷器　　B. 放电间隙　　C. 浪涌保护器　　D. 熔断器

2. 简答题

（1）防雷装置由哪几部分组成？

（2）避雷针、避雷带各适用什么场合？

（3）简述避雷带安装的施工步骤和基本要求。

（4）对高层建筑的防雷有哪些措施？

（5）防雷装置验收时应提交哪些资料？

（6）简述避雷器、放电间隙和浪涌保护器的适用场合。

学习单元9 建筑弱电系统安装

教学导航

<table>
<tr><td colspan="2">教学任务</td><td>任务9.1　安全防范系统安装
任务9.2　火灾自动报警及联动控制系统安装
任务9.3　建筑通信系统安装
任务9.4　建筑弱电系统竣工验收</td><td>学时</td><td>6</td></tr>
<tr><td rowspan="2">教学目标</td><td>知识方面</td><td colspan="3">了解建筑弱电系统的组成及相关设备
掌握各系统的施工程序及主要安装要求
熟悉建筑弱电系统竣工验收内容</td></tr>
<tr><td>技能方面</td><td colspan="3">系统设备安装
系统调试、试运行</td></tr>
<tr><td colspan="2">重点</td><td colspan="3">安全防范系统的组成及各系统的安装要求
火灾自动报警系统及联动控制系统的组成及各系统的安装要求</td></tr>
<tr><td colspan="2">难点</td><td colspan="3">安全防范系统和火灾自动报警系统及联动控制系统的工作原理</td></tr>
</table>

任务 9.1 安全防范系统安装

【任务背景】 安全防范系统在国内标准中定义为 Security & Protection System（SPS），而国外则更多称其为损失预防与犯罪预防（Loss Prevention & Crime Prevention）。损失预防是安防产业的任务，犯罪预防是警察执法部门的职责。安全防范是指在建筑物或建筑群内（包括周边地域）或特定的场所、区域，通过采用人力防范、技术防范和物理防范等方式综合实现对人员、设备、建筑或区域的安全防范。

通常所说的安全防范主要是指技术防范，是指通过采用安全技术防范产品和防护设施实现安全防范。改革开放以来，我国安全防范行业已发展成为一个独立的社会经济产业。由于经济的迅速发展和社会安全需求的全面增长，特别是在建筑物或构筑物的规划建设过程中，同时规划建设安全技术防范系统已成为安防业和建筑业的共同需求。

9.1.1 安全防范系统的组成

安全防范系统涉及面很广，运用安全防范产品或相关产品构成的系统均可称为安全防范系统。安全防范系统按其报警功能不同可分为专业性安全防范报警系统和非专业性安全防范报警系统两大类。专业性安全防范报警系统是指某些有可能危及人身财产安全的事故隐患所专用的报警系统，如防火灾报警系统（火灾自动报警系统）、防有毒有害气体泄漏报警系统、防放射性物质泄漏报警系统等。非专业性安全防范报警系统是指无背景、不可预计的有可能危及人身财产安全事故的报警系统，如入室盗窃等。本节仅讨论非专业性安全防范报警系统——入侵报警系统、门禁（出入口）控制系统、闭路电视监控系统、楼宇对讲系统、电子巡更系统等。安全防范系统组成及特点如表 9.1 所示。

一个完整的安全防范系统应具备以下功能。

1. 图像监控功能

（1）视像监控。采用各类摄像机、切换控制主机、多屏幕显示、模拟或数字记录装置、照明装置，对内部与外界进行有效地监控，监控部位包括要害部门、重要设施和公共活动场所。

（2）影像验证。在出现报警时，显示器上显示出报警现场的实况，以便直观地确认报警，并做出有效的报警处理。

（3）图像识别系统。在读卡机读卡或以人体生物特征作为凭证识别时，可调出所存储的员工相片加以确认，并通过图像扫描比对、鉴定来访者。

2. 探测报警功能

（1）内部防卫探测。所配置的传感器包括双鉴移动探测器、被动红外探测器、玻璃破碎探测器、声音探测器、光纤回路、门接触点及门锁状态指示等。

（2）周界防卫探测。精选拾音电缆、光纤、惯性传感器、地下电缆、电容型感应器、微波和主动红外探测器等探测技术，对围墙、高墙及无人区域进行保安探测。

（3）危急情况监控。工作人员可通过按动紧急报警按钮或在读卡机输入特定的序列密码发出警报。通过内部通信系统和闭路电视系统的连动控制，将会自动地在发生报警时产生声响或打出电话，显示和记录报警图像。

（4）图形鉴定。监视控制中心自动地显示出楼层平面图上处于报警状态的信息点，使值班操作员及时获知报警信息，并迅速、有效、正确地进行接警处理。

表 9.1　安全防范系统组成

系统名称	系统特点	基本组成
入侵报警系统	利用传感器技术和电子信息技术探测并指示非法进入或试图非法进入设防区域的行为、处理报警信息、发出报警信息的电子系统或网络	一般由周界防护、建筑物内（外）区域/空间防护和实物目标防护等部分单独或组合构成
闭路电视监控系统	利用视频技术探测、监视设防区域并实时显示、记录现场图像的电子系统或网络	系统的前端设备是各种类型的摄像机、监视器及其附属设备，系统的终端设备是显示、记录、控制、通信设备
楼宇对讲系统	实现访客与住户对讲，住户可遥控开启防盗门，各单元楼梯口访客再通过对讲主机呼叫住户，对方同意后方可进入楼内，从而限制了非法人员进入	各单元入口安装防盗门、小区总控中心的管理员总机、楼宇出/入口的对讲主机、电控锁、闭门器及用户家中的可视对讲分机，通过专用网络组成
出/入口控制系统	利用自定义符识别或/和模式识别技术对出/入口目标进行识别并控制出/入口执行机构启闭的电子系统或网络	一般由出/入口对象（人、物）识别装置、出/入口信息处理、控制、通信装置和出/入口控制执行机构三部分组成
电子巡更系统	对保安巡查人员的巡查路线、方式及过程进行管理和控制的电子系统	巡更系统设备、巡更信息开关和信息钮
停车场管理系统	对进/出停车库（场）的车辆进行自动记录、监控和管理的电子系统或网络	前端设备和监控室系统设备
其他子系统	对具有特殊使用功能要求的建筑物、构筑物或其内的特殊部分、特殊部位，需要设计具有特殊功能的安全技术防范系统，如专用的高安全实体防护系统、防爆和安全检查系统、安全信息广播系统等	

3. 控制功能

（1）对于图像系统的控制，最主要的是图像切换显示控制和操作控制。

（2）识别控制。

① 门禁控制。可通过使用 IC 卡、感应卡、威根卡、磁性卡等卡片对出/入口进行有效控制。除卡片之外还可采用密码和人体生物特征对出/入事件能自动记录存储。

② 车辆出/入控制。采用停车场监控与收费管理系统，对出/入停车场的车辆通过出/入口栅栏和防撞挡板进行控制。

③ 专用电梯出/入控制。安装在电梯外的读卡机限定只有具备一定身份者方可进入，而安装在电梯内部的装置，则限定只有授权者方可抵达指定的楼层。

（3）响应报警的连动控制。这种连动逻辑控制，可设定在发生紧急事故时关闭保险库、控制室、主门等，提供完备的保安控制功能。

4. 自动化辅助功能

（1）内部通信。内部通信系统提供中央控制室与员工之间的通信功能。这些功能包括召开会议、与所有工作站保持通信、选择接听的副机、防干扰子站及数字记录等功能，它与无线通信、电话及闭路电视系统综合在一起，能更好地行使鉴定功能。

（2）双向无线通信。双向无线通信为中央控制室与动态情况下的员工提供灵活而实用的通信功能，无线通信机也配备了防袭报警设备。

(3) 有线广播。矩阵式切换设计，提供在一定区域内灵活地播放音乐、传送指令、广播紧急信息。

(4) 电话拨打。在发生紧急情况下，提供向外界传送信息的功能。当手提电话系统有冗余时，与内部通信系统的主控制台综合在一起，提供更有效的操作功能。

(5) 巡更管理。巡更点可以是门锁或读卡机，巡更管理系统与闭路电视系统结合在一起，检查巡更员是否到位，以确保安全。

(6) 员工考勤。读卡机方便地用于员工上下班考勤，该系统还可与工资管理系统连网。

(7) 资源共享与设施预订。综合保安管理系统与楼宇管理系统和办公室自动化管理系统连网，可提供进/出口、灯光和登记调度的综合控制，以及有效地共享会议室等公共设施。

9.1.2 安全防范系统的四大阶段 重点提示

根据工程的特点我们将工程施工的实施过程分为四大阶段：

施工准备阶段 → 施工实施阶段 → 工程调试验收阶段 → 工程移交与系统使用培训阶段

1. 施工准备阶段

组建项目经理部，根据工程管理的需要建立机构确定人员。

编制施工组织计划、施工方案、施工进度计划和施工平面图，用以指导施工准备和施工，在这一阶段中重点是对工程图纸进行审核和确认，统一图纸标准，进行管线综合。制定施工项目管理规划，以指导施工项目管理活动。在管理中将每一个工程项目进行细化，制定阶段完成目标，提出具体方案和实施手段。

根据合同组织系统所需设备及各种配套材料，列出系统配套清单，由质量管理部门对设备进行测试、老化，并出具测试报告，由公司领导签字认可后进行设备进场前的调试工作。进行施工现场准备，使现场具备施工条件（包括水、电、安保等）。

2. 施工实施阶段

这个阶段是工程中最重要的阶段，首先必须保证按照组织规划的安排进行施工，严格监督工程进度，控制阶段目标，将月进度、周进度、日进度控制在计划时间范围内，用保证阶段进度的方法保证工程进度指标。

严格履行工程承包合同，协调好各方面的关系，管理合同更改和现场变更，及时解决工程中出现的问题，建立相应的制度，保证问题反馈的时间，减少工程的延误。

严格质量控制，及时掌握质量状况，施工负责小组将随时检查工程质量，发现质量问题，并尽早解决，以减少返工和不必要的损失。

做好记录检查，并及时进行分析总结，管理好工程中的文件档案、会议记要。

加强工程现场管理，实行安全文明施工。

3. 工程调试验收阶段

在工程调试阶段首先进行分系统及单机的运行调试，在此基础上进行系统的联调和试运转，组织相关人员进行系统验收。

验收严格遵照合同和国家的有关规定，对各分系统的全部指标进行检验，并出具验收测试报告。

整理移交竣工文件，编制竣工报告，标准化文件格式，并对照实际工程进行审核，保证文件与实际情况相吻合。

4. 工程移交与系统使用培训阶段

在系统运行之前，公司将对交付方的操作人员进行必要的培训，使其熟悉设计资料和图纸文件夹，掌握系统配置、设备的各方面情况，如每天的操作和监视、故障如何排除、损坏如何维修及系统设备的维护保养等。

9.1.3　入侵报警系统安装

入侵报警系统安装流程：

线缆敷设 → 报警设备安装 → 报警中心计算机及外设安装 → 系统调试

入侵报警系统安装要点包括以下4个方面。

1. 线路敷设

(1) 报警系统的各种导线原则上应尽可能缩短。

(2) 在管内或槽内积水及杂物清除干净。穿线时宜抹黄油或滑石粉。进入管内的导线应平直、无接头和扭结。

(3) 导线接头应在接线盒内焊接或用端子连接。

(4) 不同系统、不同电压等级、不同电流类别的导线，不应穿在同一管内或同一线槽内。

(5) 明装管线走向及安装位置应与室内装饰布局协调。

(6) 在垂直布线与水平布线的交叉处要加装分线盒，以保证接线的牢固和外观整洁。

(7) 当导线在地板下、天花板内或穿墙时，要将导线穿入管内。

(8) 在多尘或潮湿场所，管线接口应做密封处理。

(9) 一般管内导线（包括绝缘层）总面积应不超过管内截面的2/3。

(10) 管线两固定点之间的距离不能超过1.5m。下列部位应设置固定点：管线接头处、距接线盒0.2m处和管线转角处。

(11) 在同一系统中应将不同导线用不同颜色标示或编号。例如，电源线正端用红色，地端用黑色；共用信号线用黄色；地址信号线用白色等。在报警系统中地址信号线较多，可将每个楼层或每个防区的地址信号线用同一颜色标示，然后逐个编号。

(12) 对每个回路的导线用500V兆欧表测量绝缘电阻，其对地绝缘电阻应不小于20MΩ。

2. 入侵探测器的安装

(1) 入侵探测器（以下简称探测器）安装前要通电检查其工作状况，并做记录。

(2) 探测器的安装应按设计要求及设计图纸进行。

(3) 室内被动红外探测器的安装应满足下列要求。

① 壁挂式被动红外探测器应安装在楼道端，视场沿楼道走向，高度为2.2m左右。

② 吸顶式被动红外探测器，一般安装在重点防范部位上方附近的天花板上，必须水平安装，被动红外探测器如图9.1所示。

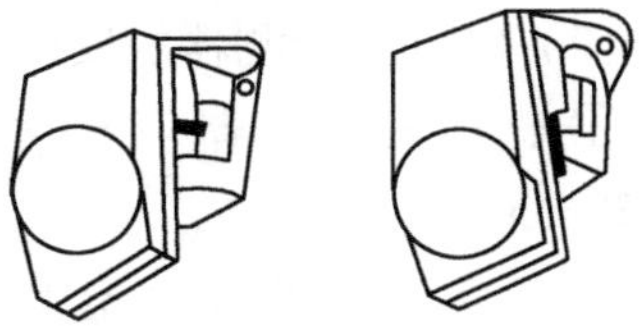

(a) 挂墙安装　　(b) 吸顶安装

图9.1　被动红外探测器

③ 楼道式被动红外探测器，必须安装在楼道端，视场沿楼道走向，高度为2.2m左右。

④ 被动红外探测器一定要安装牢固，不允许安装在暖气片、电加热器、火炉等热源正上

方；不准正对空调机、换气扇等物体；不准正对防洪区内运动和可能运动的物体。防止光线直射探测器，探测器正前方不准有遮挡物。

（4）微波－被动红外双技术探测器的安装。

① 壁挂式微波－被动红外双技术探测器应安装在与可能入侵方向成45°的方位（若受条件限制应优先考虑被动红外单元的探测灵敏度），高度为2.2m左右，并视防范具体情况确定探测器与墙壁倾角。

② 吸顶式微波－被动红外双技术探测器，一般安装在重点防范部位上方附近的天花板上，必须水平安装。

③ 楼道式微波－被动红外双技术探测器的其他安装注意事项可参考被动红外探测器的安装，微波－被动红外双技术探测器如图9.2所示。

（5）主动红外探测器的安装应满足下列要求。

① 安装牢固，发射机与接收机对准，使探测效果最佳。

② 发射机与接收机之间不能有可能遮挡物，如风吹树摇的遮挡等。

③ 利用反射镜辅助警戒时，警戒距离较对射时警戒距离要缩短。

④ 安装过程中注意保护透镜，若有灰尘，可用镜头纸擦干净，主动红外探测器如图9.3所示。

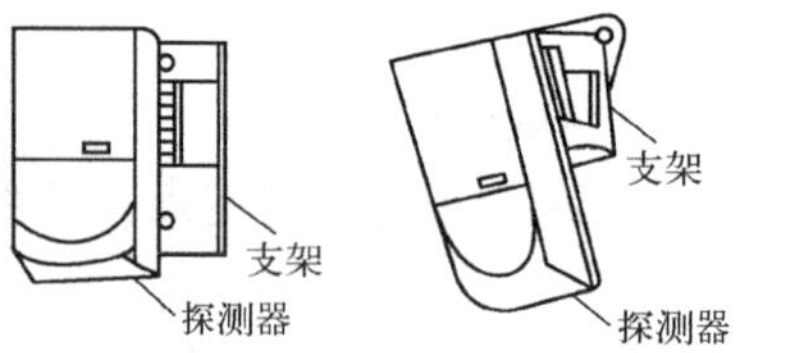

图9.2　微波－被动红外双技术探测器

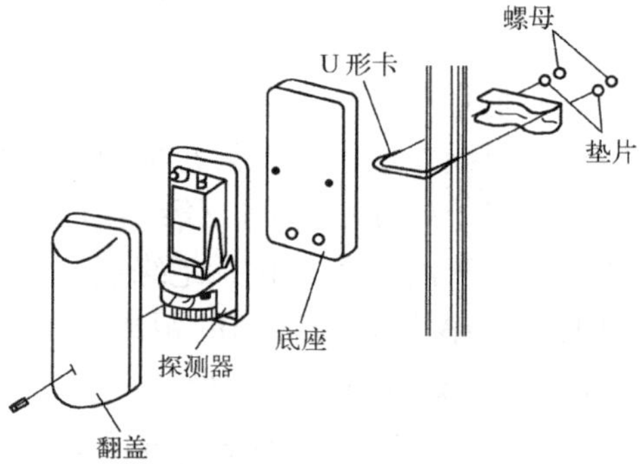

图9.3　主动红外探测器

（6）声控－振动双技术玻璃破碎探测器的安装。

① 探测器必须牢固地安装在玻璃附近的墙壁上或天花板上。

② 不能安装在被保护玻璃上方的窗帘盒上方。

③ 安装后应用玻璃破碎仿真器精心调节灵敏度，声控－振动玻璃破碎探测器如图9.4所示。

（7）磁开关探测器的安装。

① 磁开关探测器应牢固地安装在被警戒的门、窗上，距门窗拉手边的距离不大于150mm。

② 舌簧管安装在固定的门、窗框上，磁铁安装在活动门、窗上，两者对准，间距为0.5cm左右为宜。

③ 安装磁开关探测器（特别是暗装式磁开关）时，要避免猛烈冲击，以防舌簧管破裂，磁开关探测器如图9.5所示。

（8）电缆式振动探测器的安装。

① 在网状围栏上安装时，需将信号处理器（接口盒）固定在栅栏的桩柱上，电缆敷设

在栅网 2/3 高度处。

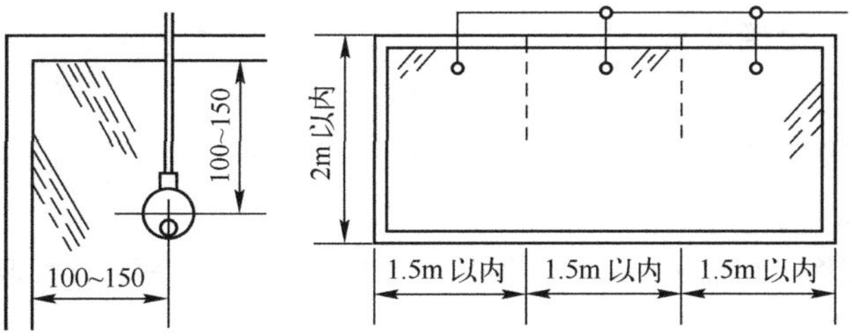

图 9.4　声控－振动玻璃破碎探测器的安装

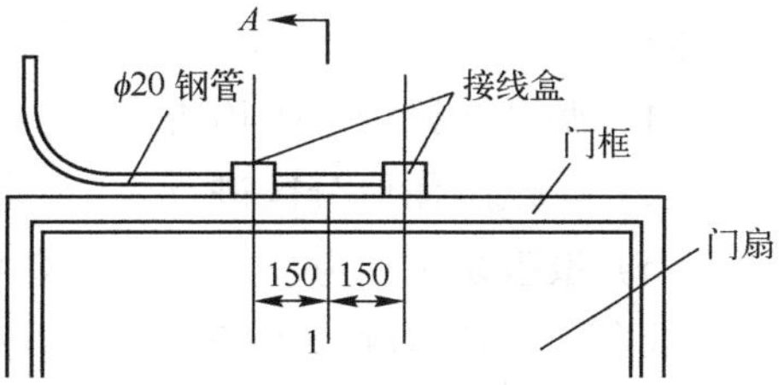

图 9.5　磁开关探测器的安装

② 敷设振动电缆时，应每隔 20cm 固定一次，每隔 10m 做一半径为 8cm 左右的环。

③ 若警戒周界需要过大门时，可将电缆穿入金属管中，埋入地下 1m 深度。

④ 在周界拐角处须做特殊处理，以防电缆弯成死角和磨损。

⑤ 施工中不得用力牵拉和扭结电缆，电缆外皮不可损坏，电缆末端处理应符合《电气装置安装工程施工及验收规定》的要求，并加防潮处理。

（9）电动式振动探测器的安装。

① 远离振源和可能产生振动的物体。例如，室内要远离电冰箱，室外不要安装在树下等。

② 电动式探测器通常安装在可能发生入侵的墙壁、地面或保险柜上，探测器中传感器振动方向尽量与入侵可能引起的振动方向一致，并牢固连接。

③ 埋在地下时，需埋 10cm 深处，并将周围松土夯实。

3. 报警控制器的安装

（1）报警控制器安装在墙上时，其底边距地板面高度应不小于 1.5m，正面应有足够的活动空间。

（2）报警控制器必须安装牢固、端正。安装在松质墙上时，应采取加固措施。

（3）引入报警控制器的电缆或导线应符合下列要求。

① 配线应排列整齐，不准交叉，并应固定牢固。

② 引线端部均应编号，所编序号应与图纸一致，且字迹清晰不易退色。

③ 端子板的每个接线端，接线不得超过两根。

④ 电缆芯和导线留有不小于 20cm 的余量。

⑤ 导线应绑扎成束。

⑥ 导线引入线管时，在进线管处应封堵。

（4）报警控制器应牢固接地，接地电阻应小于 4Ω（采用联合接地装置时，接地电阻应小于 1Ω）。接地处应有明显标志。

4. 报警系统的调试

1）一般要求

（1）报警系统的调试，应在建筑物内装修和系统施工结束后进行。

（2）报警系统调试前应具备该系统设计时的图纸资料和施工过程中的设计变更文件（通知单）及隐蔽工程的检测与验收记录等。

(3) 调试负责人必须有中级以上专业技术职称，并由熟悉该系统的工程技术人员担任。

(4) 具备调试所用的仪器设备，且这些仪器设备符合计量要求。

(5) 检查施工质量，做好与施工队伍的交接。

2) 调试

(1) 调试开始前应先检查线路，对错接、断路、短路、虚焊等进行有效处理。

(2) 调试工作应分区进行，由小到大。

(3) 报警系统通电后，应按《防盗报警控制器通用技术条件》的有关要求及系统设计功能检查系统工作状况。主要检查内容如下。

① 报警系统的报警功能，包括紧急报警、故障报警等功能。

② 自检功能。

③ 对探测器进行编号，检查报警部位显示功能。

④ 报警控制器的布防与撤防功能。

⑤ 监听或对讲功能。

⑥ 报警记录功能。

⑦ 电源自动转换功能。

(4) 调节探测器灵敏度，使系统处于最佳工作状态。

(5) 将整个报警系统至少连续通电 12h，观察并记录其工作状态，若有故障或是误报警，应认真分析原因，做出有效处理。

(6) 调试工作结束后，填写调试报告，写竣工报告。

9.1.4 楼宇对讲系统的安装

楼宇对讲系统安装流程：

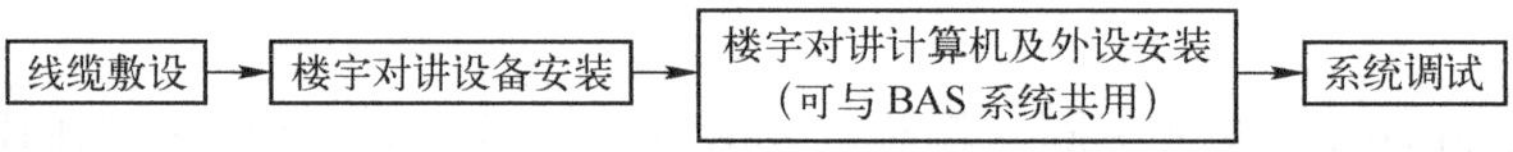

楼宇对讲系统安装要点有以下 8 个方面。

1. 线路敷设

(1) 布线所用线材均应选用有双层胶皮，达到市电要求的绝缘强度多股铜芯线及规定线径，所布的线路均应走暗线或线槽（特别注意 220V 交流电源线一定要用三芯线，并接入总地线，接线要牢固）。

(2) 布线时，视频线、信号线不能与 220V 交流电源线并行走线，以免线间干扰。

(3) 主干线、支干线的接头应采用接线盒处理，以免线头过于集中造成无法放入线槽内或毛刺短路，接线头用螺钉锁紧或焊接方式处理，以保证接线处牢固可靠、无毛刺。

(4) 进电锁的连接线必须采用达到一定线径的软线。

(5) 电源输出线到主机一般不超过 5m，以保证系统正常工作。

2. 门口主机的安装

(1) 门口主机安装防盗门上或墙上时，其底边距地板面高度应为 1 ～ 5m，正面应有足够的活动空间，方便操作。

(2) 门口主机必须安装牢固、端正。

（3）引入门口主机的电缆或导线应符合下列要求。

① 配线应排列整齐，不准交叉，并应固定牢固。

② 引线端部均应编号，所编序号应与图纸一致，且字迹清晰不易退色。

③ 端子板的每个接线端，接线不得超过两根。

④ 电缆芯和导线应留有不小于20cm的余量。

⑤ 导线应绑扎成束。

⑥ 导线引入线管时，在进线管处应封堵，对讲门口主机安装如图9.6所示。

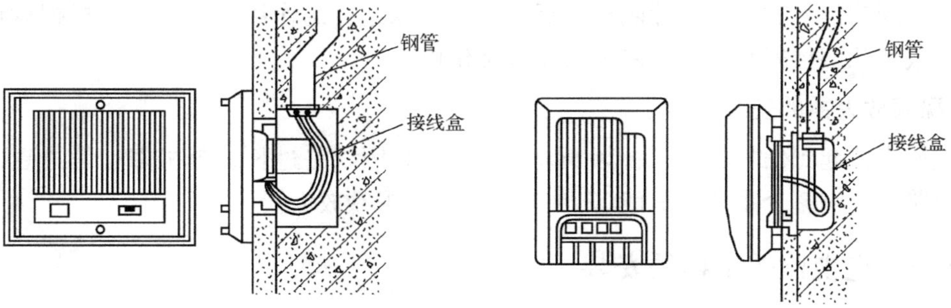

（a）对讲门口主机暗装　　（b）对讲门口主机明装

图9.6　对讲门口主机的安装

3. 室内分机的安装

（1）安装在室内门口处，以便于操作，安装应牢固、端正。

（2）安装高度距地面为1～5m。

（3）分机接线采用接线端子，连接紧固，如图9.7所示。

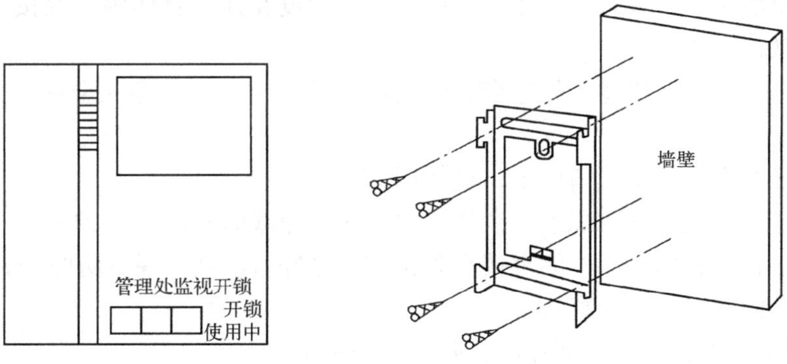

（a）室内可视对讲机　　（b）固定铁架

图9.7　室内分机的安装

4. 电源的安装

（1）安装到主机应不超过5m处，距地面高度为2m左右。

（2）进/出线孔加防护口，交流220V电源线需要用三芯线，并接入总地线，接线要牢固。

5. 锁具的安装

锁具有引线的一端安装在门的不常开面上或门框上，另一端安装在活动扇上。电控锁的锁舌与门扣壳两端的间隙不得大于0.5cm，通电时间应不超过8s。电磁锁两极片间保证接触吻合，无缝隙。

6. 闭门器的安装

（1）闭门器一般由闭门器主体、主摇臂、副摇臂等组成。

（2）闭门器的安装位置根据开门的角度、开门的方向等来确定。

（3）闭门器上有两个可调旋钮来调整关门速度，一般“1”旋钮控制开关门角度为100°左右，“2”旋钮控制为30°左右。

7. 隔离器的安装

隔离器起到信号放大、故障隔离、保障系统可靠运行的作用。隔离器可根据设计安装于每一层楼或某几层楼安装一个，隔离器需单独供电。

8. 视频放大器的安装

视频放大器起到信号放大、视频隔离作用，防止因线路过长、分机多、信号衰减过大及视频线短路而影响整个系统。一般12台分机配一台视频放大器。

9.1.5 电视监控工程的安装

1. 电缆敷设

（1）根据设计图纸要求，选配电缆，尽量避免电缆的接续。必须接续时应采取焊接方式或采用专用接插件。

（2）电源电缆与信号电缆应分开敷设。

（3）敷设电缆时尽量避开恶劣环境，如高温热源和化学腐蚀区域等。

（4）远离高压线或大电流电缆，不易避开时应各自穿配金属管，以防干扰。

（5）随建筑物施工同步敷设电缆时，应将管线敷设在建筑物体内，并按建筑设计规范选用管线材料及敷设方式。

（6）有强电磁场干扰环境（如电台、电视台附近）应将电缆穿入金属管，并尽可能埋入地下。

（7）在电磁场干扰很小的情况下，可使用PVC阻燃管。

（8）电缆穿管前应将管内积水、杂物清除干净，穿线时宜涂抹黄油或滑石粉，进入管口的电缆应保持平直，管内电缆不能有接头和扭结，穿好后应做防潮、防腐等处理。

（9）管线两固定点之间距离为1～5m。

（10）电缆应从所接设备下部穿出，并留出一定余量。

（11）在地沟或天花板内敷设的电缆，必须穿管（视具体情况选用金属管或PVC阻燃管），并固定在墙上。

（12）在电缆端做好标志和编号。

2. 光缆敷设

（1）敷设光缆前，应检查光纤有无断点、压痕等损伤。

（2）根据施工图纸选配光缆长度，配盘时应使接头避开河沟、交通要道和其他障碍物。

（3）光缆的弯曲半径应不小于光缆外径的20倍。光缆可用牵引机牵引，端头应做好技术处理，牵引力应加于加强芯上，牵引力大小应不超过150kg，牵引速度宜为10m/min；一次牵引长度不宜超过1km。

（4）光缆接头的预留长度应不小于 8m。

（5）光缆敷设一段后，应检查光缆有无损伤，并对光缆敷设损耗进行抽测，确认无损伤时，再进行接续。

（6）光缆接续应由受过专门训练的人员操作，接续时应用光功率计或其他仪器进行监视，使接续损耗最小。接续后应做接续保护，并安装好光缆接头护套。

（7）光缆端头应用塑料胶带包扎，盘成圈置于光缆预留盒中，预留盒应固定在电杆上。地下光缆引上电杆，必须穿入金属管。

（8）光缆敷设完毕时，需测量通道的总损耗，并用光时域反射计观察光纤通道全程波导衰减特性曲线。

（9）光缆的接续点和终端应做永久性标志。

3. 前端设备的安装

按安装图纸进行安装，安装前应对所装设备通电检查。

1）支架、云台的安装

（1）检查云台转动是否平稳、刹车是否有回程等现象，确认无误后，根据设计要求锁定云台转动的起点和终点。

（2）支架与建筑物、支架与云台均应牢固安装。所接电源线及控制线接出端应固定，且留有一定的余量，以不影响云台的转动为宜。安装高度以满足防范要求为原则，如图 9.8 所示。

2）解码器的安装

解码器应牢固安装在建筑物上，不能倾斜，不能影响云台（摄像机）的转动，解码器如图 9.9 所示。

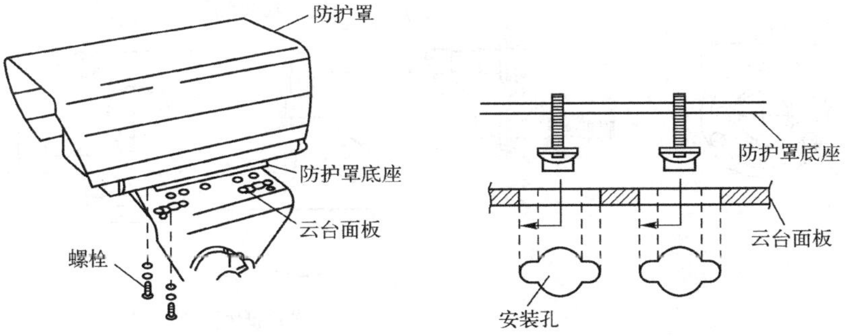

（a）安装示意图　（b）连接样图

图 9.8　防护罩在电动云台上的安装

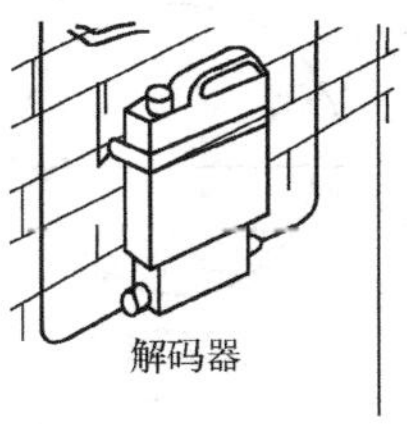

图 9.9　解码器的安装

3）摄像机的安装

（1）安装前应对摄像机进行检测和调整，使摄像机处于正常工作状态。

（2）摄像机应牢固地安装在云台上，所留尾线长度以不影响云台（摄像机）转动为宜，尾线须加保护措施。

（3）摄像机转动过程尽可能避免逆光摄像。

（4）室外摄像机若明显高于周围建筑物时，应加避雷措施。

（5）在搬动、安装摄像机过程中，不得打开摄像机镜头盖。

（6）安装固定摄像机时，可参考以上要求。

各种摄像机的具体安装方法如图 9.10 所示。

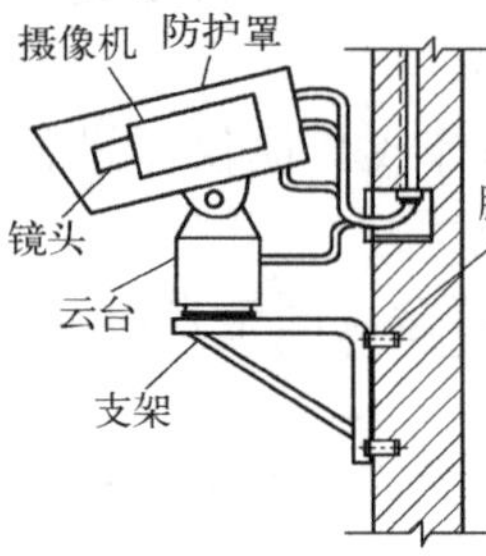

（a）室外摄像机壁装示意图

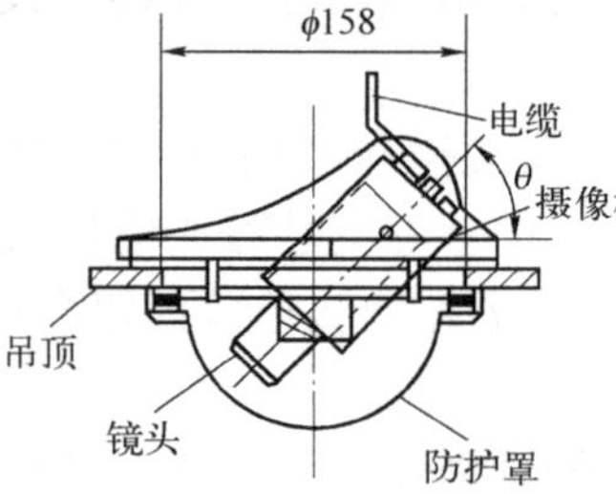

（b）半球形摄像机在吊顶内安装示意图

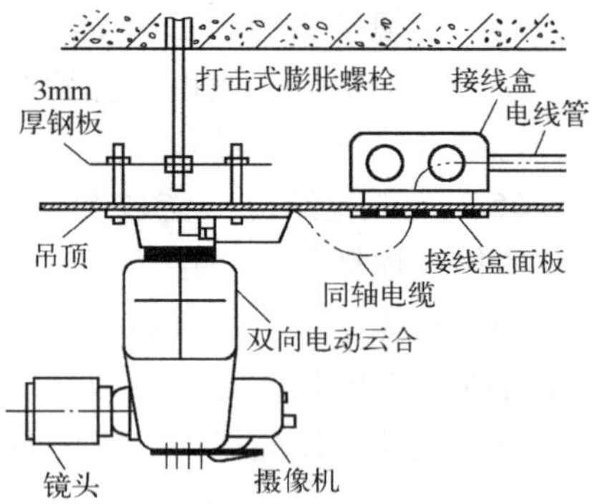

（c）摄像机吊装示意图

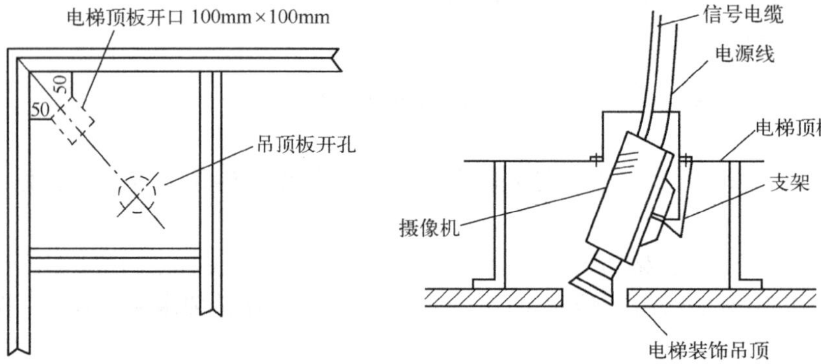

（d）摄像机在电梯内安装示意图

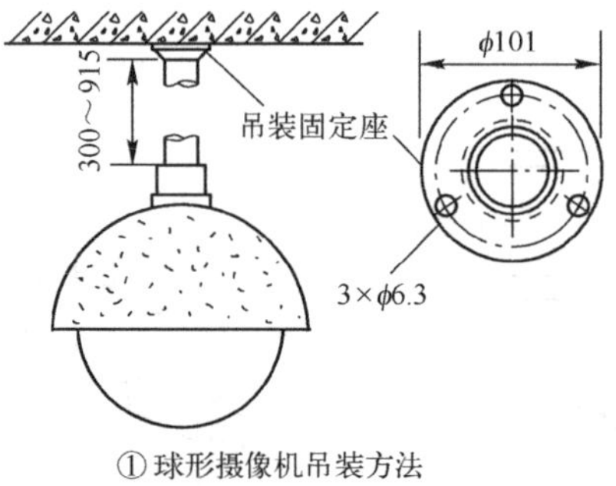

① 球形摄像机吊装方法

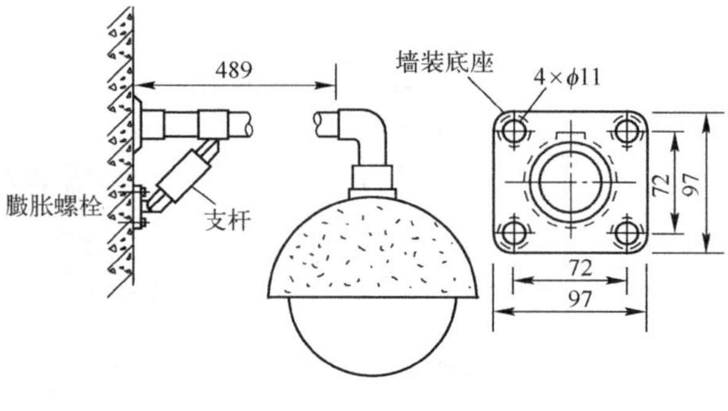

② 球形摄像机壁装方法

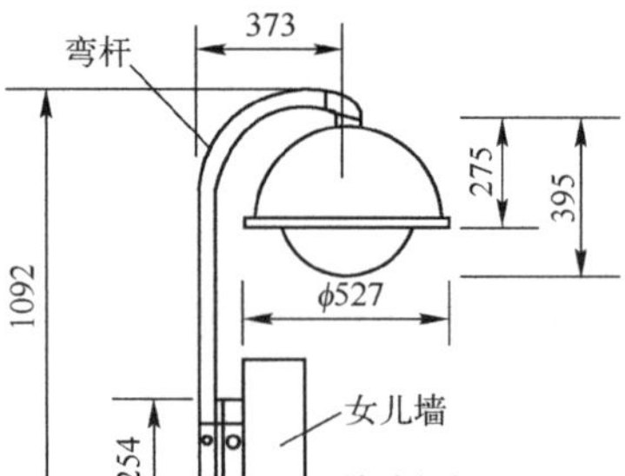

③ 球形摄像机弯杆安装方法

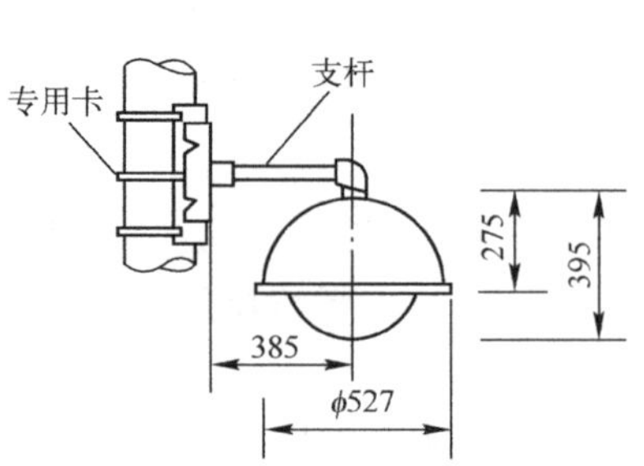

④ 球形摄像机杆装方法

安装说明

摄像机吊装及壁装时，可用膨胀螺栓安装；在杆上应使用配套卡安装

（e）球形摄像机的几种安装示意图

图 9.10　摄像机的安装示意图

4）中心控制设备的安装

（1）监视器的安装

① 监视器应端正、平稳安装在监视器机柜（架）上。应具有良好的通风散热环境。

② 主监视器距监控人员的距离应为主监视器荧光屏对角线长度的4～6倍。

③ 避免日光或人工光源直射荧光屏。荧光表面背景光照度不得高于100lx。

④ 监视器机柜（架）的背面与侧面距墙应不小于0.8m。

（2）控制设备的安装

① 控制台应端正、平稳安装，机柜内设备应安装牢固，安装所用的螺钉、垫片、弹簧、垫圈等均应按要求装好，不得遗漏。

② 控制台或机架柜内插件设备均应接触可靠，安装牢固，无扭曲、脱落现象。

③ 监控室内的所有引线均应根据监视器、控制设备的位置设置电缆和进线孔。

④ 所有引线在与设备连接时，均要留有余量，并做永久性标志，以便维修和管理。

控制台安装如图9.11所示。

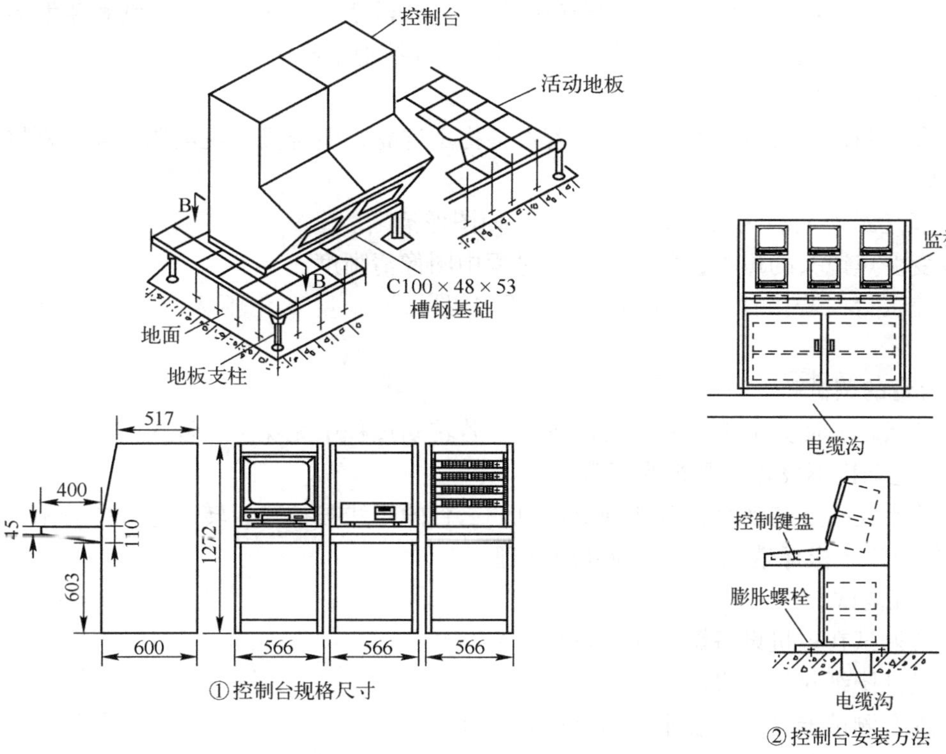

安装说明

（1）闭路电视监控机房通常敷设活动地板，在地板敷设时配合完成控制台的安装，电缆可通过地板下的金属线槽引入控制台。

（2）控制台安装应符合下列规定：

① 控制台位置应符合设计要求；② 控制台应安放竖直，台面水平；③ 附件完整，无损伤，螺钉紧固，台面整洁无划痕；

④ 台内接插件和设备接触应可靠，安装应牢固；内部接线应符合设计要求，无扭曲脱落现象。

图9.11　闭路电视监控中心控制台安装示意图

5）供电与接地

（1）测量所有接地极电阻，必须达到设计要求。达不到要求时，可在接地极回填土中加入无腐蚀性的长效降阻剂或更换接地装置。

（2）系统的防雷接地安装，应严格按设计要求施工。接地安装最好配合土建施工同时进行。

6）电视监控系统的调试

（1）调试前的准备工作

① 电源检测。接通控制台总电源开关，检测交流电源电压；检查稳压电源上电压表读数；合上分电源开关，检测各输出端电压、直流输出极性等，经确认无误后，给每一回路通电。

② 线路检查。检查各种接线是否正确。用250V兆欧表对控制电缆进行测量，线芯与线芯、线芯与地绝缘电阻应不小于0.5MΩ；用500V兆欧表对电源电缆进行测量，其线芯间、线芯与地间绝缘电阻应不小于0.5MΩ。

③ 接地电阻测量。监控系统中的金属护管、电缆桥架、金属线槽、配线钢管和各种设备的金属外壳均与地连接，保证可靠的电气通路。系统接地电阻应小于4Ω。

（2）摄像机的调试

① 闭合控制台、监视器电源开关，若设备指示灯亮，闭合摄像机电源，监视器屏幕上便会显示图像。

② 调节光圈（电动光圈镜头）及聚焦，使图像清晰。

③ 改变变焦镜头的焦距，并观察变焦过程中图像清晰度。

④ 遥控云台，若摄像机静止和旋转过程中图像清晰度变化不大，则认为摄像机工作正常。

（3）云台的调试

① 遥控云台，使其上下、左右转动到位，若转动过程中无噪声（噪声应小于50dB）、无抖动现象、电动机不发热，则视为正常。

② 在云台大幅度转动时，若遇到摄像机、云台的尾线被拉紧、转动过程中有阻挡物、重点监视部位有逆光摄像情况等情况应及时处理。

（4）系统调试

① 系统调试在单机设备调试完后进行。

② 按设计图纸对每台摄像机编号。

③ 用综合测试卡测量系统水平清晰度和灰度。

④ 检查系统的联动性能。

⑤ 检查系统的录像质量。

⑥ 在现场情况允许、建设单位同意的情况下，应改变灯光的位置和亮度，以提高图像质量。

在系统各项指标均达到设计要求后，可将系统连续开机24h，若无异常，则调试结束。之后可填写调试报告。调试报告可用本手册绘制的“入侵报警、电视监控系统调试报告”，也可由调试单位自行制表，最后完成竣工报告。

闭路电视监控系统验收的项目及抽查百分数如表9.2所示。

表 9.2 施工质量检查项目和内容

项目	内容	抽查百分数%
摄像机	设置位置，视野范围	10～15
	安装质量	
	镜头、防护罩、支撑装置、云台安装质量与紧固情况	
	通电试验	100
监视器	安装位置	100
	设置条件	
	通电试验	
控制设备	安装质量	100
	遥控内容与切换路数	
	通电试验	
其他设备	安装位置与安装质量	100
	通电试验	
控制台与机架	安装垂直水平度	100
	设备安装位置	
	布线质量	
	塞孔、连接处接触情况	
	开关、按钮灵活情况	
	通电试验	
线缆敷设	敷设与布线	30
	电缆排列位置、布放和绑扎质量	
	地沟、走道吊架的安装质量	
	埋设深度与架设质量	
	焊接与接插头安装质量	
	接线盒质量	
接地	接地材料	100
	接地线焊接质量	
	接地电阻	

9.1.6 电子巡更系统的安装

电子巡更系统安装流程：

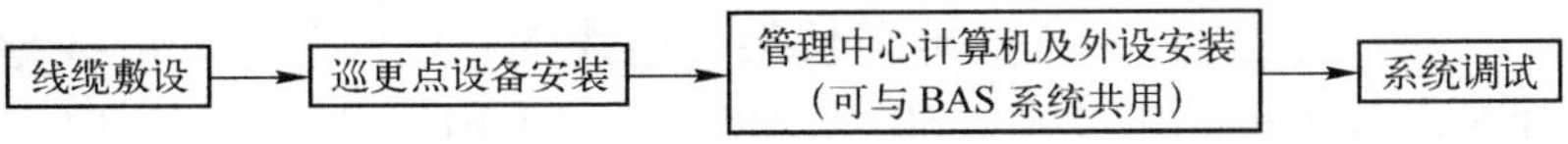

电子巡更系统安装要点分为以下 3 个方面。

1. 线缆敷设

（1）巡更管理系统的电缆桥架、电缆沟、电缆竖井、电线导管、线缆敷设的施工应遵照《建筑电气工程施工技术标准》（ZJQ08 SGJB 303—2003）第 12、13、14、15 章的内容执行，若有特殊要求应以设计施工图的要求为准。

（2）地线、电源线应按规定连接，电源线与信号线分槽（或管）敷设，以防干扰。采用联合接地时，接地电阻应小于 1Ω。

2. 巡更点设备安装

(1) 有线巡更信息开关或无线巡更信息钮，应安装在各出/入口、主要信道、各紧急出/入口、主要部门或其他需要巡更的站点上，高度和位置按设计和规定要求设置，如图 9.12 所示。

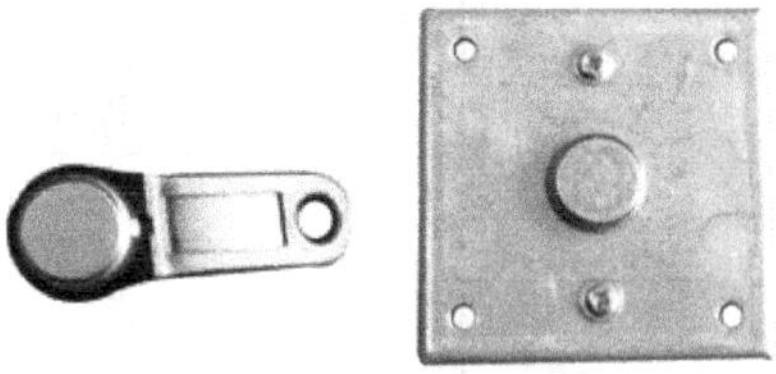

图 9.12　巡更信息开关

(2) 安装应牢固、端正，户外应有防水措施。

3. 巡更系统调试

(1) 调试前准备。具备设备平面布置图、接线图、安装图、系统图及其他必要的技术文件；确定调试步骤和方法，并经审核后实施；检查线路、施工测试记录（绝缘电阻、接地电阻）等应符合要求。

(2) 读卡式巡更系统应保证确定为巡更用的读卡机在读巡更卡时正确无误，检查实时巡更应和计划巡更相一致，若不一致应能发出报警。

(3) 采用巡更信息钮（开关）的信息正确无误，数据能及时收集、统计、打印。

(4) 按照巡更路线图检查系统的巡更终端、读卡机的响应功能。

(5) 现场设备的接入率及完好率测试。

(6) 检查巡更管理系统对任意区域或部位按时间线路进行任意编程修改的功能及撤防、布防的功能。

(7) 检查系统的运行状态、信息传输、故障报警和指示故障位置的功能。

(8) 检查巡更管理系统对巡更人员的监督和记录情况、安全保障措施和对意外情况及时报警的处理手段。

(9) 对在线连网式的巡更管理系统还需要检查电子地图上的显示信息、遇有故障时的报警信号及与电视监视系统等的联动功能。

(10) 巡更系统的数据存储记录保存时间应满足管理要求。

9.1.7　出/入口控制系统的安装

出/入口控制系统安装流程：

线缆敷设 → 读卡机（IC 卡机、磁卡机、感应式读卡机等）安装 → 监控台安装 → 系统调试

出/入口控制系统安装要点分为以下 4 个方面。

1. 线缆敷设

(1) 出/入口控制（门禁）系统的电缆桥架、电缆沟、电缆竖井、电线导管、线缆敷设的施工遵照《建筑电气工程施工技术标准》（ZJQ08 SGJB 303—2003）第 12、13、14、15 章的内容执行，若有特殊要求应以设计施工图的要求为准。

(2) 地线、电源线应按规定连接，电源线与信号线分槽（或管）敷设，以防干扰。采用联合接地时，接地电阻应小于 1Ω。

2. 读卡机（IC 卡机、磁卡机、感应式读卡机等）的安装应满足的要求

(1) 应安装在平整、坚固的地方，保持水平，不能倾斜。

(2) 一般安装在室内，安装在室外时，应考虑防水措施及防撞装置，并不受到直射阳光。

3. 监控台安装

按设计图纸确定安装位置及安装方式。

4. 出/入口控制（门禁）系统调试

（1）读卡系统的调试一般用一组不同类型的卡（其中包括正常可用的卡、定时可用的卡、已超时不可用的卡、黑名单的卡、卡+密码、卡+防劫持码等）对每台读卡机（含非接触式读卡机）进行判别和处理，工作正常；系统的开门、关门、提示、记忆、统计和打印等处理功能应正常。

（2）指纹、声纹、视网膜、掌纹和复合技术等识别系统按产品技术说明书和设计要求进行调试。

（3）检查各种鉴别方式的出/入口控制系统工作是否正常，并按有效设计方案达到相关功能要求。

（4）对每一次有效的进入，检查主机应能储存进入人员的相关信息，对非有效进入或被胁迫进入应有异地报警功能。

（5）检查微处理器或计算机控制系统，应具有时间、逻辑、区域、事件和级别分档等判别及处理功能。

（6）检查系统防劫、求助、紧急报警应正常工作，应具有异地声光报警与显示功能。

（7）检查系统与计算机集成系统的连网接口及该系统对出/入口（门禁）控制系统的集中管理和控制能力。

9.1.8 停车场管理系统的安装

停车场管理系统安装流程：

线缆敷设 → 前端设备（读卡机、闸门机、车辆出入检测装置、信号指示器等）安装 → 监控室主机等设备安装 → 系统调试

停车场管理系统安装要点分为以下两个方面。

1. 线缆敷设

（1）停车场（库）管理系统的电缆桥架、电缆沟、电缆竖井、电线导管、线缆敷设的施工应遵照《建筑电气工程施工技术标准》（ZJQ08 SGJB 303—2003）第12、13、14、15章的内容执行，若有特殊要求应以设计施工图的要求为准。

（2）地线、电源线应按规定连接，电源线与信号线应分槽（或管）敷设，以防干扰。采用联合接地时，接地电阻应小于1Ω。停车场线缆敷设如图9.13所示。

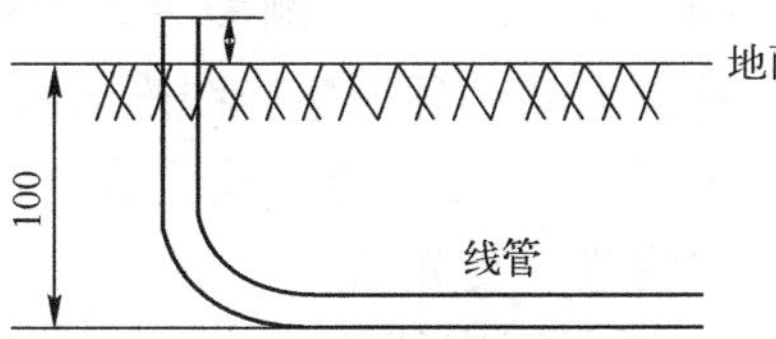

图9.13 停车场线缆敷设示意图

（3）直线40m处有一接线盒，可有一弯头。25m处有一接线盒，可有二弯头。15m处有一接线盒，两接线盒间不得有三弯头。

（4）室内线管所穿导线的总面积（连外皮）不超过管截面积的70%；室外线管所穿导线的总面积（若无规定，连外皮）应不超过管截面积的50%。

（5）线管内导线不得有接头，导线绝缘皮不得有破损。

（6）线管在转弯处或直线距离每超过1.5m应加固定夹子。

2. 前端设备安装

前端设备包括读卡机、闸门机、车辆出/入检测装置、信号指示器等。

（1）闸门机和读卡机［IC 卡机、磁卡机、发卡（票）机、验卡（票）机等］由甲方代表、业务负责人、项目经理根据现场情况而定，由甲方代表签字认可。但必须满足以下技术要求：

① 读卡机与道闸距离不得小于 3m；

② 临时卡收费处与道闸距离不得小于 3m。

（2）地感器安装。

① 同一个出口或入口两个地感线圈尺寸一样。

② 线圈槽选在出口或入口一侧到票箱、道闸的中间位置。线圈槽要避开下水通道铁盖。距铁盖或地面上其他金属物体距离要大于 50cm。

③ 地感线圈应采用 $2.5mm^2$ 多股电源线，一个线圈用线大约为 25m 左右。

④ 地感线圈需用单股铜芯线绕 3 ～ 4 圈；线圈槽边角切割成 45°角。

⑤ 出线圈用双绞式。

⑥ 出地面需用绝缘导管。

⑦ BVC 线不得破损保护层，用数字表测对地电阻大于或等于 10MΩ，直流电阻为4 ～ 6Ω。

⑧ 环氧树脂与乙二胺配比为 1kg∶90ml，须混合均匀。

⑨ 环氧树脂浇注需要全部覆盖线圈，且离地面有 10mm 的高度，上用水泥封平。

⑩ 浇注完毕，用数字万用表再检测一次，对地电阻大于或等于 10MΩ，直流电阻为4 ～ 6Ω。

（3）道闸、出/入口票箱的固定。

① 技术要求。道闸、出/入口票箱垂直于水平地面倾斜度不大于 1°；道闸杆垂直于车行方向，垂直度误差不得超过 5°；所有箱底与地面接触紧密，间隙处用水泥抹平。

② 接线要求。按图接线；箱内接线拨皮不得超过 10cm，值班室内线头拨皮不超过 1cm；所有接插件必须焊接，线头不得有毛刺，压线端不得有松动、回转现象，连接电阻不大于 1.0Ω；值班室内电源必须有接地线、机箱，计算机外壳必须接地；机箱内所有线头，必须有 1m ±0.1m 余量，且用扎带扎齐；值班室内布线必须用线管或线槽布于电脑桌后，留 1 ～ 1.5m 余量，整理有条；屏弊线的屏弊层必须一端接地。

（4）车辆出/入检测装置。车辆出/入检测装置包括两种典型的检测方式：光电（红外线）检测方式和环形感应线圈方式。

① 光电（红外线）检测装置在安装时除收发装置应相互对准外，还应避免太阳光线直射接收装置（受光器）。

② 环形感应线圈检测装置的感应线圈埋设深度距地表面不小于 0.2m，长度不小于 1.6m，宽度不小于 0.9m，感应线圈至机箱处的线缆应采用金属管保护，并固定牢固；感应线圈应埋设在车道居中位置，并与读卡机、闸门机的中心间距保持在 0.9m 左右，且保证环形线圈 0.5m 平面范围内不可有其他金属物，严防碰触周围金属。

（5）信号指示器。

① 车位状况信号指示器应安装在车道出/入口的明显位置，其底部离地面高度保持2.0～2.4m。

② 车位状况信号指示器一般安装在室内，安装在室外时，应考虑防水措施；安装在停车位上高度应在2.1m以上。

③ 车位引导显示器应安装在车道中央上方，便于识别引导信号；其离地面高度保持2.0～2.4m；显示器的规格一般长不小于1.0m，宽不小于0.3m。

④ 出/入口信号灯与环形线圈或红外装置的距离至少应在5m以上，10～15m为宜。

(6) 监控室主机等设备安装。

(7) 停车场（库）管理系统调试。

① 检查感应线圈的位置和响应速度。

② 车库管理系统的车辆进入、分类收费、收费指示牌应正确，导向指示正确。

③ 闸门机应工作正常，进/出口车牌号复核等功能应达到设计要求。

④ 读卡器正确刷卡后的响应速度达到设计或产品技术标准要求。

⑤ 闸门的开放和关闭的动作时间应符合设计和产品技术标准要求。

⑥ 按不同建筑物要求而设置的不同的管理方式的停车场（库）管理系统应正常工作，且应符合设计要求；通过计算机网络和视频监控及识别技术，应能实现对车辆的进/出行车信号指示、计费、保安等方面的综合管理，且符合设计要求。

⑦ 检查入口车道上各设备（自动发票机、自动闸门机、车辆感应检测器、入口摄像机等）及各自完成IC卡的读/写、显示、自动闸门机起落控制、入口图像信息采集及收费主机的实时通信等功能均应符合设计和产品技术性能标准的要求。

⑧ 检查出口车道上各设备（读卡机、验卡机、自动闸门机、车辆感应检测器等）及各自完成IC卡的读/写、显示，自动闸门机起落控制及与收费主机的实时通信等功能应符合设计和产品技术标准。

⑨ 检查收费管理处的设备（收费管理主机、收费显示屏、打印机、发/读卡机、通信设备等）及各自完成车道设备实时通信、车道设备的监视与控制、收费管理系统的参数设置、IC卡发售/挂失处理及数据收集、统计汇总、报表打印等功能应符合设计与产品技术标准。

⑩ 检查系统与计算机集成系统的连网接口及该系统对车库管理系统的集中管理和控制能力。

(1) 安全防范系统如何实现与其他智能系统联动？
(2) 安全防范系统包括哪些子系统？
(3) 监控系统中室外枪式摄像机有哪些安装要求？

任务9.2　火灾自动报警系统及联动控制系统安装

【任务背景】　消防作为一门学科，正伴随着现代科学技术的发展进入高科技综合学科的行列，是现代建筑中的重要内容。有效地检测建筑火灾、控制火灾、迅速扑灭火灾，保障人民生命和财产的安全，保障国民经济建设，是火灾自动报警与联动控制系统的任务。建筑消防系统就是为完成上述任务而建立的一套完整、有效的体系，该体系就是在建筑物内部按国家有关规定而设置必需的火灾自动报警及灭火系统、防排烟系统等设备。

9.2.1 火灾自动报警系统的组成

火灾自动报警系统是人们为了提前发现和通报火灾，并及时采取有效措施，控制和扑灭火灾，而设置在建筑物中或其他场所的一种自动消防设施，是现代消防不可缺少的安全技术设施之一。

火灾自动报警系统是由触发器件、火灾警报装置及具有其他辅助功能的装置组成的。它能够在火灾初期，将燃烧产生的烟雾、热量和光辐射等物理量，通过感温、感烟和感光等火灾探测器变成电信号，传输到火灾报警控制器，并同时显示出火灾发生的部位，记录火灾发生的时间。一般火灾自动报警系统与自动喷水灭火系统、室内消火栓系统、防排烟系统、通风系统、空调系统、防火门、防火卷帘、挡烟垂壁等相关设备联动，自动或手动发出指令，启动相应的防火灭火装置。火灾自动报警系统如图 9.14 所示。

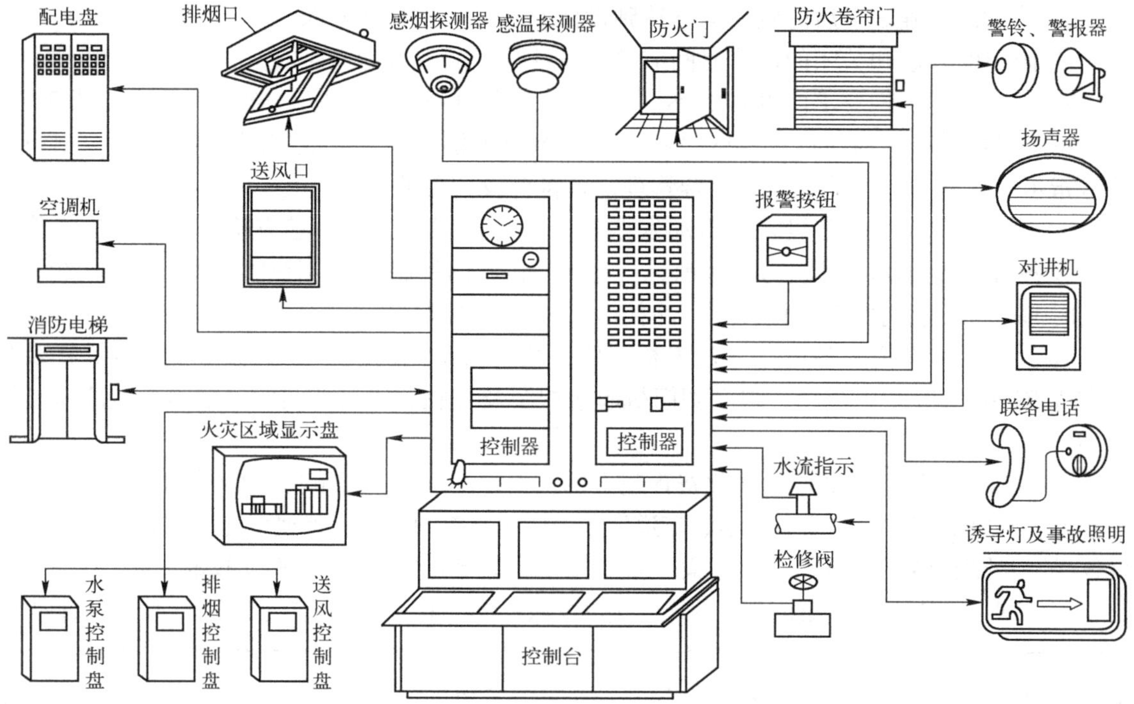

图 9.14　火灾自动报警系统图

9.2.2 联动设备的种类及作用

1. 联动设备的种类

消防联动设备是火灾自动报警系统的执行部件，消防控制室接收火警信息后应能自动或手动启动相应消防联动设备。根据建筑设计防火规范和智能建筑防火灭火要求，智能建筑应具备以下全部或部分消防联动设备：

（1）消防报警装置与应急广播，火灾发生时警示或通知人员安全转移；

（2）消防专用电话、火灾报警、查询情况、应急指挥能与“119”直通；

（3）非消防电源控制，火灾应急照明和安全疏散指示灯控制；

(4) 室内消火栓泵和喷淋水泵，火灾时实施灭火；

(5) 消防电梯，火灾时进行紧急运送；

(6) 管网气体灭火系统、泡沫灭火系统和干粉灭火系统，火灾确认后实施灭火；

(7) 防火门、防火卷帘、防火阀的控制，火灾时实施防火分割，防止火灾蔓延；

(8) 防烟排烟风机、空调通风设备、送风阀、排烟阀，防止烟气蔓延提供救生保障。

火灾发生时，火灾报警控制器发出警报信息，消防联动控制器根据火灾信息管理联动关系，输出联动信号，启动有关消防设备实施防火灭火。消防联动必须在“手动”和“自动”状态下均能实现。在自动情况下，智能建筑中的火灾自动报警系统按照预先编制的联动逻辑关系，在火灾报警后，输出自动控制指令启动相关设备动作。手动情况下，应能根据手工操作，实现对应控制。

2. 联动设备的作用

火灾确认后，联动设备应做出相应的动作。

(1) 火灾警报装置应急广播：

① 二层及以上楼层起火，应先接通着火层及相邻的上、下层；

② 首层起火，应先接通本层、二层及全部底层；

③ 地下室起火，应先接通地下各层及首层；

④ 含多个防火分区的单层建筑，应先接通着火的防火分区。

(2) 非消防电源：有关部位全部切断。

(3) 消防应急照明灯及紧急疏散标志灯：有关部位全部点亮。

(4) 室内消火栓系统和水喷淋系统：

① 控制系统启/停；

② 显示消防水泵的工作状态；

③ 显示消火栓按钮的位置；

④ 显示水流指示器、报警阀、安全信号阀的工作状态。

(5) 管网气体灭火系统：

① 显示系统的手动自动工作状态；

② 报警后能及时喷射气体，并发出相应声光报警和显示防护区报警状态；

③ 在延时阶段，自动关闭本部位防火门窗及防火阀，停止通风空调系统并显示工作状态。

(6) 泡沫灭火系统、干粉灭火系统：

① 控制系统启/停；

② 显示系统工作状态。

(7) 防火卷帘门用在疏散通道上时：

① 感烟探测器报警，防火卷帘应下降至楼面1.8m处；

② 感温探测器报警，防火卷帘应下降至地面。

防火卷帘门用做防火分隔时，探测器报警后，卷帘门下降到底。

(8) 防排烟设施和空调通风设施：

① 停止有关部位空调送风，关闭防火阀并接收其反馈信号；

② 启动有关部位的防烟排烟风机、排烟阀等，并接收其反馈信号；

③ 控制挡烟垂壁等防烟设施。

9.2.3 火灾自动报警及联动系统安装 重点提示

1. 火灾自动报警及联动系统安装准备

接到施工任务后，首先应对图纸进行会审，同时熟悉结构图、建筑图、装修图及其他专业的有关图纸，找到影响施工的设计问题组织设计交底，解决设计施工方面存在的问题，办理好技术变更洽商，确定施工方法和配备相应的劳动力、设备、材料、机具等。同时配备配套的生活、生产临时设施，同时还应编写施工方案和技术交底，组织施工人员根据工程特点进行交底和培训，使每个操作者应熟知技术、质量、安全消防的要求。

2. 火灾自动报警及联动系统安装工艺

火灾自动报警及联动系统工艺流程：

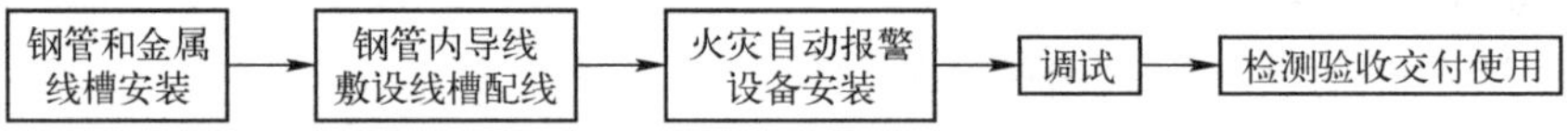

火灾自动报警及联动系统安装要求分为以下 8 个方面。

1. 钢管和金属线槽安装

系统的钢管和金属线槽安装与室内配线要求相同，但值得注意以下几点。

（1）当管路暗配时，电线保护管宜沿最近的线路敷设并应减少弯曲。埋入非燃烧体的建筑物、构筑物内的电线保护管与建筑物、构筑物墙面的距离应不小于 30mm。金属线槽和钢管明配时，应按设计要求采取防火保护措施。

（2）敷设在多尘或潮湿场所的电线保护管、管口及其各连接处均应密封处理。

（3）暗配管在没有吊顶的情况下，探测器的盒的位置就是安装探头的位置，不能调整，所以要求确定盒的位置应按探测器安装要求定位。

（4）钢管安装敷设进入箱、盒，内外均应有根母锁紧固定，内侧安装护口。钢管进箱盒的长度以带满护口贴进根母为准。

（5）配管和线槽安装时应考虑横向敷设的报警系统的传输线路。例如，采用穿管布线时，则不同防火分区的线路不应穿入同一根管内，但探测器报警线路若采用总线制时不受此限制。

（6）弱电线路的电缆竖井应与强电线路的竖井分别设置，如果条件限制合用同一竖井，应分别布置在竖井的两侧。

（7）在建筑物的顶棚内必须采用金属管、金属线槽布线。

（8）金属管或金属线槽与消防设备采用金属软管和可挠性金属管作为跨接时，其长度不宜大于 2m，且应采用卡具固定，其固定点间距应不大于 0.5m，且端头用锁母或卡箍固定，并按规定接地。

（9）暗装消火栓配管时，接线盒不应放在消火栓箱的后侧，而应侧面进线。

2. 钢管内绝缘导线敷设和线槽配线

系统的钢管内绝缘导线敷设和线槽配线与室内配线要求相同，但值得注意以下几点。

（1）火灾自动报警系统传输线路，应采用铜芯绝缘线或铜芯电缆，其电压等级应不低于交流 250V，最好选用 500V，以提高绝缘和抗干扰能力。

（2）为满足导线和电缆的机械强度要求，穿管敷设的绝缘导线，线芯截面最小应不小于 $1mm^2$；线槽内敷设的绝缘导线最小截面应不小于 $0.75mm^2$；多芯电缆线芯最小截面应不小于0.5mm^2。

（3）横向敷设的报警系统传输线路如果采用穿管布线时，则不同防火分区的线路不宜穿入同一根管内。采用总线制不受此限制。

（4）火灾报警器的传输线路应选择不同颜色的绝缘导线，探测器的“+”线为红色，“-”线应为蓝色，其余线应根据不同用途采用其他颜色区分。但同一工程中相同用途的导线颜色应一致，接线端子应有标号。

（5）敷设于垂直管路中的导线，截面积为50mm^2以下时，长度每超过30m应在接线盒处进行固定。

（6）目前我国的消防事业发展很快，使用总线制线路控制的很多，对线路敷设长度、线路电阻均有要求，施工时应严格按厂家技术资料要求来敷设线路和接线。

（7）导线敷设连接完成后，应进行检查，无误后采用500V、量程为0～500MΩ的兆欧表，对导线之间、线对地、线对屏蔽层等进行摇测，其绝缘电阻应不低于20MΩ。注意不能带着消防设备进行摇测。摇动速度应保持在120r/min左右，读数时应采用1min后的读数为宜。

3. 探测器安装

（1）点形火灾探测器、气体火灾探测器、红外光束火灾探测器的安装要求。

① 感烟感温探测器的保护面积和保护半径应符合如表9.3所示的要求。

表9.3　感烟、感温探测器的保护面积和保护半径

火灾探测器的种类	地面面积 S（m^2）	房间高度 h（m）	探测器的保护面积 A 和保护半径 R					
			层顶坡度 θ					
			$\theta \leqslant 15°$		$15° < \theta \leqslant 30°$		$\theta > 30°$	
			A（m^2）	R（m）	A（m^2）	R（m）	A（m^2）	R（m）
感烟探测器	$S \leqslant 80$	$h \leqslant 12$	80	6.7	80	7.2	80	8.0
	$S > 80$	$6 < h \leqslant 12$	80	6.7	100	8.0	120	9.9
		$h \leqslant 6$	60	5.8	80	7.2	100	9.0
感温探测器	$S \leqslant 30$	$h \leqslant 8$	30	4.4	30	4.9	30	5.5
	$S > 30$	$h \leqslant 8$	20	3.6	30	4.9	40	6.3

② 感烟感温探测器的安装间距应不超过所规定的范围，并由探测器的保护面积 A 和保护半径 R 确定探测器的安装间距的极限曲线。

（2）一个探测器区内需设置的探测器数量应按下式计算：

$$N = \frac{S}{K \cdot A}$$

式中，N 为一个探测区域内所需设置的探测器数量（个），并取整数；S 为一个探测区域的面积（m^2）；A 为一个探测器的保护面积（m^2）；K 为修正系数，重点保护建筑取0.7～0.9，其余取1.0。

（3）在顶棚设置感烟、感温探测器时，梁的高度对探测器安装数量影响。

① 梁突出顶棚高度小于200mm的顶棚上设置感烟、感温探测器时，可不考虑对探测器保护面积的影响。

② 当梁突出顶棚的高度为200～600mm时，应考虑梁对探测器数量及安装部位的影响。

③ 当梁突出顶棚的高度超过600mm时，被梁隔断的每个梁间区域应至少设置一个探测器。

④ 当被梁隔断区域面积超过一个探测器的保护面积时，应视为一个探测区域，计算探测器的设置数量。

（4）当房屋顶部有热屏障时，感烟探测器下表面至顶棚距离应符合表9.4的规定。锯齿形屋顶和坡度大于15°的人字形屋顶，应在每个屋脊处设置一排探测器。

表9.4　感烟探测器下表面距顶棚（或屋顶）的距离

探测器的安装高度 H（m）	感烟探测器下表面距顶棚（或屋顶）的距离 d（mm）					
	顶棚（或屋顶）坡度 θ					
	$\theta \leqslant 15°$		$15° < \theta \leqslant 30°$		$\theta > 30°$	
	最　小	最　大	最　小	最　大	最　小	最　大
$h \leqslant 6$	30	200	200	300	300	500
$6 < h \leqslant 8$	70	250	250	400	400	600
$8 < h \leqslant 10$	100	300	300	500	500	700
$10 < h \leqslant 12$	150	350	350	600	600	800

（5）探测器宜水平安装，若必须倾斜安装，倾斜角应不大于45°。

（6）房间被书架、设备或隔断等分隔，其顶部至顶棚或梁的距离小于房间净高的5%时，则每个被隔开的部分应设置探测器。

（7）探测器周围0.5m内，不应有遮挡物，探测器至墙壁、梁边的水平距离，应不小于0.5m。

（8）探测器至空调送风口边的水平距离应不小于1.5m，至多孔送风顶棚孔口的水平距离应不小于0.5m。

（9）在宽度小于3m的走道顶棚上设置探测器时，宜从中布置。感温探测器的安装间距应不超过10m，感烟探测器安装间距应不超过15m，探测器至端墙的距离，应不大于探测器安装间距的一半。

（10）在电梯井、升降机井设置探测器时，其位置宜在井道上方的机房顶棚上。

（11）下列场所可不设火灾探测器：

① 厕所、浴室等潮湿场所；

② 不能有效探测火灾的场所；

③ 不便于使用、维修的场所（重点部位除外）。

（12）可燃气体探测器应安装在气体容易泄漏出来、气体容易流经的场所及气体容易滞留的场所，安装位置应根据被测气体的密度、安装现场气流方向、温度等各种条件来确定。

（13）红外光束探测器的安装位置，应保证有充足的视场，发出的光束应与顶棚保持平行，远离强磁场，避免阳光直射，底座应牢固地安装在墙上。

（14）其他类型的火灾探测器的安装要求，应按设计和厂家提供的技术资料进行安装。

（15）探测器的底座应固定可靠，在吊顶上安装时应先把盒子固定在主龙骨上或在顶棚上生根作为支架，其连接导线必须可靠压接或焊接，当采用焊接时不得使用带腐蚀性的助焊剂，外接导线应有0.15m的余量，入端处应有明显标志。

（16）探测器确认灯应面向便于人员观察的主要入口方向。

（17）探测器底座的穿线孔宜封堵，安装时应采取保护措施（如装上防护罩）。

（18）探测器的接线应按设计和厂家要求接线，但“+”线应为红色，“-”线应为兰色，其余线根据不同用途采用其他颜色区分，但同一工程中相同的导线颜色应一致。

（19）探测器的头在即将调试时方可安装，安装前应妥善保管，并应采取防尘、防潮、防腐蚀等措施，探测器安装如图9.15所示。

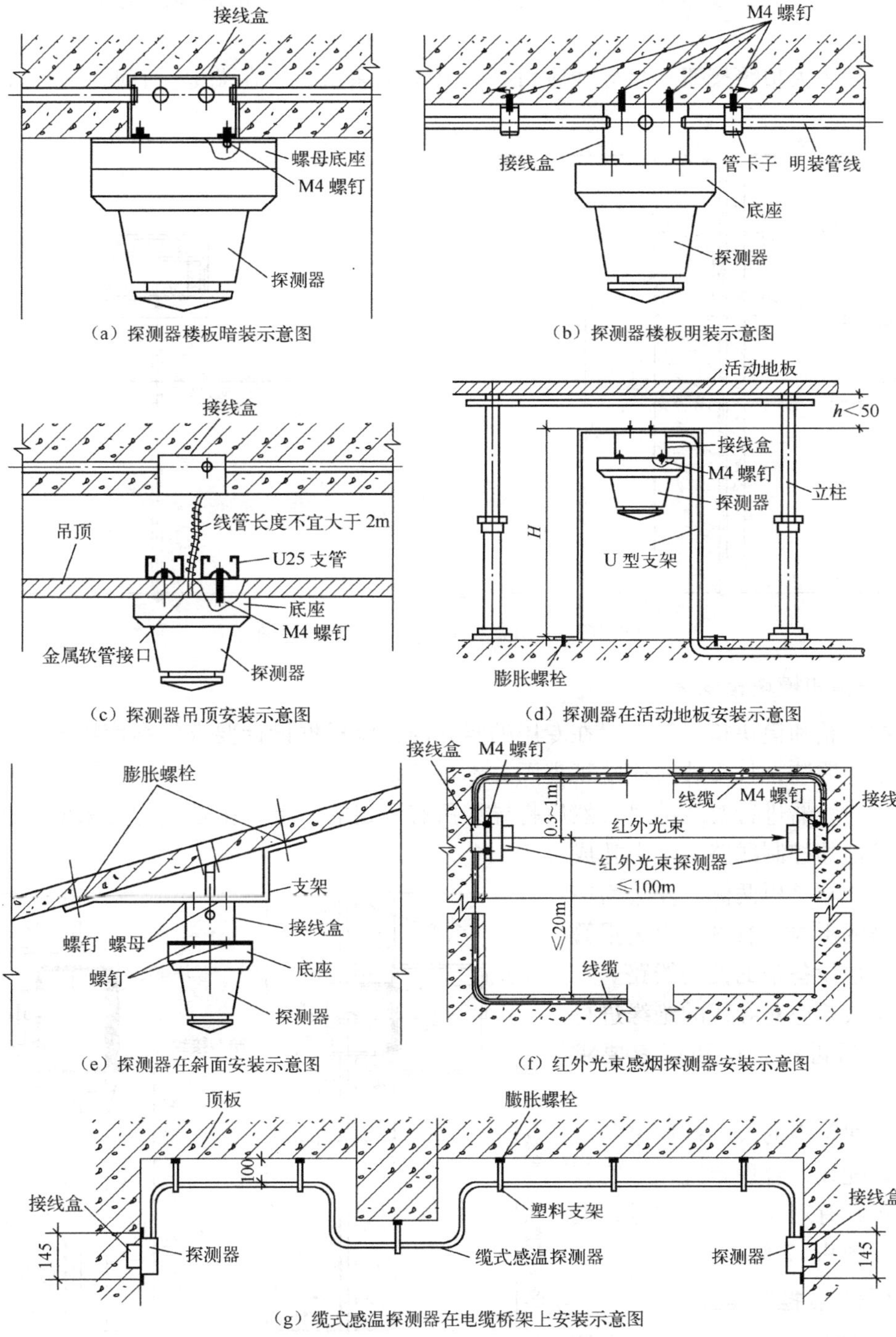

图9.15　探测器安装示意图

4. 手动火灾报警按钮的安装

（1）报警区内的每个防火分区应至少设置一个手动报警按扭，从一个防火分区内的任何位置到最近一个手动火灾报警按扭的步行距离应不大于30m。

（2）手动火灾报警按钮应安装在明显和便于操作的墙上，距地高度为1.5m，应安装牢固不倾斜。

（3）手动火灾报警按钮外接导线应留有0.10m的余量，且在端部应有明显标志，安装如图9.16所示。

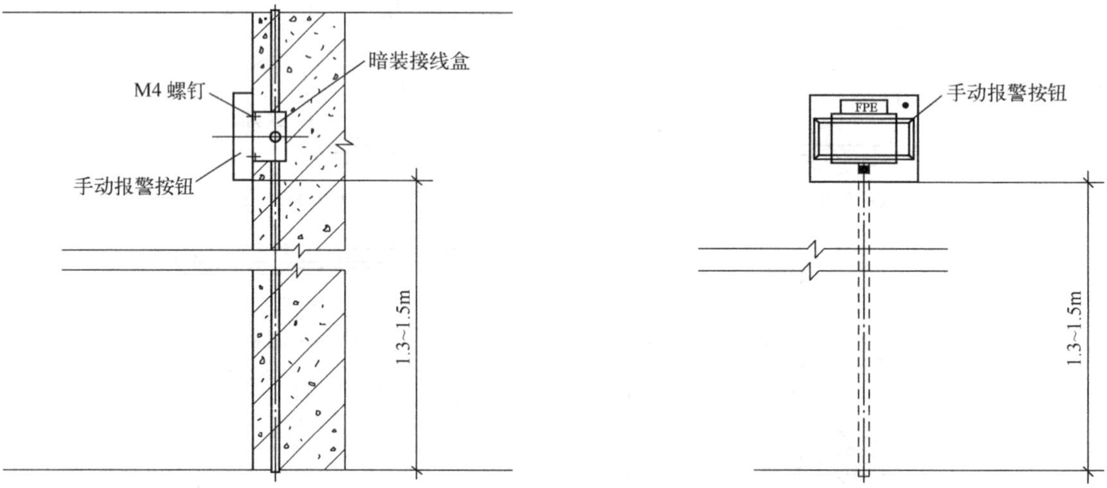

图9.16　手动火灾报警按钮安装示意图

5. 端子箱和模块箱安装

（1）端子箱和模块箱一般设置在专用的竖井内，应根据设计要求的高度用金属膨胀螺栓固定在墙壁上明装，且安装时应端正牢固，不得倾斜。

（2）用对线器进行对线编号，然后将导线留有一定的余量，把控制中心来的干线和火灾报警器及其他的控制线路分别绑扎成束，分别设在端子板两侧，左边为控制中心引来的干线，右侧为火灾报警探测器和其他设备来的控制线路。

（3）压线前应对导线的绝缘进行摇测，合格后再按设计和厂家要求压线。

（4）模块箱内的模块按厂家和设计要求安装配线，合理布置，且安装应牢固端正，有用途标志和线号，模块箱安装如图9.17所示。

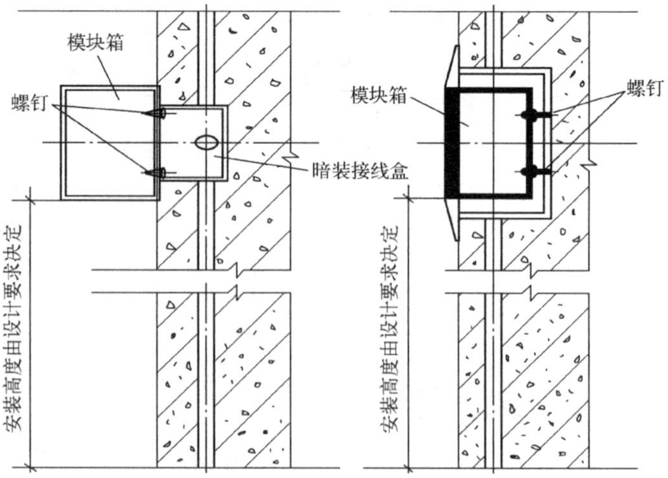

图9.17　模块箱安装示意图

6. 火灾报警控制器安装

火灾报警控制器（以下简称控制器）接收火灾探测器和火灾报警

按钮的火灾信号及其他报警信号，发出声、光报警，指示火灾发生的部位，按照预先编制的逻辑，发出控制信号，联动各种灭火控制设备，迅速有效地扑灭火灾。为保证设备的功能必须做到精心施工，确保安装质量。火灾报警器一般应设置在消防中心、消防值班室、警卫室及其他规定有人值班的房间或场所。控制器的显示操作面板应避开阳光直射，房间内应无高温、高湿、尘土、腐蚀性气体；不受振动、冲击等影响。

（1）设备安装前土建工作应具备下列条件：

① 屋顶、楼板施工已完毕，不得有渗漏；

② 结束室内地面、门窗、吊顶等安装；

③ 有损设备安装的装饰工作全部结束。

（2）区域报警控制器在墙上安装时，其底边距地面高度应不小于1.5m，可用金属膨胀螺栓或浇筑螺栓进行安装，固定要牢固、端正，安装在轻质墙上时应采取加固措施。靠近门轴的侧面距离应不小于0.5m，正面操作距离应不小于1.2m。

（3）集中报警控制室或消防控制中心设备安装应符合下列要求。

① 落地安装时，其底宜高出地面0.05～0.2m，一般用槽钢或打水台作为基础，若有活动地板，使用的槽钢基础应在水泥地面生根固定牢固。槽钢要先调直除锈，并刷防锈漆，安装时用水平尺、小线找好平直度，然后用螺栓固定牢固。

② 控制柜按设计要求进行排列，根据柜的固定孔距在基础槽钢上钻孔，安装时从一端开始逐台就位，用螺钉固定，用小线找平找直后再将各螺栓紧固。

③ 控制设备前操作距离，单列布置时应不小于1.5m，双列布置时应不小于2m，在有人值班经常工作的一面，控制盘到墙的距离应不小于3m，盘后维修距离应不小于1m，控制盘排列长度大于4m时，控制盘两端设置宽度应不小于1m的通道。

④ 区域控制室安装落地控制盘时，参照上述的有关要求施工。

（4）引入火灾报警控制器的电缆、导线接地等应符合下列要求。

① 对引入的电缆或导线，应首先用对线器进行校线。按图纸要求编号，然后摇测相间、对地等绝缘电阻，应不小于20MΩ，全部合格后按不同电压等级、用途、电流类别分别绑扎成束引到端子板，按接线图进行压线，注意每个接线端子接线应不超过两根，盘圈应按顺时针方向，多股线应涮锡，导线应有适当余量，标志编号应正确且与图纸一致，字迹清晰，不易褪色，配线应整齐，避免交叉，固定牢固。

② 导线引入线完成后，在进线管处应封堵，控制器主电源引入线应直接与消防电源连接，严禁使用接头连接，主电源应有明显标志。

③ 凡引入有交流供电的消防控制设备，外壳及基础应可靠接地，一般应压接在电源线的PE线上。

④ 消防控制室一般应根据设计要求设置专用接地装置作为工作接地（是指消防控制设备信号地域逻辑地）。当采用独立工作接地时电阻应小于4Ω；当采用联合接地时，接地电阻应小于1Ω。控制室引至接地体的接地干线应采用一根不小于16mm^{2}的绝缘铜线或独芯电缆，穿入保护管后，两端分别压接在控制设备工作接地板和室外接地体上。消防控制室的工作接地板引至各消防控制设备和火灾报警控制器的工作接地线应采用不小于4mm^{2}铜芯绝缘线穿入保护管构成一个零电位的接地网络，以保证火灾报警设备的工作稳定可靠。接地装置施工过程中，分不同阶段应做电气接地装置隐检、接地电阻摇测、平面示意图等质量检查记录。

（5）其他火灾报警设备和联动设备安装，按有关规范和设计厂家要求进行安装接线。

7. 装置调试

（1）火灾自动报警系统调试，应在建筑内部装修和系统施工结束后进行。

（2）调试前施工人员应向调试人员提交竣工图、设计变更记录、施工记录（包括隐蔽工程验收记录）、检验记录（包括绝缘电阻、接地电阻测试记录）、竣工报告。

（3）调试负责人必须由有资格的专业技术人员担任。一般由生产厂工程师或生产厂委托的经过训练的人员担任。其资格审查由公安消防监督机构负责。

（4）调试前应按下列要求进行检查。

① 按设计要求查验设备规格、型号、备品、备件等。

② 按火灾自动报警系统施工及验收规范的要求检查系统的施工质量。对属于施工中出现的问题，应会同有关单位协商解决，并有文字记录。

③ 检查检验系统线路的配线、接线、线路电阻、绝缘电阻、接地电阻、终端电阻、线号、接地、线的颜色等是否符合设计和规范要求，发现错线、开路、短路等达不到要求的应及时处理，排除故障。

（5）火灾报警系统应先分别对探测器、消防控制设备等逐个进行单机通电检查试验。单机检查试验合格，进行系统调试，报警控制器通电接入系统执行火灾报警自检、消音、复位、故障报警、火灾优先、报警记忆、电源自动转换和备用电源的自动充电、备用电源的欠压和过压报警等功能的检查。在通电检查中上述所有功能都必须符合条例《GB 4717 火灾报警控制器通用技术条件》的要求。

（6）按设计要求分别用主电源和备用电源供电，逐个逐项检查试验火灾报警系统的各种控制功能和联动功能，其控制功能和联动功能应正常。

（7）火灾自动报警系统的主电源和备用电源，其容量应符合有关国家标准要求，备用电源连续充/放电三次应正常，主电源、备用电源转换应正常。

（8）系统控制功能调试后应用专用的加烟加温等试验器，应分别对各类探测器逐个试验，动作无误后方可投入运行。

（9）对于其他报警设备也要逐个试验无误后方可投入运行。

（10）按系统调试程序进行系统功能自检。系统调试完全正常后，应连续无故障运行120h，写出调试开通报告，进行验收工作。

8. 系统验收程序

（1）火灾报警系统安装调试完成后，由施工单位、调试单位对工程质量、调试质量、施工资料进行预检，同时进行质量评定，发现质量问题应及时解决处理，直至符合设计和规范要求为止。

（2）预检全部合格后，施工单位、调试单位应请建设单位、设计、监理等单位，对工程进行竣工验收检查，无误后办理竣工验收单。

（3）建设单位或施工单位请建筑消防设施技术检测单位进行检测，由该单位提交检测报告。

（4）前面工作全部完成后，由建设单位向公安消防监督机构提交验收申请报告，并提供下列文件和资料。

① 建设过程中消防部门的消防审核文件、备忘录及其落实情况。

② 施工单位、设备厂家的资质证书和产品的检测证书。

③ 施工记录（隐蔽工程验收、设计变更洽商、绝缘摇测记录、接地电阻记录、主要材质证明、合格证等）。

④ 调试报告。

⑤ 建设单位组织施工、设计、监理等单位办理的竣工验收单。

⑥ 检测单位提出的检测报告。

⑦ 系统竣工图、系统竣工表。

⑧ 管理、维护人员登记表。

（5）消防工程经公安消防监督机构对施工质量复验和对消防设备功能抽验，全部合格后，发给建设单位《建筑工程消防设施验收合格证书》，建设单位可投入使用，进入系统的运行阶段。

?（1）火灾自动报警系统有哪些报警设备和联动设备？
（2）探测器的安装有哪几种方式？各适合什么场合？
（3）火灾报警控制器安装主要应考虑哪些问题？

任务9.3　建筑通信系统安装

【任务背景】 现代社会已迈入信息时代，通信系统已成为智能建筑必备的功能之一，而电话通信网是实现这一功能的基本设施。一个智能楼宇，除有电话、传真、消防与安全监控等基本系统外，各种计算机网络、综合服务数字网络、卫星和有线电视系统、广播音响系统等都是不可缺少的，只有具备了这些基础通信设施，需要提供给人们新的信息技术，如电子数据交换、电子邮政、电视会议、视频点播、多媒体通信等才有可能获得使用，使楼宇构成一个名符其实的智能建筑。

9.3.1　建筑通信系统的组成

1. 电话通信系统的组成

电话信号的传输与电力传输和电视信号传输不同，电力传输和电视信号传输是共用系统，一个电源或一个信号可以分配给多个用户，而电话信号是独立信号，两部电话之间必须有两根导线直接连接。因此有一部电话机就要有两根（一对）电话线。从各用户到电话交换机的电话线路数量很大，这不像供电线路，只要几根导线就可以连接许多用电户。一台交换机可以接入电话机的数量用门计算，如200门交换机、800门交换机。

交换机之间的线路是公用线路，由于各部电话机不会都同时使用线路，因此，公用线路的数量要比电话机的门数少得多，一般只需要10%左右。由于这些线路是公用的，就会出现没有空闲线路的情况，就是占线。如果建筑物内没有交换机，那么进入建筑物的就是接各部电话机的线路，楼内有多少部电话机，就需要有多少对线路引入。

电话通信线路从进户管线一直到用户出线盒，一般由以下几部分组成。

（1）引入（进户）电缆管路。它又分为地下进户和外墙进户两种方式。

（2）交接设备或总配线设备。它是引入电缆进屋后的终端设备，有设置与不设置用户交换机两种情况，若设置用户交换机，采用总配线箱或总配线架；若不设用户交换机，常用交接箱或交接间，交接设备宜装在建筑的一、二层，若有地下室，且较干燥、通风，这样才可考虑设置在地下室。

（3）上升电缆管路。它有上升管路、上升房和竖井三种建筑类型。

（4）楼层电缆管路。

（5）配线设备。如电缆接头箱、过路箱、分线盒、用户出线盒，是通信线路分支、中间检查、终端用设备。住宅楼电话系统如图 9.18 所示。

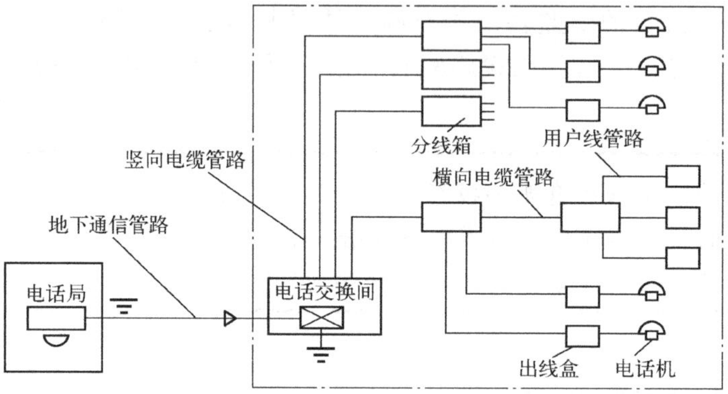

图 9.18　住宅楼电话系统框图

2. 有线电视和卫星电视系统的组成

有线电视（CATV）系统，先后经历了共用天线电视系统、电缆电视系统和有线电视系统三个发展阶段。

将通过同轴电缆、光缆或其组合来传输、分配和交换声音、图像信号的电视系统，称之为电缆电视（Cable Television）系统。

CATV 一般由前端、干线传输和用户分配三部分组成，如图 9.19 所示。

1）前端设备

前端部分主要包括电视接收天线、频道放大器、频道变换器、自播节目设备、卫星电视接收设备、导频信号发生器、调制器、混合器及连接线缆等部件。前端设备的主要任务是进行电视信号接收后的处理。这种处理，包括信号放大、混合、频谱交换、电平调整及干扰信号成分的滤波等。

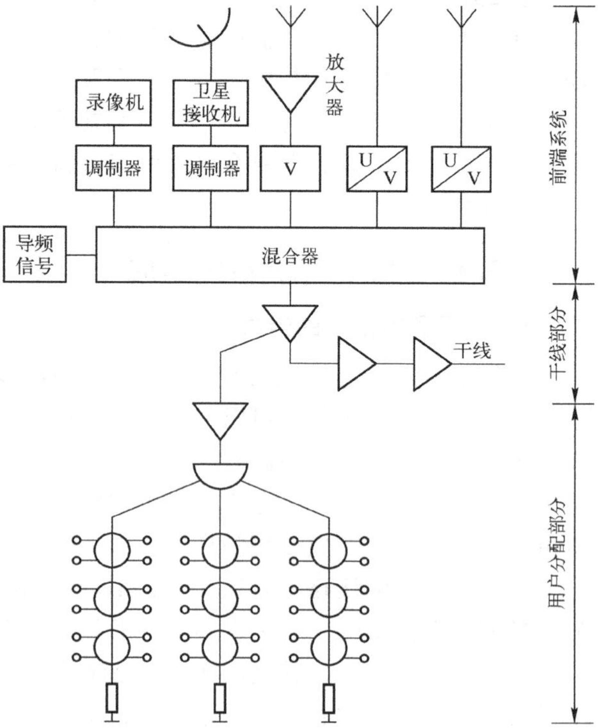

图 9.19　前端、干线部分、用户分配

（1）卫星电视接收系统。卫星电视接收系统通常由接收天线、高频头和卫星接收机三大部分组成，如图9.20所示。

（2）组成前端系统的主要设备还有天线放大器、混合器、频道转换器、调制器和用于自动电平调整和自动斜率调整的导频信号发生器等，其组成框图如图9.21所示。

2）干线传输

（1）同轴电缆。同轴电缆如图9.22所示。它的作用是在电视系统中传输电视信号。它是由同轴结构的内外导体构成，内导体（芯线）用金属制成并外包绝缘物，绝缘物外面是用金属丝编织网或用金属箔制成的外导体（皮），最外面用塑料护套或其他特种护套保护。

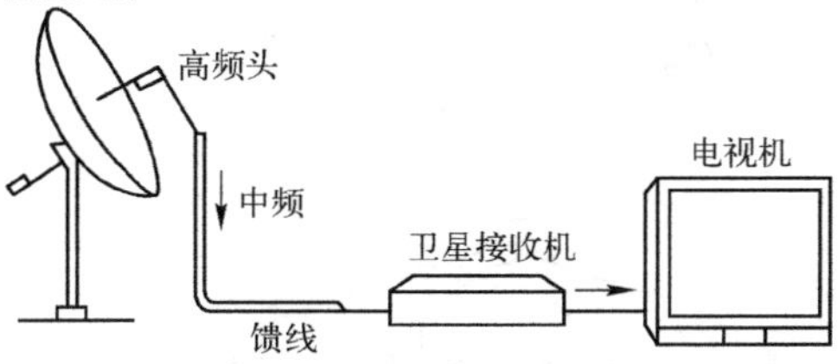

图9.20　卫星电视接收系统示意图

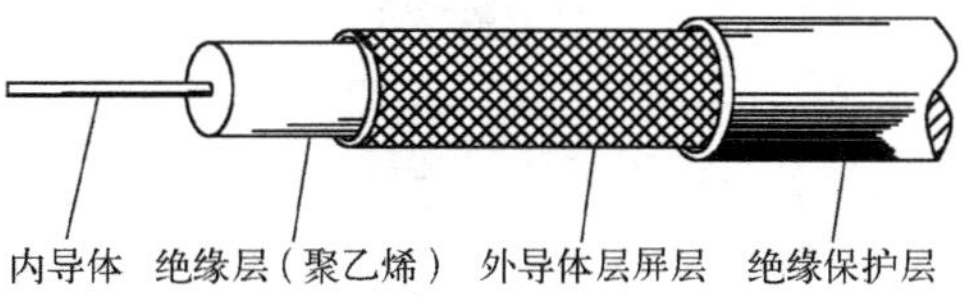

图9.22　同轴电缆

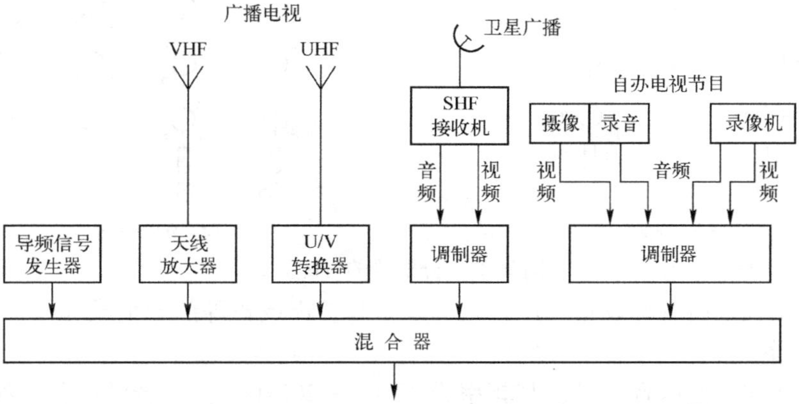

图9.21　前端系统组成框图

在CATV工程中，以往常用SYKV型同轴电缆，近年来由于宽带发展要求，常用SYWV型同轴电缆。干线一般采用SYWV-75-12型（或光缆），支干线和分支干线多用SYWV-75-12或SYWV-75-9型，用户配线多用SYWV-75-5型。其中，75表示特性阻抗为75Ω；9表示屏蔽网的内径为9mm；5表示屏蔽网的内径为5mm。

（2）光缆。与同轴电缆相比光缆其损耗要小得多，并且频带很宽，抗干扰性能强，安全可靠性高，可维护性能好，是电视信号及综合数据通信网络传输技术手段的发展方向。

光纤分为多模光纤、单模光纤、色散位移光纤、单模偏振光纤、大数值孔径光纤和塑料光纤等。其波长λ有850nm、1310nm、1550nm，工程上多选用$\lambda=1310$nm的单模光纤。

3）用户分配

用户分配系统是将干线传输来的信号分配给各个用户，它主要由放大器、分配器、分支器、串接单元、用户终端盒等组成。分配器的分配方式如图9.23所示。

3. 广播音响系统的组成

广播音响系统是指单位内部或某一建筑物（群）自成体系的独立有线广播系统，是一种娱乐、宣传和通信工具；在特殊情况下还可以作为应急广播，如事故、火警疏散的抢救指挥等。此外，还可以转播中央和当地电台的无线广播节目、自办文娱节目等。

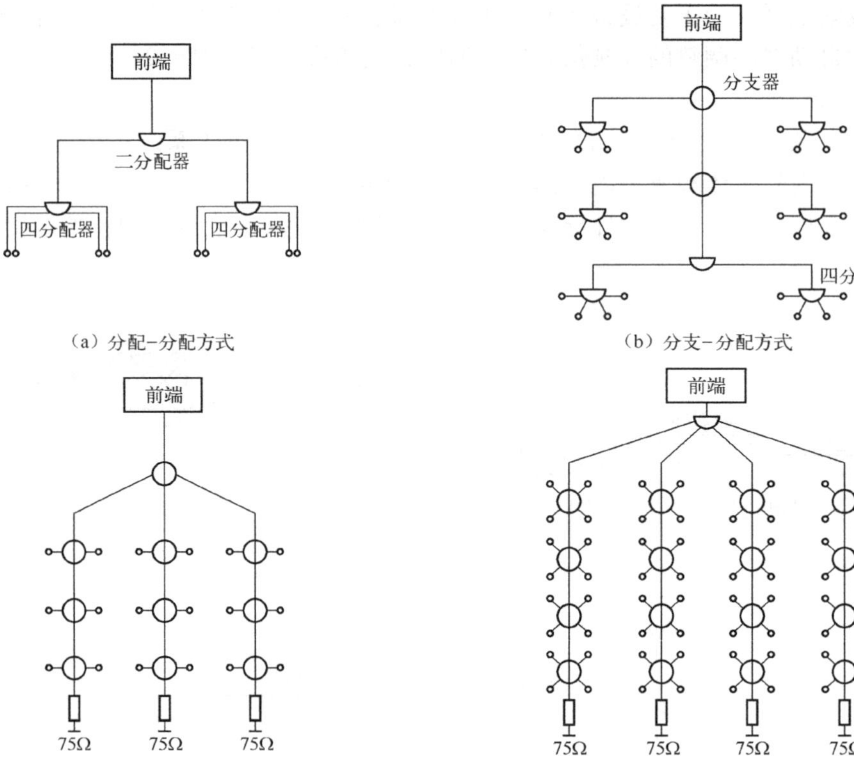

（a）分配-分配方式　（b）分支-分配方式

（c）分支-分支方式　（d）分配-分支方式

图 9.23　分配器的分配方式

广播音响系统是由音源设备、声音处理设备和扩声设备等部分组成。

1）音源设备

音源设备能够产生声音信号，其频率为 20Hz ～ 20kHz。主要音源设备有如下几种。

（1）话筒。话筒又称传声器或麦克风，它是把各种声源发出的声音转换成电信号的设备。

（2）卡座录音机。录音机是能将音频信号进行记录和重放的设备。

（3）激光唱机（CD 机）。CD 机是激光光束以非接触方式将 CD 唱盘上的脉冲编码调制信号检拾出来，经解码器把数字信号变换为模拟音频信号输出。

（4）电唱机。电唱机是利用拾音头将密纹唱片中的声纹信号检拾出来得到声音信号。电唱机是由拾音头（唱头）、唱针、拾音臂、唱盘、电动机和传动装置等组成。

（5）调谐器（收音头）。调谐器实际上是一台设有低频放大和扬声器的收音机。

（6）新型数码音源设备。迷你碟（MD）和小型数码卡式录音机（DCC）。

（7）其他音源设备。录像机（VCR）、影碟机（Ⅲ）和各类 VCD 机，既能提供视频图像信号，又能提供音频信号。可作为扩声系统的音源设备。

2）声频信号处理设备

声频信号处理设备有两个作用：一个是对声频信号进行修饰，使音色得以美化或取得某些特殊效果；另一个是改进传输通道质量，减少失真和噪声。

3）扩声设备

扩声设备主要包括功率放大器（简称功放）、线间变压器（音频变压器）和扬声器（音箱）。

9.3.2 电话通信系统的安装

电话通信系统工艺流程：

电话插座组线箱安装 → 清理箱（盒）→ 接线 → 核对导线编号

电话通信系统安装要点分为以下4个方面。

1. 电话插座、组线箱安装要求

（1）插座、组线箱等设备应安装牢固，位置准确。

（2）一般明装插座距地面高度为1.8m；暗装插座距地为300m。

（3）插座安装的高度和位置应符合图纸设计要求。

（4）插座上方位置有暖气管时，其间距应大于200mm；下方有暖气管时，其间距应大于300mm。

2. 清理箱（盒）

在导线连接前清净箱（盒）内的各种杂物，箱（盒）收口平整。

3. 接线

将预留在盒内的电话线留出适当长度，引出面板孔，用配套螺钉固定在面板上，同时找平，标高一致。

当面板在地面出口采用插接方式时，将导线留出一定余量，剥去绝缘层，将线芯分别压在端子上，并做好标记。当导线在组线箱内时，剥去绝缘层，将线芯分别压在组线箱的端子排上，并做好标记，组线箱门应开启灵活，油漆完好。

4. 校对导线编号

根据设计图纸按组线箱内导线的编号，用对讲机核对各终端接线，核对无误后，同时做好记录。交付使用单位前应由有关监督部门检查认可后方准许使用。

9.3.3 有线电视和卫星电视系统的安装

有线电视和卫星电视系统的安装主要包括卫星天线的安装和传输分配系统的安装两大部分。

1. 卫星天线的安装

卫星天线作为接收部分的初始环节，安装质量的好坏直接影响到信号的优劣。在保证天线安装位置适宜、天线本体牢固的同时，还应做好天线仰角、方位角及后续的调试工作。防雷接地也是卫星天线安装的重要环节。3m天线安装结构如图9.24所示。主要部件的名称与规

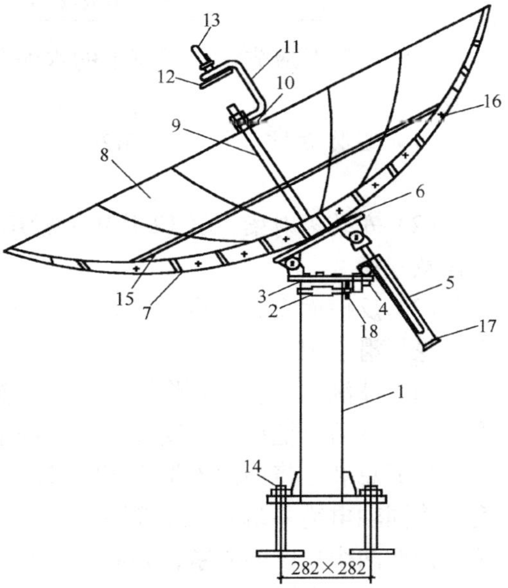

图9.24 3m天线的安装结构图（图注见表9.5）

格如表9.5所示。

表9.5　3m天线安装零部件明细表

序　　号	零部件名称	规　　格	3m/件	备　　注
1	立柱		1	
2	固定夹		1	厂方装配
3	固定螺栓	M20×60 M12×60	1 3	厂方装配
4	方位微调装置		1	厂方装配
5	俯仰调节装置		1	厂方装配
6	中心筒		1	厂方装配，按用户数需要
7	辐射梁		12	无编号，任意安装
8	反射面（主面）		12	无编号，任意安装
9	馈源杆		1	厂方装配
10	调节螺帽	M24	2	厂方装配
11	馈源座		1	厂方装配
12	馈源		1	
13	高频头		1	
14	地脚螺栓	M20×410	4	厂方供
	螺母	M20	4	
15	撑杆		12	
16	夹紧螺栓		1	厂方装配
17	调节手轮		1	厂方装配
18	方位调节座螺帽	M12	2	厂方装配
	3m焦距C波段	1065～1068mm		

天线安装时应先清除基座上的水泥灰渣，并将地脚螺栓涂上黄油，然后按如下步骤进行安装：

(1) 安装立柱。用4个M20螺母将立柱固定在地脚螺栓上，注意保持中心和地面垂直。

(2) 安装辐射梁。将12片辐射梁用M8×20螺钉与中心筒顺序连成整体，辐射梁无编号可任意互换。

(3) 反射面安装。将反射面用M8×20螺钉依次（无编号）与辐射梁连接好，保证反射面边缘平滑、圆整。

(4) 馈源组安装。先将馈源与高频头连成整体，高频头不得错位，再将馈源组固定在弓形架上，然后再把弓形架安装到馈源杆上。

(5) 总装。将馈源支架用M8×20螺钉安装到反射面中间的中心筒上，调整好馈源的角度；将同轴电缆一端接在高频头上，另一端穿入馈源杆后，从天线背后引至前端；调整方位、俯仰两个角度的松紧，并固定在所需的工作位置上。

目前卫星电视接收站很多都与无线转播或共用天线系统结合在一起，这也就使卫星电视接收站多建在边远山区高地或大楼顶上。因此，接收站天线设备的避雷与接地是十分重要的问题。

如果卫星电视接收站抛物面天线与地面电视转播天线或共用接收天线安装在一起，并在后者避雷有效保护半径之内，则卫星电视天线可不安装避雷针；但天线底座接地性能要好，应使接地电阻小于4Ω，如在雷雨较多地区，卫星电视天线上需加装避雷针。

若卫星电视天线在上述天线有效保护半径之外，或位于空旷平地上，则应在天线主反射面上沿或副反射面顶端单独焊接长度约为2.5m、直径约为0.02m的避雷针。

2. 传输分配系统的安装

传输分配系统的安装主要包括：线缆的敷设，各类放大器、分配器、分支器与用户盒的安装，线路的连接及接地工程。

有线电视系统的信号传输线缆，应采用特性阻抗为75Ω的同轴电缆。当选择光纤作为传输介质时，应符合广播电视短程光缆传输的相关规定，重要线路应考虑备用路由。

1）干线放大器及延长放大器的安装

建筑物比较集中的小型天线系统工程，电缆传输距离较小，电平损失小，可将线路放大器安装在前端设备共用机箱内。建筑物较分散的大型天线系统工程，为了补偿信号经电缆远距离传输造成的电平损失，一般在传输的中途应加装干线放大器。

在明装时，电缆需通过电线杆架空，干线放大器则吊装在电杆上，距离杆顶部架空线以下1m左右，且应固定在吊线上。不具备防水条件的放大器（包括分配器和分支器）要安装在防水箱内。

在暗装时，根据设计的规定，在传输中途设中继放大站，电缆井里可以放置一个干线放大器，上面标明电缆的走向及输入、输出电平，以便维修检查，还应注意设备的防潮。

干线放大器有的是自带电源，有的自身不带电源，而是由前端设备共用箱内的稳压电源供电，应根据具体情况将电源接好。

延长放大器是为了补偿每一幢楼内的分配器、分支器及电缆传输过程中的电平损耗而增加的。一般在该楼的进线口放置一个信号分配共用箱，箱内除安装延长放大器外，还需装设磁闸盒（装电源熔断器用）、电源插座及分配器或分支器。

2）分配器与分支器的安装

在明装时，按照部件的安装孔位，用ϕ6mm合金钻头打孔后，塞进塑料胀管，再用木螺钉对准安装孔加以紧固。对于非防水性分配器和分支器，明装的位置一般应在分配共用箱内或走廊、阳台下面，必须注意防止雨淋受潮，连接电缆水平部分留出250～300mm的余量，导线应向下弯曲，以防雨水顺电缆流入器件内部。

暗装有木箱与铁箱两种，并装有单扇或双扇箱门，颜色应与墙面相同。在木箱上装分配器或分支器时，可按安装孔位置，直接用木螺钉固定。采用铁箱结构，可利用二层板将分配器或分支器固定在二层板上，再将二层板固定在铁箱上。

3）用户盒（插座）安装

用户盒也分明装与暗装，明装用户盒只有塑料盒一种，暗装盒又有塑料盒、铁盒两种，应根据施工图要求安装。一般盒底边距地为0.3～1.8m，用户盒宜靠近电源插座，间距一般为0.25m。

明装用户盒直接用塑料胀管和木螺钉固定在墙上，因盒突出墙体，施工时应注意保护，以免碰坏。

暗装用户盒应在土建主体施工时将盒与电缆保护管预先埋入墙体内，盒口应与墙体抹灰面平齐，待装饰工程结束后，进行穿放电缆，接线盒体面板。面板应紧贴建筑物表面。

4）室内管路敷设与管内穿线

新建或有内装饰的改建工程，采用暗导管敷设方式，在已建建筑物内，可采用明敷方式；在强场强区，应穿钢导管并沿背对电视发射台方向的墙面敷设。室内管路宜敷设于弱电竖井及室内的吊顶内。

主干线一般采用 SYWV-75-9 型电缆，管道可采用 $\phi25$ 的焊接钢管（水煤气管）或硬质塑料管。分支线一般采用 SYWV-75-5 型电缆，管道可采用 $\phi20$ 的焊接钢管（水煤气管）或硬质塑料管。管内穿线方法与普通导线做法相同。盒内应留出 100 ～ 150mm 的电缆余量，以便维修使用。

5）结线压接

先将盒内电缆接头剪成 100 ～ 150mm 的长度，然后把 25mm 的电缆外绝缘层剥去，再把外导体铜网套像卷袖口一样翻卷，露出 3mm 的绝缘台和 12mm 芯线，将线芯压在用户面板端子上，用 Ω 卡压牢铜网套处，如图 9.25 所示。

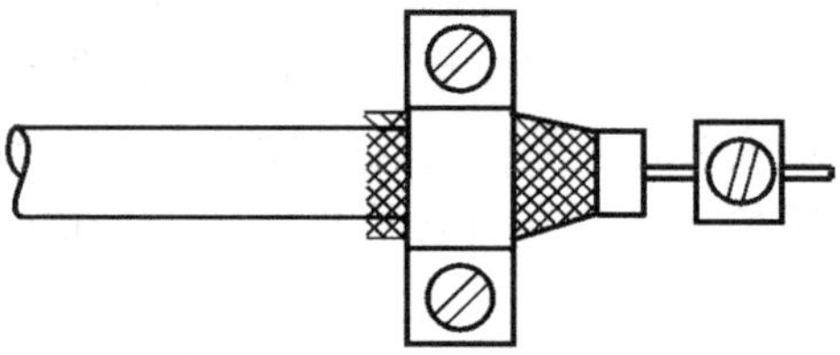

图 9.25　Ω 卡压接铜网套示意图

6）系统内的接地

为了减少对 CATV 系统内器件的干扰和防止雷击，器件金属部位要求屏蔽接地，即线路中设置的放大器、衰减器、混合器、分配器等的金属屏蔽层、电缆线屏蔽层、电缆吊索及器件金属外壳应全部连通，保证良好接地。金属管干线与支线和建筑物防雷接地应有良好的整体接地。并且，按照设计要求安装浪涌保护器。

在使用中，为了确保安全，雷雨天气宜将电视机电源插头和共用天线插头从插座中拔出。电视天线维护人员，应对防雷接地做定期检查。

9.3.4　广播音响系统的安装

广播音响系统工艺流程：

机房设备安装 → 线路敷设 → 扬声器安装 → 系统测试

广播音响系统安装要点分为以下 3 个方面。

1. 机房设备安装

（1）广播室设备的安装应考虑到维修方便，设备间不应过分密集，控制台与机架间应有较宽的通道，与落地式广播设备的净距一般应不小于 1500mm，设备与设备并列布置时，应保证间隔便于通行，不宜小于 1000mm。

（2）设备安装应平稳、端正，落地式设备应用地脚螺栓加以固定，或用角钢加固在后面墙上。

（3）设备安装完毕，应对其垂直度进行调整，垂直误差不大于 1.5/1000。

2. 线路敷设

（1）音频信号输入的馈电应用屏蔽软线的具体要求如下。

① 话筒输出必须使用专用屏蔽软线。长度在10m至50m之间应使用双芯屏蔽软线作为低阻抗平衡输入连接，中间若有话筒转接插座的必须要求接触特性良好；采用四芯屏蔽线对绞线对并接穿钢管敷设。

② 长距离连接的话筒线（50m以上）必须采用低阻抗（200Ω）、平衡传送连接方法，最好采用四芯屏蔽线对绞线对并接穿钢管敷设。

③ 调音台及全部周边设备之间的连接均需要采用单芯（不平衡）或双芯（平衡）屏蔽软线连接。

（2）功率输出的馈电是指功放输出至扬声器箱之间的连接电缆，视距离远近进行截面及高或低阻抗的选择。

① 厅堂、舞厅和其他室内扩声系统宜用低阻抗输出，采用截面积为2～6mm^2的软发烧线穿管敷设，其双向计算长度的直流电阻应小于扬声器阻抗的0.01～0.02。

② 室外扩声、体育场扩声大楼背景音乐和宾馆客房广播宜用高阻抗定电压传输（70V或100V），馈线宜采用穿管的双芯聚氯乙烯多股软线。

③ 宾馆客房多套节目的广播线应每套节目敷设一对馈线，而不能共享一根公共地线，以免节目信号间干扰。

（3）供电线路选择（单相、三相、自动稳压器）时宜用隔离变压器（1∶1），当总用电量小于10kVA时，用单相220V；当总用电量大于10kVA时，用三相电源再分三路输出220V供电。当电压波动超过+5%或-10%时，应采用自动稳压器，以保证各系统设备正常工作。所有馈电线宜穿管敷设，线路施工应参照《建筑电气工程施工技术标准》ZJQ08 SGJB 303—2003执行。

（4）接地与防雷应按标准规范要求进行安装敷设。

① 应设有专门的接地地线，不与防雷接地或供电接地共享地线。

② 音频接地必须为单点，不得形成音频接地环流。

3. 扬声器的安装

（1）扩声扬声器系统宜采用明装，若采用暗装，装饰面的透声开口应足够大，透声材料或蒙面的格条尺寸相对于主要扩声频段的波长应足够小。

（2）无论明装或暗装均应牢固，不得因振动而产生机械噪声。

（3）与火灾事故广播合用的背景音乐扬声器（箱），在现场不得装设音量调节或控制开关。

（4）扩声公共广播系统声特性测量方法按有关标准规定进行，厅堂扩声系统执行《厅堂扩声特性测量方法》GB/T 4959—1995，歌舞厅扩声系统执行《歌舞厅扩声系统的声学特性指标与测量方法》WH 0301—93，体育馆则执行建设部标准《体育馆声学设计及测量规程》JGJ-T 131—2000。

（1）电话信号的传输和电力传输有何不同？

（2）广播系统如何实现应急广播？

（3）卫星天线能接收高质量的信号主要取决于什么？

任务9.4 建筑弱电系统的竣工验收

建筑弱电系统的竣工验收包括火灾自动报警及联动控制系统、安全防范系统、通信系统等的验收。

1. 具备接管验收条件

(1) 建设单位书面提请接管单位验收。

(2) 工程全部施工、调试完毕，达到接管验收标准。

2. 需提前提交的资料

(1) 弱电各系统平面图、系统图、逻辑关系图、系统功能描述、设备说明书、设备检验合格证、出厂合格证、附属设备的全部图纸。

(2) 合同（含洽商变更）附本。

(3) 现场施工图（与现实情况吻合）、设备清单、工程设计变更的洽商记录。

(4) 各种随机资料、使用说明书、操作维修手册等。

(5) 总包、监理检查的原始记录。

(6) 消防验收合格，由消防局颁发的验收合格证。

3. 质量标准

(1) 电气线路应安装平整、牢固、横平竖直，过墙应有套管，导线连接必须牢固。

(2) 各种设备器件、盒、箱、缆线、连接硬件等安装应符合相应产品的有关规范的规定。

(3) 各设备接口接触良好，位置准确，外观完好，功能完好，控制准确迅速。

(4) 名种避雷装置的所有连接点必须牢固可靠，接地电阻符合设计要求。

(5) 各种仪器、仪表齐全精确，空调自控电动执行器阀门应开关灵活。

(6) 各种设备功能完好，性能符合设计要求。

(7) 各系统硬件设备与软件匹配良好、运行正常。

(8) 各系统连接硬件符合设计要求，标记和号码清晰，性能标志设置正确。

(9) 各系统接线箱油漆完整，盘内外清洁，箱盖、开关灵活，线路无绞接现象，各回路线编号齐全、完整、清晰、正确，接线整齐。

4. 责任

由于在短时间的现场检查验收中有些问题可能不能及时显现出来，接管验收后在正常运行中发现的有关质量问题将随时提出，并可再次召开各方会议落实相关问题。验收中所发现的问题整理出清单，明确存在问题的责任，并落实整改负责人及完成日期。会议纪要由各方签字认可。

知识梳理与总结

本任务主要介绍以下内容。

(1) 安全防范系统。安全防范报警系统主要由入侵报警系统、门禁（出/入口）控制系统、闭路电视监控系统、楼宇对讲系统、电子巡更系统组成。一个完整的安全防范系统应具备图像监控功能、探测报警功能、控制功能、自动化辅助功能。

(2) 施工四大阶段。四大阶段分别是施工准备阶段、施工实施阶段、工程调试验收阶段和工程移交与系统使用培训阶段。根据弱电工程的特殊性质，系统的使用培训工作尤为重要，这关系到设备能否正常运行和发挥作用的问题。

(3) 安全防范系统的安装。主要介绍入侵报警系统、楼宇对讲系统、电视监控系统、电子巡更系统、出/入口控制系统和停车场管理系统的安装内容、程序和要求。

练习题9

1. 选择题

(1) 报警控制器安装在墙上时，其底边距地板面高度应不小于（　　），正面应有足够的活动空间。

A. 1.3m　　B. 1.4m　　C. 1.5m　　D. 1.6m

(2) 报警控制器应牢固接地，接地电阻应小于（　　）（采用联合接地装置时，接地电阻应小于1Ω）。接地应有明显标志。

A. 2Ω　　B. 4Ω　　C. 6Ω　　D. 8Ω

(3) 在宽度小于3m的走道顶棚上设置探测器时，宜从中布置。感温探测器的安装间距应不超过______，感烟探测器安装间距应不超过（　　　），探测器至端墙的距离，应不大于探测器安装间距的一半。

A. 10m、15m　　B. 7m、12m　　C. 10m、20m　　D. 9m、16m

(4) 卫星电视接收系统通常由接收天线、（　　）和卫星接收机三大部分组成。

A. 低频头　　B. 放大器　　C. 分支器　　D. 高频头

(5) 音源设备能够产生声音信号，其频率为（　　）。

A. 20Hz ～ 20kHz　　B. 10Hz ～ 20kHz

C. 100Hz ～ 20kHz　　D. 50Hz ～ 50kHz

(6) 火灾自动报警系统传输线路，应采用铜芯绝缘线或铜芯电缆，其电压等级应不低于交流250V，最好选用（　　），以提高绝缘和抗干扰能力。

A. 380V　　B. 500V　　C. 36V　　D. 24V

(7) 横向敷设的报警系统传输线路如果采用穿管布线时，不同防火分区的线路（　　）穿入同一根管内。采用总线制不受此限制。

A. 不宜　　B. 宜　　C. 不应　　D. 可以

(8) 若卫星电视天线在上述天线有效保护半径之外，或位于空旷平地上，则应在天线主反射面上沿或副反射面顶端单独焊接长度约为（　　）、直径约为0.02m的避雷针。

A. 2m　　B. 2.5m　　C. 3.5m　　D. 4m

(9) 广播室设备的安装应考虑到维修方便，设备间不应过分密集，控制台与机架间应有较宽的通道，与落地式广播设备的净距一般不小于 ____，设备与设备并列布置时，应保证间隔便于通行，不宜小于（　　）。

A. 1500mm、1000mm　　B. 2000mm、1000mm

C. 1000mm、1500mm　　D. 1000mm、2000mm

（10）全国无线电管理委员会分配给无线报警系统使用的专用无线电频率，其频率单位是（　　）。

A. Hz　　B. kHz　　C. MHz　　D. GHz

2. 简答题

（1）安全防范系统由哪几部分组成？简述它们的作用。

（2）火灾报警系统由哪几部分组成？简述它们的作用。

（3）对火灾探测器的安装有哪些主要要求？

（4）卫星电视系统安装工作内容有哪些？

（5）建筑弱电工程的质量标准主要有哪些？

（6）当建筑工程验收时，应提交哪些资料？

学习单元 10

建筑施工现场临时供配电

教学导航

<table>
<tr><td rowspan="4">教学任务</td><td colspan="2">任务 10.1　施工现场临时供配用电的基本要求</td><td rowspan="4">学时</td><td rowspan="4">8</td></tr>
<tr><td colspan="2">任务 10.2　施工现场用电负荷计算及配电装置选择</td></tr>
<tr><td colspan="2">任务 10.3　施工现场安全用电管理措施</td></tr>
<tr><td colspan="2">任务 10.4　施工现场临时用电组织设计</td></tr>
<tr><td rowspan="2">教学目标</td><td>知识方面</td><td colspan="3">了解施工现场供配电的基本特点及现场组织管理的基本内容
认识施工现场临时用电管理的重要性
熟知施工现场临时用电安全技术规范要求
掌握施工现场用电负荷计算的目的和方法
熟悉施工现场临时用电组织设计的重要性和基本内容</td></tr>
<tr><td>技能方面</td><td colspan="3">能初步进行施工现场临时用电电气设计</td></tr>
<tr><td colspan="2">重点</td><td colspan="3">结合实际项目能进行施工现场临时用电组织设计</td></tr>
<tr><td colspan="2">难点</td><td colspan="3">确定合理的配电系统</td></tr>
</table>

任务 10.1　施工现场临时供配电的基本要求

【任务背景】 随着社会的不断发展及国力的不断增强，我国的建设项目越来越多，规模大的项目也不在少数，故施工现场的用电量也越来越大，近几年来，国家相关部门在政策上、制度上、管理上逐步形成了一套完善的管理体系，但不可否认的是，由于施工环境比较恶劣；施工人员流动性大且素质良莠不齐；负荷变化大，临时性强；使得电气事故常有发生，故在建筑工程的施工中，安装及维护好施工现场的临时用电是一项关键的工作，是工程安全文明施工、工程建设顺利进行的前提，是减少用电事故，提高工作效率的有力保证。

10.1.1　施工现场临时供配电的基本原则

施工现场临时供电形式主要有独立变配电所、自备发电机、380/220V 及就近借用电源四种形式。无论采用哪种形式，其基本原则如下。

（1）安全。在电能的供应、分配和使用过程中，应不发生人身事故和设备施工，始终坚持“安全第一，预防为主”的方针。

（2）可靠。应满足用电设备对供电可靠性的要求。

（3）优质。应满足用电设备对电压和频率等质量的要求。

（4）经济。临时使用的配电系统的投资要少，运行和维护费用要低，并尽可能地节约电能和减少有色金属的消耗量。

10.1.2　施工现场接地保护系统　重点提示

事实证明，许多电气故障和事故都与接地系统选择不正确或发生故障有关，而人们往往对接地系统的概念模糊，对地线认识不全面，以致造成电气设备不能正常工作或损坏，造成火灾，甚至危及生命。施工现场临时用电应采用 TN-S 接零保护系统，在专用变压器供电的 TN-S 接零保护系统中，电气设备的金属外壳必须与保护零线连接。保护零线应由工作接地线、配电室（总配电箱）电源侧零线处引出。施工现场接地保护系统如图 10.1 和图 10.2 所示。

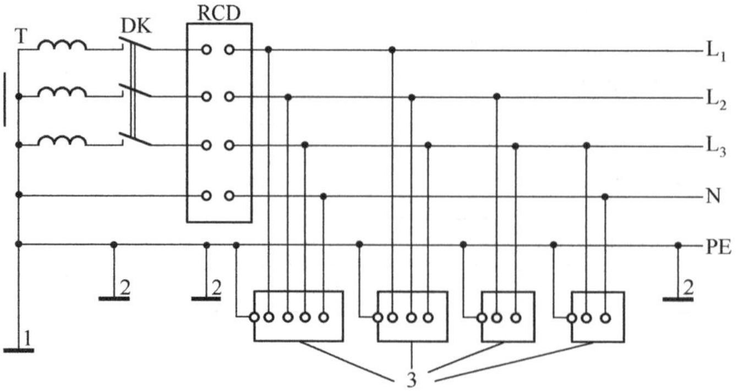

1—工作接地；2—PE 线重复接地；3—电气设备金属外壳（正常不带电的外露可导电部分）；L_1、L_2、L_3—相线；N—工作零线；PE—保护零线；DK—总电源隔离开关；RCD—总漏电器（兼有短路、过载、漏电保护功能的断路器）；T—变压器

图 10.1　专用变压器供电的 TN-S 接零保护系统示意图

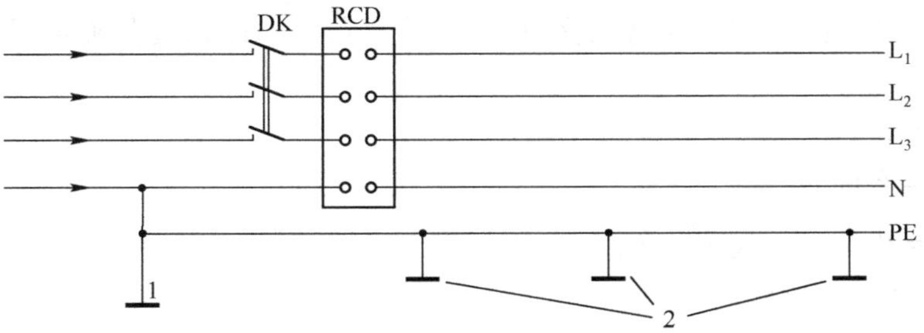

1—PEN 线重复接地；2—PE 线重复接地；L_1、L_2、L_3—相线；N—工作零线；PE—保护零线；DK—总电源隔离开关；RCD—总漏电器（兼有短路、过载、漏电保护功能的断路器）

图 10.2　三相四线供电的局部 TN-S 接零保护系统保护零线引出示意图

10.1.3　施工现场基本供配电系统

建筑施工现场临时用电应满足三级配电、二级保护和“一机、一箱、一闸、一漏”的要求。

所谓三级配电，是指施工现场从电源进线开始至用电设备之间，经过三级配电装置配送电力。按照《规范》的规定，即由总配电箱（一级箱）或配电室的配电柜开始，依次经由分配电箱（二级箱）、开关箱（三级箱）到用电设备。这种分三个层次逐级配送电力的系统就称为三级配电系统。它的基本结构形式如图 10.3 所示。

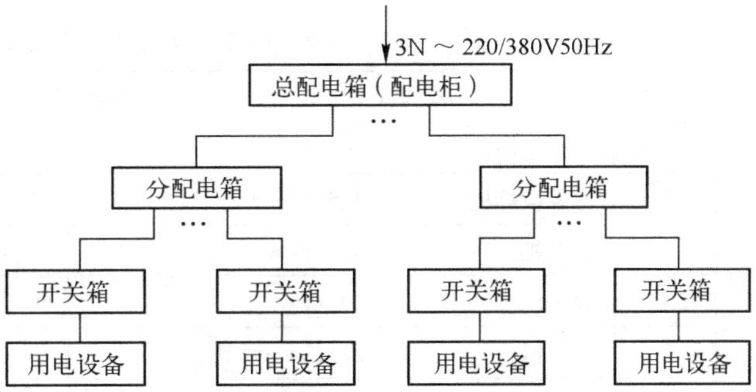

图 10.3　三级配电系统结构形式示意图

所谓二级保护，是指在总配电箱和开关箱内应按照漏电保护器，即线路上发生漏电时能自动断开电路，起到保护作用。

所谓“一机、一箱、一闸、一漏”，是指一台移动设备（机器）应配置一个配电箱（开关箱），里面只有一把闸刀和一个漏电保护器。

任务 10.2　施工现场用电负荷计算及配电装置选择

【任务背景】 供电系统要能够可靠正常运行，就必须正确选择系统中的所有设备及配件，包括电力变压器、开关设备、导线电缆及保护设备等，设备及配件除应满足工作电压和频率要求外，最重要的是要满足负荷电流的要求。因此有必要对系统中各环节的电力负荷进行统计计算。通过负荷的统计计算求出的、用以按发热条件选择供电系统中各元件的负荷值，称为计算负荷。计算负荷是合理选择变压器、开关、控制设备的规格及导线截面的重要依据。

10.2.1　施工现场电力负荷计算方法

确定计算负荷的方法很多，常用的有需要系数法。在用需要系数法进行负荷计算时，首先要把工作性质相同，具有相近需要系数的同类用电设备合并成组，求出各组用电设备的计算负荷。计算负荷又分为有功计算负荷、无功计算负荷和视在计算负荷，计算负荷确定后，便可确定计算电流。它们的计算公式为如下。

有功计算负荷： $P_j = K_x P_e$

无功计算负荷： $Q_j = P_j \tan\phi$

视在计算负荷： $S_j = P_j / \cos\phi = \sqrt{P_j^2 + Q_j^2}$

三相负荷计算电流： $I_j = \dfrac{S_j \times 1\,000}{\sqrt{3} U_N}$

式中，K_x为某类用电设备的需要系数（可根据设备种类查表获得）；P_e为某类用电设备经过折算后的设备容量（kW）；φ为某类用电设备的功率因数角；U_N为电源额定线电压（V）。

下面通过实例介绍施工现场负荷的计算步骤。

【实例 10.1】 某建筑施工现场，接于三相四线制电源（220/380V）。施工现场有如表 10.1 所示用电设备，试计算该工地上变压器低压侧总的计算负荷和总的计算电流。

表 10.1　某建筑施工现场用电设备

序号	用电设备名称	容　量	台数	总 容 量	备　注
1	混凝土搅拌机	10（kW）	4	40（kW）	
2	砂浆搅拌机	4.5（kW）	2	9（kW）	
3	提升机	4.5（kW）	2	9（kW）	
4	起重机	30（kW）	2	60（kW）	$\varepsilon = 25\%$（暂载率）
5	电焊机	22（kV·A）	3	66（kV·A）	$\varepsilon = 65\%$，$\cos\varphi = 0.45$ 单机 380V
6	照明			15（kW）	白炽灯

解：（1）首先求出各组用电设备的计算负荷。

① 混凝土搅拌机组。查表得

$$K_x = 0.7,\ \cos\varphi = 0.65,\ \tan\varphi = 1.17$$

$$P_{j1} = K_x \cdot P_{N1} = 0.7 \times 40 = 28\ (\text{kW})$$

$$Q_{j1} = P_{j1} \cdot \tan\varphi = 28 \times 1.17 = 32.76\ (\text{kV} \cdot \text{A})$$

② 砂浆搅拌机组。查表得

$$K_x = 0.7,\ \cos\varphi = 0.65,\ \tan\varphi = 1.17$$

$$P_{j2} = K_x \cdot P_{N2} = 0.7 \times 9 = 6.3\ (\text{kW})$$

$$Q_{j2} = P_{j2} \cdot \tan\varphi = 6.3 \times 1.17 = 7.37\ (\text{kV} \cdot \text{A})$$

③ 提升机组。查表得

$$K_x = 0.25,\ \cos\varphi = 0.7,\ \tan\varphi = 1.02$$

$$P_{j3} = K_x \cdot P_{N3} = 0.25 \times 9 = 2.25\ (\text{kW})$$

$$Q_{j3} = P_{j3} \cdot \tan\varphi = 2.25 \times 1.02 = 2.3\ (\text{kV} \cdot \text{A})$$

④ 起重机组。因为起重机是反复短时工作的负荷，其设备容量要求换算到暂载率为 25% 时的功率，由于本例中起重机的暂载率 $\varepsilon = 25\%$，所以可不必进行换算，即查表得

$$K_x = 0.25,\ \cos\varphi = 0.7,\ \tan\varphi = 1.02$$

$$P_{j4}=K_x\cdot P_{N4}=0.25\times60=15\ (kW)$$

$$Q_{j4}=P_{j4}\cdot\tan\varphi=15\times1.02=15.3\ (kV\cdot A)$$

⑤ 电焊机组。因为电焊机也是反复短时工作的，在进行负荷计算时，应先将电焊机换算到100%暂载率下。查表得

$$K_x=0.45,\ \cos\varphi=0.45,\ \tan\varphi=1.99$$

$$P_{N5}=\frac{\sqrt{\varepsilon}}{\sqrt{\varepsilon_{100}}}P_N=\sqrt{\varepsilon}S_N\cos\varphi=\sqrt{0.65}\times22\times0.45=8\ (kW)$$

$$P_{j5}=K_x\cdot\Sigma P_{N5}=0.45\times3\times8=10.8\ (kW)$$

$$Q_{j5}=P_{j5}\cdot\tan\varphi=10.8\times1.99=21.5\ (kV\cdot A)$$

⑥ 照明负荷。因为照明负荷取 $K_x=1$，又 $\cos\varphi=1$（白炽灯），所以

$$P_{j6}=K_x\cdot P_{N6}=1\times15=15\ (kW)$$

（2）求总计算负荷。取同时系数 $K_\Sigma=0.9$，则

$$P_{\Sigma j}=K_\Sigma\cdot\Sigma P_j=0.9\times(28+6.3+2.25+15+10.8+15)=69.6\ (kW)$$

$$Q_{\Sigma j}=K_\Sigma\cdot\Sigma Q_j=0.9\times(32.76+7.37+2.3+15.3+21.5+0)=71.3\ (kV\cdot A)$$

$$S_{\Sigma j}=\sqrt{P^2{}_{\Sigma j}+Q^2{}_{\Sigma j}}=\sqrt{69.6^2+71.3^2}=99.6(kV\cdot A)$$

（3）求总计算电流。

$$I_{\Sigma j}=\frac{S_{\Sigma j}}{\sqrt{3}\times U}=\frac{99.6\times1000}{\sqrt{3}\times380}=151(A)$$

上述负荷的计算是选择变压器、开关、控制设备的规格及导线截面的重要依据。

10.2.2 施工现场配电变压器的选择

在选择配电变压器时，应首先根据负载性质和对压降的要求选择变压器的类型，其次，根据当地高压电源的电压和用电负荷需要的电压来确定变压器原、副边的额定电压，在我国，一般用户电压均为10kV，而拖动施工机械的电动机的额定电压一般都是380V或220V，所以，施工现场选择的变压器高压侧额定电压为10kV，低压侧的额定电压为380/220V。

变压器的容量应大于计算容量，即

$$S_N\geqslant S_j$$

施工现场计算负荷也可通过估算确定，且变压器的容量应大于估算的计算容量，即

$$S_N\geqslant S_J$$

式中，S_N为选用变压器的额定容量；S_j为计算负荷；S_J为估算的计算负荷。

根据10.2.1节例题中计算的视在负荷为99.6（kV·A），故变压器可选用100（kV·A）或150（kV·A）。

10.2.3 施工现场配电箱的选择与设置

1. 各级配电箱的作用

施工现场实行三级配电。总配电箱（柜）是三级配电的第一级，是施工现场临时供电系

统中起总用电控制、保护、电能计量、无功功率与电压质量检测的配电箱（柜）。分配电箱是三级配电的第二级，在现场总配电箱的控制下，保护、管理与向各开关箱电压的配电箱供电。开关箱是三级配电的第三级（最末一级），是接受分配电箱的控制并接受分配电箱提供的电源，直接用于控制与管理用电设备的操作箱。

2. 配电箱的设置

1）配电箱的位置设置

总配电箱应尽量选择在现场用电负荷中心、进出线方便的地方，尽量靠近电源侧，不妨碍施工和观瞻，使电能损耗、电压损失、有色金属消耗量达到最小。

分配电箱应尽量选择在现场用电负荷或设备相对集中的地区，便于给开关箱配电和保持规范规定的安全距离。一般施工现场用电设备或负荷比较集中的地方有钢筋加工场、混凝土搅拌站、生活区照明、食堂、木材加工场等。

开关箱应设在所控制的用电设备周围便于操作的地方。

2）配电箱的数量设置

总配电箱应根据电源的引入路数确定，一般引入电源为一路，则总配电箱设一个即可。

分配电箱应根据供电距离、设备分散情况、单台设备容量大小及规范规定的距离确定箱子的数量。

控制箱应严格按照规范要求，遵循“一机一箱一闸一漏”的原则。

任务 10.3　施工现场安全用电管理措施

【任务背景】 在工程施工的阶段，能否做到不出事、少出事，取决于管理人员和施工人员的素质和责任心；取决于管理体制是否健全；取决于制度是否有效落实；取决于施工是否按规范要求去做。大多的电气事故都是由不按规程操作、麻痹大意、心怀侥幸、监管不严、惩罚不力等人为因素造成的，所以管理措施的有效落实，是安全用电的必要条件。管理措施主要包括组织措施和技术措施。

10.3.1　施工现场安全用电组织措施

1. 建立临时用电施工组织设计和安全用电技术措施的编制、审批制度，并建立相应的技术档案

档案主要包括以下内容：

（1）现场临时用电施工组织设计；

（2）现场临时用电设计变更单；

（3）现场临时用电技术交底记录；

（4）现场临时用电工程检查验收记录；

（5）施工现场电气设备调试记录；

（6）现场临时用电接地电阻记录；

（7）现场临时用绝缘电阻记录；

（8）现场临时用电漏电保护器检测记录；

(9) 现场临时用电定期检查记录;
(10) 现场临时用电复查验收记录;
(11) 现场临时用电巡视维修记录;
(12) 雨期电气安全及防雷技术措施;
(13) 电气火灾应急救援预案;
(14) 触电事故应急救援预案。

2. 建立技术交底制度

施工之前向专业电工、各类用电人员介绍临时用电施工组织设计和安全用电技术措施的总体意图、技术内容和注意事项,并在技术交底文字资料上履行交底人和被交底人的签字手续,注明交底日期。

3. 建立变配电室的安全管理制度

变配电室必须做到“四防”和“一通”的要求,即防火、防雨、防潮汛、防小动物和保持通风良好。室内应备有合格绝缘棒、绝缘毡、绝缘靴和绝缘手套;还应备有匹配电气灭火的消防器材、应急照明灯等安全用具;变配电室应制定定期检查、维修保养的规定及应急措施;必须对合闸、拉闸顺序做详细规定;配电室严禁闲杂人员进入;严行专人专职。

4. 建立电工日巡回检查制度

施工现场的临时用电状况是动态变化的,特别是第三级用电,经常出现配电箱到开关箱的电源线乱拖乱拉、电源线无线接长等现象。现场用电人员安全、正确使用电气设备知识缺乏,有意无意损坏电气设备的情况还很普遍。所以,很有必要对电工的日常巡回检查,用制度形式固定下来。

5. 建立安全检测制度

从临时用电工程竣工开始,定期对临时用电工程进行检测,主要检测对象包括接地电阻、电气设备绝缘电阻、漏电保护动作参数等,以监视临时用电工程是否安全可靠,并做好检测记录。

6. 建立电气设备维修制度

加强日常和定期维修工作,及时发现和消除隐患,并建立维修工作记录,记载维修时间、地点、设备名称、技术措施、处理结果、维修人员及验收人员等内容。

7. 建立工程拆除记录

建筑工程竣工后,临时用电工程的拆除应有统一的组织和指挥,并规定拆除时间、人员、程序、方法、注意事项和防护措施等。

8. 建立安全检查和评估制度

施工管理部门要按照《建筑施工安全检查评分标准》及企业相关标准定期对现场用电安全情况进行检查评估。

9. 建立安全用电责任制

对临时用电工程各部位的操作、监护,分片、分块或分机落实到人,并辅以必要的奖励与惩罚。

10. 建立安全教育和培训制度

电工是一种特殊工种，《施工现场临时用电安全技术规范》中规定：电工必须按国家现行标准经考核合格后，持证上岗工作。同时，施工单位应经常开展对施工人员的安全用电基本知识教育活动，并用制度形式固定下来。

11. 建立宿舍安全用电管理制度

目前，建筑施工队伍中使用了大量的务工人员，大多住在施工现场，有的还带家属和孩子，他们安全意识淡薄，电气知识缺乏，在宿舍里乱拉线乱用电是常有的事，所以必须对宿舍用电进行有效管理，用制度形式固定下来。

施工用电安全管理网络如图 10.4 所示。

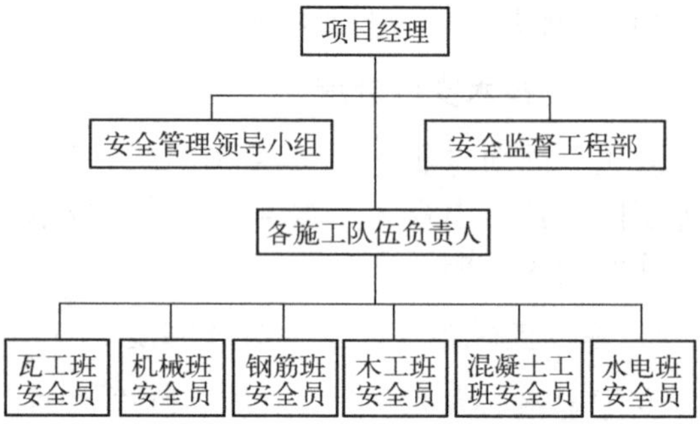

图 10.4　施工用电安全管理网络

10.3.2　施工现场安全用电技术措施　重点提示

1. 选择合适的接地系统并满足安装要求

施工现场临时用电应采用 TN-S 接零保护系统。具体要求如下。

（1）当施工现场与外电线路共用同一供电系统时，电气设备的接地、接零保护应与原系统保持一致，不得一部分设备做保护接零，另一部分设备做保护接地。

（2）采用 TN 系统做保护接零时，工作零线（N 线）必须通过总漏电保护器，保护零线（PE 线）必须位于电源进线零线重复接地处或总漏电保护电源侧零线处，引出形成局部 TN-S 接零保护系统，如图 10.2 所示。在 TN 接零保护系统中，通过总漏电保护器的工作零线与保护零线之间不得再做电气连接。

（3）使用一次侧由 50V 以上电压的接零保护系统供电，二次侧为 50V 及以下电压的安全隔离变压器时，二次侧不得接地，并应将二次线路用绝缘管保护或采用橡皮护套软线。

当采用普通隔离变压器时，其二次侧一端应接地，且变压器正常不带电的外露可导电部分应与一次回路保护零线相连接。

（4）施工现场的临时用电电力系统严禁利用大地做相线或零线。

（5）接地装置的设置应考虑土壤干燥或结冻等季节变化的影响，并符合规范规定。

（6）保护零线必须采用绝缘导线。配电装置和电动机械相连接的 PE 线应为截面积不小于 $2.5mm^2$ 的绝缘多股铜线，手持式电动工具的 PE 线应为截面积不小于 $1.5mm^2$ 的绝缘多股铜线。

PE 线上严禁装设开关或熔断器，严禁通过工作电流，且严禁断线。

为满足 PE 线机械强度要求，PE 线截面积的选择应满足表 10.2 的规定。

（7）相线、N 线、PE 线的颜色标记必须符合以下规定：相线 L_1(A)、L_2(B)、L_3(C) 相序的绝缘颜色依次为黄色、绿色、红色；N 线的绝缘颜色为淡蓝色；PE 线的绝缘颜色为绿/黄双色。任何情况下上述颜色标记严禁混用和互相代用。

（8）在 TN 系统中，手持式电动工具的金属外壳，以及城防、人防、隧道等潮湿或条件特别恶劣施工现场的电气设备必须采用保护接零。

表 10.2　PE 线截面积的选择

相线的截面积 S（mm^2）	相应保护导体的最小截面积 S_P（mm^2）
$S \leq 16$	S
$16 < S \leq 35$	16
$35 < S \leq 400$	$S/2$
$400 < S \leq 800$	200
$S > 800$	$S/2$
注：S 指柜（屏、台、箱、盘）电源进线相线截面积，且两者（S、S_P）材质相同	

（9）单台容量超过 100kV · A 或使用同一接地装置并联运行且总容量超过 100kV · A 的电力变压器或发电机的工作接地电阻不得大于 4Ω。

单台容量不超过 100kV · A 或使用同一接地装置并联运行且总容量不超过 100kV · A 的电力变压器或发电机的工作接地电阻不得大于 10Ω。

在土壤电阻率大于 1000MΩ 的地区，当符合上述接地电阻要求有困难时，工作接地电阻可提高到 30Ω。

（10）TN 系统中的保护零线除必须在配电室或总配电箱处做重复接地外，还必须在配电系统的中间处和末端处做重复接地。在 TN 系统中，保护零线每一处重复接地装置的接地电阻阻值应不大于 10Ω。在工作接地电阻阻值不允许达到 10Ω 的电力系统中，所有重复接地的等效电阻阻值应不大于 10Ω。

每一接地装置的接地线应采用两根及以上的导体，在不同点与接地体做电气连接。不得采用铝导体做接地体或地下接地线，垂直接地体宜采用角钢、钢管或光面圆钢，不得采用螺纹钢。接地体可利用自然接地体，但应保证其有可靠的电气连接和热稳定。

2. 选择合适的漏电保护器并满足安装要求

（1）施工现场的总配电箱和开关箱应至少设置两级漏电保护器，而且两级漏电保护器的额定漏电动作电流和额定漏电动作时间应做合理配合，使其具有分级保护的功能。

（2）漏电保护器应装设在总配电箱、开关箱靠近负荷的一侧，且不得用于启动电气设备。

（3）漏电保护器的选择应符合国际 GB 6829—86《漏电动作保护器（剩余电流动作保护器)》的要求，开关箱内的漏电保护器其额定漏电动作电流应不大于 30mA，额定漏电动作时间应小于 0. 1s。

（4）使用在潮湿和有腐蚀介质场所的漏电保护器应采用防溅型产品。其额定漏电动作电流应不大于 15mA，额定漏电动作时间应小于 0. 1s。

3. 采用安全电压

安全电压指不戴任何防护设备接触时对人体各部位不造成任何损害的电压。我国国家标准 GB 3805—83《安全电压》中规定，安全电压值的等级有 42、36、24、12、6V 五种。同时还规定：当电气设备采用了超过 24V 的电压时，必须采取防直接接触带电体的保护措施。对下列特殊场所应使用安全电压照明器。

（1）隧道、人防工程、有高温、导电灰尘或灯具离地面高度低于 2. 4m 等场所的照明，电源电压应不大于36V。

（2）在潮湿和易触及带电体场所的照明电源电压不得大于24V。

（3）在特别潮湿的场所及导电良好的地面、锅炉或金属容器内工作的照明电源电压不得大于12V。

4. 合理设置配电箱

建筑施工现场临时用电应满足三级配电的要求，即总配电箱（一级箱）、分配电箱（二级箱）和开关箱（三级箱）。

（1）总配电箱应设在靠近电源的区域，分配电箱应设在用电设备或负荷相对集中的区域，分配电箱与开关箱的距离不得超过30m，开关箱与其控制的固定式用电设备的水平距离不宜超过3m。

（2）动力配电箱与照明配电箱宜分别设置。当合并设置为同一配电箱时，动力和照明应分路配电；动力开关箱与照明开关箱必须分设；每台用电设备必须有各自专用的开关箱，严禁用同一个开关箱直接控制两台及两台以上用电设备（含插座）。

（3）配电箱、开关箱周围应有足够两人同时工作的空间和通道，不得堆放任何妨碍操作维修的物品，不得有灌木、杂草。

（4）配电箱、开关箱应装设端正、牢固。固定式配电箱、开关箱的中心点与地面的垂直距离应为1.4～1.6m。移动式配电箱、开关箱应装设在坚固、稳定的支架上，其中心点与地面的垂直距离宜为0.8～1.6m。

（5）配电箱、开关箱中导线的进线口和出线口应设在箱体下底面，严禁设在箱体的上顶面、侧面、后面或箱门处。

（6）配电箱、开关箱的电源进线端严禁采用插头和插座做活动连接。对配电箱、开关箱进行定期维修、检查时，必须将其前一级相应的电源隔离开关分闸断电，并悬挂“禁止合闸，有人工作”停电标志牌，严禁带电作业。

5. 正确组装配电箱

（1）总配电箱应装设电压表、总电流表、电度表及其他需要的仪表。专用电能计量仪表的装设应符合当地供配电管理部门的要求。

（2）分配电箱应装设总隔离开关、分路隔离开关及总断路器、分路断路器或总熔断器、分路熔断器。分配电箱内部布置如图10.5所示。

图10.5　分配电箱内部布置图

（3）开关箱必须装设隔离开关、断路器或熔断器及漏电保护器。当漏电保护器是同时具有短路、过载、漏电保护功能的漏电断路器时，可不装设断路器或熔断器。隔离开关应采用分断时具有可见分断点且能同时断开电源所有极的隔离电器，并设置于电源进线端。当断路器具有可见分断点时，可不另设隔离开关。

(4) 配电箱内的电器应首先安装在金属或非木质的绝缘电器安装板上，然后整体紧固在配电箱箱体内，金属板与配电箱体应做电气连接。

(5) 配电箱、开关箱内的各种电器应按规定的位置紧固在安装板上，不得歪斜和松动，并且电器设备之间、设备与板四周的距离应符合有关工艺标准的要求。

(6) 配电箱、开关箱内的工作零线应通过接线端子板连接，并与保护零线接线端子板分设。配电箱中N线和PE线端子排如图5.12所示。

(7) 配电箱、开关箱内的连接线应采用绝缘导线，导线的型号及截面应严格执行临电图纸的标示截面。各种仪表之间的连接线应使用截面积不小于2.5mm^2的绝缘铜芯导线。导线接头不得松动，不得有外露带电部分。

(8) 各种箱体的金属构架、金属箱体，金属电器安装板及箱内电器的正常不带电的金属底座、外壳等必须做保护接零，保护零线应经过接线端子板连接。

(9) 配电箱后面的排线需排列整齐，绑扎成束，并用卡钉固定在盘板上，盘后引出及引入的导线应留出适当余度，以便检修。

(10) 所有配电箱、开关箱在使用过程中，必须按照下述操作顺序操作。

送电操作顺序为：总配电箱→分配电箱→开关箱

停电操作顺序为：开关箱→分配电箱→总配电箱

6. 做好电气设备的防护

(1) 在建工程不得在高、低压线路下方施工，高、低压线路下方，不得搭设作业棚、建造生活设施，或堆放构件、架具、材料及其他杂物。

(2) 施工时各种架具的外侧边缘与外电架空线路的边线之间必须保持安全操作距离。当外电线路的电压为1kV以下时，其最小安全操作距离为4m；当外电架空线路的电压为1～10kV时，其最小安全操作距离为6m；当外电架空线路的电压为35～110kV，其最小安全操作距离为8m。上、下脚手架的斜道严禁搭设在有外电线路的一侧。旋转臂架式起重机的任何部位或被吊物边缘与10kV以下的架空线路边线最小水平距离不得小于2m。

(3) 施工现场的机动车道与外电架空线路交叉时，架空线路的最低点与路面的最小垂直距离应符合以下要求：外电线路电压为1kV以下时，最小垂直距离为6m；外电线路电压为1～35kV时，最小垂直距离为7m。

(4) 若达不到最小安全距离，施工现场必须采取保护措施，可以增设屏障、遮栏、围栏或保护网，并要悬挂醒目的警告标志牌。在架设防护设施时应有电气工程技术人员或专职安全人员负责监护。

(5) 对于既不能达到最小安全距离，又无法搭设防护措施的施工现场，施工单位必须与有关部门协商，采取停电、迁移外电线或改变工程位置等措施，否则不得施工。

7. 规范操作、持证上岗

(1) 施工现场内临时用电的施工和维修必须由经过培训后取得上岗证书的专业电工完成，电工的等级应同工程的难易程度和技术复杂性相适应，初级电工不允许进行中、高级电工的作业。

(2) 各类用电人员应做到：掌握安全用电基本知识和所用设备的性能；使用设备前必须

按规定穿戴和配备好相应的劳动防护用品；检查电气装置和保护设施是否完好；严禁设备带“病”运转；停用的设备必须拉闸断电，锁好开关箱；负责保护所用设备的负荷线、保护零线和开关箱；发现问题，及时报告解决；搬迁或移动用电设备，必须经电工切断电源并做妥善处理后进行。

8. 电气设备的正确使用和维护

（1）施工现场的所有配电箱、开关箱应每月进行一次检查和维修。检查、维修人员必须是专业电工。工作时必须穿戴好绝缘衣帽，必须使用电工绝缘工具。

（2）检查、维修配电箱、开关箱时，必须将其前一级相应的电源开关分闸断电，并悬挂停电标志牌，严禁带电作业。

（3）配电箱内盘面上应标明各回路的名称、用途，同时要做出分路标记。

（4）总、分配电箱门应配锁，配电箱和开关箱应指定专人负责。施工现场停止作业 1h 以上时，应将动力开关箱上锁。

（5）各种电气箱内不允许放置任何杂物，并应保持清洁。箱内不得挂接其他临时用电设备。

（6）更换熔断器的熔体时，严禁用不符合原规格的熔体代替。

9. 安全使用架空配电线路

（1）现场中所有架空线路的导线必须采用绝缘铜线或绝缘铝线。导线架设在专用电线杆上。

（2）架空线的导线截面最小不得小于下述截面：当架空线用铜芯绝缘线时，其导线截面不小于 $10mm^2$；当用铝芯绝缘线时，其截面不小于 $16mm^2$；跨越铁路、公路、河流、电力线路档距内的架空绝缘铝线最小截面不小于 $35mm^2$，绝缘铜线截面不小于 $16mm^2$。

（3）架空线路的导线接头：在一个档距内每一层架空线的接头数不得超过该层导线数的50%，且一根导线只允许有一个接头；线路在跨越铁路、公路、河流、电力线路档距内不得有接头。

（4）架空线路相序的排列。

TT 系统供电时，其相序排列：面向负荷从左向右为 L_1、N、L_2、L_3。

TN-S 系统或 TN-C-S 系统供电时，和保护零线在同一横担架设时的相序排列：面向负荷从左至右为 L_1、N、L_2、L_3、P_E。

TN-S 系统或 TN-C-S 系统供电时，动力线、照明线同杆架设上、下两层横担的相序排列：上层横担，面向负荷从左至右为 L_1、L_2、L_3；下层横担，面向负荷从左至右为 L_1、（L_2、L_3）、N、P_E；当照明线在两个横担上架设时，最下层横担面向负荷，最右边的导线为保护零线 P_E。

（5）架空线路的挡距一般为 30m，最大不得大于 35m；线间距离应大于 0. 3m。

（6）施工现场内导线最大弧垂与地面距离不小于 4m，跨越机动车道时为 6m。

（7）架空线路所使用的电杆应为专用混凝土杆或木杆。当使用木杆时，木杆不得腐朽，其梢径应不小于 130mm。

（8）架空线路所使用的横担、角钢及杆上的其他配件应视导线截面、杆的类型而选用。杆的埋设、拉线的设置均应符合有关施工规范。

10. 安全使用电缆配电线路

(1) 电缆线路应采用穿管埋地或沿墙、电杆架空敷设，严禁沿地面明敷。

(2) 电缆在室外直接埋地敷设的深度应不小于0.7m，并应在电缆上下左右均匀敷设不小于50mm厚的细砂，然后覆盖砖等硬质保护层。

(3) 橡皮电缆沿墙或电杆敷设时应用绝缘子固定，严禁使用金属裸线绑扎。固定点间的距离应保证橡皮电缆能承受自重所带的荷重。橡皮电缆的最大弧垂距地不得小于2.5m。

(4) 电缆的接头应牢固可靠，绝缘包扎后的接头不能降低原来的绝缘强度，并不得承受张力。

(5) 在有高层建筑的施工现场，临时电缆必须采用埋地引入。电缆垂直敷设的位置应充分利用在建工程的竖井、垂直孔洞等，同时应靠近负荷中心，固定点每楼层不得小于一处。电缆水平敷设沿墙固定，最大弧垂距地不得小于1.8m。

11. 室内导线的敷设及照明装置的正确选用

(1) 室内配线必须采用绝缘铜线或绝缘铝线，采用瓷瓶、瓷夹或塑料夹敷设，距地面高度不得小于2.5m。

(2) 进户线在室外处要用绝缘子固定，进户线过墙应穿套管，距地面应大于2.5m，室外要做防水弯头。

(3) 室内配线所用导线截面应按图纸要求施工，但铝线截面最小不得小于2.5mm^2，铜线截面不得小于1.5mm^2。

(4) 金属外壳的灯具外壳必须进行保护接零，所用配件均应使用镀锌件。

(5) 室外灯具距地面不得小于3m，室内灯具不得低于2.4m。插座接线时应符合规范要求。

(6) 螺口灯头及接线应符合下列要求：相线接在与中心触头相连的一端，零线接在与螺纹口相连的一端；灯头的绝缘外壳不得有损伤和漏电。

(7) 各种用电设备、灯具的相线必须经开关控制，不得将相线直接引入灯具。

(8) 临时用的照明灯具应优先选用拉线开关。拉线开关距地面高度为2～3m，与门口的水平距离为0.1～0.2m，拉线出口应向下。

(9) 严禁将插座与翘板开关靠近装设；严禁在床上设开关。

12. 变压器安装应符合相关要求

(1) 变压器试运行前，必须由质量监督部门检查合格后方可运行。

(2) 在施工现场，500kV·A以下可采用杆上安装，否则应做基础墩。

(3) 照明变压器必须使用双绕组型安全隔离变压器，严禁使用自耦变压器。

(4) 油浸变压器带电后，检查油系统是否有渗油现象。

(5) 变压器的中性点接地应可靠，接地电阻应符合规范要求，一般不小于4Ω。

(1) TN-C系统和TN-S系统有何区别？施工现场为何必须采用TN-S接地系统？

(2) 作为管理层，如何才能做好施工现场的安全用电工作？

(3) 作为一个电气施工员，如何才能做好施工现场的安全用电工作？

10.3.3 施工现场安全用电防火措施

1. 施工现场发生火灾的主要原因

(1) 电气线路过负荷引起火灾。线路上的电气设备长时间超负荷使用，使电流超过了导线的安全载流量。这时如果保护装置选择不合理，时间长了，线芯过热使绝缘层损坏燃烧，造成火灾。

(2) 线路短路引起火灾。因导线安全距离不够，绝缘等级不够，长久老化、破损或人为操作不慎等原因造成线路短路，强大的短路电流很快转换成热能，使导线严重发热，温度急剧升高，使导线熔化，绝缘层燃烧，引起火灾。

(3) 接触电阻过大引起火灾。导线接头连接不好，接线柱压接不实，开关触点接触不牢等造成接触电阻增大，随着时间推移引起局部氧化，氧化后增大了接触电阻。电流通过电阻时，会消耗电能产生热量，导致过热引起火灾。

(4) 变压器、电动机等设备运行故障引起火灾。变压器长期过负荷运行或制造质量不良，造成线圈绝缘损坏，匝间短路，铁芯涡流加大引起过热，变压器绝缘老化、击穿、发热等引起火灾或爆炸。

(5) 电热设备、照明灯具使用不当引起火灾。电炉等电热设备表面温度很高，若使用不当会引起火灾；大功率照明灯具等与易燃物距离过近引起火灾。

(6) 电弧、电火花引起火灾。电焊机、点焊机使用时电气弧光、火花等会引燃周围物体，引起火灾。

施工现场由于电气引发的火灾原因绝不止以上几点，还有很多，这就要求用电人员和现场管理人员认真执行操作规程，加强检查。

2. 预防电气火灾的措施

针对电气火灾发生的原因，施工组织设计中要制定出有效的预防措施。

(1) 施工组织设计时要根据电气设备的用电量正确选择导线截面，从理论上杜绝线路过负荷使用，保护装置要认真选择，当线路上出现长期过负荷时，能在规定时间内动作保护线路。

(2) 导线架空敷设时其安全间距必须满足规范要求，当配电线路采用熔断器作为短路保护时，熔体额定电流一定要小于电缆或穿管绝缘导线允许载流量的2.5倍或明敷绝缘导线允许载流量的1.5倍。经常教育用电人员正确执行安全操作规程，避免作业不当造成火灾。

(3) 电气操作人员要认真执行规范，正确连接导线，接线柱要压牢、压实。各种开关触头要压接牢固。铜、铝连接时要有过渡端子，多股导线要用端子或涮锡后再与设备连接，以防增大电阻引起火灾。

(4) 配电室的耐火等级要大于三级，室内配置砂箱和绝缘灭火器。严格执行变压器的运行检修制度，按季度每年进行四次停电清扫和检查。

现场中的电动机严禁超载使用，电动机周围无易燃物，发现问题及时解决，保证设备正常运转。

(5) 施工现场内严禁使用电炉。使用碘钨灯时，灯与易燃物间距要大于30cm，室内不准使用功率超过100W的灯泡，严禁使用床头灯。

（6）使用电焊机时要执行用火证制度，并有人监护，施焊周围不能存在易燃物体，并备齐防火设备。电焊机要放在通风良好的地方。

（7）施工现场的高大设备和有可能产生静电的电气设备要做好防雷接地和防静电接地，以免雷电及静电火花引起火灾。

（8）存放易燃物的仓库内的照明装置一定要采用防爆型设备，导线敷设、灯具安装、导线与设备连接均应满足有关规范要求。

（9）配电箱、开关箱内严禁存放杂物及易燃物体，并派专人负责定期清扫。

（10）设有消防设施的施工现场，消防泵的电源要由总箱中引出专用回路供电，而且此回路不得设置漏电保护器，当电源发生接地故障时可以设单相接地报警装置。有条件的施工现场，此回路供电应由两个电源供电，供电线路应在末端可切换。

（11）施工现场应建立防火检查制度，强化电气防火领导体制，建立电气防火队伍。

（12）施工现场一旦发生电气火灾，扑灭电气火灾应注意以下事项。

① 快速切断电源，以免事态扩大。切断电源时应戴绝缘手套，使用有绝缘柄的工具。当火场离开关较远需要剪断电线时，火线和零线应分开错位剪断，以免在钳口处造成短路，并防止电源线掉在地上造成短路使人员触电。

② 电源线因其他原因不能及时切断时，一方面派人去供电端拉闸，另一方面要使人体的各部位与带电体应保持一定距离，必须穿戴绝缘衣帽。

③ 灭电气火灾时要用绝缘性能好的灭火剂，如干粉、二氧化碳或干燥砂子。严禁使用导电灭火剂进行扑救。

任务10.4 施工现场临时用电组织设计

【任务背景】 由于施工现场用电存在临时性，容易造成思想上的不重视、管理上的不配套及制度上的不完善，加之施工环境普遍较恶劣，施工人员的素质大多较低，有的企业往往追求利润，忽视安全，故施工现场电气事故屡有发生。《施工现场临时用电安全技术规范》中规定：施工现场临时用电设备在5台及以上或设备总容量在50kW及以上者，应编制施工现场用电组织设计并经有关部门审核批准方可。事实证明，施工现场用电遵循用电组织设计，使得电气事故大大下降，对保证工程质量，提高工作效率起到了不可低估的作用。

10.4.1 施工现场临时用电组织设计主要依据

编制施工现场临时用电组织设计的主要依据是JGJ 46—2005《施工现场临时用电安全技术规范》，以及其他一些相关的电气技术标准、法规和规程、投标文件、实地勘察资料、工程配套机械装备及工器具配套基本设施等。

编制临时用电工程施工组织设计，必须由施工单位专业电气技术人员编制，技术负责人审核。封面上要注明工程名称、施工单位、编制人并加盖单位公章。

施工现场临时用电组织设计必须在开工前15天内报上级主管部门审核，批准后方可进行临时施工。施工时要严格执行审核后的施工组织设计，按图施工。当需要变更施工组织设计时，应补充有关图纸资料，同样需要上报主管部门批准，待批准后，再按照修改后的临电设计施工。

10.4.2 施工现场临时用电组织设计主要内容 重点提示

编写临时用电组织设计前，首先应了解工程的性质、内容、使用设备情况、工期等，并进行现场勘查，必要时应进行现场勘测。其次，应收集施工现场平面布置图，明确用电设备的名称、容量、使用地点及使用时间等，并做好与相关单位的沟通工作。施工现场临时用电组织设计主要内容（或步骤）包括如下几方面。

1. 工程概况

主要介绍工程地理位置、造价、施工内容、工期及施工特点、建设单位、施工单位、监理单位、设计单位等。

2. 供配电方案

确定电源进线地点及路数、变电所或配电室、配电装置、用电设备位置、控制范围及线路走向。

3. 临时用电设计

（1）配电系统设计：初步确定变压器和配电箱的控制范围，根据用电设备的性质、容量及安装位置大致确定变压器和配电箱的台数，并根据每台变压器所控制区域和该区域的负荷数量、性质、容量等，绘出配电系统草图。

（2）负荷计算：根据配电系统图逐级进行负荷计算。

（3）变压器选择：根据负荷计算结果，对初步确定的变压器控制范围和数量做适当调整，最终确定变压器的台数及容量。

（4）配电箱选择与设计：根据负荷计算结果，对初步确定的配电箱控制范围和数量做适当调整，最终确定配电箱的台数及所配开关等设备的规格型号，同时还应确定箱内电气接线方式和电气保护措施等。配电箱与开关箱的设计要和配电线路设计相适应，同时要与配电系统的基本保护方式相适应，并满足用电设备的配电和控制要求，尤其要满足防漏、触电的要求。

（5）配电线路设计：根据负荷计算，确定每段导线的型号和规格，再根据具体情况，选择和确定线路走向，配电方式等。另外，配电线路设计不仅要与供电系统设计相衔接，还要与配电箱设计相衔接，尤其要与供电系统的基本防护方式（应采用 TN-S 保护系统）相结合，统筹考虑零线的敷设和接地装置的敷设。

（6）接地与接地装置设计：接地是现场临时用电工程配电系统安全、可靠运行和防止人身直接或间接触电的基本保护措施。接地与接地装置设计主要是根据配电系统的工作和基本保护方式的需要确定接地类别，确定接地电阻阻值，并根据接地电阻阻值的要求选择或确定自然接地体或人工接地体。对于人工接地体还要根据接地电阻阻值的要求，设计接地的结构、尺寸和埋深及相应的土壤处理，并选择接地材料，接地装置设计还包括接地线的选用和确定接地装置各部分之间的连接要求等。

（7）防雷设计：根据被保护设施的性质和防雷要求，进行相应的防雷设计。

4. 编制安全用电管理措施

管理措施包括组织措施和技术措施。组织措施是保证安全用电的行政手段。技术措施是保证安全用电的技术手段，在编制时，应根据工程的实际情况编制，不能生搬硬套。具体内容可参考 10.3.1 节和 10.3.2 节。

5. 编制电气防火措施

由于电气设备的特殊性，使用不当极易引起火灾，而火灾对人身和设备的伤害是无法估量的，所以施工现场的防火工作显得尤其重要。防火措施同样包括组织措施和技术措施。组织措施主要强调的是建立制度和责任制。技术措施主要包括的是防火和灭火的技术手段，在编制时，应根据工程的实际情况编制，不能生搬硬套。具体内容可参考 10.3.3 节。

6. 施工现场临时用电设计施工图

临时供电施工图是施工组织设计的具体表现，也是临电设计的重要内容。进行计算后的导线截面及各种电气设备的选择都要体现在施工图中，施工人员依照施工图布置配电箱、开关箱，按照图纸进行线路敷设。它主要提供临时用电系统图和施工现场平面图。

1）临时用电平面图设计

临时用电平面图的内容应包括：

（1）在建工程临建、在施、原有建筑物的位置；

（2）电源进线位置、方向及各种供电线路的导线敷设方式、截面、根数及线路走向；

（3）变压器、配电室、总配电箱、分配电箱及开关箱的位置，箱与箱之间的电气关系；

（4）施工现场照明及临建内的照明，室内灯具开关控制位置；

（5）工作接地、重复接地、保护接地、防雷接地的位置及接地装置的材料做法等。

2）临时供电系统图设计

临时供电系统图是表示施工现场动力及照明供电的主要图纸，其内容应包括：

（1）标明变压器高压侧的电压级别、导线截面、进线方式、高低压侧的继电保护及电能计量仪表型号、容量等；

（2）选择低压侧供电系统的形式；

（3）确定各种箱体之间的电气联系；

（4）确定配电线路的导线截面、导线敷设方式及线路走向；

（5）确定各种电气开关型号、容量、熔体、自动开关熔断器的整定、熔断值；

（6）标明各用电设备的名称、容量。

综合实例　某高层住宅区施工现场临时用电设计

1. 工程概况

某高层住宅区一期工程由 1 号、2 号楼和配电室组成。总建筑面积约为 127672m^2，地下一层面积约为 16481m^2，1、2 号楼地上建筑 33 层，建筑高度为 101.05m，变电所地上建筑为 1 层。结构类型：框架剪力墙结构，抗震设防烈度为 7.5°，基础采用人工挖孔桩。施工现场临时用电设计是变压器以下线路，主要是基础、主体结构施工用电（不包括设备整体调试用电）的配电箱、开关、线路的选择、布置。施工现场临时用电总平面图如图 10.6 所示。

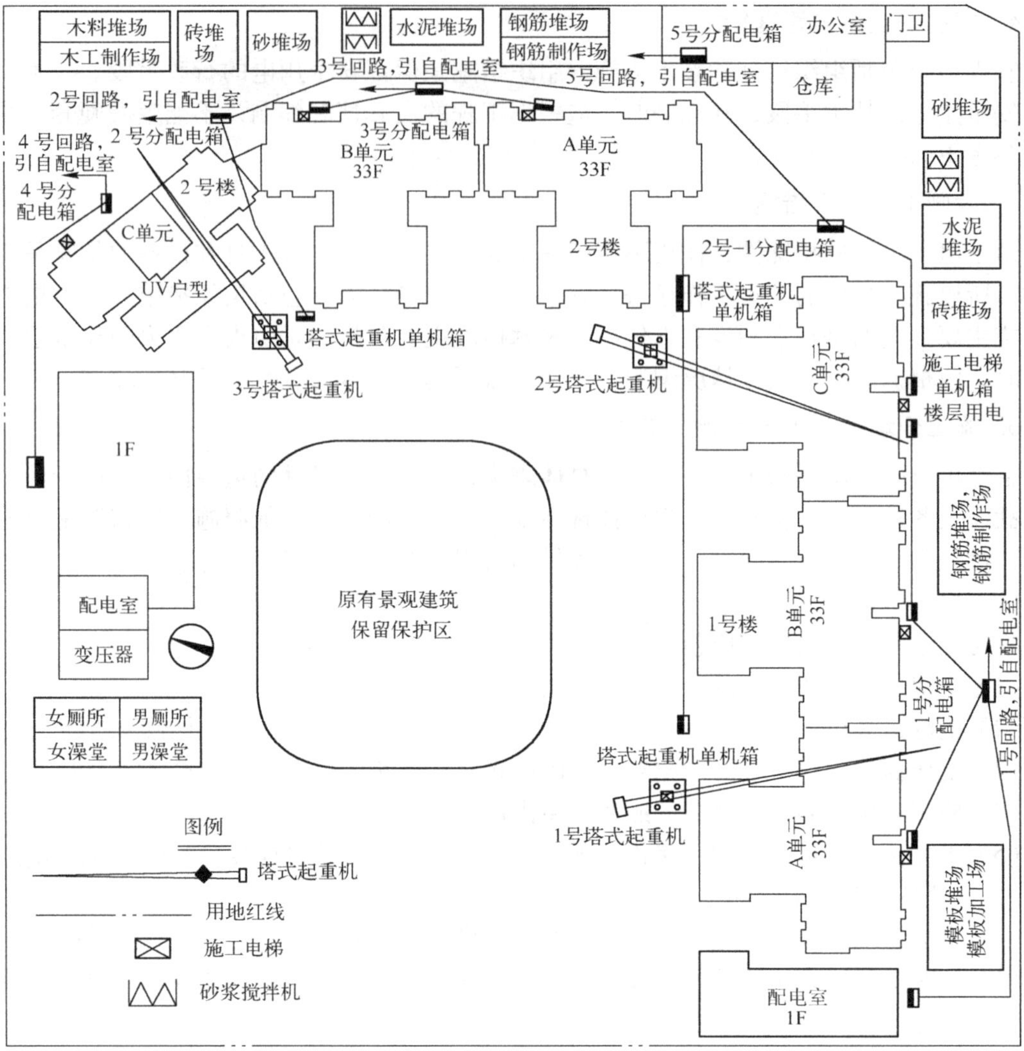

图 10.6　施工现场临时用电总平面图

2. 施工现场临时用电负荷计算

1）施工现场机械设备计划

施工现场用电高峰期拟投入的机械设备见表 10.3。

2）总负荷计算（按需要系数法确定计算负荷）

负荷计算公式为：

$$S = K_1 \times K_2\ (K_3 \times \sum P_1 \div \cos\varphi + K_4 \times \sum P_2)$$

式中，K_1—备用系数，一般取 1.05（下同）；K_2—照明系数，一般取 1.0（下同）；

K_3—电动机需要系数，查表 10.4，一般在 0.5 ～0.7 范围内；

K_4—对焊机需要系数，查表 10.4，一般在 0.4 ～0.5 范围内；

$\cos\varphi$—电动机平均功率因数，一般可取 0.65 ～0.78；

P_1—电动机等设备容量，单位为 kW；P_2—各种电焊机设备容量，单位为 kV · A。

表 10.3　施工现场用电高峰期拟投入的机械设备表

机械器具名称	功率/kW	数量	合计/kW	备　注
塔式起重机	31	3	93	
人货电梯	40	6	276	
砂浆搅拌机	3	4	12	高峰期不考虑
混凝土搅拌机	7.5	2	15	高峰期不考虑
平板振动器	1.1	16	17.6	
插入式振动器	1.5	10	15	
木工电锯	5.5	2	11	
圆盘锯	1.5	16	24	
对焊机	160kV·A	2	320kV·A	
电弧焊机	10kV·A	4	40kV·A	
电渣压力焊机	21kV·A	3	63kV·A	
钢筋弯曲机	2.2	4	8.8	
钢筋切断机	2.2	4	8.8	
钢筋调直机	7.5	2	15	
离心高压泵	7.5	2	15	高峰期不考虑
潜水泵	1.1～2.2	10	20	高峰期不考虑

表 10.4　电动机、对焊机需要系数表

用电名称	数　量	需要系数	
		K	数值
电动机	3～10 台	K_3	0.7
	11～30 台		0.6
	30 台以上		0.5～0.6
加工厂动力设备			0.5
对焊机	3～10 台	K_4	0.5
	6 台以上		0.4

总负荷为：

$$\begin{aligned} S_j &= K_1 \times K_2 (K_3 \times \sum P_1 \div \cos\varphi + K_4 \times \sum P_2) \\ &= 1.05 \times 1.0 \times (0.5 \times 496.2 \div 0.78 + 0.4 \times 423) \\ &= 1.05 \times 1.0 \times (318.1 + 169.2) \\ &= 511.64(\mathrm{kV \cdot A}) \end{aligned}$$

计算电流为：

$$I_j = S_j \div (1.732 \times U) = 511.64 \div (1.732 \times 0.38) = 777(\mathrm{A})$$

3）总开关、变压器、导线的选择

根据上述计算的结果，可以对总开关、变压器和导线进行选择。

开关选择：施工现场配电室可选用1000A的总开关。

变压器选择：建设单位提供一台500kV·A的变压器，就能满足施工用电的要求。

导线选择：本工程现场配电室电源引入线由建设单位提供两根 VV_{22}-3×120+2×70的电缆线并联，埋地引入。

3. 配电箱系统设计

1）配电方案

主体部分施工时，考虑现场施工供电变压器的实际情况。电源从已经建成的建筑物地下室新安装的500kV·A变压器室引出，共分为五路：第一路引至1号分配电箱（钢筋作业场1，1号楼A、B、C单元楼层施工用电，1号楼A、B单元施工电梯用电）；第二路引至2号分配电箱（1号、2号、3号塔式起重机，1号楼C单元施工电梯用电）；第三路引至3号分配电箱（钢筋作业场2、2号楼A、B单元楼层、施工电梯用电）；第四路引至4号分配电箱（2号楼C单元楼层、施工电梯用电、1F施工用电）；第五路引至5号分配电箱，供办公、生活区使用。各回路从二级电箱再分支电路到各分配电箱、单机箱、移动箱，楼层配电在每隔两层设一个综合开关箱，做到配电合理、互不干扰，防止因电气故障影响施工。施工用电配电原理框图如图10.7所示。

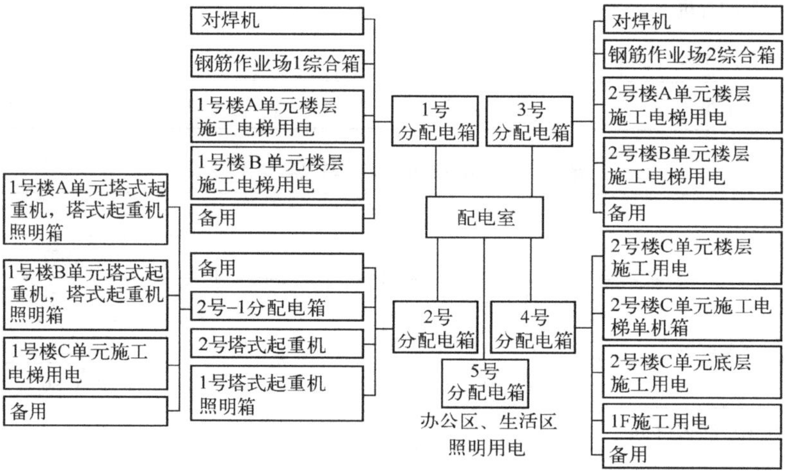

图10.7 施工用电配电原理框图

2）导线选择

（1）1号分配电箱。计算依据如下。

① 设备功率见表10.5（钢筋作业场1，1号楼A、B、C单元楼层施工用电，1号楼A、B单元施工电梯用电）。

表10.5 设备功率表

机械器具名称	功率/kW	数量	合计/kW	备 注
施工电梯	40	2	80	
对焊机	160kV·A	1	160kV·A	
电渣压力焊机	21kV·A	2	42kV·A	

续表

机械器具名称	功率/kW	数量	合计/kW	备　注
电弧焊机	10kV · A	2	20kV · A	
钢筋弯曲机	2.2	4	8.8	
钢筋切断机	2.2	3	6.6	
钢筋调直机	7.5	1	7.5	
平板振动机	2.2	2	4.4	
插入式振动机	1.1	4	4.4	
木工电锯	5.5	1	5.5	
圆盘锯	1.5	4	6	
砂浆搅拌机	3	2	6	装修阶段用
离心高压泵	7.5	1	7.5	高峰期不考虑

② 容量计算。需要系数为：

$$K_3=0.5\quad K_4=0.4,\sum P_1=123.2\text{kW},\sum P_2=222\text{kV}\cdot\text{A}$$

③ 按计算电流选择电缆（考虑夜晚加班时不使用全部施工机械，照明系数暂不考虑）。

电动机　$P_j=K_1\times K_2(K_3\times\sum P_1)=1.05\times1.0\times(0.5\times123.2)=64.7(\text{kW})$

电焊机　$S_j=K_1\times K_2(K_4\times\sum P_2)=1.05\times1.0\times(0.4\times222)=93.2(\text{kV}\cdot\text{A})$

$I_j=P_j\div(1.732\times U\times\cos\varphi)+S_j\div(1.732\times U)$

$=64.7\div(1.732\times0.38\times0.78)+93.2\div(1.732\times0.38)$

$=126+141.7=267.7(\text{A})$

④ 结论：至 1 号分配电箱干线选用 VV_{22}-3×120+2×70（允许载流量 267A），埋地敷设引至分配电箱，分配电箱内配置如图 10.8 所示。

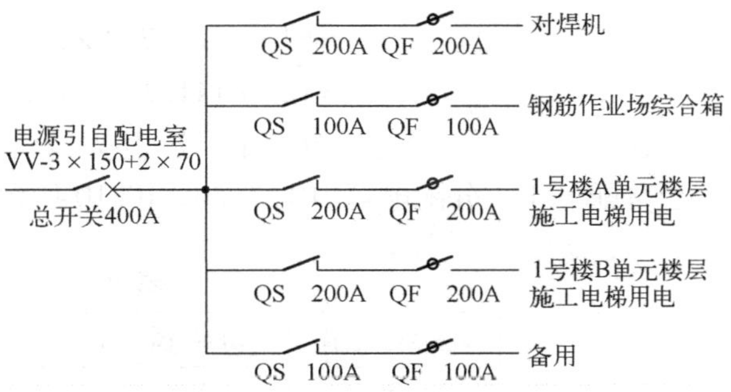

图 10.8　1 号分配电箱配电系统图

（2）2 号分配电箱。计算依据如下。

① 设备功率。设备功率见表 10.6（1 号、2 号、3 号塔式起重机，1 号楼 C 单元施工电梯用电）。

表 10.6　设备功率表

机械器具名称	功率/kW	数量	合计/kW	备　注
塔式起重机	31	3	93	
人货电梯	40	1	40	
塔式起重机照明	3.5	12	42	暂按 12 套计算

② 容量计算。需要系数为

$$K_3=0.5,K_4=0.4,\sum P_1=175\text{kW},\sum P_2=0\text{kV}\cdot\text{A}$$

③ 按计算电流选择电缆。

电动机　$P_j=K_1\times K_2(K_3\times\sum P_1)=1.05\times1.0\times(0.5\times175)=91.9(\text{kW})$

电焊机　$S_j = K_1 \times K_2(K_4 \times \sum P_2) = 1.05 \times 1.0 \times (0.4 \times 0) = 0(kV \cdot A)$

$I_j = P_j \div (1.732 \times U \times \cos\varphi) + S_j \div (1.732 \times U)$

$= 91.9 \div (1.732 \times 0.38 \times 0.78) + 0 \div (1.732 \times 0.38)$

$= 179 + 0 = 179(A)$

④ 结论：至 2 号分配电箱干线选用 VV_{22}-3×70+2×35（允许载流量 185A），埋地敷设引至分配电箱，分配电箱内配置如图 10.9 所示。

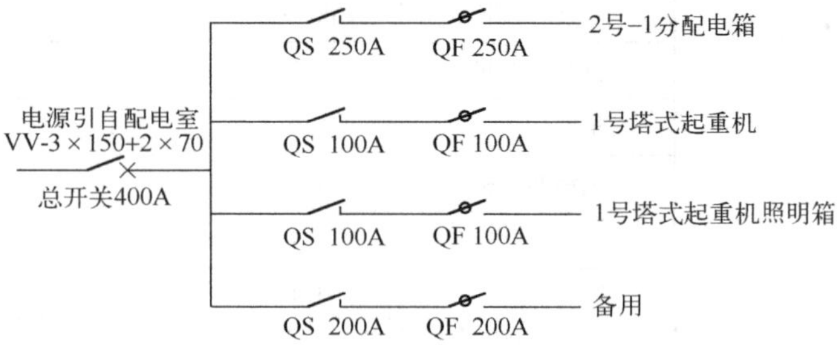

图 10.9　2 号分配电箱配电系统图

（3）3 号分配电箱。计算依据如下。

① 设备功率。设备功率见表 10.7（钢筋作业场 2、2 号楼 A、B 单元楼层、施工电梯用电）。

② 容量计算。需要系数为

$$K_3 = 0.5, K_4 = 0.4, \sum P_1 = 123.2kW, \sum P_2 = 222kV \cdot A$$

③ 按计算电流选择电缆。

电动机　$P_j = K_1 \times K_2(K_3 \times \sum P_1) = 1.05 \times 1.0 \times (0.5 \times 123.2) = 64.7(kW)$

电焊机　$S_j = K_1 \times K_2(K_4 \times \sum P_2) = 1.05 \times 1.0 \times (0.4 \times 222) = 93.2(kV \cdot A)$

$$I_j = P_j \div (1.732 \times U \times \cos\varphi) + S_j \div (1.732 \times U)$$
$$= 64.7 \div (1.732 \times 0.38 \times 0.78) + 93.2 \div (1.732 \times 0.38)$$
$$= 126 + 141.7 = 267.7(A)$$

④ 结论：至 3 号分配电箱干线选用 VV_{22}-3×95+2×50（允许载流量 263A）。埋地敷设引至分配电箱，分配电箱内配置如图 10.10 所示。

表 10.7　设备功率表

机械器具名称	功率/kW	数量	合计/kW	备　注
施工电梯	40	2	80	
砂浆搅拌机	3	2	6	装修阶段用
平板振动器	2.2	2	4.4	
嵌入式振动器	1.1	4	4.4	
木工电锯	5.5	1	5.5	
圆盘锯	1.5	4	6	
对焊机	160kV·A	1	160kV·A	
电弧焊机	10kV·A	2	20kV·A	
电渣压力焊机	21kV·A	2	42kV·A	
钢筋弯曲机	2.2	4	8.8	
钢筋切断机	2.2	3	6.6	
钢筋调值机	7.5	1	7.5	

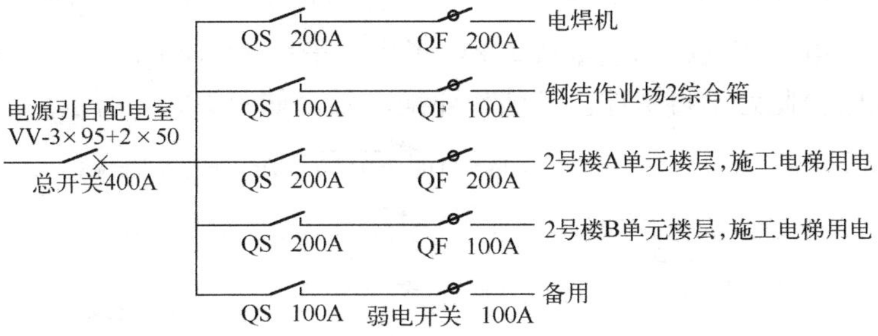

图 10.10 3 号分配电箱配电系统图

(4) 4 号分配电箱。计算依据如下。

① 设备功率。设备功率见表 10.8（2 号楼 C 单元楼层、施工电梯用电、1F 施工用电）。

表 10.8 设备功率表

机械器具名称	功率/kW	数量	合计/kW	备　注
施工电梯	40	1	40	
砂浆搅拌机	3	1	3	装修阶段用
平板振动器	2.2	2	4.4	
嵌入式振动器	1.1	4	4.4	
木工电锯	5.5	1	5.5	
圆盘锯	1.5	3	4.5	
电弧焊机	10kV·A	2	20kV·A	
电渣压力焊机	21kV·A	2	42kV·A	
离心高压泵	7.5	1	7.5	高峰期不考虑

② 容量计算。需要系数为：

$$K_3 = 0.5, K_4 = 0.4, \sum P_1 = 58.8\text{kW}, \sum P_2 = 62\text{kV}\cdot\text{A}$$

③ 按计算电流选择电缆。

电动机　$P_j = K_1 \times K_2(K_3 \times \sum P_1) = 1.05 \times 1.0 \times (0.5 \times 58.8) = 30.9(\text{kW})$

电焊机　$S_j = K_1 \times K_2(K_4 \times \sum P_2) = 1.05 \times 1.0 \times (0.4 \times 62) = 32.6(\text{kV}\cdot\text{A})$

$$\begin{aligned} I_j &= P_j \div (1.732 \times U \times \cos\varphi) + S_j \div (1.732 \times U) \\ &= 30.9 \div (1.732 \times 0.38 \times 0.78) + 32.6 \div (1.732 \times 0.38) \\ &= 60.2 + 49.5 = 109.7(\text{A}) \end{aligned}$$

④ 结论：至 4 号分配电箱干线选用 VV_{22}-3×50+2×25（允许载流量 152A）。埋地敷设引至分配电箱，分配电箱内配置如图 10.11 所示。

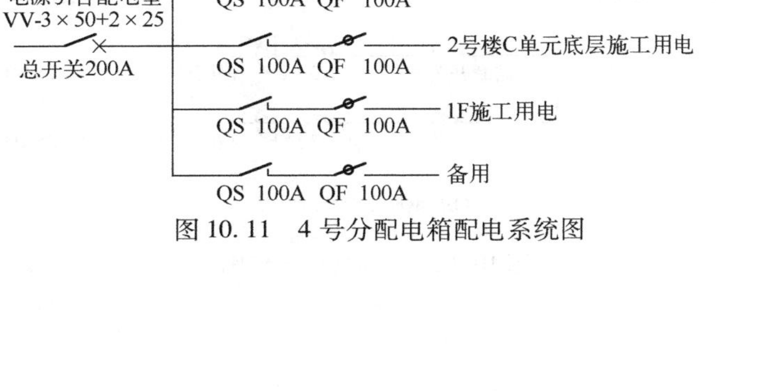

图 10.11 4 号分配电箱配电系统图

(5) 5 号分配电箱（办公及生活照明）。本工程因场地原因，工人生活区设置于场外，只考虑办公区生活用电。该支路用电量按 20kW 考虑，采用 $5\times16mm^2$ 的塑料护套电缆沿地埋设，设置 5 号分配电箱此处不再赘述。其他作业配电系统如图 10.12 所示。

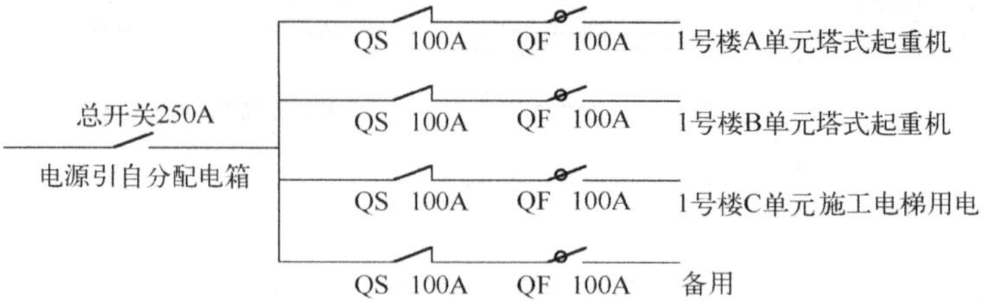

（a）2号-1分配电箱

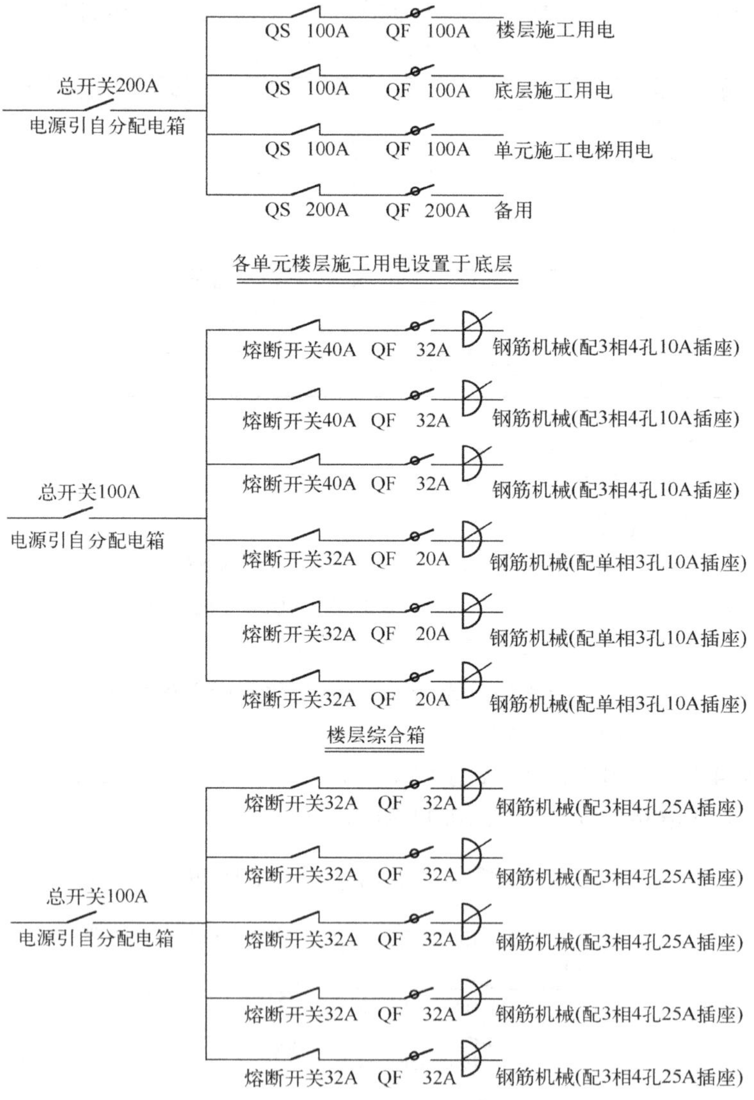

（b）钢筋作业场综合箱

图 10.12　其他配电系统图

3. 主要电气设备进线电缆规格型号

（1）塔式起重机。

$$K_X = 1, \cos\varphi = 0.75$$

$$I_{js} = K_X \times P_e / 1.732 \times U \times \cos\varphi = 1 \times 31 / 1.732 \times 0.38 \times 0.75 = 60.4(\text{A})$$

查表选用橡胶铜芯软电缆 $3 \times 25 + 2 \times 16\text{mm}^2$。

（2）人货电梯。

$$K_X = 1, \cos\varphi = 0.75$$

$$I_{js} = K_X \times P_e / 1.732 \times U \times \cos\varphi = 1 \times 40 / 1.732 \times 0.38 \times 0.75 = 81(\text{A})$$

查表选用橡胶铜芯软电缆 $3 \times 25 + 2 \times 16\text{mm}^2$。

（3）对焊机。

$$K_X = 0.5$$

$$I_{js} = K_X \times P_e / U = 0.5 \times 100 / 0.38 = 131(\text{A})$$

查表选用橡胶铜芯软电缆 $3 \times 35\text{mm}^2$。

（4）电渣压力焊机。

$$K_X = 0.5$$

$$I_{js} = K_X \times P_e / U = 0.5 \times 21 / 0.38 = 27.6(\text{A})$$

查表选用橡胶铜芯软电缆 $3 \times 6\text{mm}^2$。

其他 5kW 以内设备均采用橡套电缆，截面不小于 2.5mm^2 配电。

本工程现场主干线路电缆全部采用 VV 型塑料护套电缆，敷设方式为沿墙及埋地、穿管敷设。电缆规格主要有 VV_{22}-$3 \times 120 + 2 \times 70\text{mm}^2$、$VV_{22}$-$3 \times 70 + 2 \times 35\text{mm}^2$ 等；分支线路采用 YZ 型橡套电缆。总配电系统如图 10.13 所示。

值得注意的是：上述选择导线均按导线的发热条件选择，若线路较长还应考虑电压损失，在满足发热条件的同时还应满足线路电压降的要求。

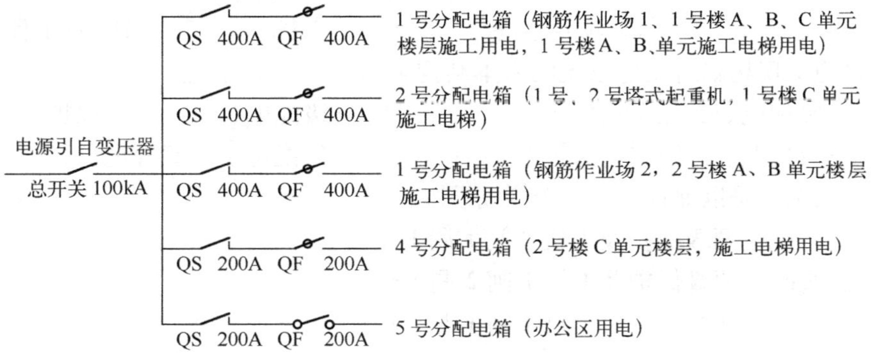

图 10.13　总配电系统图

知识梳理与总结

本任务主要介绍以下内容。

（1）施工现场临时供配用电的基本要求。施工现场临时用电应采用 TN-S 接零保护系统，在专用变压器供电的 TN-S 接零保护系统中，电气设备的金属外壳必须与保护零线连接。保护零线应由工作接地线、配电室（总配电箱）电源侧零线处引出。建筑施工现场临时用电应满足三级配电、二级保护和“一机、一箱、一闸、一漏”的要求。

（2）施工现场用电负荷计算。负荷计算的目的是合理选择变压器、开关、控制设备的规格及导线的截面。施工现场负荷计算的方法是采用需要系数法，基本公式如下。

有功计算负荷：$$P_j = K_x P_e$$

无功计算负荷：$$Q_j = P_j \tan\varphi$$

视在计算负荷：$$S_j = P_j / \cos\varphi = \sqrt{P_j^2 + Q_j^2}$$

三相负荷计算电流：$$I_j = \frac{S_j \times 1000}{\sqrt{3} U_N}$$

（3）施工现场安全管理措施。管理措施主要包括组织措施和技术措施。组织措施是安全用电的前提，主要包括一些制度和管理措施。技术措施是安全用电的保证，主要包括专业方面措施和具体做法。

（4）施工现场临时用电组织设计。《施工现场临时用电安全技术规范》规定：施工现场临时用电设备在5台及以上或设备总容量在50kW及以上者，应编制施工现场用电组织设计。本任务主要介绍施工现场临时用电组织设计的主要内容和编制要点，并根据某施工现场的实际情况进行临时用电设计。

练习题10

1. 选择题

（1）建筑施工现场的保护接地系统应采用（　　）系统。

A. TN-C　　B. TN-S　　C. TN-C-S　　D. TT

（2）施工现场临时用电组织设计及变更时，必须履行“编制、审核、批准”程序，由（　　）组织编制，经相关部门审核及具有法人资格企业的技术负责人批准后实施。

A. 电气技术人员　　B. 项目经理　　C. 施工员　　D. 总工程师

（3）建筑施工现场临时用电系统的基本结构采用（　　）系统。

A. 二级配电、二级漏电保护　　B. 三级配电、二级漏电保护

C. 三级配电、三级漏电保护　　D. 二级配电、三级漏电保护

（4）配电箱选择是以保证（　　）为原则。

A. 三级配电两级保护及1机2闸1漏1箱

B. 三级配电两级保护及1机1闸2漏1箱

C. 三级配电两级保护及1机1闸1漏2箱

D. 三级配电两级保护及1机1闸1漏1箱

（5）施工现场架空线路的档距一般不应超过（　　）m。

A. 30　　B. 35　　C. 40　　D. 50

（6）开关箱中漏电保护器的额定漏电动作电流应不大于（　　），额定漏电动作时间应不大于0.1s。

A. 10mA　　B. 20mA　　C. 30mA　　D. 40mA

（7）我国国家标准GB 3805—83《安全电压》中规定，安全电压值的等级有5种。同时

还规定：当电气设备采用了超过（　　）时，必须采取防直接接触带电体的保护措施。

A. 42V　　B. 36V　　C. 50V　　D. 24V

（8）总配电箱应设在靠近电源的区域，分配电箱应设在用电设备或负荷相对集中的区域，分配电箱与开关箱的距离不得超过（　　）m，开关箱与其控制的固定式用电设备的水平距离不宜超过（　　）m。

A. 30、3　　B. 3、30　　C. 3、3　　D. 30、30

（9）施工现场的配电箱、开关箱中导线的进线口和出线口应设在箱体（　　）面。

A. 上底　　B. 下底　　C. 左侧　　D. 右侧

（10）电缆在室外直接埋地敷设的深度应不小于（　　）m，并应在电缆上下左右均匀铺设不小于50mm厚的细砂，然后覆盖砖等硬质保护层。

A. 0.4　　B. 0.5　　C. 0.6　　D. 0.7

2. 简答题

（1）施工现场临时供配电应遵循怎样的基本原则？具体如何要求？

（2）施工现场负荷计算有何意义？通常采用什么方法？

（3）架空线配线和电缆配线各有何特点？

（4）变压器选择的依据是什么？安装有哪些要求？

（5）施工现场PE线的颜色和截面有哪些规定？

（6）施工现场各级配电箱具体有何作用？对开关箱的设置有哪些具体要求？

（7）所有配电箱、开关箱在使用过程中，应遵循怎样的操作顺序？

（8）施工现场临时用电组织设计编制主要有哪些内容？

（9）临时用电组织设计中的电气设计包括哪些内容？

（10）接地系统中PE线有何作用？其颜色和截面有哪些规定？

3. 计算题

某工程的施工用电从附近10kV架空线引入。工程用电设备功率如表10.9所示。配电导线采用VV型电缆，变压器采用S9型。要求确定低压侧的电缆规格和变压器容量。

表10.9　设备功率表

序号	设备名称	安装容量	数量	合计容量	备注
1	卷扬机	11kW	2	22kW	$\cos\varphi=0.7$
2	电焊机	11kW	1	11kW	$\cos\varphi=0.45$，$\varepsilon=50\%$
3	塔式起重机	21.2kW	2	42.4kW	$\cos\varphi=0.7$，$\varepsilon=40\%$
4	圆盘锯	3kW	2	6kW	$\cos\varphi=0.7$
5	混凝土搅拌机	8kW	2	6kW	$\cos\varphi=0.7$
6	钢筋弯曲机	1kW	1	1kW	$\cos\varphi=0.7$
7	钢筋调直机	3kW	1	3kW	$\cos\varphi=0.7$
8	钢筋切断机	6kW	1	6kW	$\cos\varphi=0.7$
9	砂轮锯	2kW	1	2kW	$\cos\varphi=0.7$
10	电刨子	4kW	1	4kW	$\cos\varphi=0.7$

学习单元 11 实训项目

教学导航

教学任务		项目 1　常用工器具和测量仪表的使用 项目 2　常用导线的连接 项目 3　塑料阻燃管（PVC 管）配线 项目 4　套接扣压式薄壁镀锌钢导管（KBG 管）配线 项目 5　模拟宾馆照明控制线路安装 项目 6　交流电动机测试和接线 项目 7　动力配电柜一、二次接线安装 项目 8　某施工现场临时用电组织设计	学时	64
教学目标	知识方面	温习每个实训项目相关的基本知识 了解每个项目在实施过程中应注意的事项 掌握每个项目的施工程序和施工要求		
	技能方面	能根据不同的项目组织施工 能利用相关仪器仪表进行检测和检验 能分析调试中出现的故障并排除故障		
重点		配电柜二次线路的安装 某施工现场临时用电组织设计		
难点		正确绘制安装接线图 某施工现场临时用电组织设计		

【项目背景】 电气施工技术是一门专业性很强的课程，要使读者掌握这门技术光靠书本知识是远远不够的，必须通过大量的实践活动，校实训室就是参加实践活动的第一场所，积极有效地组织和完成各项实训任务，可为参加更广阔的社会实践活动打下良好的基础。

电气施工技术总课时为128学时，基础知识和操作实训各占64课时，这充分体现了高职教育的特征。高职教育最大的特征就是要把做事和技能与求知和教学结合在一起，培养一批适应生产、建设、管理、服务第一线需要的，德，智、体、美等方面全面发展的高等技术应用型专门人才。电气施工实训是学生掌握技能第一个较系统的实践机会，通过在实训中心实训，初步掌握电气施工的基本操作技能，初步体验施工组织的实施，掌握电气施工的基本方法和要领，为快速适应工作岗位打下良好的基础。

任务 11.1 实训目的

了解施工的基本程序及施工组织内容；掌握常用工具、设备及基本仪器、仪表的使用；掌握导线的剥削和连接；掌握 PVC 管和 KBG 管的配线工艺及主要要求；掌握配电箱内设备安装的方法和二次线路的安装接线；掌握各项目的调试、检测和整改；能根据实际工程进行施工现场临时用电组织设计。

任务 11.2 实训要求

每次实训前应认真进行实训工作页的预习工作，查阅相关书籍和资料，完成预备内容；按规定时间完成各项实训任务，整个实施过程应按预先制定的工作方案进行；系统通电前应采用导通法进行检测，确认无误后方可在老师的指导下通电试验，严禁学生单独擅自通电试验；工作完毕，应及时完成工作页中的各项内容，工作页上的所有内容应按自己实训过程中的实际情况填写；操作步骤完整，参数记录准确，并在规定时间上交工作页。每个项目一般由两人完成，两人应分工明确、合作互助、共同参与、互相监督、相互保护。

任务 11.3 实训组织思路

实训组织思路充分体现以学生为主导、老师为引导的学习模式，鼓励和引导学生积极参与实训的整个过程，充分培养学生的动手能力、组织能力和归纳总结能力。

实训运用项目教学法，即将一个相对独立的项目，交由学生自己处理。信息的收集，方案的设计，项目的实施及最终的评价，都由学生自己负责，而教师在项目中进行引导、观察、督促、进程控制和最终优秀项目剖析。学生通过整个项目的操作，掌握每一环节和整个过程的基本要求和安装方法。根据电气施工技术这门课的特点，利用项目教学法，将实训过程分导入、信息、计划、实施和评估五个环节。实训五环图如图 11.1 所示。

导入环节，使学生认识到实训的重要性；明确实训任务及实训目的；同时进行必要的知识链接，使学生温习与实训相关的重要知识点；最后进行重点提示，保证学生安全地完成实训任务。

信息环节，指导学生温习相关的知识点；引导学生梳理相关的知识链；为顺利完成任务做好前期准备。

计划环节，该环节主要引导学生进行仪器仪表、工器具及所需设备材料的选择；确定实施方案；制订工作计划及步骤；制定技术标准；以达到引导学生参与项目全过程的目的。

实施环节，主要体现操作的全过程，除安装、接线、调试、整改外，还包括设备器件的检测和绘制配套图纸等内容。

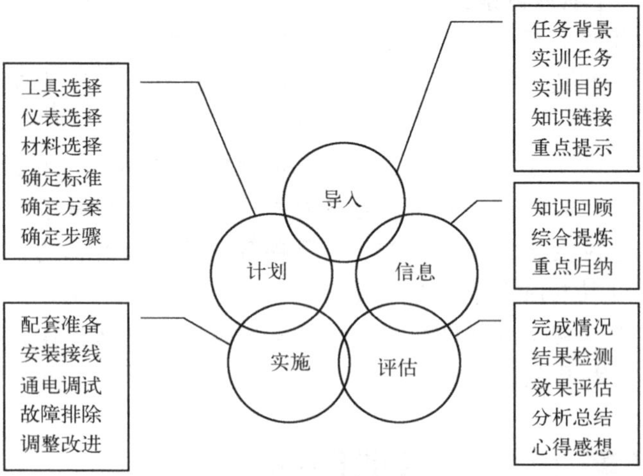

图 11.1　实训五环图

评估环节，该环节主要检测项目的完成情况；结果检测；效果评估。使学生通过这一环节，了解自己的问题和不足，明确改进的方向。

每个实训项目以工作页的形式展开。工作页最大的特点是：第一，每个学习领域都有一份独立的学习资料，以重要知识点展开，同时布置配套练习，又具体指导实训；第二，它强调的是能力的培养，重在情景设置，重在循序渐进，重在过程，重在实用。工作页既是教科书、练习册又是实训任务书、指导书，具有很强的针对性、指导性和实用性。

总之，从准备工作、制订计划到安装接线，从检测、调试到整改，让学生参与项目的整个过程，真正掌握实训内容、程序和要求，从而提高职业行为能力。行为导向教学法实施的目的，就是引导学生在学习过程中，用脑、用嘴、用心和用手。使理解、学习、思维和动手能力得到全面发展，真正成为适应生产、建设、管理，服务第一线需要的高等技术应用型专门人才。

项目1　常用测量仪表及电工工器具使用工作页

姓名：________学号：________成绩：________

1. 导入

【实训背景】

作为从事电气工程施工的人员，掌握常用电气测量仪表和电工工具的使用是必备的操作技能。熟练掌握这项技能有助于提高工作效率；有助于提高施工质量；有助于提高安全系数。目前仪表和工器具的种类越来越多，若使用不当，不但不能达到预期效果，有些还会引起事故，危及设备、财产和生命的安全。

【实训任务】

（1）常用仪表的使用：万用表、钳形表、兆欧表。

（2）常用工器具的使用：验电笔、螺丝刀、电工刀、尖嘴钳、扳手、剥线钳、电烙铁、弯管器、压接钳、电钻、切割机等。

【实训目的】

熟练掌握常用电工仪表和工器具的使用。

【重点提示】

（1）使用电烙铁时应注意：通电后人不能离开，以防温度过高，出现危险。

（2）使用切割机前应先检查切割机转向，然后将切割件固定，切割时先启动，再将砂轮片触及被切割物，以免启动时砂轮片由于震动导致破碎引起事故。

2. 信息

（1）电工常用工具、仪表名称及用途（见表 11.1）

表 11.1　电工常用工具、仪表名称及用途

常用工具及仪表	名　称	用　途	常用工具及仪表	名　称	用　途

（2）选择正确的测量仪表。不断开电路测量设备电流，选用________表；测量接地电阻选用________表；测量绝缘电阻测量，选用________表。

（3）简述电钻种类及使用注意事项。

____

____

____

3. 计划（格式见表 11.2）

表 11.2　计划表

序号	工器具、仪表名称	使用步骤	使用注意事项	序号	工器具、仪表名称	使用步骤	使用注意事项
1	剥线钳			4	钳形表		
2	切割机			5	兆欧表		
3	弯管器						

4. 实施

对常用仪表和工具逐件进行使用和操作。

5. 评估

（1）依照表11.3对各项进行自评或互评（按A、B、C、D四个等级）。

表11.3 自评或互评表

序号	工具	掌握与否	使用效果自评或互评
1	尖嘴钳		
2	剥线钳		
3	手电钻		
4	冲击钻		
5	兆欧表		
6	钳形表		
7	电烙铁		
8	切割机		

（2）任务完成情况（见表11.4）。

表11.4 任务完成情况表

完成情况	未完成内容	未完成的原因
完成 □ 未完成 □		

（3）实训感想、心得、建议与问题（见表11.5）。

表11.5 感想、心得、建议与问题

感想与心得	
建议	
问题	①
	②
	③

项目2 绝缘导线的连接工作页

姓名：________学号：________成绩：________

1. 导入

【实训背景】

导线的连接是配线过程中非常重要的一项工作，看似简单，其中却包含很多技能和学问，接头质量的好坏直接影响到能否可靠供电、安全用电和电气设备的正常使用。因为接头接不好，会出现发热、闪弧、触电、燃烧、爆炸等状况。事实证明很多电气故障都是由导线接头质量不好引起的。不同截面、不同材质、不同股数、不同根数的导线，均有不同的连接方法。所以掌握各种导线的连接方法是电气施工人员最基本的操作技能。

【实训任务】

（1）羊眼圈的制作。

（2）导线压线帽连接。

（3）单股铜芯导线（BV-1mm²或 BV-1.5mm²）的直接连接和 T 字连接。

（4）导线 BLV-10mm²采用接线端子压接。

（5）多股导线的直接连接。

（6）导线接头的绝缘恢复并对导线接头进行绝缘测试。

【实训目的】

掌握导线连接、导线端接的基本程序和方法。

【知识链接】

（1）塑料线的剖削方法（如图 11.2 ～图 11.4 所示）。

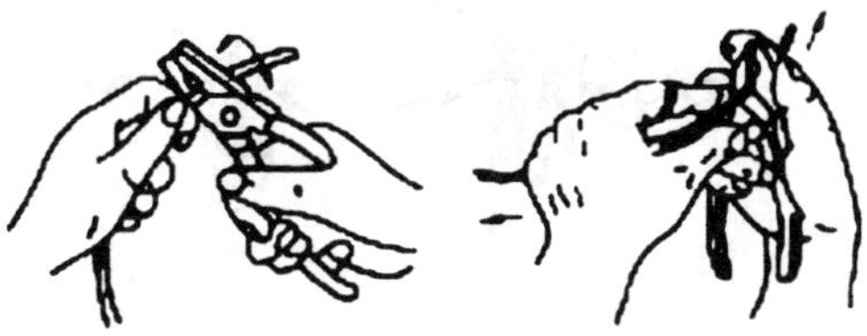

图 11.2　钢丝钳剖削塑料硬线绝缘层

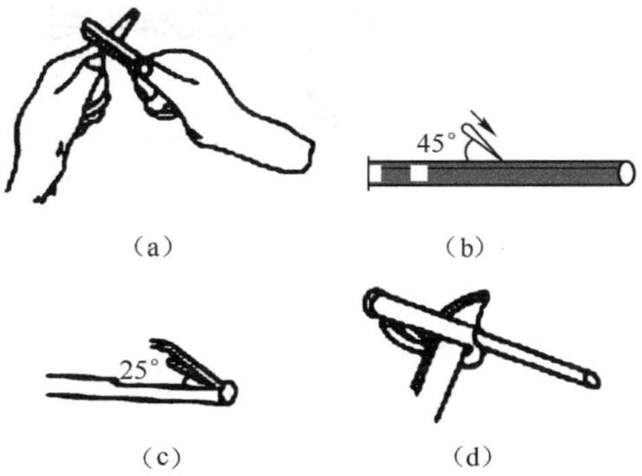

图 11.3　电工刀剖削塑料硬线绝缘层

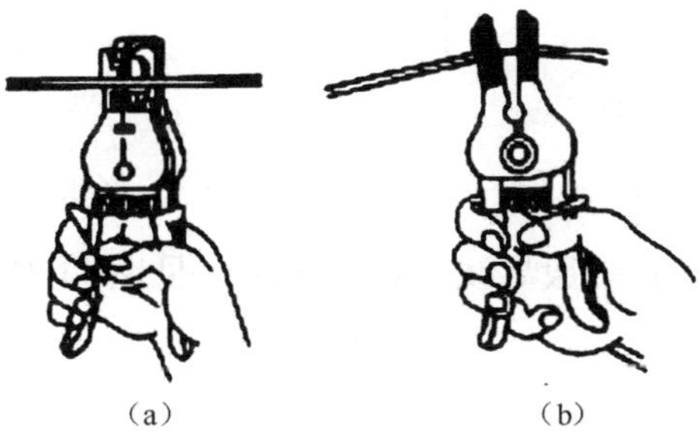

图 11.4　剥线钳剖削塑料硬线绝缘层

（2）羊眼圈的制作步骤（如图 11.5 所示）。

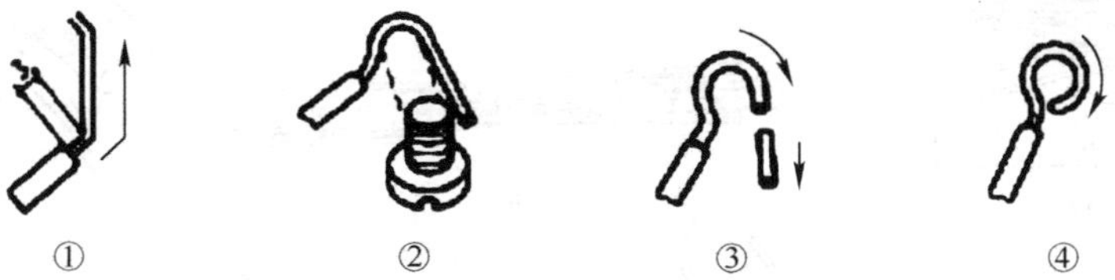

图 11.5　羊眼圈的制作

（3）导线压线帽连接（如图 11.6 所示）。

（4）单股铜芯导线的直接连接（绞接，如图 11.7 所示）。

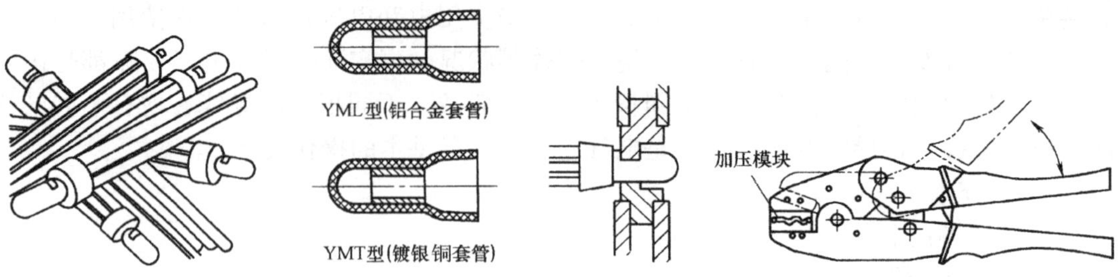

（a）压线帽接线示意图　（b）压接帽　（c）阻尼式手握型压力钳及压接

图 11.6　导线压线帽连接

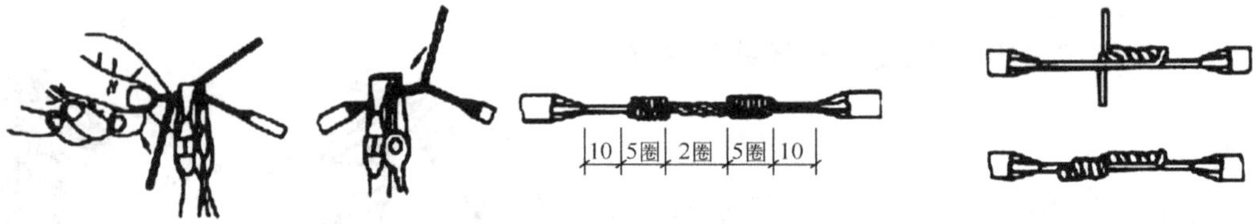

（a）　（b）

图 11.7　单股铜芯导线直接连接

（5）单股铜芯导线的 T 字（分支）连接（见图 11.8）。

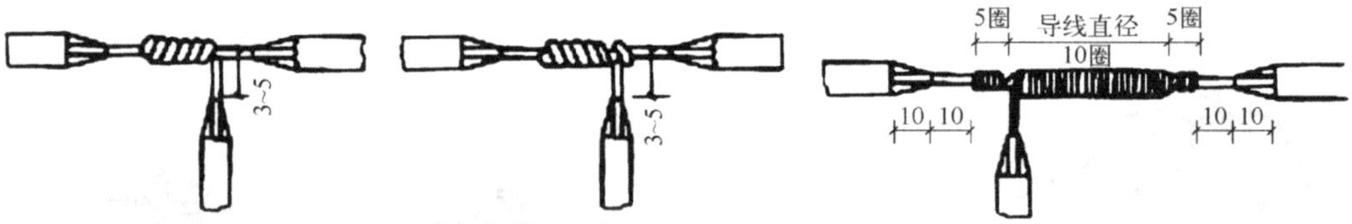

（a）　（b）　（c）

图 11.8　单股铜芯导线 T 字（分支）连接

（6）多股导线的直接连接（见图 11.9）。

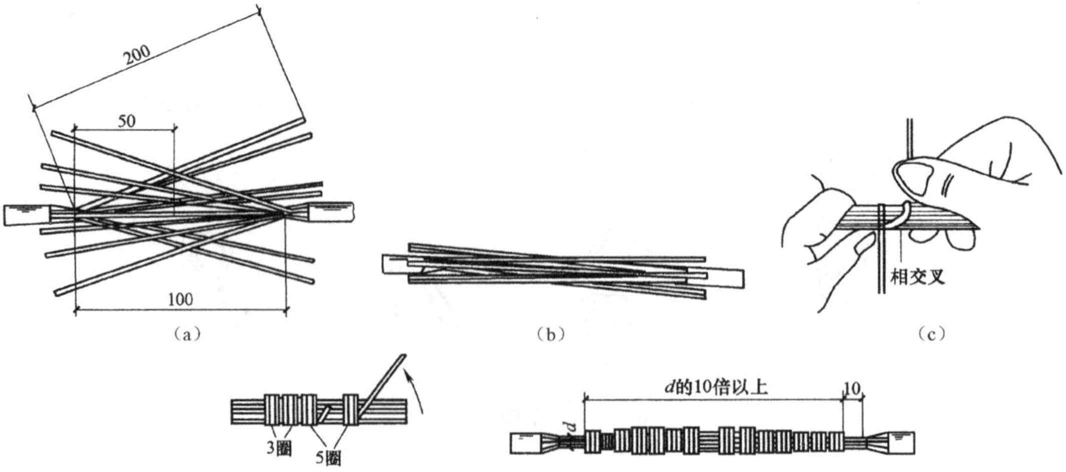

（a）　（b）　（c）　（d）　（e）

图 11.9　多股导线的直接连接

【重点提示】

（1）导线剥切应使用正确的方法和工具，以免损坏线芯。

（2）导线连接方法有多种，不同材质的导线和不同截面的导线应采用不同的连接方法。

（3）导线的绝缘电阻应不小于 0.5MΩ。

（4）使用电工刀要注意安全，采用正确的方法，不要用力过猛伤害自己或周边人。

2. 信息

（1）导线连接和端接应符合下列要求：

____

____

（2）导线绝缘层剥切常用以下工具：

____

（3）导线压接帽连接应选用专用工具即________进行压接，压接时先把导线线头用剥线器剥去约________ mm 绝缘层，把几根线对齐，用钢丝钳________绞紧，插入压线帽内，用压接钳夹住压线帽，用力压紧即可。

（4）双股导线连接时，每根芯线可按单芯线直线连接方法连接，但双芯线连接处应________。软线与硬线的连接时，把软线芯线拧紧，________紧缠 7 圈后，硬线折回并用钳子夹紧。

（5）铝导线连接一般可采用以下方法：________________________________。

（6）有的导线与设备连接时，为何要采用接线端子，使用接线端子应注意哪些事项？

____

____

____

3. 计划

（1）单股铜芯导线（BV-1mm²或 BV-1.5mm²）的直接连接（见表 11.6）。

表 11.6　单股铜芯导线的直接连接

序号	工 作 步 骤	关 键 步 骤
1		
2		
3		

（2）导线 BLV-10mm²采用接线端子压接（见表 11.7）。

表 11.7　导线 BLV-10mm² 采用接线端子压接

序号	工 作 步 骤	关 键 步 骤
1		
2		
3		

（3）塑料压线帽压接（见表11.8）。

表11.8　塑料压线帽压接

序号	工作步骤	关键步骤
1		
2		
3		

（4）多股导线的直接连接（见表11.9）。

表11.9　多股导线的直接连接

序号	工作步骤	关键步骤
1		
2		
3		

4. 实施（见表11.10）

表11.10　实施内容

选择材料	选择工器具	选择仪表	采用的施工方法

5. 评估

（1）对接头连接质量进行评估（见表11.11）。（A、B、C、D四等）

表11.11　对接头连接质量进行评估

序号	项　目	自评或互评	教师评定
1	羊眼圈的制作		
2	导线压线帽连接		
3	单股铜芯导线（BV-1mm^{2}或BV-1.5mm^2）的直接连接和T字连接		
4	导线BLV-10mm^{2}采用接线端子压接		
5	多股导线的直接连接		
6	导线接头的绝缘恢复		

（2）导线接头绝缘测试（见表11.12）。

表11.12　导线接头绝缘测试

<table>
<tr><th>测量仪表</th><th colspan="3">测量步骤（BLV-10mm² 导线）</th></tr>
<tr><td rowspan="3"></td><td colspan="3">1.</td></tr>
<tr><td colspan="3">2.</td></tr>
<tr><td colspan="3">3.</td></tr>
<tr><td>绝缘电阻值</td><td></td><td>结论（合格与否）</td><td></td></tr>
</table>

（3）任务完成情况（见表 11.13）。

表 11.13 任务完成情况

完成情况	未完成内容	未完成的原因
完成 □ 未完成 □		

（4）实训感想、心得、建议与问题（见表 11.14）。

表 11.14 实训感想、心得、建意与问题

感想与心得	
建议	
问题	1.
	2.
	3.

项目 3 塑料阻燃管（PVC 管）配线

姓名：________学号：________成绩：________

1. 导入

【实训背景】

阻燃管配线在民用建筑中用途非常广泛。它与金属管比较，具有价格低廉、配件齐全、加工方便、安装便捷的特点，而且具有阻燃作用。故多作为照明线路的明配管或暗配管。

【实训任务】

按图 11.10 所示接线原理图，进行 PVC 线管暗敷配线。

要求：（1）配线中要求设计一个弯头和一个中间接头；

（2）导线选用 BV 型导线；

（3）配管选用 $\phi16$ 的 PVC 管。

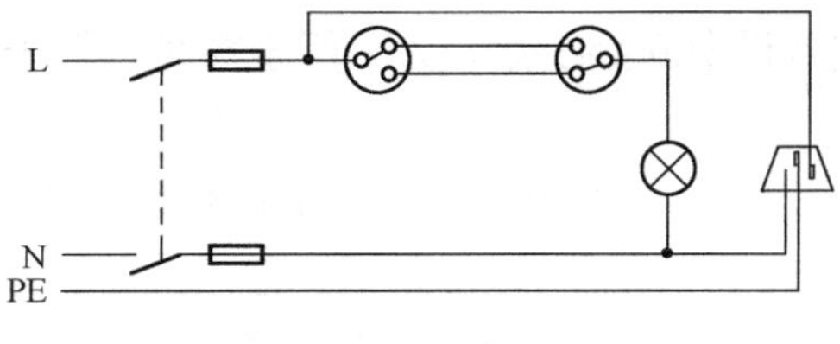

图 11.10 接线原理图

【实训目的】

通过此项目，掌握 PVC 管的加工方法、安装要领；认识各种各样的配件；熟知明配和暗配器件的区别；掌握实际接线与原理图的特点；掌握照明线路绝缘测试的方法；以提高解决问题和排除故障的能力。

【知识链接】

（1）PVC 管的切割可用钢锯，切割时应一次切割到底，否则管子切口不整齐，也可用专用剪管器进行剪切，专用剪管器如图 11.11 所示。

（2）管径在25mm及其以下可以采用冷煨法，将弯簧插入（PVC）管内的煨弯处，两手抓住弯簧两端头用力弯曲并控制弯曲角度，手弯PVC管如图11.12所示，也可用膝盖弯曲，膝盖顶弯PVC管如图11.13所示。

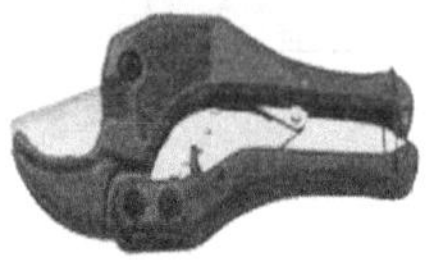

图11.11　专用剪管器

图11.12　手弯PVC管

图11.13　膝盖顶弯PVC管

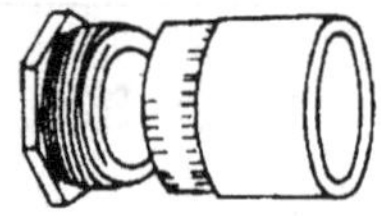

图11.14　管盒连接件

（3）管与盒的连接有的需预先进行连接，有的则需要在施工现场配合施工过程在管子敷设时进行连接。管盒连接通常采用成品管盒连接件，管盒连接件如图11.14所示。

【重点提示】

（1）应选择合适的配件（明敷或暗敷设的配件）并满足横平竖直的基本要求。

（2）线管内的导线不得有接头，接头应在接线盒内采用塑料压线帽压接。

（3）管盒连接应选择合适的连接件，至器具和接线盒的导线应预留长度为100～150mm。

（4）线管固定点间距不小于800mm，端部固定点距器具盒接线（开关）盒距离为50～100mm（实训时可兼顾考虑）。

（5）插座接线为左零右相，上保护线。

（6）火线宜采用红色，地线宜采用淡兰色。保护线应采用黄绿双色线。

（7）火线应进开关。

（8）螺口灯头的中心触头端接相线，螺纹端接中性线。

2. 信息

（1）硬质塑料管埋地敷设（在受力较大处，宜采用重型管）引向设备时，露出地面____mm段，应用钢管和高强度塑料管保护，保护管埋地深度不少于____mm。

（2）半硬塑料管应尽量避免弯曲，当直线长度超过____m或直角弯超过____个时，均应装设中间接线盒。为了便于穿线，管子弯曲半径不宜小于____倍管外径，弯曲角度应大于____。

（3）简述PVC管在砖墙内敷设的程序及基本要求

____

____

3. 计划

（1）使用工具及仪表。

工具：____

仪表：____

（2）计划领取电气配件及辅助材料（见表11.15）。

表11.15 计划领取电气配件及辅助材料表

序号	配件名称	配件规格型号	数量	辅助材料
1				
2				
3				
4				

（3）列出实训工作计划（见表11.16）。

表11.16 列出实训工作计划

序号	工作计划	目标（自定标准）
1		
2		
3		
4		

4. 实施

（1）所领各器件安装前的检查（见表11.17）。

表11.17 所领各器件安装前的检查

序号	名称	完整性	绝缘	触头系统	额定电压	额定电流	其他
1							
2							
3							
4							

（2）绘制布置图和电气平面图。

5. 评估

（1）依照下表所列项目进行测量和检查，并进行评定，如表11.18所示。

表11.18 测量、检查及评定

测量检查项目	测量检查方法	测量检查结果
元器件的选择		
布线观感质量		
插座接线		
线路绝缘电阻		
负载工作状态		
自评（或互评）结果		
综合评价（老师填）		

（2）故障排除记录（见表11.19）。

表 11.19　故障排除记录

序号	主要故障现象	原　因	解决方法
1			
2			
3			

（3）任务完成情况（见表 11.20）。

表 11.20　任务完成情况

完成情况	未完成内容	未完成的原因
完成 □ 未完成 □		

（4）实训感想、心得、建议与问题（见表 11.21）。

表 11.21　实训感想、心得、建议与问题

感想与心得	
建　议	
问　题	1.
	2.
	3.

项目 4　套接扣压式薄壁镀锌钢管（KBG 管）配线

姓名：________学号：________成绩：________

1. 导入

【实训背景】

套接扣压式薄壁镀锌钢导管（简称 KBG 管），是焊接钢管（SC 管）的更新换代产品。KBG 管采用优质冷轧带钢，经高频焊管机组自动焊缝成型，由于该管材双面镀锌，因此具有良好的防腐性能，加工方便，施工便捷，在 1kV 及以下建筑电气工程中得到广泛的应用。

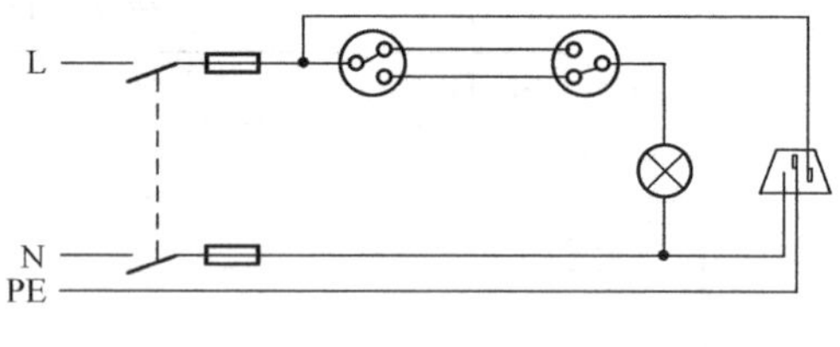

图 11.15　接线原理图

【实训任务】

按如图 11.15 所示接线原理图，进行 KBG 管暗敷配线。要求：

（1）配线中要求设计一个弯头和一个中间接头；

（2）导线选用 BV 型导线；

（3）配管选用 ϕ 16 的 KBG 管。

【实训目的】

通过此项目，掌握 KBG 管的加工方法、安装要领；认识各种各样的配件；分清塑料管

与金属管配件配线的不同之处；熟知 KBG 管与 SC 管的区别；掌握专用扣压器的使用；进一步提高解决问题和排除故障的能力。

【知识链接】

（1）管与管连接可直接将导管插入直管接头或弯管接头，用专用扣压器在连接处施行扣压，水平敷设时宜在管路上、下方扣压，垂直敷设时宜在管路左、右侧扣压。专用扣压器如图 11.16 所示，KBG 常用配件直接、盒接、月弯如图 11.17 所示。

图 11.16　专用扣压器

图 11.17　KBG 管的直接、盒接、月弯

（2）管与盒连接应先将螺纹管接头与接线盒施行螺纹连接，再将导管插入螺纹管接头的另一端，用扣压器在螺纹管接头与导管连接处施行扣压，爪形螺母的爪应向线盒侧以便破坏线盒氧化层从而达到跨接的作用。扣压式导管与盒间连接方法见图 11.18 所示。

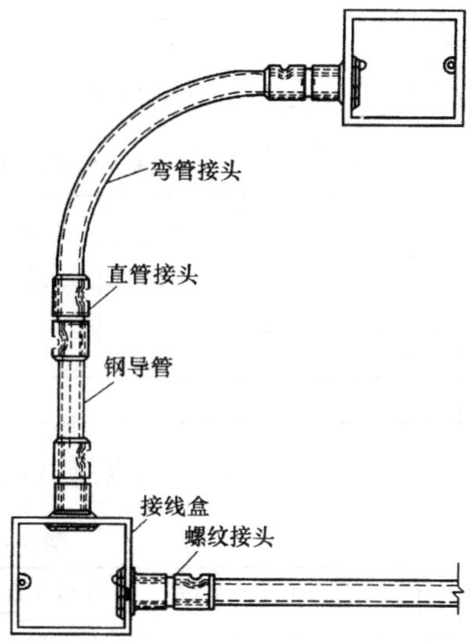

图 11.18　扣压式导管与盒间连接做法

【重点提示】

（1）导管电线管路连接，应采用专用工具进行，不应敲打形成压点。严禁熔焊连接。

（2）导管电线管路为水平敷设时，扣压点宜在管路上、下方分别扣压；管路为垂直敷设时，扣压点宜在管路左、右侧分别扣压。

（3）导管电气管路，当管径为 ϕ25mm 及以下时，每端扣压点应不少于两处；当管径为 ϕ32mm 及以上时，每端扣压点应不少于 3 处，且扣压点宜对称，间距宜均匀。

（4）导管管与管的连接处的扣压点深度应不小于 1.0mm，且扣压牢固，表面光滑，管内畅通，管壁扣压形成的凹、凸点，不应有毛刺。

（5）插座接线为左零右相，上为保护线。

（6）火线宜采用红色，地线宜采用淡蓝色。保护线应采用黄绿双色线。

（7）火线应进开关。

（8）螺口灯头的中心触点端接相线，螺纹端接中性线。

2. 信息

（1）如图 11.19 所示的连接方法适合于 KBG 管还是 JDG 管？答：__________。

（2）图 11.20 所示配件适合 KBG 管还是 JDG 管？答：__________。

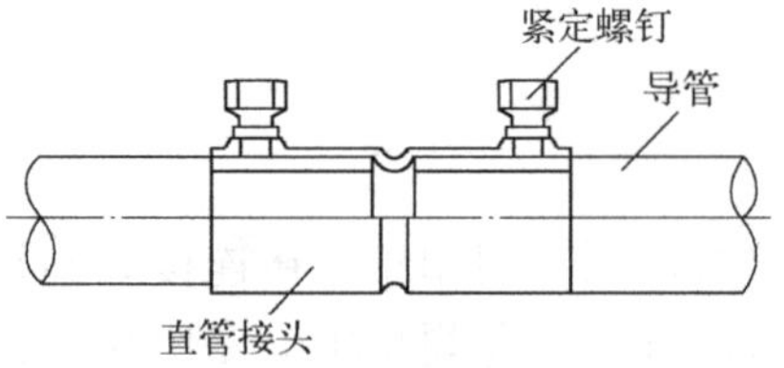

图 11.19　连接方法

图 11.20　配件

（3）简述 KBG 管和 JDG 管的使用特点。

---

3. 计划

（1）使用工具及仪表。

工具：________________

仪表：________________

（2）计划领取电气配件及辅助材料（见表 11.22）。

表 11.22　计划领取电气配件及辅助材料

序号	配件名称	配件规格型号	数　量	辅助材料
1				
2				
3				
4				

（3）列出实训工作计划（见表 11.23）。

表 11.23　实训工作计划表

序号	工作计划	目标（自定标准）	序号	工作计划	目标（自定标准）
1			5		
2			6		
3			7		
4			8		

4. 实施

（1）所领各器件安装前的检查（见表 11.24）。

表 11.24　各器件安装前的检查

序号	名称	完整性	绝缘	触点系统	额定电压	额定电流	其　他
1							
2							
3							
4							
5							

（2）绘制布置图和电气平面图。

5. 评估

（1）依照如表 11.25 所示项目进行测量和检查，并进行评定。

表 11.25　测量、检查及评定

测量检查项目	测量检查方法	测量检查结果
元器件的选择		
布线观感质量		
插座接线		
线路绝缘电阻		
负载工作状态		
自评（或互评）结果		
综合评价（老师填）		

（2）故障排除记录（见表 11.26）。

表 11.26　故障排除记录

序号	主要故障现象	原　　因	解 决 方 法
1			
2			
3			

（3）任务完成情况（见表 11.27）。

表 11.27　任务完成情况表

完 成 情 况	未完成内容	未完成的原因
完成 □ 未完成 □		

（4）实训感想、心得、建议与问题（见表 11.28）。

表 11.28　实训感想、心得、建议与问题

感想与心得	
建议	
问题	1.
	2.
	3.

项目5　模拟宾馆客房照明控制线路安装工作页

姓名：________学号：________成绩：________

1. 导入

【实训背景】

宾馆客房是南来北往的客人暂时休息的场所，它追求安全、舒适、方便。所以客房的照明设计按照这个原则。宾馆标准客房的电气控制基本是标准设计，常用电气、灯具的控制可在床头柜上操作。通常床头柜控制板面的布置如图 11.21 所示。

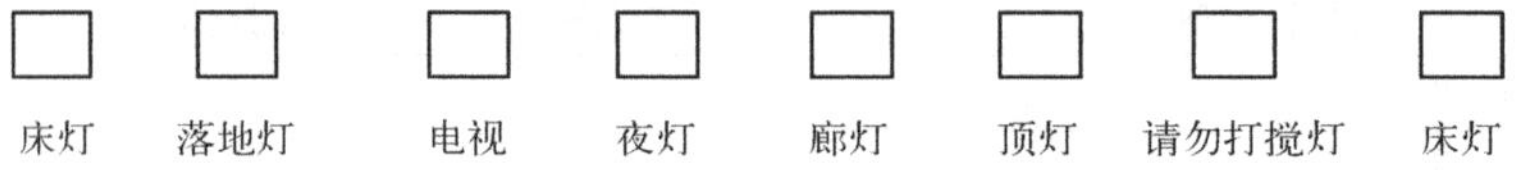

图 11.21　床头柜控制板面的布置

【实训任务】

在模拟配电柜中完成宾馆客房的电气照明接线，包括单相电度表和一个电流表的接线。要求如下。

（1）进线电源通过空气开关，控制电源通过插卡开关，房间进门设置插卡开关，当专用卡插入，客房有电，拔出卡片，客房电源自动切断。

（2）两个床灯、落地灯插座电源、廊灯、电视插座电源、夜灯、顶灯、请勿打搅灯均在床头柜上控制。其中，廊灯和顶灯一般设置双控开关，一个在入门处，另一个在床头柜上。

（3）请勿打搅灯采用专用开关，即床头柜和门外均有一个开关。若客人不想让人进屋搞卫生，按下床头柜上的开关，门外人就按不响门铃。反之就能按响。

（4）二次线路安装采用线路编号法。

【实训目的】

（1）熟知宾馆客房照明的特点。

（2）掌握电气原理图和安装接线图的绘制方法，了解两种图的区别和作用。

（3）掌握二次线路的安装工艺，能熟练采用线路编号法进行安装、接线。

（4）初步掌握采用导通法和通电法检查电路及排除故障。

【知识链接】

（1）配电箱内导线的敷线应横平竖直排列整齐且留有一定的余量，排列如图 11.22 所示。

（2）连接元器件端子或端子排的多股线，应采用冷压接端头，压接端子如图 11.23 所示。压接端头应与导线截面相匹配，压接采用专用压接钳压接，压接钳如图 11.24 所示。压接要求牢靠，接触良好。

（3）电度表应按电度表接线盒上的电路接线，如单相电度表有 4 个接线桩头，从左到右按 1、2、3、4 顺序通常是 1、3 进，2、4 出，但 1 应接入火线，3 接入地线，切不可接错，电度表接线如图 11.25 所示。

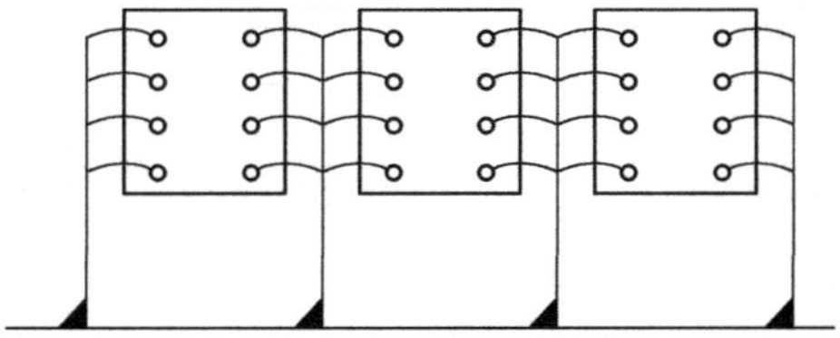

图 11.22　二次线路安装排列示意图

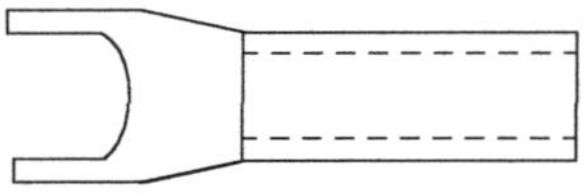

图 11.23　冷压接端子示意图

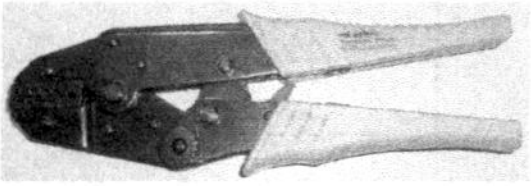

图 11.24　专用压接钳

【重点提示】

(1) 柜内采用 BVR 线，敷线方式采用线槽或线扣绑扎法。

(2) 导线连接设备、器具前应先上锡或通过压接端子（接线端子）连接。

(3) 采用通电法检查线路必须在指导老师在场的情况下进行。

2. 信息

(1) 单相电度表的型号规格（见图 11.26）。

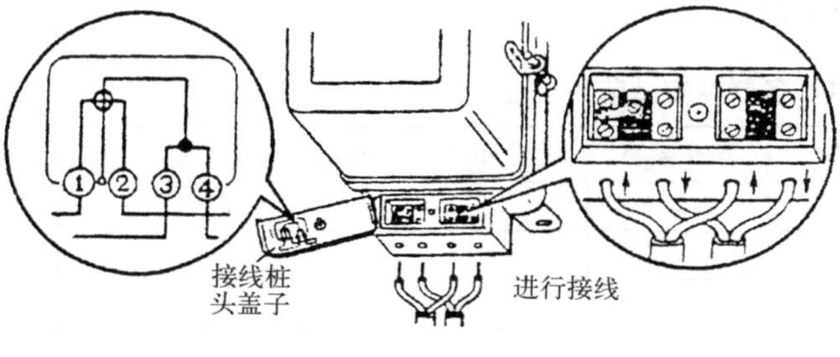

图 11.25　单相电度有示接线示意图

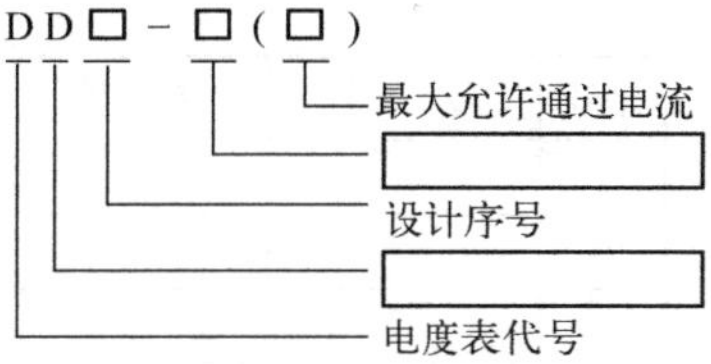

图 11.26　单相电度表的型号、规格

(2) 柜（盘）绝缘摇测：用 100 ～ 500V 绝缘电阻摇表在端子板处测试每回路的绝缘电阻，保证大于__________ MΩ。

(3) 常见的二次安装接线方法有____________、____________和____________三种。

(4) 写出二次配线的安装工艺

____

____

____

(5) 画出单相电度表接入电流表及一盏灯具接线原理图。

3. 计划

(1) 使用工具及仪表。

工具：____

仪表：____

(2) 计划领取电气配件及辅助材料（见表 11.29）。

表 11.29　计划领取电气配件及辅助材料

序号	配件名称	配件规格型号	数　量	辅助材料
1				
2				
3				
4				

（3）列出实训工作计划（见表 11.30）。

表 11.30　实训工作计划表

序号	工作计划	目标（自定标准）
1		
2		
3		
4		

4. 实施

（1）所领各器件安装前的检查（见表 11.31）。

表 11.31　各器件安装前的检查

序号	名　称	完整性	绝　缘	触头系统	额定电压	额定电流	其　他
1							
2							
3							
4							
5							
6							

（2）画出控制原理图，并根据原理图画出安装接线图。安装接线图采用线路编号法绘制。

5. 评估

（1）依照如表 11.32 所示项目进行测量和检查，并进行评定。

表 11.32　测量、检查及评定

测量项目		检查方法	测量结果
电度表的进出线是否正确			
电流表接线是否正确			
导线上锡或接线端子质量			
负载情况（带灯）	电度表转向		（正、反）转
	电流（A）		（A）
布线质量			
接线端子排接线质量			
自评（或互评）结果			
综合评价（老师填）			

（2）故障排除记录（见表 11.33）。

表 11.33 故障排除记录

序号	主要故障现象	原　因	解 决 方 法
1			
2			
3			

（3）任务完成情况（见表 11.34）。

表 11.34 任务完成情况

完 成 情 况	未完成内容	未完成的原因
完成 □ 未完成 □		

（4）实训感想、心得、建议与问题（见表 11.35）。

表 11.35 实训感想、心得、建议与问题

感想与心得	
建议	
问题	1.
	2.
	3.

项目 6 交流电动机测试与接线工作页

姓名：________ 学号：________ 成绩：________

1. 导入

【实训背景】

电动机是最常见、用得最广泛的电气设备之一，也是电气安装工作中的重要工作。安装工作包括基础安装、电动机就位、电动机校正、电动机测试、电动机接线、电动机干燥及试运行等内容。

【实训任务】

（1）电动机的极性测试。

（2）电动机的绝缘测试。

（3）电动机的接线。

（4）电动机的试运行。

【实训目的】

掌握电动机的极性测试方法；熟知电动机绝缘测试的项目和方法；熟练掌握电动机星形接法和三角形接法。对电动机的一些常见故障能做一些分析。

【知识链接】

(1) 当电动机没有铭牌或端子标号不清楚时，应先用仪表或其他方法对绕组的首尾进行确认，然后再进行接线。确认的方法可采用万用表法。首先将万用表的转换开关放在欧姆挡上，利用万用表分出每相绕组的两个出线端，然后将三相绕组并接于万用表的直流毫安挡上，并假设首尾。接着，用手转动电动机的转子，如果万用表指针不动，则说明三相绕组的首尾假设是正确的，如果万用表指针动了，说明有一相绕组的首尾反了，应一相一相分别对调后重新试验，直到万用表指针不动为止。该方法是利用转子铁芯中的剩磁在定子三相绕组内感应出电动势的原理进行的。

(2) 三相感应电动机共有三个绕组，总计有 6 个端子，各相的始端用 U1、V1、W1 表示，终端用 U2、V2、W2 表示。标号 Ul ～ U2 为第一相，Vl ～ V2 为第二相，W1 ～ W2 为第三相。

将 U2、V2、W2 连在一起，U1、V1、W1 接电源线，即为电动机的星形连接。将 U1 和 W2、V1 和 U2、W1 和 V2 相连，即为电动机的三角形形连接。

【重点提示】

(1) 根据规范要求，对于新安装的额定电压为 1000V 以下的电动机，电动机的绝缘电阻在常温下应不低于 0.5MΩ。

(2) 绝缘电阻测试时，应断开电动机接线盒中的连接片，以免测量有误。测量的项目分别有绕组与绕组之间、绕组与接地端子（机壳）之间的绝缘电阻。

(3) 电动机通电试验必须在指导老师在场的情况下进行。

2. 信息

(1) 电动机与被驱动的机械连接有三种形式，分别是______________________________。

(2) 电动机安装前应做哪些检查？

____

(3) 电动机出现下列现象，可能是什么原因引起的？

① 接通电源后，电动机仍无动静。

____

② 电动机启动后，有烧焦味出现。

____

③ 电动机运行时，速度不正常，且伴有“嗡嗡”的声音。

____

④ 电动机运行一段时间后，温度比较高，且超出规定温升。

____

⑤ 电动机运行时，发现三相电压不平衡。

____

3. 计划

（1）使用工具及仪表。

工具：＿＿＿＿＿＿＿＿＿＿＿＿＿＿＿＿＿＿＿＿＿＿＿＿＿＿＿＿＿＿＿＿＿＿

仪表：＿＿＿＿＿＿＿＿＿＿＿＿＿＿＿＿＿＿＿＿＿＿＿＿＿＿＿＿＿＿＿＿＿＿

（2）电动机极性测试的步骤（见表 11. 36）。

表 11. 36　电动机极性测试的步骤

序号	测 试 步 骤	测试连接示意图
1		
2		
3		
4		

（3）电动机绝缘测试步骤（见表 11. 37）。

表 11. 37　电动机绝缘测试步骤

序号	电动机绝缘测试步骤	兆欧表使用前校表步骤
1		
2		
3		
4		

4. 实施

（1）绘出电动机极性测试接线示意图。

（2）绘出电动机星形和三角形连接的接线图（见图 11. 27）。

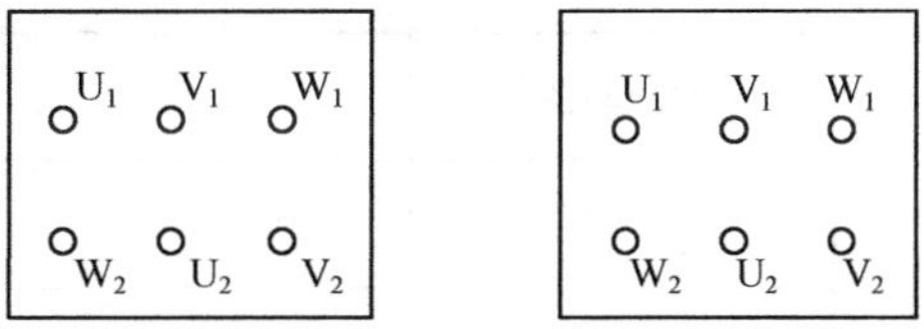

星形连接　　三角形连接

图 11. 27　星形和三角形连接

5. 评估

（1）依照表 11. 38 ～表 11. 40 所列项目进行评定。

表 11. 38　项目评定（一）

项　　目	方法是否正确	结果是否正确	结果不正确的原因
极性测试			

表 11. 39　项目评定（二）

项　　目	测 试 内 容	绝缘电阻值（MΩ）	结论（合格与否）
电动机绝缘电阻测试	L1 – N 之间		
	L2 – N 之间		
	L3 – N 之间		
	L1 – L2 之间		
	L1 – L3 之间		
	L2 – L3 之间		

表 11.40 项目评定（三）

项 目	容量（kW）	线电压（V）	线电流（A）	声 音	气 味	温 度
电动机试运行						
结论（正常与否）						

（2）解决问题记录（见表 11.41）。

表 11.41 解决问题记录

序号	主 要 问 题	原 因	解 决 方 法
1			
2			
3			

（3）任务完成情况（见表 11.42）。

表 11.42 任务完成情况

完 成 情 况	未完成内容	未完成的原因
完成 □ 未完成 □		

（4）实训感想、心得、建议与问题（见表 11.43）。

表 11.43 实训感想、心得、建议与问题

感想与心得	
建议	
问题	1.
	2.
	3.

项目 7 动力配电箱一、二次配线安装工作页

姓名：________ 学号：________ 成绩：________

1. 导入

【实训背景】

高、低压开关柜、动力箱和三箱（配电箱、计量箱、端子箱）都少不了一、二次配线。特别是二次接线中设备、器件种类多、数量多，连接导线也多，故障大多发生在二次线路当中，在施工现场若要快速、准确地排除配电箱电气故障，就应掌握接线的方法和规律，即能根据故障现象，通过原理图和安装接线图查找故障原因及故障点，最终逐一排除故障。

【实训任务】

动力柜控制柜内部接线安装，所控设备有一台 10kW 星－三角降压启动的水泵和一台 3kW 全压启动的排风机。具体要求：

（1）有三相电流和三相电压显示，电压显示通过电压转换开关切换；

（2）三相电度表计量；

（3）一次回路有短路、过载保护，二次回路有短路保护；

（4）安装接线图采用元件相对编号法；

（5）两台设备均有启、停信号指示。

【实训目的】

（1）掌握配电柜内部线路安装的基本程序和方法。

（2）巩固电气原理图和安装接线图的绘图知识。

（3）进一步了解电度表、电流互感器、电压转换开关等电器的作用和接线特点。

（4）能根据原理图和安装接线图对配电柜进行调试和故障排除。

【知识链接】

配电柜安装图纸包括：设备布置图、控制原理图（一次原理图，二次原理图）和安装接线图（主要是二次安装接线图）。

安装接线图主要由屏内安装图、操作背视图和接线端子排图组成，操作背视接线图如图 11.28 所示。

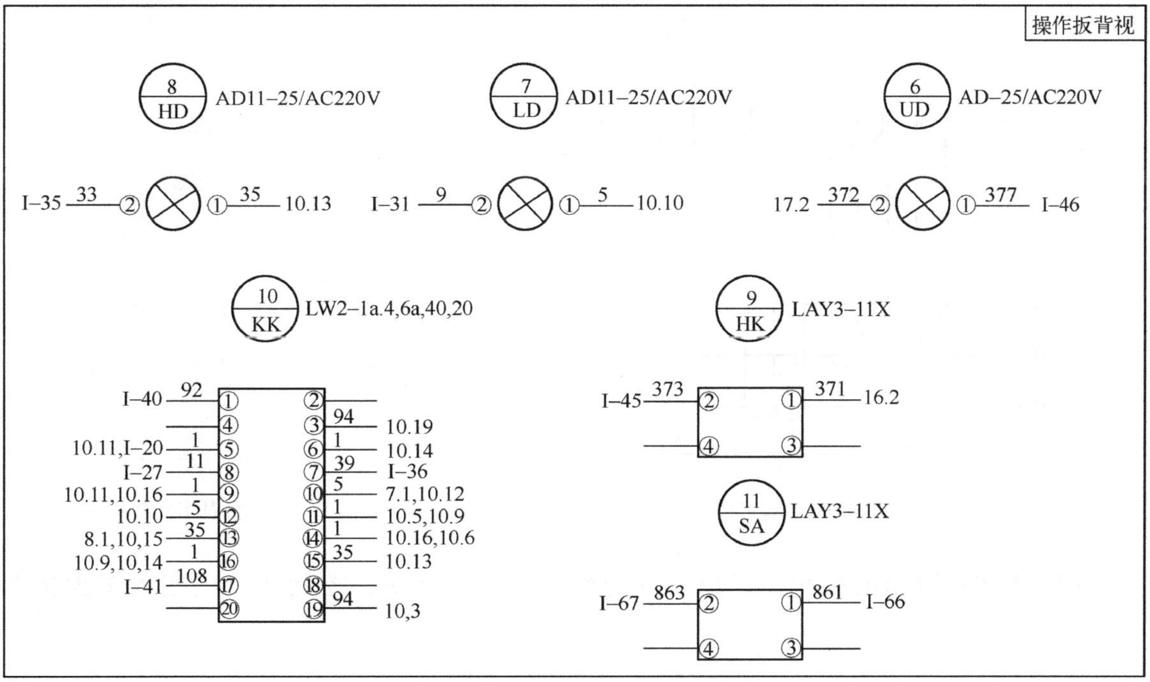

图 11.28　操作背视接线图

【重点提示】

（1）接入电源前要先确认各设备的额定工作电压。

（2）电压转换开关接线时要确认电源与仪表接线端。

（3）互感器接线时要注意极性及匝数要求。

（4）一般采用 BVR 线，敷设时应留有足够的余量，排列横平竖直，整齐美观。

（5）导线过门时，应经过接线端子排并两边固定。

（6）每个接线端子接线不得超过两根。

（7）安装时，先安装二次接线，再安装一次接线。

（8）电压转换开关接线如图 11.29 所示。

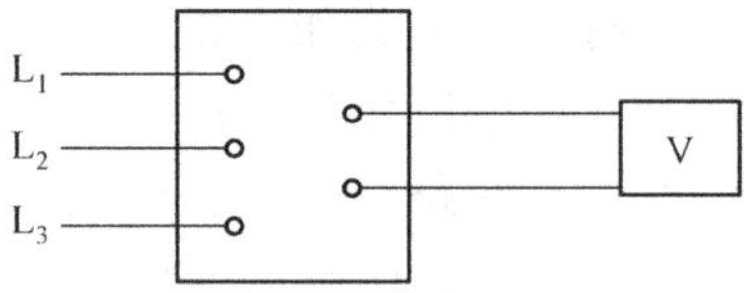

图 11.29　电压转换开关接线示意图

2. 信息

（1）电流互感器的接线要求。

____

____

（2）三相四线制电度表的接线。

图 11.30 为三相四线制电度表的基本接线原理图，请按实训要求在图 11.30 的基础上绘制三相四线制电度表的接线原理图（编号为图 11.31），要求：① 标出互感器的极性（K1，K2）；② 串入电流表和电度表的电流线圈；③ 电度表的电压线圈应设置短路保护；④ 互感器应接地。

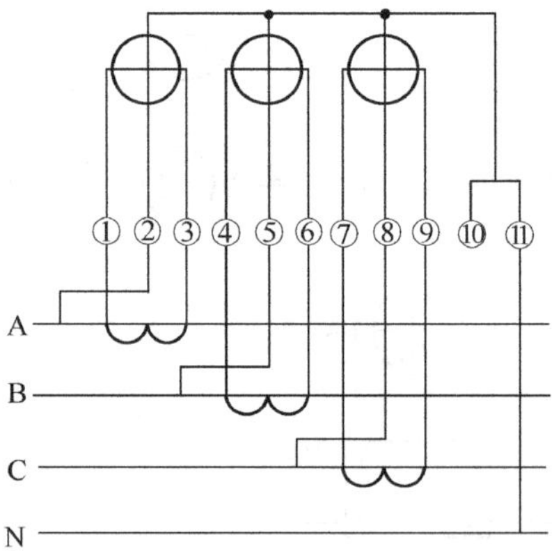

图 11.30　三相四线制电度表基本接线原理图　　　　图 11.31　三相四线制电度表实际接线原理图

（3）本实训所用的接触器、指示灯的额定电压是多少？控制回路应接入多少伏的电压？

____

（4）线路编号法和元件相对编号法各有何特点？

3. 计划

（1）使用工具及仪表。

工具：______________________________

仪表：____

（2）计划领取电气配件及辅助材料（见表 11.44）。

表 11.44　计划领取电气配件及辅助材料

序号	配件名称	配件规格型号	数　量	辅助材料
1				
2				
3				
4				

（3）列出实训工作计划（见表 11.45）。

表 11.45　实训工作计划

序号	工作计划	目标（自定标准）
1		
2		
3		
4		

4. 实施

（1）所领各器件安装前的检查（见表 11.46）。

表 11.46　各器件安装前的检查

序号	名　称	完整性	绝　缘	触头系统	额定电压	额定电流	其　他
1							
2							
3							
4							

（2）按要求绘制实际控制原理图。

(3) 根据控制原理图绘制二次安装接线图。

5. 评估

(1) 依照如表 11.47 所示项目进行综合评定。

表 11.47　综合评定

测量项目		测量结果	结论（合格与否）
安装接线图与实际接线是否相符			
主回路布线是否合理			
相对编号法是否完整			
主回路绝缘电阻	回路 1	相间：　　对地：	
	回路 2	相间：　　对地：	
	回路 3	相间：　　对地：	
控制回路绝缘电阻	回路 1		
	回路 2		
	回路 3		
负载情况	电度表转向	（正、反）转	
	线电流（A）	$I_A =$　　（A） $I_B =$　　（A） $I_C =$　　（A）	
	线电压（V）	$U_{AB} =$　　（V） $U_{BC} =$　　（V） $U_{CA} =$　　（V）	
	空载情况是否正常		
	排风机启动是否正常		
	水泵星－三角启动是否正常		
自评（或互评）结果			
综合评价（老师填）			

(2) 故障排除记录（见表 11.48）。

表 11.48　故障排除记录

序号	主要故障现象	原　因	解决方法
1			
2			
3			

(3) 任务完成情况（见表 11.49）。

表 11.49　任务完成情况

完成情况	未完成内容	未完成的原因
完成 □ 未完成 □		

（4）实训感想、心得、建议与问题（见表 11.50）。

表 11.50　实训感想、心得、建议与问题

感想与心得	
建议	
问题	1.
	2.
	3.

项目 8　某施工现场临时用电组织设计

姓名：________学号：________成绩：________

1. 导入

【实训背景】

随着社会的不断发展及国力的不断增强，我国的建设项目越来越多，规模大的项目也不在少数，故施工现场的用电量也越来越大，近几年来，国家相关部门在政策、制度、管理上逐步形成了一套完善的管理体系，但不可否认的是，由于施工环境比较恶劣；施工人员流动性大，素质良莠不齐；负荷变化大，临时性强；故施工现场电气事故屡有发生。《施工现场临时用电安全技术规范》中规定：施工现场临时用电设备在 5 台及以上或设备总容量在 50kW 及以上者，应编制施工现场用电组织设计。

【实训任务】

为某道路桥梁工程的加工场及生活区编制施工现场用电组织设计。（工地采用杆上 10kV 高压引入，高压线沿河道架设。）

提供资料：

（1）施工现场平面布置图（见附录 A）；

（2）各区域的设备功率表（见附录 B）。

【实训目的】

（1）了解施工现场用电组织设计的内容。

（2）掌握编制施工现场用电组织设计的思路和方法。

（3）熟知施工现场用电的组织措施和技术措施。

【知识链接】

施工现场用电组织设计包括工程概况、供配电方案、临时用电设计、编制安全用电管理措施、编制电气防火措施、施工现场临时用电设计施工图等。

临时用电设计主要包括：配电系统设计；负荷计算；配电箱选择与设计；配电线路设计；接地与接地装置设计；防雷设计等。

安全用电管理措施包括：组织措施和技术措施。组织措施是保证安全用电的行政手段。技术措施是保证安全用电的技术手段。

【重点提示】

（1）施工现场组织设计要符合本工程的实际情况，并便于执行和操作。

（2）变压器可设杆安装，也可做基础墩安装，但应安装在隐蔽处且便于出线处。根据负荷需要可设置多台。

（3）负荷计算采用需要系数法。

$$S = K_1 \times K_2 (K_3 \times \sum P_1 \div \cos\varphi + K_4 \times \sum P_2)$$

式中，K_1为备用系数，一般取1.05；K_2为照明系数，一般取1.0；K_3为电动机需要系数，取0.5；K_4为电焊机需要系数，取0.5；$\cos\varphi$ 为电动机平均功率因数，取0.7；P_1为电动机等设备容量，单位为kW；P_2为各种电焊机设备容量，单位为kVA。

2. 信息

（1）施工现场临时用电应采用____________ 接零保护系统。

（2）建筑施工现场临时用电应满足______ 配电、______保护和“一机、一箱、____ ”的要求。

（3）变配电室必须做到“四防”和“一通”的要求，即________________________防小动物和保持________良好。

（4）施工现场组织措施主要包括哪些内容？

____

____

3. 计划

（1）编制前的准备工作。

____

____

（2）拟定编制内容（目录）。

____

____

（3）拟定配电方案。

4. 实施

编制施工现场临时用电组织设计。

5. 评估

（1）依照如表11.51所示项目进行互评（按A、B、C三等）。
（2）任务完成情况（见表11.52）。
（3）实训感想、心得、建议与问题（见表11.53）。

表11.51　项目互评

		表面质量	内容完整性	深　度
成绩				
存在主要问题	1			
	2			
整改建议	1			
	2			
教师评语				

注：① 表面质量。
A：格式统一、页码完整、图面清晰、表格规整、字体行间距合适等。
B：格式基本统一、页码基本完整、图面较清晰、表格较规整、字体行间距较合适等。
C：除A、B外。
② 内容完整性。
A：封面、目录、工程概况、用电设计、管理措施等完整。
B：封面、目录、工程概况、用电设计、管理措施等基本完整。
C：除A、B外。
③ 深度。
A：设计完全符合实际工程、条理清晰、可操作性强、图纸完整正确、管理措施完整可行。
B：设计基本符合实际工程、条理清晰、可操作性强、图纸基本完整正确、管理措施基本完整可行。
C：文本编制完整率、正确率达到60%以上，图纸基本完整，无大的原则错误。

表11.52　任务完成情况

完成情况	未完成内容	未完成的原因
完成 □ 未完成 □		

表 11.53　实训感想、心得、建议与问题

感想与心得	
建议	
问题	1.
	2.
	3.

知识梳理与总结

本任务在校内实训基地完成。主要通过常用工器具的使用、线管配线的安装、宾馆照明线路的安装、电动机的测试和接线、动力配电柜一、二次线路的安装，初步掌握电气施工的基本程序、方法和要求，提高分析问题、解决问题的能力。通过对某施工现场临时用电组织设计，提高电气施工的组织能力和管理水平。特别值得一提的是实训的目的是重过程，而不是重结果，是重效果而不是重答案，当然只有通过过程的经历才有可能得到正确的结果及良好的效果。

附录A　施工现场平面布置图

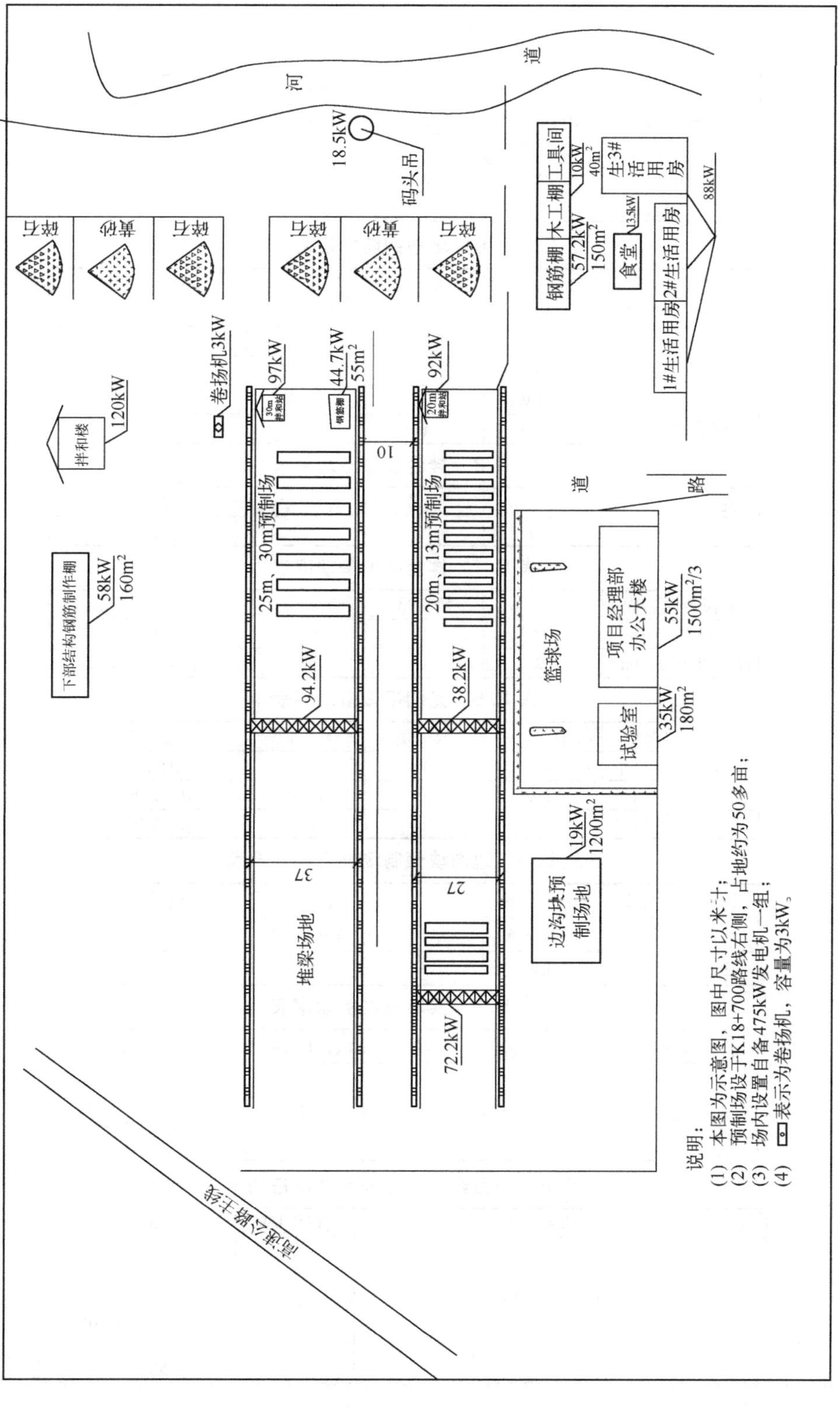

附录B 各区域的设备功率表

表B.1 下部结构钢筋制作棚设备功率表

机械器具名称	功率	数量	合计	备注
电渣压力焊机	15kV·A	1	15kV·A	
电弧焊机	10kV·A	2	20kV·A	
钢筋弯曲机	2.2kW	4	8.8kW	
钢筋切断机	2.2kW	3	6.6kW	
钢筋调直机	7.5kW	1	7.5kW	

表B.2 堆梁场地钢筋棚设备功率表

机械器具名称	功率	数量	合计	备注
电渣压力焊机	15kV·A	1	15kV·A	
电弧焊机	10kV·A	1	10kV·A	
钢筋弯曲机	2.2kW	4	8.8kW	
钢筋切断机	1.1kW	3	3.3kW	
钢筋调直机	7.5kW	1	7.5kW	

表B.3 拌合楼设备功率表

机械器具名称	功率/kW	数量	合计/kW	备注
搅拌机等	120	1	120	一路电源进入即可

表B.4 拌合站设备功率表

机械器具名称	功率/kW	数量	合计/kW	备注
搅拌机等（30m）	97	1	97	一路电源进入即可
搅拌机等（20m）	92	1	92	一路电源进入即可

表B.5 龙门吊设备功率表

机械器具名称	功率/kW	数量	合计/kW	备注
堆放场地龙门吊	94.2	1	94.2	一路电源进入即可
预制场地龙门吊	72.2	1	72.2	一路电源进入即可
预制场地龙门吊	38.2	1	38.2	一路电源进入即可

表B.6 边沟块预制场地设备功率表

机械器具名称	功率	数量	合计	备注
电弧焊机	10kV·A	1	10kV·A	
砂浆搅拌机	3kW	3	9kW	

表B.7 实验室设备功率表

机械器具名称	功率/kW	数量	合计/kW	备注
实验仪器及设备	10×2+15	3	35	设一总箱。出线按3路预留，容量分别为10kW两路，15kW一路

表B.8 项目经理部办公大楼设备功率表

机械器具名称	功率/kW	数量	合计/kW	备注
生活用电	10+2×(10+12.5)	5	55	设一总箱。出线按5路预留，1路照明为10kW，其中2路插座各为10kW，另外2路空调各为12.5kW

表 B.9　生活区钢筋棚设备功率表

机械器具名称	功　率	数　量	合　计	备　注
电渣压力焊机	21kV・A	1	21kV・A	
电弧焊机	10kV・A	1	10kV・A	
钢筋弯曲机	2.2kW	4	8.8kW	
钢筋切断机	2.2kW	3	6.6kW	
钢筋调直机	7.5kW	1	7.5kW	
插入式振动机	1.1kW	3	3.3kW	

表 B.10　木工间设备功率表

机械器具名称	功率/kW	数量	合计/kW	备　注
木工电锯	5.5	1	5.5	
圆盘锯	1.5	3	4.5	

表 B.11　食堂设备功率表

机械器具名称	功率/kW	数量	合计/kW	备　注
生活用电	5+2×（1+3）	5	13	设一总箱。出线按5路预留，2路3kW，2路1kW，1路5kW

表 B.12　1#生活用房设备功率表

机械器具名称	功率/kW	数量	合计/kW	备　注
生活用电	8×3	8	24	设一总箱。出线按8路预留，每路按3kW

表 B.13　2#生活用房设备功率表

机械器具名称	功率/kW	数量	合计/kW	备　注
生活用电	8×3	8	24	设一总箱。出线按8路预留，每路按3kW

表 B.14　3#生活用房设备功率表

机械器具名称	功率/kW	数量	合计/kW	备　注
生活用电	8×5	8	40	设一总箱。出线按8路预留，每路按5kW

表 B.15　码头吊设备功率表

机械器具名称	功率/kW	数量	合计/kW	备　注
码头吊	18.5	1	18.5	

表 B.16　卷扬机设备功率表

机械器具名称	功率/kW	数量	合计/kW	备　注
卷扬机	3	1	3	

参考文献

[1] 张立新主编．建筑电气工程施工工艺标准．北京：中国电力出版社，2008.

[2] 张斌主编．建筑电气安装速成．福建：福建科学技术出版社，2006.

[3] 李方刚主编．电气工程施工细节详解．北京：机械工业出版社，2009.

[4] 张卫兵主编．电气设备与仪表安装工程．北京：中国建筑工业出版社，2007.

[5] 陈远吉主编．电气施工技术．北京：化学工业出版社，2009.

[6] 罗良武主编．建筑工程临时用电实例教程．北京：机械工业出版社，2011.

[7] 刘兵主编．建筑电气与施工用电．北京：电子工业出版社，2011.

[8] 谢社初主编．建筑电气施工技术．武汉：武汉理工大学出版社，2006.

[9] 《电气设备安装工程计价定额》（辽宁省建设工程计价依据．2008）.

[10] 《建筑电气工程施工质量验收规范》（GB 50303—2002）.

[11] 李媛主编．建筑工程技术资料管理．北京：人民交通出版社．2010.

[12] 韩永学主编．建筑电气施工技术．北京：中国建筑工业出版社．2011.

[13] 刘春泽主编．建筑电气施工组织管理．北京：中国建筑工业出版社．2004.

[14] 朱晓轩．张植莉主编．建筑工程招投标与施工组织合同管理．北京：电子工业出版社．2009.